무선설비기준 & 전자계산기 일반

박승환 著

21세기사

머리말

세계 ICT산업과 경제는 정보화 혁명에 이어 사람 · 사물 · 데이터 등 모든 것이 인터넷으로 연결되는 초연결(Hyperconnected)혁명 시대로 빠르게 진화 중이고, 경제 · 사회 · 환경 등 모든 분야가 SW중심 사회로 급격히 변화하고 있는 등 ICT(Information & Communication Technology)를 통한 글로벌 주도권 확보에 주력하고 있다. 특히 어느 곳에서든 이용 가능한 무선이동통신망으로서 3G/LTE/WiFi/Bluetooth 등의 가용 통신 수단은 패킷-광 브로드밴드 네트워크, 미래네트워크 등 유선 인프라관련 고도화 기술들과 유연하게 핸드오버(handover)되는 기술로 발전하고 있다. 여기에 WPAN/WBAN, WLAN, B4G, 가시광통신, 자기장통신/무선전력전송 및 재난통과 같은 고도화된 무선통신 기술이 하나의 통신 네트워크관련 기술로 포함되어 우리가 주목하고 있는 무선설비 기술 또한 하루가 다르게 기술발전이 이루어지고 있는 것이다.

향후에는 유선통신기기보다는 무선통신기기가 국내 통신기기 산업을 주도할 것으로 예상되며, 이에 관련한 전문가의 수요도 함께 증가할 것으로 기대되고 있다. 통신선을 사용하지 않고 전파를 이용하여 정보를 주고받는다는 장점으로, 가장 큰 혜택을 누리는 무선통신 및 설비기술은 전파통신기술과 함께 무한한 발전을 거듭하고 있으며 그 응용범위가 점차 확대되어 가고 있다. 이와 같은 시대적 흐름에 맞물려 무선통신설비를 설계, 감리, 시공할 수 있는 전문기술인의 수요역시 지속적으로 증가할 것으로 보인다. 여기에 통신기기 분야의 산업적 특성에 맞는 우수한 인력양성이 요구되며, 정부도 이와 같은 추세에 맞춰 통신 분야를 국책사업으로 채택하여 지원을 아끼지 않고 있다. 한 예로 방송기술직 입사 시 자격증 소지자에게 가선점 등의 유리한 혜택을 부여하고 있다.

무선설비기사는 무선통신설비에 대한 지식과 기술을 갖춘 전문 인력을 양성하여 무선통신설비의 시공 및 건설, 유지 업무를 수행하도록 제정된 시험이다. 본서는 무선설비(산업)기사 시험에 대비하여 전자계산기 일반과 무선설비 기준을 함께 묶은 수험 준비서로서 기출문제에서 분석된 내용을 토대로 시험성향을 분석하여 수험생이 직접 출제 경향의 흐름을 파악할 수 있도록 구성하였다.

최근 무선통신 및 설비에 관련하여 전문 인력의 수요가 급증하고 있는 현 상황 속에서, 취업을 앞둔 학생들과 이 분야에 전공지식을 쌓으려는 관련학과 학생에게 조금이나마 보탬이 되고자, 그동안의 저자의 강의 경험을 토대로 이 책을 편찬하게 되었다. 아무쪼록 본서가 무선통신 및 설비 분야의 전공지식을 함양하고 취업을 앞둔 학생들이 통신기기 기술을 쉽게 이해할 수 있는 기회로 주어진다면 더한 기쁨이 아닐까 한다. 본서를 통해서 공부하게 되는 학생 여러분들의 실력이 향상되어 취업 및 국가 기술 자격시험 등 합격의 길에 이르고, 더 나아가 자격취득을 통해 현장 실무에 응용할 때 본서가 큰 역할을 하게 되기를 기원하며, 본서를 출간할 수 있도록 큰 도움을 주신 21세기사 사장님을 비롯한 편집부 직원과 기획부 그리고 임원진에게 진심어린 감사를 드린다. 앞으로 끊임없는 노력으로 보다 유익한 책으로서 여러분께 보답하고, 계속해서 미비한 점들을 보충해 나갈 예정이다.

* 본서에는 일부 잘못된 부분이 있을 수 있으며, 잘못된 부분에 대해서는 발견 시 출판사의 게시판에 올려주시면 수정 · 보완하도록 하겠습니다. 감사합니다.

목 차

제1편 무선설비 기준

목 차

무선설비 기준

제 1편

전파법
전파법 시행령
방송통신기자재등의 적합성평가에 관한 고시
무선설비 규칙
무선설비의 안전시설기준
전파응용설비의 기술기준
정보통신공사업법

전파법

제1장 총칙

제1조(목적)

이 법은 전파의 효율적인 이용 및 관리에 관한 사항을 정하여 전파이용과 전파에 관한 기술의 개발을 촉진함으로써 전파 관련 분야의 진흥과 공공복리의 증진에 이바지함을 목적으로 한다.

제2조(정의)

1. “전파”란 인공적인 유도(誘導) 없이 공간에 퍼져 나가는 전자파로서 국제전기통신연합이 정한 범위의 주파수를 가진 것을 말한다.
2. “주파수분배”란 특정한 주파수의 용도를 정하는 것을 말한다.
3. “주파수할당”이란 특정한 주파수를 이용할 수 있는 권리를 특정인에게 주는 것을 말한다.
4. “주파수지정”이란 허가나 신고로 개설하는 무선국에서 이용할 특정한 주파수를 지정하는 것을 말한다.

4의2. “주파수회수”란 주파수할당, 주파수지정 또는 주파수 사용승인의 전부나 일부를 철회하는 것을 말한다.

4의3. “주파수재배치”란 주파수회수를 하고 이를 대체하여 주파수할당, 주파수지정 또는 주파수 사용승인을 하는 것을 말한다.

5. “무선설비”란 전파를 보내거나 받는 전기적 시설을 말한다.

5의2. “무선통신”이란 전파를 이용하여 모든 종류의 기호·신호·문언·영상·음향 등의 정보를 보내거나 받는 것을 말한다.

6. “무선국(無線局)”이란 무선설비와 무선설비를 조작하는 자의 총체를 말한다. 다만, 방송수신만을 목적으로 하는 것은 제외한다.
7. “무선종사자”란 무선설비를 조작하거나 설치공사를 하는 자로서 제70조제2항에 따라 기술자격증을 발급받은 자를 말한다.
8. “시설자”란 미래창조과학부장관으로부터 무선국의 개설허가를 받거나 미래창조과학부장관에게 개설신고를 하고 무선국을 개설한 자를 말한다.
9. “방송국”이란 공중(公衆)이 방송신호를 직접 수신할 수 있도록 할 목적으로 개설한 무선국을 말한다.
10. “우주국(宇宙局)”이란 인공위성에 개설한 무선국을 말한다.

11. "지구국(地球局)"이란 우주국과 통신을 하기 위하여 지구에 개설한 무선국을 말한다.
12. "위성망"이란 우주국과 지구국으로 구성된 통신망의 총체를 말한다.
13. "위성궤도"란 우주국의 위치나 궤적(軌跡)을 말한다.
14. "전자파장해"란 전자파를 발생시키는 기자재로부터 전자파가 방사(방사: 전자파에너지가 공간으로 퍼져나가는 것을 말한다) 또는 전도[전도: 전자파에너지가 전원선(電源線)을 통하여 흐르는 것을 말한다]되어 다른 기자재의 성능에 장해를 주는 것을 말한다.
15. "전자파적합"이란 전자파장해를 일으키는 기자재나 전자파로부터 영향을 받는 기자재가 제47조의3제1항에 따른 전자파장해 방지기준 및 보호기준에 적합한 것을 말한다.
16. "방송통신기자재"란 방송통신설비에 사용하는 장치·기기·부품 또는 선조(線條) 등을 말한다.
17. "전파환경"이란 인체, 기자재, 무선설비 등을 둘러싸고 있는 전파의 세기, 잡음 등 전자파의 총체적인 분포 상황을 말한다.

제3조(전파자원의 이용촉진)

정부는 한정된 전파자원(電波資源)을 공공복리의 증진에 최대한 활용하기 위하여 전파자원의 이용촉진에 필요한 시책을 마련하고 시행하여야 한다.

제2장 전파자원의 확보

제5조(전파자원의 확보)

① 미래창조과학부장관은 전파자원을 확보하기 위하여 다음 각 호의 시책을 마련하고 시행하여야 한다.
1. 새로운 주파수의 이용기술 개발
2. 이용 중인 주파수의 이용효율 향상
3. 주파수의 국제등록
4. 국가간 전파의 혼신(混信)을 없애고 방지하기 위한 협의·조정

② 제1항 제3호에 따른 등록대상 주파수, 등록비용 및 등록절차 등에 필요한 사항은 대통령령으로 정한다.

제6조(전파자원 이용효율의 개선)

① 미래창조과학부장관은 전파자원의 공평하고 효율적인 이용을 촉진하기 위하여 필요하면 다음 각

호의 사항을 시행하여야 한다.

1. 주파수분배의 변경
2. 주파수회수 또는 주파수재배치
3. 새로운 기술방식으로의 전환
4. 주파수의 공동사용

② 미래창조과학부장관은 제1항 각 호의 사항을 시행하기 위하여 필요하면 대통령령으로 정하는 바에 따라 주파수의 이용 현황을 조사하거나 확인할 수 있다.

제6조의2(주파수회수 또는 주파수재배치)

① 미래창조과학부장관은 다음 각 호의 어느 하나에 해당하는 경우에는 제6조 제1항 제2호에 따라 주파수회수 또는 주파수재배치를 할 수 있다.

1. 주파수분배가 변경된 경우
2. 주파수 이용실적이 낮은 경우 또는 주파수 대역(帶域)을 정비하여 주파수의 이용효율을 높일 필요가 있는 경우

② 제1항에 따른 주파수회수 또는 주파수재배치의 절차, 주파수 이용실적의 판단기준, 주파수 대역 정비의 요건 등에 필요한 사항은 대통령령으로 정한다.

③ 주파수를 새롭게 분배하거나 회수 또는 재배치하고자 할 경우 국무조정실장을 위원장으로 하는 주파수심의위원회의 심의를 거쳐야 한다.

④ 제3항에 따른 주파수심의위원회의 구성과 운영 등에 필요한 사항은 대통령령으로 정한다.

제6조의3(방송용 주파수의 관리)

「방송법」 제2조제2호의 방송사업을 위하여 이용하는 주파수는 방송통신위원회가 관리한다.

제7조(손실보상 등)

① 미래창조과학부장관은 제6조의2에 따라 주파수회수 또는 주파수재배치를 할 때에 해당 시설자와 제19조제5항에 따라 주파수의 사용승인을 받은 자(이하 "시설자등"이라 한다)에게 통상적으로 발생하는 손실을 보상하여야 한다. 다만, 다음 각 호의 경우에는 그러하지 아니하다.

1. 시설자등의 요청에 따른 경우
2. 국제전기통신연합이 모든 국가가 공통적으로 수용하여야 할 주파수 국제 분배를 변경함에 따라 주파수분배를 변경한 경우

3. 주파수의 용도가 제2순위 업무(해당 주파수를 운용할 때에 제1순위 업무를 보호하여야 하고, 제1순위 업무로부터 보호받을 수 없는 업무를 말한다. 이하 같다)인 주파수를 사용하는 경우

② 미래창조과학부장관은 제1항 각 호 외의 부분 본문에 따라 손실을 보상한 경우 해당 주파수에 대하여 새로 주파수할당, 주파수지정, 주파수 사용승인을 받은 자(이하 "신규이용자"라 한다)에게 제1항에 따라 보상한 금액을 징수할 수 있다.

③ 미래창조과학부장관은 제1항에 따른 손실보상 금액을 결정할 때에는 미리 해당 시설자등의 의견을 들어야 한다.

④ 미래창조과학부장관은 제1항 각 호 외의 부분 본문에도 불구하고 신규이용자가 시설자등에게 그 손실을 직접 보상하게 할 수 있다.

⑤ 미래창조과학부장관은 제11조제1항에 따라 할당한 주파수가 제6조의2제1항 각 호의 어느 하나에 해당하여 할당한 주파수를 회수한 경우에는 대통령령으로 정하는 바에 따라 제15조제1항에 따른 이용기간 중 남은 기간에 해당하는 주파수할당 대가를 반환하여야 한다. 다만, 주파수할당을 받은 자의 요청에 따라 주파수분배를 변경한 경우에는 그러하지 아니하다.

⑥ 제1항 각 호 외의 부분 본문에 따른 손실보상 및 제2항에 따른 징수금은 「방송통신발전 기본법」 제24조에 따른 방송통신발전기금(이하 "방송통신발전기금"이라 한다)의 지출 및 수입으로 하고, 제5항 본문에 따른 주파수할당 대가의 반환은 방송통신발전기금과 「정보통신산업 진흥법」 제41조에 따른 정보통신진흥기금(이하 "정보통신진흥기금"이라 한다)을 재원으로 한다.

⑦ 제1항 각 호 외의 부분 본문 및 제4항에 따른 손실보상금의 산정기준과 지급절차, 제2항에 따른 징수금의 징수, 제5항에 따른 주파수할당 대가의 반환 및 배분 등에 필요한 사항은 대통령령으로 정한다.

제7조의2(이의신청 등)

① 시설자등은 제7조제1항에 따른 손실보상금액에 이의가 있으면 손실보상금에 대한 통지를 받은 날부터 30일 이내에 미래창조과학부장관에게 이의신청을 할 수 있다.

② 미래창조과학부장관은 제1항에 따른 이의신청을 받으면 그 신청을 받은 날부터 30일 이내에 손실보상금의 증감 여부를 결정하고 지체 없이 그 결과를 이의신청한 시설자등에게 알려야 한다. 다만, 부득이한 사유가 있는 경우에는 30일의 범위에서 그 기간을 연장할 수 있다.

제8조(전파진흥기본계획)

① 미래창조과학부장관은 전파이용의 촉진과 전파와 관련된 새로운 기술의 개발과 전파방송기기 산

업의 발전 등을 위하여 전파진흥기본계획(이하 "기본계획"이라 한다)을 5년마다 세워야 한다.

② 미래창조과학부장관은 기본계획을 세우거나 기본계획 중 주파수 분배계획 등 대통령령으로 정하는 중요한 사항을 변경하는 경우에는 공청회 등을 통한 의견수렴을 거쳐야 한다.

③ 기본계획에는 다음 각 호의 사항이 포함되어야 한다.

1. 전파방송산업육성의 기본방향
2. 중·장기 주파수 이용계획
3. 새로운 전파자원의 개발
4. 전파이용 기술 및 시설의 고도화 지원
5. 전파매체의 개발 및 보급
6. 우주통신의 개발
7. 전파이용질서의 확립
8. 전파 관련 표준화에 관한 사항
9. 전파환경의 개선
10. 그 밖에 전파방송진흥에 필요한 사항

④ 미래창조과학부장관은 기본계획에 따른 세부시행계획(이하 "시행계획"이라 한다)을 세우고 시행하여야 한다.

⑤ 기본계획과 시행계획을 세우거나 시행하는 데에 필요한 사항은 대통령령으로 정한다.

제3장 전파자원의 분배 및 할당

제9조(주파수분배)

① 미래창조과학부장관은 다음 각 호의 사항을 고려하여 주파수분배를 하여야 한다.

1. 국방·치안 및 조난구조 등 국가안보·질서유지 또는 인명안전의 필요성
2. 주파수의 이용현황 등 국내의 주파수 이용여건
3. 국제적인 주파수 사용동향
4. 전파이용 기술의 발전추세
5. 전파를 이용하는 서비스에 대한 수요

② 미래창조과학부장관은 제1항에 따라 주파수분배를 하는 경우에는 주파수 용도가 제1순위인 업무와 주파수 용도가 제2순위인 업무를 구분하여 주파수분배를 할 수 있다.

③ 미래창조과학부장관은 제1항에 따라 주파수분배를 한 경우에는 이를 고시하여야 한다. 주파수분배를 변경한 경우에도 또한 같다.

제9조의2(주파수분배의 변경에 따른 이용자 지원 등)

① 미래창조과학부장관은 제19조의2제2항에 따라 신고하지 아니하고 개설할 수 있는 무선국용 무선설비의 이용자가 주파수분배의 변경으로 인하여 해당 무선설비를 사용할 수 없게 되는 경우에 해당 무선설비의 이용자(제조·수입·판매자는 제외한다)를 지원하기 위한 방안을 마련할 수 있다.

② 제1항에 따른 지원은 주파수분배의 변경으로 사용할 수 없게 되는 방송통신기자재의 잔존가치 전부 또는 일부를 예산의 범위에서 금전으로 지원하거나 해당 방송통신기자재를 다시 사용할 수 있도록 변경·개조하는 방법으로 할 수 있다.

③ 제2항에 따른 지원의 대상·방법·절차 등은 대통령령으로 정한다. 다만, 금전 지원의 경우에는 예고기간 및 내용연수 등을 참작하여야 한다.

④ 미래창조과학부장관은 제2항에 따라 지원을 한 경우 새로 주파수할당, 주파수지정 또는 주파수사용승인을 받은 자에게 지원에 소요된 비용을 징수할 수 있다.

⑤ 제2항에 따른 지원비용 및 제4항에 따른 징수금은 방송통신발전기금의 지출 및 수입으로 한다.

제9조의3(비면허무선기기지원센터의 지정 등)

① 미래창조과학부장관은 제9조의2제2항에 따라 주파수분배의 변경으로 사용할 수 없는 방송통신기자재에 대한 금전 지원 또는 변경·개조 등의 사업을 수행하기 위하여 전문인력과 시설 등 대통령령으로 정하는 요건을 갖춘 기관 또는 단체를 비면허무선기기지원센터(이하 이 조에서 "센터"라 한다)로 지정할 수 있다.

② 미래창조과학부장관은 센터의 사업 등에 필요한 경비의 전부 또는 일부를 지원할 수 있다.

③ 미래창조과학부장관은 센터가 다음 각 호의 어느 하나에 해당하는 경우에는 그 지정을 취소할 수 있다. 다만, 제1호에 해당하면 지정을 취소하여야 한다.

1. 거짓이나 그 밖의 부정한 방법으로 지정을 받은 경우
2. 지정받은 사항을 위반하여 업무를 수행한 경우
3. 제1항에 따른 지정요건에 맞지 아니하게 된 경우
4. 거짓이나 그 밖의 부정한 방법으로 이 법에 따른 지원을 받았거나 지원받은 자금을 다른 용도로 사용한 경우

④ 제1항부터 제3항까지에서 규정한 사항 외에 센터의 지정과 운영 등에 필요한 사항은 대통령령으로 정한다.

제10조(주파수할당)

① 미래창조과학부장관은 다음 각 호의 어느 하나에 해당하는 사업을 하려는 자가 그 사업을 위하여

직접 사용할 수 있는 주파수를 할당할 수 있다. 이 경우 미래창조과학부장관은 해당 주파수할당이 기간통신사업 등에 미치는 영향을 고려하여 할당을 신청할 수 있는 자의 범위와 할당하는 주파수의 용도 및 기술방식 등 대통령령으로 정하는 사항을 공고하여야 한다.

1. 「전기통신사업법」 제5조제2항에 따른 기간통신사업
2. 「방송법」 제2조 제2호 나목에 따른 종합유선방송사업이나 같은 조 제13호에 따른 전송망사업

② 제1항에 따라 공고된 주파수를 할당받으려는 자는 대통령령으로 정하는 바에 따라 미래창조과학부장관에게 주파수할당을 신청하여야 한다.

③ 미래창조과학부장관은 주파수할당을 하려면 주파수할당을 받을 자 및 그와 대통령령으로 정하는 특수 관계에 있는 자에 의한 전파자원의 독과점을 방지하고 적정한 수준의 경쟁을 촉진하기 위하여 대통령령으로 정하는 바에 따라 조건을 붙일 수 있다.

④ 미래창조과학부장관은 제2항에 따른 신청이 제1항에 따라 공고된 사항에 적합하지 아니하거나 신청인이 제13조의 결격사유에 해당하는 경우에는 그 신청서를 되돌려 보낼 수 있다.

제10조(주파수할당)

① 미래창조과학부장관은 제9조에 따라 다음 각 호의 어느 하나에 해당하는 사업의 용도로 정한 주파수를 특정인에게 할당하려는 경우에는 해당 주파수할당이 기간통신사업 등에 미치는 영향을 고려하여 할당을 신청할 수 있는 자의 범위와 할당하는 주파수의 용도 및 기술방식 등 대통령령으로 정하는 사항을 공고하여야 한다.

1. 「전기통신사업법」 제5조제2항에 따른 기간통신사업
2. 「방송법」 제2조 제2호 나목에 따른 종합유선방송사업이나 같은 조 제13호에 따른 전송망사업

② 제1항에 따라 공고된 주파수를 할당받으려는 자는 대통령령으로 정하는 바에 따라 미래창조과학부장관에게 주파수할당을 신청하여야 한다.

③ 미래창조과학부장관은 주파수할당을 하려면 주파수할당을 받을 자 및 그와 대통령령으로 정하는 특수 관계에 있는 자에 의한 전파자원의 독과점을 방지하고 적정한 수준의 경쟁을 촉진하기 위하여 대통령령으로 정하는 바에 따라 조건을 붙일 수 있다.

④ 미래창조과학부장관은 제2항에 따른 신청이 제1항에 따라 공고된 사항에 적합하지 아니하거나 신청인이 제13조의 결격사유에 해당하는 경우에는 그 신청서를 되돌려 보낼 수 있다.

제11조(대가에 의한 주파수할당)

① 미래창조과학부장관은 제10조제1항에 따라 공고된 주파수를 가격경쟁에 의한 대가를 받고 할당

할 수 있다. 다만, 해당 주파수에 대한 경쟁적 수요가 존재하지 아니하는 등 특별한 사정이 있다고 인정되는 경우에는 제3항 본문에 따라 산정한 대가를 받고 주파수할당을 할 수 있다.

② 미래창조과학부장관은 제1항 단서에 따라 주파수를 할당하는 경우에는 제12조 각 호의 사항과 해당 주파수할당이 기간통신사업에 미치는 영향을 심사하여 할당할 수 있다.

③ 주파수할당 대가는 주파수를 할당받아 경영하는 사업에서 예상되는 매출액, 할당대상 주파수 및 대역폭 등 주파수의 경제적 가치를 고려하여 산정한다. 다만, 가격경쟁에 의하여 주파수할당을 하는 경우에는 그 가격 미만으로는 주파수를 할당받을 수 없는 경쟁가격(이하 "최저경쟁가격"이라 한다)을 정할 수 있다.

④ 미래창조과학부장관은 제10조제2항에 따라 주파수할당을 신청하는 자에게 제3항 본문에 따른 주파수할당 대가의 100분의 10의 범위에서 대통령령으로 정하는 보증금을 주파수할당을 신청할 때에 내도록 할 수 있다. 이 경우 가격경쟁에 의하여 주파수할당을 하는 경우로서 제3항 단서에 따라 최저경쟁가격을 정한 때의 보증금은 그 최저경쟁가격의 100분의 10의 범위에서 대통령령으로 정한다.

⑤ 미래창조과학부장관은 주파수할당을 신청한 자가 주파수할당의 신청기간이 지난 후에 신청을 철회하거나 할당 받은 주파수를 사용하지 아니하고 반납하는 경우 또는 담합, 그 밖의 부정한 방법으로 가격경쟁을 한 경우에는 제4항에 따른 보증금을 방송통신발전기금 및 정보통신진흥기금의 수입금으로 편입한다.

⑥ 제1항에 따라 주파수할당을 받은 자가 내는 주파수할당 대가는 방송통신발전기금 및 정보통신진흥기금의 수입금으로 한다.

⑦ 주파수할당 대가의 산정방법과 징수절차, 최저경쟁가격의 결정방법과 제5항 및 제6항에 따른 수입금의 배분 등에 필요한 사항은 대통령령으로 정한다.

제11조(대가에 의한 주파수할당)

① 미래창조과학부장관은 제10조제1항에 따라 공고된 주파수를 가격경쟁에 의한 대가를 받고 할당할 수 있다. 다만, 해당 주파수에 대한 경쟁적 수요가 존재하지 아니하는 등 특별한 사정이 있다고 인정되는 경우에는 제3항 후단에 따라 산정한 대가를 받고 주파수할당을 할 수 있다.

② 미래창조과학부장관은 제1항 본문에 따라 주파수를 할당하는 경우에는 그 가격 미만으로는 주파수를 할당받을 수 없는 경쟁가격(이하 이 조에서 "최저경쟁가격"이라 한다)을 정할 수 있다.

③ 미래창조과학부장관은 제1항 단서에 따라 주파수를 할당하는 경우에는 제12조 각 호의 사항과 해당 주파수할당이 기간통신사업에 미치는 영향을 심사하여 할당할 수 있다. 이 경우 주파수할당

대가는 주파수를 할당받아 경영하는 사업에서 예상되는 매출액, 할당대상 주파수 및 대역폭 등 주파수의 경제적 가치를 고려하여 산정한다.

④ 미래창조과학부장관은 제10조제2항에 따라 주파수할당을 신청하는 자에게 다음 각 호의 구분에 따른 보증금을 주파수할당을 신청할 때에 내도록 할 수 있다.

1. 제1항 본문에 따라 주파수할당을 하는 경우(최저경쟁가격을 정한 경우에 한정한다): 최저경쟁가격의 100분의 10의 범위에서 대통령령으로 정하는 보증금
2. 제1항 단서에 따라 주파수할당을 하는 경우: 제3항 후단에 따른 주파수할당 대가의 100분의 10의 범위에서 대통령령으로 정하는 보증금

⑤ 미래창조과학부장관은 주파수할당을 신청한 자가 주파수할당의 신청기간이 지난 후에 신청을 철회하거나 할당 받은 주파수를 사용하지 아니하고 반납하는 경우 또는 담합, 그 밖의 부정한 방법으로 가격경쟁을 한 경우에는 제4항에 따른 보증금을 방송통신발전기금 및 정보통신진흥기금의 수입금으로 편입한다.

⑥ 제1항에 따라 주파수할당을 받은 자가 내는 주파수할당 대가는 방송통신발전기금 및 정보통신진흥기금의 수입금으로 한다.

⑦ 주파수할당 대가의 산정방법과 징수절차, 최저경쟁가격의 결정방법과 제5항 및 제6항에 따른 수입금의 배분 등에 필요한 사항은 대통령령으로 정한다.

제12조(심사에 의한 주파수할당)

미래창조과학부장관은 제10조제1항에 따라 공고된 주파수에 대하여 제11조에 따른 주파수할당을 하지 아니하는 경우에는 다음 각 호의 사항을 심사하여 주파수할당을 한다.

1. 전파자원 이용의 효율성
2. 신청자의 재정적 능력
3. 신청자의 기술적 능력
4. 할당하려는 주파수의 특성이나 그 밖에 주파수 이용에 필요한 사항

제13조(주파수할당의 결격사유)

다음 각 호의 어느 하나에 해당하는 자는 주파수할당을 받을 수 없다.

1. 제20조제1항에 따른 무선국 개설의 결격사유에 해당하는 자
2. 기간통신사업을 하려는 자로서 「전기통신사업법」 제7조에 따른 기간통신사업 허가의 결격사유에 해당하는 자

3. 종합유선방송사업이나 전송망사업을 하려는 자로서 「방송법」 제13조에 따른 종합유선방송사업 허가나 전송망사업 등록의 결격사유에 해당하는 자

제14조(주파수이용권)

① 제11조에 따라 주파수할당을 받은 자는 해당 주파수를 배타적으로 이용할 수 있는 권리(이하 "주파수이용권"이라 한다)를 가진다.

② 제11조에 따라 주파수할당을 받은 자는 대통령령으로 정하는 기간 이후에는 주파수이용권을 양도하거나 임대할 수 있다. 다만, 주파수할당을 받은 자가 파산하거나 경제적 여건의 급변 등 대통령령으로 정하는 사유에 해당하는 경우에는 그 기간 전에도 주파수이용권을 양도하거나 임대할 수 있다.

③ 제2항에 따라 주파수이용권을 양수하거나 임차하려는 자는 대통령령으로 정하는 바에 따라 미리 미래창조과학부장관의 승인을 받아야 한다.

④ 미래창조과학부장관은 제3항에 따른 승인을 하는 경우에는 제12조 각 호의 사항을 고려하여야 하며 전파자원의 효율적이고 공평한 이용을 위하여 필요한 조건을 붙일 수 있다.

⑤ 제3항에 따라 주파수이용권 양수의 승인을 얻은 자는 제11조에 따라 주파수할당을 받은 자 및 시설자(주파수할당을 받은 자가 무선국 개설허가를 받거나 개설신고를 한 경우에 한한다)의 지위를 승계한다.

⑥ 주파수이용권을 양수하거나 임차하려는 자의 결격사유에 관하여는 제13조를 준용한다.

⑦ 제3항에도 불구하고 「전기통신사업법」 제18조에 따라 미래창조과학부장관의 인가를 받아 주파수이용권을 가진 기간통신사업자의 사업의 전부 또는 일부를 양수하거나 기간통신사업자인 법인을 합병한 자는 해당 주파수를 할당받은 자의 지위를 승계한다.

제15조(할당받은 주파수의 이용기간)

① 미래창조과학부장관은 주파수의 이용여건 등을 고려하여 제11조에 따라 할당하는 주파수는 20년의 범위에서, 제12조에 따라 할당하는 주파수는 10년의 범위에서 그 이용기간을 정하여 고시한다.

② 제14조제2항에 따라 양수한 주파수의 이용기간은 제1항에 따른 이용기간 중 남은 기간으로 한다.

제15조의2(주파수할당의 취소)

① 미래창조과학부장관은 제10조에 따라 주파수할당을 받은 자가 다음 각 호의 어느 하나에 해당하는 경우에는 주파수할당을 취소할 수 있다. 다만, 제1호에 해당하는 경우에는 주파수할당을 취소하여야 한다.

1. 거짓이나 그 밖의 부정한 방법으로 주파수할당을 받은 경우
2. 제10조에 따라 주파수할당을 받은 자가 「전기통신사업법」 제20조에 따라 기간통신사업의 허가가 취소되거나 「방송법」 제18조에 따라 종합유선방송사업의 허가나 전송망사업의 등록이 취소된 경우
3. 제10조제1항에 따라 해당 주파수를 할당할 때에 정하여진 주파수 용도나 기술방식을 위반한 경우
4. 제10조제3항에 따른 조건을 이행하지 아니한 경우
5. 제11조제1항에 따라 주파수할당을 받은 자가 그 대가를 내지 아니한 경우

② 미래창조과학부장관은 제1항(제1호를 제외한다)에 따라 주파수할당을 취소하기 전에 1회에 한하여 시정을 명할 수 있다.

제15조의2(주파수할당의 취소)

① 미래창조과학부장관은 제11조 및 제12조에 따라 주파수할당을 받은 자가 다음 각 호의 어느 하나에 해당하는 경우에는 주파수할당을 취소할 수 있다. 다만, 제1호에 해당하는 경우에는 주파수할당을 취소하여야 한다.

1. 거짓이나 그 밖의 부정한 방법으로 주파수할당을 받은 경우
2. 제11조 및 제12조에 따라 주파수할당을 받은 자가 「전기통신사업법」 제20조에 따라 기간통신사업의 허가가 취소되거나 「방송법」 제18조에 따라 종합유선방송사업의 허가나 전송망사업의 등록이 취소된 경우
3. 제10조제1항에 따라 공고한 주파수 용도나 기술방식을 위반한 경우
4. 제10조제3항에 따른 조건을 이행하지 아니한 경우
5. 제11조제1항에 따라 주파수할당을 받은 자가 그 대가를 내지 아니한 경우

② 미래창조과학부장관은 제1항(제1호를 제외한다)에 따라 주파수할당을 취소하기 전에 1회에 한하여 시정을 명할 수 있다.

제16조(재할당)

① 미래창조과학부장관은 이용기간이 끝난 주파수를 이용기간이 끝날 당시의 주파수 이용자에게 재할당할 수 있다. 다만, 다음 각 호의 어느 하나에 해당하는 경우에는 그러하지 아니하다.

1. 주파수 이용자가 재할당을 원하지 아니하는 경우
2. 해당 주파수를 국방·치안 및 조난구조용으로 사용할 필요가 있는 경우

3. 국제전기통신연합이 해당 주파수를 다른 업무 또는 용도로 분배한 경우
4. 제10조제3항에 따른 조건을 위반한 경우

② 미래창조과학부장관은 제1항에 따라 재할당을 하려는 경우에는 이해관계자에게 의견을 제출하도록 할 수 있다.

③ 미래창조과학부장관은 제1항제2호나 제3호에 해당하여 재할당을 하지 아니하는 경우 또는 제12조에 따라 할당한 주파수를 제11조제1항 단서에 따라 주파수할당 대가를 받고 재할당하는 등 새로운 조건을 붙이려는 경우에는 이용기간이 끝나기 1년 전에 미리 주파수 이용자에게 알려야 한다.

④ 제11조제1항 단서에 따라 주파수할당 대가를 받고 재할당하는 경우에는 같은 조 제2항부터 제5항까지(가격경쟁에 의한 대가를 받고 주파수할당을 하는 경우에 해당하는 규정은 제외한다)를 준용하되, 그러하지 아니하는 경우에는 제12조를 준용한다.

⑤ 주파수를 재할당하는 경우에는 제10조제3항에 따른 조건을 붙일 수 있다.

제16조의2(추가할당)

미래창조과학부장관은 할당하는 주파수와 용도 및 기술방식이 동일한 주파수를 이미 할당받은 자가 주파수할당을 신청하는 경우에는 제11조 또는 제12조에 따라 주파수를 할당할 수 있다.

제17조(전환)

① 미래창조과학부장관은 제12조에 따라 심사하여 할당된 주파수의 경제적 가치와 기술적 파급효과가 크다고 인정되는 등 전파 관련 분야의 진흥을 위하여 필요하다고 인정되는 경우에는 해당 주파수를 할당받은 자를 제11조에 따라 대가에 의한 주파수할당을 받은 자로 전환하게 할 수 있다.

② 미래창조과학부장관은 제1항에 따라 주파수할당을 전환받으려는 자에게 대통령령으로 정하는 기준에 따라 산정된 금액을 내도록 할 수 있다.

③ 제1항에 따른 전환에 대하여는 제10조제3항 및 제11조제6항을 준용한다.

④ 제1항에 따른 전환의 절차 등에 필요한 사항은 대통령령으로 정한다.

제18조(주파수이용권 관리대장)

① 미래창조과학부장관은 주파수이용권을 효율적으로 관리하기 위하여 대통령령으로 정하는 바에 따라 주파수이용권에 관한 사항을 적은 대장(이하 "주파수이용권 관리대장"이라 한다)을 유지하고 관리 하여야 한다.

② 주파수이용권 관리대장을 열람하거나 그 사본을 발급받으려는 자는 대통령령으로 정하는 바에 따라 미래창조과학부장관에게 신청하여야 한다.

③ 제1항의 주파수이용권 관리대장은 전자적 처리가 불가능한 특별한 사유가 있는 경우 외에는 전자적 방법에 따라 유지하고 관리하여야 한다.

제18조의2(주파수 사용승인의 신청 등)

① 미래창조과학부장관은 안보·외교적 목적 또는 국제적·국가적 행사 등을 위하여 특정한 주파수의 사용이 필요하다고 인정되는 경우에는 주파수 사용승인을 할 수 있다.

② 제1항에 따른 주파수 사용승인을 받으려는 자는 대통령령으로 정하는 바에 따라 미래창조과학부장관에게 신청하여야 한다. 주파수 사용승인을 받은 사항을 변경하려는 경우에도 또한 같다.

③ 미래창조과학부장관은 제2항에 따른 신청을 받은 때에는 전파자원 이용의 효율성, 주파수 사용의 가능성 및 전파혼신 등을 심사하여 그 결과가 적합하면 주파수 사용승인을 하고, 다음 각 호의 사항을 포함한 사용승인서를 발급하여야 한다.

1. 전파의 형식, 점유주파수대역폭 및 주파수
2. 공중선전력
3. 공중선의 형식·구성 및 이득

④ 제3항에 따라 주파수 사용승인을 받은 자가 무선국 폐지 등으로 해당 주파수를 사용하지 아니하는 경우에는 제22조에 따른 유효기간에도 불구하고 지체 없이 미래창조과학부장관에게 해당 주파수를 반납하여야 한다.

제18조의3(주파수 사용승인의 취소 등)

① 미래창조과학부장관은 제18조의2에 따라 주파수 사용승인을 받은 자가 다음 각 호의 어느 하나에 해당하는 경우에는 위반행위의 시정을 명하거나 주파수 사용승인을 취소할 수 있다.

1. 제18조의2제3항에 따라 사용승인을 받은 주파수의 범위를 벗어나 무선국을 운용하는 경우
2. 제18조의2제3항에 따라 사용승인을 받은 주파수를 사용하지 아니하는 경우로서 같은 조 제4항에 따라 해당 주파수를 반납하지 아니하는 경우
3. 제24조제8항에 따른 검사를 거부하거나 방해하는 경우
4. 제25조제4항에 따른 시험성적서를 제출하지 아니하는 경우

② 제1항에 따른 시정명령 또는 주파수 사용승인 취소에 관한 세부적인 기준과 그 밖에 필요한 사항은 대통령령으로 정한다.

제4장 전파자원의 이용

제1절 무선국의 허가 및 운용

제19조(허가를 통한 무선국 개설 등)

① 무선국을 개설하려는 자는 대통령령으로 정하는 바에 따라 미래창조과학부장관의 허가를 받아야 한다. 허가받은 사항 중 대통령령으로 정하는 사항을 변경하려는 경우에도 또한 같다.

② 제1항 전단에도 불구하고 「전기통신사업법」 제2조제6호에 따른 전기통신역무를 제공받기 위한 무선국으로서 대통령령으로 정하는 무선국을 개설하려는 자가 해당 전기통신역무를 제공하는 자와 이용계약을 체결하였을 때에는 그 무선국은 미래창조과학부장관의 허가를 받은 것으로 본다. 이 경우 제1항 후단, 제22조, 제24조, 제25조의2 및 제69조제1항제2호는 적용하지 아니한다.

③ 전기통신사업자는 제2항에 따른 무선국을 개설하려는 자와 이용계약을 체결하였을 때에는 대통령령으로 정하는 바에 따라 신규로 이용계약을 체결한 가입자의 수와 전체 가입자의 수를 미래창조과학부장관에게 통보하여야 한다.

④ 제1항에도 불구하고 대통령령으로 정하는 바에 따라 미래창조과학부장관으로부터 주파수 사용승인을 받은 자는 무선국을 개설할 수 있다.

제19조의2(신고를 통한 무선국 개설 등)

① 제19조제1항에도 불구하고 다음 각 호의 어느 하나에 해당하는 무선국으로서 국가 간, 지역 간 전파혼신 방지 등을 위하여 주파수 또는 공중선전력을 제한할 필요가 없다고 인정되거나 인명안전 등을 목적으로 개설하는 것이 아닌 무선국 등 대통령령으로 정하는 무선국을 개설하려는 자는 미래창조과학부장관에게 신고하여야 한다. 신고한 사항 중 대통령령으로 정하는 사항을 변경하려는 경우에도 또한 같다.

1. 발사하는 전파가 미약한 무선국이나 무선설비의 설치공사를 할 필요가 없는 무선국
2. 수신전용의 무선국
3. 제11조 또는 제12조에 따라 주파수할당을 받은 자가 전기통신역무 등을 제공하기 위하여 개설하는 무선국
4. 「방송법」 제2조제1호라목에 따른 이동멀티미디어방송을 위하여 개설하는 무선국

② 제1항에도 불구하고 발사하는 전파가 미약한 무선국 등으로서 대통령령으로 정하는 무선국은 미래창조과학부장관에게 신고하지 아니하고 개설할 수 있다.

제20조(무선국 개설의 결격사유)

① 다음 각 호의 어느 하나에 해당하는 자는 무선국을 개설할 수 없다. 다만, 제19조제2항, 제19조의 2제1항제1호·제2호 및 같은 조 제2항에 따라 개설하는 것은 그러하지 아니하다.

1. 대한민국의 국적을 가지지 아니한 자
2. 외국정부 또는 그 대표자
3. 외국의 법인 또는 단체
4. 이 법을 위반하여 금고 이상의 실형을 선고받고 그 집행이 끝나거나 집행을 받지 아니하기로 확정된 날부터 2년이 지나지 아니한 자
5. 이 법을 위반하여 금고 이상의 형의 집행유예를 선고받고 그 유예기간 중에 있는 자
6. 「형법」 중 내란의 죄와 외환의 죄, 「군형법」 중 이적의 죄 또는 「국가보안법」 을 위반한 죄를 범하여 실형을 선고받고 그 형의 집행이 끝나거나 집행을 받지 아니하기로 확정된 날부터 2년이 지나지 아니한 자
7. 제72조제2항에 따라 무선국 개설허가의 취소나 개설신고된 무선국의 폐지 명령을 받고 그 사유가 없어지지 아니한 자

② 제1항 제1호부터 제3호까지의 규정은 다음 각 호의 어느 하나에 해당하는 무선국에 대하여는 적용하지 아니한다.

1. 실험국(과학이나 기술발전을 위한 실험에만 사용하는 무선국을 말한다. 이하 같다)
2. 「선박안전법」 제29조에 따른 선박의 무선국
3. 「항공법」 제145조 단서 및 제148조에 따른 허가를 받아 국내항공에 사용되는 항공기의 무선국
4. 다음 각 목의 어느 하나에 해당하는 무선국으로서 대한민국의 정부·대표자 또는 국민에게 자국(自國)에서 무선국 개설을 허용하는 국가의 정부·대표자 또는 국민에게 그 국가가 허용하는 무선국과 같은 종류의 무선국
   가. 대한민국에서 해당 국가의 외교와 영사 업무를 하는 대사관 등의 공관에서 특정 지점 간의 통신을 위하여 공관 안에 개설하는 무선국
   나. 아마추어국(개인적으로 무선기술에 흥미를 가지고 자기훈련과 기술연구에만 사용하는 무선국을 말한다. 이하 같다)
   다. 육상이동 업무를 하는 무선국으로서 대통령령으로 정하는 것
5. 국내에서 열리는 국제적 또는 국가적인 행사를 위하여 필요한 경우 그 기간에만 미래창조과학부장관이 허용하는 무선국

6. 아마추어국으로서 다음 각 목의 어느 하나에 해당하는 자가 개설하는 무선국
   가. 제70조에 따라 대한민국의 아마추어무선기사 자격을 취득한 자
   나. 대한민국에 잠시 머무르는 동안 무선국을 운용하려는 자(자국에서 아마추어무선기사 자격을 취득한 자에 한한다)로서 미래창조과학부장관이 지정하는 단체의 추천을 받은 자
7. 대한민국에 들어오거나 대한민국에서 나가는 항공기나 선박에서 전기통신역무를 제공하기 위하여 해당 항공기 또는 선박 안에 개설하는 무선국

제20조의2(무선국의 개설조건)

① 무선국은 다음 각 호의 개설조건을 갖추어야 한다.
1. 통신사항이 개설목적에 적합할 것
2. 시설자가 아닌 타인에게 그 무선설비를 제공하는 것이 아닐 것. 다만, 제48조제1항에 따라 타인에게 임대하는 무선국, 업무상 긴밀한 관계가 있는 자 간의 원활한 통신을 위하여 개설하는 무선국으로서 미래창조과학부장관이 인정하는 무선국 또는 제25조제2항제4호에 따른 비상통신을 행하는 무선국의 경우에는 그러하지 아니하다.
3. 개설목적·통신사항 및 통신상대방의 선정이 법령에 위반되지 아니할 것
4. 개설목적의 달성에 필요한 최소한의 주파수 및 공중선전력을 사용할 것
5. 무선설비는 인명·재산 및 항공의 안전에 지장을 주지 아니하는 장소에 설치할 것
6. 이미 개설되어 있는 다른 무선국의 운용에 지장을 주지 아니할 것

② 제1항에 따른 개설조건 외에 제3항의 무선국의 분류에 따른 개설조건에 관하여 필요한 사항은 대통령령으로 정한다.
③ 무선국이 하는 업무와 무선국의 분류에 관한 것은 대통령령으로 정한다.

제21조(무선국 개설허가 등의 절차)

① 제19조제1항에 따라 무선국의 개설허가 또는 허가받은 사항을 변경하기 위한허가(이하 "변경허가"라 한다)를 받으려는 자는 대통령령으로 정하는 바에 따라 미래창조과학부장관에게 신청하여야 한다.
② 미래창조과학부장관은 제1항에 따른 신청을 받은 때에는 다음 각 호의 사항을 심사하여야 한다.
1. 주파수지정이 가능한지의 여부
2. 설치하거나 운용할 무선설비가 제45조에 따른 기술기준에 적합한지의 여부
3. 무선종사자의 배치계획이 제71조에 따른 자격·정원배치기준에 적합한지의 여부

4. 제20조의2에 따른 무선국의 개설조건에 적합한지의 여부

③ 미래창조과학부장관은 제2항에 따른 심사를 할 때에 필요하다고 인정하면 신청인에게 자료 제출을 요구하거나 신청인의 의견을 들을 수 있다.

④ 미래창조과학부장관은 제2항에 따라 심사한 결과 그 신청이 적합하면 무선국 개설허가 또는 변경허가를 하고 신청인에게 무선국의 준공기한과 그 밖에 대통령령으로 정하는 사항이 적힌 허가증을 발급하여야 한다.

⑤ 미래창조과학부장관은 대통령령으로 정하는 무선국의 개설허가 또는 변경허가를 한 경우에는 대통령령으로 정하는 바에 따라 이를 고시하여야 한다.

제22조(무선국 개설허가 및 주파수 사용승인의 유효기간)

① 제19조제1항에 따른 무선국 개설허가의 유효기간은 7년 이내의 범위에서, 같은 조 제5항에 따른 주파수 사용승인의 유효기간은 10년 이내의 범위에서 대통령령으로 각각 정하며, 그 기간이 끝나면 재허가나 재승인을 할 수 있다.

② 제1항에도 불구하고 「선박안전법」이나 「항공법」에 따라 선박, 항공기 또는 경량항공기에 의무적으로 개설하여야 하는 무선국의 개설허가 유효기간은 무기한으로 한다.

③ 제1항에 따른 허가나 승인의 유효기간은 다음 각 호에서 정한 날부터 기산한다.

1. 무선국 개설허가는 제24조제3항 본문에 따른 검사증명서를 발급받은 날. 다만, 제24조의2제1항 각 호에 따른 무선국의 개설허가는 그 허가를 받은 날로 한다.
2. 주파수 사용승인은 그 승인을 받은 날

④ 제1항에 따른 재허가나 재승인의 절차와 그 밖에 필요한 사항은 대통령령으로 정한다.

제22조(주파수 사용승인 및 무선국 개설허가의 유효기간)

① 제18조의2제3항에 따른 주파수 사용승인의 유효기간은 10년 이내의 범위에서, 제19조제1항에 따른 무선국 개설허가의 유효기간은 7년 이내의 범위에서 대통령령으로 각각 정하며, 그 기간이 끝나면 재승인이나 재허가를 할 수 있다.

② 제1항에도 불구하고 「선박안전법」이나 「항공법」에 따라 선박, 항공기 또는 경량항공기에 의무적으로 개설하여야 하는 무선국의 개설허가 유효기간은 무기한으로 한다.

③ 제1항에 따른 승인이나 허가의 유효기간은 다음 각 호에서 정한 날부터 기산한다.

1. 주파수 사용승인은 제18조의2제3항에 따라 주파수 사용승인을 받은 날
2. 무선국 개설허가는 제24조제3항 본문에 따른 검사증명서를 발급받은 날. 다만, 제24조의2제1

항 각 호에 따른 무선국의 개설허가는 그 허가를 받은 날로 한다.
④ 제1항에 따른 재승인이나 재허가의 절차와 그 밖에 필요한 사항은 대통령령으로 정한다.

제22조의2(무선국 개설신고 등의 절차)
① 제19조의2제1항 전단에 따라 무선국 개설신고를 하려는 자는 무선국을 개설하기 전까지 미래창조과학부장관에게 신고하여야 한다. 제19조의2제1항 후단에 따라 신고한 사항을 변경하기 위한 신고(이하 "변경신고"라 한다)를 하려는 경우에도 또한 같다.
② 미래창조과학부장관은 제1항에 따라 개설신고를 받거나 변경신고를 받은 경우에는 무선국 신고증명서를 발급하여야 한다.

제23조(시설자의 지위승계)
① 다음 각 호의 어느 하나에 해당하는 자는 시설자(제14조제5항에 따라 시설자의 지위를 승계하는 자를 제외한다. 이하 이 조에서 같다)의 지위를 승계한다.
  1. 시설자가 사업을 양도하면서 그 사업과 관련된 무선국을 양도한 경우의 양수인
  2. 시설자인 법인이 합병한 경우에 합병 후 존속하거나 합병에 따라 설립된 법인
  3. 시설자가 사망한 경우의 상속인
  4. 무선국이 있는 선박이나 항공기의 소유권 이전 또는 임대차계약 등에 의하여 선박이나 항공기를 운항하는 자가 변경된 경우에 해당 선박이나 항공기를 운항하는 자
② 제1항 제1호 또는 제2호에 해당하는 자는 대통령령으로 정하는 바에 따라 미래창조과학부장관의 인가를 받아야한다. 다만, 지상파방송사업을 위한 방송국 시설자의 경우 대통령령으로 정하는 바에 따라 방송통신위원회의 인가를 받아야 한다.
③ 제1항 제3호 또는 제4호에 해당하는 자와 대통령령으로 정하는 무선국을 승계 받으려는 자는 대통령령으로 정하는 바에 따라 미래창조과학부장관에게 신고하여야 한다. 다만, 지상파방송사업을 위한 방송국 시설자의 경우 대통령령으로 정하는 바에 따라 방송통신위원회에 신고하여야 한다.
④ 제2항에 따른 인가 및 제3항에 따른 신고의 결격사유에 관하여는 제20조를 준용한다.
⑤ 법인의 합병이나 상속에 따라 시설자의 지위를 승계한 자가 2명 이상인 경우에는 그중 1명을 대표자로 선정하여야 한다.

제24조(검사)
① 다음 각 호의 어느 하나에 해당하는 자는 무선설비가 준공된 경우 미래창조과학부장관에게 준공신고를 하고 그 무선설비가 기술기준 및 무선종사자의 자격·정원배치기준에 적합한지의 여부에

대하여 검사(이하 "준공검사"라 한다)를 받아야 한다. 다만, 제19조의2제1항제3호에 따라 신고하고 개설할 수 있는 무선국 중 대통령령으로 정하는 경우에는 표본추출 방법으로 검사(이하 "표본검사"라 한다)할 수 있다.

1. 제21조제4항에 따라 무선국 개설허가 또는 변경허가를 받은 자
2. 제22조의2제1항에 따라 제19조의2제1항제3호 또는 제4호에 해당하는 무선국의 개설신고 또는 변경신고를 한자

② 미래창조과학부장관은 제1항 각 호의 어느 하나에 해당하는 자로부터 허가증 또는 무선국 신고증명서에 적힌 준공기한의 연장신청을 받은 경우 그 사유가 합당하다고 인정하면 준공기한을 연장할 수 있다. 이 경우 총 연장기간은 1년을 초과할 수 없다.

③ 미래창조과학부장관은 제1항에 따라 검사한 결과 그 무선설비가 제45조에 따른 기술기준에 적합하고 무선종사자의 자격과 정원이 제71조에 따른 자격·정원배치기준에 적합하면 지체 없이 검사를 신청한 자에게 검사증명서를 발급하여야 한다. 다만, 검사한 결과가 적합하지 아니한 무선국의 경우에는 대통령령으로 정하는 기한 내에 재검사를 받아야 한다.

④ 미래창조과학부장관은 다음 각 호의 어느 하나에 해당하는 무선국에 대하여 5년의 범위에서 무선국별로 대통령령으로 정하는 기간마다 정기검사를 실시하여야 한다.

1. 제21조제4항에 따라 개설허가를 받은 무선국
2. 제22조의2제1항에 따라 개설신고를 한 무선국(제19조의2제1항제3호 또는 제4호에 해당하는 무선국에 한한다)

⑤ 미래창조과학부장관은 무선국이 있는 선박이나 항공기가 외국에 출항하려는 경우나 그 밖에 전파의 효율적 이용이나 관리를 위하여 특히 필요한 경우에는 무선설비의 기술기준, 무선종사자의 자격과 정원, 그 밖에 필요한 사항 등을 검사할 수 있다.

⑥ 제1항 각 호 외의 부분 단서에 따른 무선국 표본검사의 결과, 불 합격률이 일정 기준을 초과하는 등 대통령령으로 정하는 경우에는 표본검사를 받지 아니한 무선국에 대하여도 같은 항 본문에 따른 검사를 받아야 한다.

⑦ 제1항·제4항·제5항에 따른 검사의 시기·방법 및 절차에 관하여 필요한 사항은 대통령령으로 정한다.

제24조의2(검사의 면제 등)

① 미래창조과학부장관은 제24조제1항에도 불구하고 다음 각 호의 어느 하나에 해당하는 무선국의 경우에는 준공검사를 면제 또는 생략할 수 있다.

1. 어선에 설치하는 무선국, 소규모의 무선국 및 아마추어국으로서 대통령령으로 정하는 무선국

2. 제22조제1항에 따라 재허가를 받은 무선국
3. 무선설비의 설치공사가 필요 없거나 간단한 무선국으로서 대통령령으로 정하는 무선국
4. 외국에서 취득한 후 국내의 목적지에 도착하지 못한 선박 또는 항공기의 무선국
5. 제20조제2항제7호의 무선국 중 시설자가 외국인인 무선국

② 미래창조과학부장관은 제24조제4항에도 불구하고 정기검사 시기에 외국을 항행 중인 선박 또는 항공기의 무선국, 그 밖에 정기검사를 실시할 필요가 없다고 인정되는 무선국의 경우에는 정기검사 시기를 연기하거나 정기검사를 면제 또는 생략할 수 있다.

제25조(무선국의 운용)

① 제24조제1항에 따라 준공검사를 받아야 하는 무선국은 준공검사를 받은 후 운용하여야 한다. 다만, 제24조의2제1항에 따라 준공검사를 면제 또는 생략한 경우에는 그러하지 아니하다.

② 무선국은 제21조제4항에 따른 허가증 또는 제22조의2제2항에 따른 무선국 신고증명서에 적힌 사항의 범위에서 운용하여야 한다. 다만, 다음 각 호의 어느 하나에 해당하는 통신을 하는 경우에는 그러하지 아니하다.

1. 조난통신(선박이나 항공기가 중대하고 급박한 위기에 처한 경우에 조난신호를 먼저 보낸 후에 하는 무선통신을 말한다. 이하 같다)
2. 긴급통신(선박이나 항공기가 중대하고 급박한 위험에 처할 우려가 있는 경우나 그 밖에 긴박한 사태가 발생한 경우에 긴급신호를 먼저 보낸 후에 하는 무선통신을 말한다. 이하 같다)
3. 안전통신(선박이나 항공기의 항행 중에 발생하는 중대한 위험을 예방하기 위하여 안전신호를 먼저 보낸 후에 하는 무선통신을 말한다. 이하 같다)
4. 비상통신(지진·태풍·홍수·해일·화재, 그 밖의 비상사태가 발생하였거나 발생할 우려가 있는 경우로서 유선통신을 이용할 수 없거나 이용하기 곤란할 때에 인명의 구조, 재해의 구호, 교통통신의 확보 또는 질서유지를 위하여 하는 무선통신을 말한다. 이하 같다)
5. 그 밖에 대통령령으로 정하는 통신

③ 제1항에도 불구하고 제19조의2제1항제3호의 무선국은 준공신고를 한 후에 운용할 수 있다. 다만, 제24조제1항에 따른 검사에 불합격한 경우에는 무선국의 운용을 정지하고 대통령령으로 정하는 기한 내에 재검사를 받아야 한다.

제25조의2(무선국의 폐지 및 운용 휴지)

① 시설자가 무선국을 폐지하려고 하거나 무선국의 운용을 1개월 이상 휴지하려는 경우 또는 1개월

이상 운용을 휴지한 무선국을 재운용하려는 경우에는 대통령령으로 정하는 바에 따라 미래창조과학부장관에게 신고하여야 한다. 다만, 지상파방송사업을 위한 방송국 시설자의 경우 대통령령으로 정하는 바에 따라 방송통신위원회에 신고하여야 한다.

② 시설자가 무선국의 폐지를 신고한 때에는 그 허가 또는 개설신고에 따른 효력은 소멸된다.

제27조(통신방법 등)

무선국은 미래창조과학부장관이 정하여 고시하는 바에 따라 무선국의 호출방법·응답방법·운용시간·청취의무, 그 밖에 통신방법 등에 관한 사항을 지키며 운용하여야 한다.

제28조(조난통신 등)

① 「선박안전법」 또는 「항공법」에 따라 선박, 항공기 또는 경량항공기에 의무적으로 개설하여야 하는 무선국이 갖추어야 할 사용주파수와 전파형식 등의 조건은 미래창조과학부장관이 정하여 고시한다.

② 다음 각 호의 무선국은 조난통신을 수신한 경우에는 다른 모든 무선통신에 우선하여 즉시 응답하고 조난을 당한선박이나 항공기를 구조하기 위하여 가장 편리한 위치에 있는 무선국에 통보하는 등 최선의 조치를 하여야 하고, 긴급통신이나 안전통신을 수신한 경우에는 미래창조과학부장관이 정하여 고시하는 바에 따라 필요한 조치를 하여야한다.

1. 해안국(海岸局)[선박국(船舶局)과 통신을 하기 위하여 육상에 개설하고 이동하지 아니하는 무선국을 말한다. 이하 같다]
2. 선박국(선박에 개설하여 해상이동 업무를 하는 무선국을 말한다. 이하 같다)
3. 항공국(航空局)[항공기국(航空機局)과 통신을 하기 위하여 육상에 개설하고 이동하지 아니하는 무선국을 말한다. 이하 같다]
4. 항공기국(항공기에 개설하여 항공이동 업무를 하는 무선국을 말한다. 이하 같다)

③ 선박국은 해안국의 통신권에 들어왔을 때와 통신권을 벗어날 때에는 대통령령으로 정하는 바에 따라 그 사실을 해안국에 알려야 한다.

④ 항공기국은 그 항공기의 항행 중에는 미래창조과학부장관이 정하여 고시하는 바에 따라 항공국과 연락하여야 한다.

제29조(혼신 등의 방지)

무선국은 다른 무선국의 운용을 저해할 혼신이나 그 밖의 방해를 하지 아니하도록 운용하여야한다. 다만, 제25조 제2항 제1호부터 제4호까지의 통신에 관하여는 그러하지 아니하다.

제30조(통신보안의 준수)

① 시설자, 무선통신 업무에 종사하는 자 및 무선설비를 이용하는 자는 통신보안 책임자의 지정, 통신보안 교육의 이수 등 미래창조과학부장관이 정하여 고시하는 통신보안에 관한 사항을 지켜야 한다.

② 제1항에 따른 통신보안의 교육 등에 필요한 사항은 미래창조과학부장관이 정하여 고시한다.

제31조(실험국 등의 통신)

① 실험국은 외국의 실험국과 통신을 하여서는 아니 된다.

② 실험국과 아마추어국이 통신할 때에는 암어(暗語)를 사용하여서는 아니 된다.

③ 아마추어국은 제3자를 위한 통신을 하여서는 아니 된다. 다만, 다른 아마추어국을 개설한 자를 위한 통신이나 비상·재난구조를 위한 통신의 경우에는 그러하지 아니하다.

④ 아마추어국은 무선설비에 유·무선 접속장치를 접속하여 비상·재난구조를 위한 중계통신을 할 수 있다.

제2절 방송국의 개설허가 및 운용

제34조(방송국의 개설허가)

① 제19조제1항에도 불구하고 「방송법」 제9조제1항 및 제17조제1항에 따른 지상파방송 사업을 위한 방송국의 개설허가 또는 재허가를 받으려는 자는 대통령령으로 정하는 바에 따라 방송통신위원회에 신청하여야 한다.

② 방송통신위원회는 제1항에 따라 방송국의 개설허가 또는 재허가 신청을 받으면 다음 각 호의 사항에 대한 심사를 미래창조과학부장관에게 의뢰하여야 한다.

1. 방송용으로 분배된 주파수의 범위에서 주파수 지정이 가능한지 여부
2. 설치하거나 운용할 무선설비가 제45조에 따른 기술기준에 적합한지 여부
3. 무선종사자의 배치계획이 제71조에 따른 자격·정원배치기준에 적합한지 여부
4. 제35조에 따른 방송국의 개설조건을 충족하는지의 여부
5. 그 밖에 방송 업무를 적절히 수행하기 위하여 필요한 것으로서 대통령령으로 정하는 사항

③ 미래창조과학부장관은 제2항 각 호에 대한 심사를 하여 그 결과를 방송통신위원회에 송부하여야 한다.

④ 방송통신위원회는 제3항에 따른 심사 결과를 반영하여 허가·재허가 여부를 결정한다. 허가받은 사항 중 대통령령으로 정하는 사항을 변경하려는 경우에도 또한 같다.

제34조의2(위성방송사업을 위한 무선국 등의 개설 등)

미래창조과학부장관은 제21조제1항에 따라 위성방송을 위한 무선국 등의 개설허가 신청을 받으면 같은 조 제2항제1호부터 제3호까지의 사항 이외에 다음 각 호의 사항을 심사하여야 한다.

1. 제35조에 따른 방송국의 개설조건을 충족하는지 여부
2. 그 밖에 방송 업무를 적절히 수행하기 위하여 필요한 것으로서 대통령령으로 정하는 사항

제35조(방송국의 개설조건 등)

① 방송국을 개설하려는 자는 다른 방송의 수신에 혼신을 일으키지 아니하도록 설치하여야 한다.
② 혼신을 방지하기 위한 방송국의 설치장소, 송신공중선(送信空中線)의 높이·출력 및 지향특성 등 방송국의 개설조건에 필요한 사항은 대통령령으로 정한다.
③ 방송통신위원회는 방송국을 개설하려는 자의 허가신청 내용이 제2항에 따른 개설조건에 적합하지 아니하면 설치장소의 이전 등 보완을 명할 수 있다.

제36조(방송수신의 보호)

① 통상적으로 수신이 가능한 방송의 수신에 장애를 일으키는 건축물의 소유자는 해당 수신 장애를 제거하기 위하여 필요한 조치를 하여야 한다.
② 제1항에 따른 통상적으로 수신이 가능한 방송의 기준은 방송통신위원회 고시로 정하고, 방송의 수신 장애 제거에 필요한 사항은 대통령령으로 정한다.

제37조(방송표준방식)

① 미래창조과학부장관은 방송사업용 주파수의 효율적 이용과 이용자의 편의를 위하여 방송표준방식을 정하여 고시하여야 한다.
② 미래창조과학부장관은 제1항에 따른 방송표준방식을 정하거나 변경하는 경우에는 미리 이해관계자의 의견을 들어야 한다.

제3절 우주통신의 운용

제38조(위성궤도 및 주파수의 확보)

미래창조과학부장관은 우주통신을 위한 위성궤도와 주파수(이하 "위성궤도등"이라 한다)를 확보하기 위하여 필요한 시책을 마련하여야 한다.

제39조(위성궤도등의 국제등록)

① 우주국을 개설하기 위하여 위성궤도등을 확보하려는 자는 대통령령으로 정하는 바에 따라 미래창조과학부장관에게 위성망 국제등록 신청을 요청하여야 한다.

② 미래창조과학부장관은 제1항에 따른 위성망 국제등록 신청 요청의 내용이 다음 각 호에 적합한 경우에는 「국제전기통신연합 전파규칙」에 따라 국제전기통신연합에 위성망 국제등록을 신청하고, 적합하지 아니한 경우에는 그 요청서를 되돌려 보내거나 기간을 구체적으로 밝혀 보완하도록 할 수 있다.

1. 요청 자가 개설하려는 우주국에 주파수의 지정이 가능할 것
2. 위성사업계획이 적정할 것
3. 요청 자가 위성망 혼신조정능력이 있을 것

③ 제2항에 따라 위성망 국제등록 신청이 된 경우에 제1항에 따라 미래창조과학부장관에게 위성망 국제등록 신청을 요청한 자는 국제전기통신연합에서 정하는 바에 따라 위성망 국제등록 비용을 부담하여야 한다.

제40조(위성망의 혼신조정)

① 미래창조과학부장관은 외국이 관할하는 위성망과의 혼신을 조정하기 위하여 필요한 시책을 마련하여야 한다.

② 미래창조과학부장관은 제39조제1항에 따라 위성망 국제등록 신청을 요청한 자에게 혼신 조정에 필요한 자료를 제출하도록 요구할 수 있다.

제41조(위성궤도등의 할당 등)

① 제10조제1항 각 호의 어느 하나에 해당하는 자에게 위성궤도등을 이용하게 하는 경우에는 제10조부터 제18조까지의 규정을 준용하여 할당한다.

② 제10조제1항 각 호에 규정된 자 외의 자에게 위성궤도등을 이용하게 하는 경우에는 제21조에 따라 우주국의 개설허가를 할 때에 우주국에 위성궤도등을 지정한다.

③ 미래창조과학부장관은 제39조에 따라 위성궤도등이 확보되면 해당 요청자에게 우선하여 제1항에 따라 할당하거나 제2항에 따라 지정한다.

제42조(우주국의 개설조건)

우주국은 관제설비(管制設備)에서 원격조작에 의하여 전파의 발사를 즉시 정지할 수 있고 그 궤도를

변경할 수 있는 기능을 갖추어야 한다.

제43조(위성궤도의 변경)

미래창조과학부장관은 혼신을 조정하거나 전파자원을 효율적으로 이용하기 위하여 필요하다고 인정하면 목적수행에 중대한 지장을 주지 아니하는 범위에서 우주국의 시설자에게 위성궤도를 변경하게 할 수 있다.

제44조(인공위성의 국제연합 등록)

① 미래창조과학부장관은 「외기권에 발사된 물체의 등록에 관한 협약」에 따라 대한민국 국민이 발사한 인공위성을 국제연합에 등록하여야 한다.

② 미래창조과학부장관은 인공위성을 발사한 자에게 해당 인공위성의 등록에 필요한 자료를 제출하도록 요구할 수 있다.

제44조의2(안전한 전파환경 기반 조성)

미래창조과학부장관은 전자파가 인체, 기자재, 무선설비 등에 미치는 영향을 최소화하고 안전한 전파환경을 조성하기 위하여 다음 각 호의 시책을 마련하여야 한다.

1. 전파 이용과 관련된 역기능 방지 및 안전한 전파환경 조성대책의 수립·추진
2. 전자파가 인체에 미치는 영향 등에 관한 종합적인 보호대책의 수립·추진
3. 기자재의 전자파장해를 방지하고 전자파로부터 기자재를 보호하기 위한 전자파적합성에 관한 정책의 수립·추진
4. 전자파 인체흡수율, 전자파강도 및 전파환경 등에 대한 관련 기준 마련 및 측정·조사
5. 전자파 차폐·차단 및 저감(低減) 기술 등 전자파 역기능 해소를 위한 기반기술 연구
6. 안전한 전파환경 기반 조성을 위한 교육 및 홍보계획의 수립·시행

제44조의3(전자파의 인체영향에 관한 연구·조사 및 교육·홍보)

① 미래창조과학부장관은 전자파가 인체에 미치는 영향에 관한 연구·조사 등을 실시하여야 한다.

② 미래창조과학부장관은 전자파가 인체에 미치는 영향에 관한 정보 전달과 방송통신기자재 등의 안전한 사용 등에 관한 교육 및 홍보를 위하여 적극 노력하여야 한다.

제5장 전파자원의 보호

제45조(기술기준)

무선설비(방송수신만을 목적으로 하는 것은 제외한다)는 주파수 허용편차와 공중선전력 (공중선의 급전선(給電線)에 공급되는 전력을 말한다. 이하 같다) 등 미래창조과학부장관이 정하여 고시하는 기술기준에 적합하여야 한다.

제47조(안전시설의 설치)

무선설비는 인체에 위해를 주거나 물건에 손상을 주지 아니하도록 미래창조과학부장관이 정하여 고시하는 안전시설기준에 따라 설치하여야 한다.

제47조의2(전자파 인체보호기준 등)

① 미래창조과학부장관은 무선설비 등에서 발생하는 전자파가 인체에 미치는 영향을 고려하여 다음 각 호의 사항을 정하여 고시하여야 한다.

1. 전자파 인체보호기준
2. 전자파 등급기준
3. 전자파 강도 측정기준
4. 전자파 흡수율 측정기준
5. 전자파 측정대상 기자재와 측정방법
6. 전자파 등급 표시대상과 표시방법
7. 그 밖에 전자파로부터 인체를 보호하기 위하여 필요한 사항

② 무선국의 시설자나 무선설비 기기를 제작하거나 수입하려는 자는 무선설비로부터 방출되는 전자파 강도가 전자파 인체보호기준을 초과하지 아니하도록 하여야 하며, 그 기준을 초과하는 장소에는 취급자 외의 자가 출입할 수 없도록 안전시설을 설치하여야 한다.

③ 공중선전력 및 설치장소 등이 대통령령으로 정하는 기준에 해당하는 무선국의 시설 자는 제1항에 따라 고시한 전자파 인체보호기준 및 전자파 강도 측정기준에 따라 전자파 강도를 측정하여 그 결과를 미래창조과학부장관에게 보고하여야 한다.

④ 제3항에 따라 전자파 강도를 보고하여야 하는 무선국의 시설자는 제24조에 따라 무선국을 검사할 때에 미래창조과학부장관에게 전자파 강도를 측정하도록 요청할 수 있다. 이 경우 무선국의 시설자는 제3항에 따른 전자파 강도의 보고의무를 이행한 것으로 본다.

⑤ 미래창조과학부장관은 무선국에서 방출되는 전자파 강도가 제1항에 따라 고시한 전자파 인체보

호기준을 초과할 가능성이 있다고 판단하거나 제3항에 따라 무선국의 시설자가 보고한 측정 결과의 거짓 여부를 확인할 필요성이 있다고 판단하면 무선국의 전자파 강도를 측정하거나 조사할 수 있다.

⑥ 미래창조과학부장관은 제3항부터 제5항까지의 규정에 따라 보고·측정·조사된 전자파 강도가 전자파 인체보호기준을 초과하면 안전시설의 설치, 운용제한 및 운용정지 등 필요한 조치를 명할 수 있다.

⑦ 제3항에 따른 전자파 강도의 보고 시기 및 방법, 제4항에 따른 전자파 강도의 측정 요청 시기 및 방법 등에 필요한 사항은 대통령령으로 정한다.

⑧ 무선국의 시설 자나 무선설비를 제작하거나 수입한 자는 제1항제2호 및 제6호에 따라 전자파 등급을 표시하여야 한다.

제47조의3(전자파적합성 등)

① 전자파장해를 주거나 전자파로부터 영향을 받는 기자재에 대한 전자파장해 방지기준 및 보호기준(이하 "전자파적합성기준"이라 한다)은 대통령령으로 정한다.

② 전자파장해를 주거나 전자파로부터 영향을 받는 기자재를 제작하거나 수입하려는 자는 전자파적합성기준을 초과하지 아니하도록 하여야 한다.

③ 미래창조과학부장관은 전자파장해를 주거나 전자파로부터 영향을 받는 기자재에서 발생하는 전자파가 전자파적합성기준을 초과할 가능성이 있다고 판단할 경우에는 해당 기자재에 대하여 전자파적합성 여부를 측정하거나 조사할 수 있다.

④ 제3항에 따른 측정이나 조사의 절차와 방법에 관하여는 제71조의2제2항부터 제4항까지를 준용한다.

⑤ 미래창조과학부장관은 제3항에 따라 측정·조사된 전자파가 전자파적합성기준을 초과하는 경우에는 해당 기자재의 전자파 저감 및 차폐를 위하여 필요한 조치를 권고할 수 있다.

⑥ 미래창조과학부장관은 전자파장해 방지 및 보호를 위하여 전자파 저감 및 차폐 등 관련 기술개발에 관한 사항을 지원할 수 있다.

⑦ 미래창조과학부장관은 전자파적합성 등에 관한 국제 협력을 추진하여야 하며, 이를 위하여 관련 기술 및 인력의 국제교류와 국제표준화 및 국제공동연구개발 등의 사업을 지원할 수 있다.

제48조(무선설비의 효율적 이용)

① 시설 자는 무선설비를 효율적으로 이용하기 위하여 필요하면 대통령령으로 정하는 바에 따라 미

래창조과학부장관의 승인을 받아 무선국 무선설비의 전부나 일부를 다른 사람에게 임대·위탁운용하거나 다른 사람과 공동으로 사용할 수 있다.

제48조의2(자연환경 보호 등)

① 미래창조과학부장관은 자연환경 및 도시미관의 보호를 위하여 필요하다고 인정하는 경우에는 시설 자에게 무선국의 무선설비의 전부 또는 일부를 공동으로 사용할 것을 명하거나 자연환경에 대한 영향을 최소화하고 주변경관과 조화를 이루는 등 환경친화적으로 무선설비를 설치할 것을 명할 수 있다.

② 제1항에 따른 무선설비의 공동사용 명령과 환경친화적 설치명령의 대상 및 요건 등에 관하여 필요한 사항은 대통령령으로 정한다.

제49조(전파감시)

① 미래창조과학부장관은 전파의 효율적 이용을 촉진하고 혼신의 신속한 제거 등 전파이용 질서를 유지하고 보호하기 위하여 전파감시 업무를 수행하여야 한다.

② 제1항에 따른 전파감시 업무는 다음 각 호와 같다.

1. 무선국에서 사용하고 있는 주파수의 편차·대역폭(帶域幅) 등 전파의 품질 측정
2. 혼신을 일으키는 전파의 탐지
3. 허가받지 아니한 무선국에서 발사한 전파의 탐지
4. 제28조제2항에 따른 통신, 허가받지 아니한 무선국에서 발사한 전파, 혼신에 관하여 조사를 의뢰받은 전파 등의 방향 탐지
5. 제25조 및 제27조부터 제30조까지의 규정에 따른 사항의 준수 여부
6. 그 밖에 전파이용 질서를 유지하고 보호하기 위하여 대통령령으로 정하는 사항

제50조(국제전파 감시)

① 미래창조과학부장관은 외국의 무선국이 발사한 전파의 감시, 혼신 분석 및 제거 등 국제전파 감시 업무를 수행하여야 한다.

② 미래창조과학부장관은 제1항에 따른 업무를 수행하기 위하여 필요한 시설을 설치하거나 운용하여야 한다.

제52조(무선방위측정장치의 보호)

① 무선방위측정장치보호구역(미래창조과학부장관이 설치한 무선방위측정장치의 설치장소로부터

1킬로미터 이내의 지역을 말한다)에 전파를 방해할 우려가 있는 건축물 또는 공작물로서 대통령령이 정하는 것을 건설하고자 하는 자는 미래창조과학부장관의 승인을 얻어야 한다.

② 제1항에 따른 무선방위측정장치의 설치장소는 미래창조과학부장관이 공고한다. 다만, 통신보안상 필요한 경우에는 관계 행정기관의 장에게 그 설치장소를 알리고 이를 공고하지 아니할 수 있다.

제54조(자료의 제공)

① 시설 자는 전파이용과 관련하여 다른 시설 자와의 분쟁이 있으면 미래창조과학부장관에게 분쟁지역에서의 전파이용 현황 등 필요한 자료를 제공하도록 요청할 수 있다. 이 경우 미래창조과학부장관은 특별한 사유가 없으면 그 요청에 따라야 한다.

② 미래창조과학부장관은 제1항에 따라 요청받은 자료를 제공하기 위하여 필요하면 소속 공무원을 파견하여 필요한 사항을 조사하거나 확인한 후 그 결과를 분쟁 당사자에게 알려야 한다.

제55조(전파환경의 측정 등)

① 미래창조과학부장관은 전파환경의 측정 등 전파환경을 보호하기 위하여 필요한 조치를 하여야 한다.

② 제1항에 따른 전파환경의 측정 등에 필요한 사항은 미래창조과학부장관이 정하여 고시한다.

제56조(고출력·누설 전자파 안전성 평가 등)

① 고출력 전자파로 인한 피해와 누설 전자파에 의한 정보유출을 방지하기 위하여 방호차폐시설 또는 장비보호시설 등을 구축한 자는 미래창조과학부장관에게 그 시설 등의 안전성 평가를 의뢰할 수 있다.

② 미래창조과학부장관은 제1항에 따라 안전성 평가를 의뢰받은 경우에는 안전성을 평가하고 그 결과를 통지하여야 한다. 다만, 평가결과가 안전성 평가기준에 맞지 아니하는 경우에는 이에 대한 대책을 마련하도록 권고할 수 있다.

③ 제1항 및 제2항에 따른 안전성 평가기준 및 방법 등에 관하여 필요한 세부사항은 미래창조과학부장관이 정하여 고시한다.

제58조(산업·과학·의료용 전파응용설비 등)

① 다음 각 호의 어느 하나에 해당하는 설비를 운용하려는 자는 미래창조과학부장관의 허가를 받아야 한다. 허가받은 사항 중 대통령령으로 정하는 사항을 변경하려는 경우에도 또한 같다

1. 전파에너지를 발생시켜 한정된 장소에서 산업·과학·의료·가사, 그 밖에 이와 비슷한 목적에 사용하도록 설계된 설비로서 대통령령으로 정하는 기준에 해당하는 설비
2. 전선로에 주파수가 9킬로헤르츠 이상인 전류가 흐르는 통신설비 중 전계강도(電界强度) 등이 대통령령으로 정하는 기준에 해당하는 설비

② 미래창조과학부장관은 제1항에 따른 허가 신청을 받은 경우 제45조에 따른 기술기준에 적합하고 다른 통신에 방해를 주지 아니한다고 인정되면 허가하여야 한다.

③ 제1항에 따라 허가받은 설비에 관하여는 제21조제1항·제3항·제4항, 제24조, 제25조, 제25조의2, 제45조 및 제72조를 준용한다.

④ 미래창조과학부장관은 전선로에 주파수가 9킬로헤르츠 이상인 전류가 흐르는 통신설비의 경우 다른 통신에 방해를 주지 아니하도록 그 운용을 제한하는 주파수 대역을 정하여 고시할 수 있다.

제5장의2 방송통신기자재등의 관리

제1절 방송통신기자재등의 적합성평가

제58조의2(방송통신기자재등의 적합성평가)

① 방송통신기자재와 전자파장해를 주거나 전자파로부터 영향을 받는 기자재(이하 "방송통신기자재등"이라 한다)를 제조 또는 판매하거나 수입하려는 자는 해당 기자재에 대하여 다음 각 호의 기준(이하 "적합성평가기준"이라 한다)에 따라 제2항에 따른 적합인증, 제3항 및 제4항에 따른 적합등록 또는 제7항에 따른 잠정인증(이하 "적합성평가"라 한다)을 받아야 한다.

1. 제37조 및 제45조에 따른 기술기준
2. 제47조의2에 따른 전자파 인체보호기준
3. 제47조의3제1항에 따른 전자파적합성기준
4. 「방송통신발전 기본법」 제28조에 따른 기술기준
5. 「전기통신사업법」 제61조·제68조·제69조에 따른 기술기준
6. 「방송법」 제79조에 따른 기술기준
7. 다른 법률에서 방송통신기자재등과 관련하여 미래창조과학부장관이 정하도록 한 기술기준이나 표준

② 전파환경 및 방송통신망 등에 위해를 줄 우려가 있는 기자재와 중대한 전자파장해를 주거나 전자파로부터 정상적인 동작을 방해받을 정도의 영향을 받는 기자재를 제조 또는 판매하거나 수입하려는 자는 해당 기자재에 대하여 제58조의5에 따른 지정시험기관의 적합성평가기준에 관한 시험

을 거쳐 미래창조과학부장관의 적합인증을 받아야한다.

③ 제2항에 따른 적합인증의 대상이 아닌 방송통신기자재등을 제조 또는 판매하거나 수입하려는 자는 제58조의5에 따른 지정시험기관의 적합성평가기준에 관한 시험을 거쳐 해당 기자재가 적합성평가기준에 적합함을 확인한 후 그 사실을 미래창조과학부장관에게 등록하여야 한다. 다만, 불량률 등을 고려하여 대통령령으로 정하는 기자재에 대하여는 스스로 시험하거나 제58조의5에 따른 지정시험기관이 아닌 시험기관의 시험을 거쳐 미래창조과학부장관에게 등록할 수 있다.

④ 제3항에 따른 등록(이하 "적합등록"이라 한다)을 한 자는 해당 기자재가 적합성평가기준을 충족함을 증명하는 서류를 비치하여야 한다.

⑤ 제2항 및 제3항에 따라 적합성평가를 받은 자가 적합성평가를 받은 사항을 변경하려는 때에는 미래창조과학부장관에게 신고하여야 한다. 이 경우 변경하려는 사항 중 적합성평가기준과 관련된 사항의 변경이 포함된 경우에는 해당 사항에 대하여 제2항 및 제3항에 따른 적합성평가를 받아야 한다.

⑥ 적합성평가를 받은 자가 해당 기자재를 판매·대여하거나 판매·대여할 목적으로 진열(인터넷에 게시하는 경우를 포함한다. 이하 같다)·보관·운송하거나 무선국·방송통신망에 설치하려는 경우에는 해당 기자재와 포장에 적합성평가를 받은 사실을 표시하여야 한다.

⑦ 미래창조과학부장관은 방송통신기자재등에 대한 적합성평가기준이 마련되어 있지 아니하거나 그 밖의 사유로 제2항이나 제3항에 따른 적합성평가가 곤란한 경우로서 다음 각 호에 해당하는 경우에는 관련 국내외 표준, 규격 및 기술기준 등에 따른 적합성평가를 한 후 지역, 유효기간 등의 조건을 붙여 해당 기자재의 제조·수입·판매를 허용(이하 "잠정인증"이라고 한다)할 수 있다.

1. 방송통신망의 침해를 초래하지 아니하는 등 망 이용에 피해를 주지 않는 경우
2. 전파에 혼신을 초래하지 아니하는 등 전파이용 환경에 피해를 끼치지 않는 경우
3. 이용자의 인명, 재산 등에 피해를 주지 아니하는 등 기자재 이용상 위해가 없는 경우

⑧ 제7항에 따라 잠정인증을 받은 자는 해당 기자재에 대한 적합성평가기준이 제정되거나 적합성평가가 곤란한 사유가 없어진 경우에는 일정한 기한 내에 제2항이나 제3항에 따른 적합성평가를 받아야 한다.

⑨ 잠정인증을 받은 자가 제8항에 따른 기한 내에 적합성평가를 받지 아니한 경우에는 잠정인증의 효력은 소멸한다..

⑩ 제1항부터 제9항까지에서 규정한 사항 외에 적합성평가기준과 적합성평가 및 변경신고의 대상, 방법, 절차 등에 관하여 필요한 사항은 대통령령으로 정한다.

제58조의3(적합성평가의 면제)

① 다음 각 호의 어느 하나에 해당하는 경우로서 대통령령으로 정하는 기자재에 대하여는 적합성평가의 전부 또는 일부를 면제할 수 있다.

1. 시험·연구, 기술개발, 전시 등을 위하여 제조하거나 수입하는 경우
2. 국내에서 판매하지 아니하고 수출 전용으로 제조하는 경우
3. 미래창조과학부장관이 제58조의2제7항에 따라 잠정인증을 하는 때 잠정인증을 요청하는 자가 해당 기자재에 대하여 제58조의5에 따른 지정시험기관의 시험 결과를 제출한 경우
4. 다음 각 목에 해당하는 기자재로서 관계 법령에 따라 이 법에 준하는 전자파장해 및 전자파로부터의 보호에 관한 적합성평가를 받은 경우
   가. 「산업표준화법」 제15조에 따라 인증을 받은 품목
   나. 「전기용품안전 관리법」 제3조에 따른 안전인증, 같은 법 제5조에 따른 안전검사, 같은 법 제11조에 따른 자율안전확인신고등 및 같은 법 제12조에 따른 안전검사
   다. 「품질경영 및 공산품안전관리법」에 따라 안전인증을 받은 공산품
   라. 「자동차관리법」에 따라 자기인증을 한 자동차
   마. 「소방시설 설치·유지 및 안전관리에 관한 법률」에 따라 형식승인을 받은 소방기기
   바. 「의료기기법」에 따라 품목류별 또는 품목별 허가를 받거나 신고한 의료기기

② 적합성평가의 면제의 방법 및 절차 등에 관하여 필요한 사항은 대통령령으로 정한다.

제58조의4(적합성평가의 취소 등)

① 미래창조과학부장관은 적합성평가를 받은 자가 다음 각 호의 어느 하나에 해당하는 경우에는 대통령령으로 정하는 바에 따라 해당 기자재에 대한 적합성평가를 취소하거나 개선, 시정, 수거, 철거, 파기 또는 생산중지, 수입중지, 판매중지, 사용중지 등 필요한 조치를 명할 수 있다.

1. 해당 방송통신기자재등이 적합성평가기준에 적합하지 아니하게 된 경우
2. 적합성평가표시를 하지 아니하거나 거짓으로 표시한 경우
3. 적합성평가의 변경신고를 하지 아니한 경우
4. 제58조의2제4항을 위반하여 관련 서류를 비치하지 아니한 경우

② 미래창조과학부장관은 적합성평가를 받은 자가 다음 각 호의 어느 하나에 해당하는 경우에는 대통령령으로 정하는 바에 따라 해당 기자재에 대한 적합성평가를 취소하여야 한다.

1. 거짓이나 그 밖의 부정한 방법으로 적합성평가를 받은 경우
2. 제1항에 따른 개선명령 등 조치명령을 이행하지 아니한 경우

③ 적합성평가의 취소처분을 받은 자는 그 취소된 날부터 1년의 범위에서 대통령령으로 정하는 기

간 내에는 해당 기자재에 대하여 적합성평가를 받을 수 없다.

제58조의5(시험기관의 지정 등)

① 미래창조과학부장관은 다음 각 호의 요건을 갖춘 법인을 적합성평가 시험 업무를 하는 기관으로 지정할 수 있다.

1. 적합성평가 시험에 필요한 설비 및 인력을 확보할 것
2. 국제기준에 적합한 품질관리규정을 확보할 것
3. 그 밖에 미래창조과학부장관이 시험 업무의 객관성 및 공정성을 위하여 필요하다고 인정하는 사항을 갖출 것

② 제1항에 따라 지정받은 시험기관(이하 "지정시험기관"이라 한다)은 지정시험 업무를 일정 기간 중지하거나 지정 시험 업무의 일부를 폐지하는 등 지정받은 사항을 변경하거나 지정시험 업무의 전부를 폐지하려는 경우에는 미래창조과학부장관에게 지정받은 사항의 변경 또는 지정시험 업무의 폐지를 신청하여야 한다.

③ 지정시험기관이 아닌 자가 지정시험기관을 양수하거나 합병을 통하여 지정시험기관의 지위를 승계하려는 경우에는 미리 미래창조과학부장관의 승인을 받아야 한다.

④ 미래창조과학부장관은 대통령령으로 정하는 전문심사기구로 하여금 지정시험기관의 지정을 위하여 필요한 요건의 심사를 하도록 할 수 있다.

⑤ 제1항부터 제4항까지의 규정에 따른 지정시험기관의 심사, 지정(변경, 폐지 및 승인을 포함한다)의 절차와 방법 등에 관하여 필요한 사항은 대통령령으로 정한다.

제58조의6(지정시험기관의 검사 등)

① 미래창조과학부장관은 지정시험기관이 지정요건에 맞게 업무를 수행하고 있는지 여부를 확인하기 위하여 대통령령으로 정하는 바에 따라 관련 자료의 제출을 요구하거나 소속 공무원에게 해당 기관의 사무실, 사업장, 그 밖에 필요한 장소에 출입하여 검사하게 할 수 있다.

② 제1항에 따라 지정시험기관을 검사할 경우 검사계획의 사전통지 및 증표의 제시 등에 관하여는 제71조의2제3항 및 제4항을 준용한다.

③ 지정시험기관의 검사절차, 방법 등에 관하여 필요한 사항은 대통령령으로 정한다.

제58조의7(지정시험기관의 지정 취소 등)

① 미래창조과학부장관은 지정시험기관이 시험에 관한 절차, 측정설비의 관리 등 대통령령으로 정하는 사항을 준수하지 아니한 경우에는 시정을 명할 수 있다.

② 미래창조과학부장관은 지정시험기관이 다음 각 호의 어느 하나에 해당하는 경우에는 대통령령으로 정하는 바에 따라 1년 이내의 기간을 정하여 업무의 전부 또는 일부의 정지를 명할 수 있다.
1. 고의 또는 중대한 과실로 시험 업무를 부정확하게 수행한 경우
2. 정당한 이유 없이 제58조의6제1항에 따른 자료제출 요구나 검사 등을 거부·방해·기피한 경우
3. 제58조의5제1항에 따른 지정요건에 부적합하게 된 경우
4. 정당한 이유 없이 시험 업무를 수행하지 아니한 경우
5. 제1항에 따른 시정명령을 이행하지 아니한 경우

③ 미래창조과학부장관은 지정시험기관이 다음 각 호의 어느 하나에 해당하는 경우에는 그 지정을 취소하여야 한다.
1. 거짓이나 그 밖의 부정한 방법으로 지정을 받은 경우
2. 업무정지 명령을 받은 후 그 업무정지 기간에 시험 업무를 수행한 경우
3. 제2항을 위반하여 2회 이상 업무정지 명령을 받은 지정시험기관이 다시 같은 항을 위반하여 업무정지 사유에 해당한 경우

④ 제1항부터 제3항까지의 규정에 따른 시정명령 및 행정처분 등에 관하여 필요한 사항은 대통령령으로 정한다.

제2절 방송통신기자재등의 국제협력 및 사후관리 등

제58조의8(적합성평가의 국가 간 상호 인정)

① 미래창조과학부장관은 방송통신기자재등에 대한 적합성평가 결과를 상호 인정하기 위하여 외국 정부와 협정(이하 "상호인정협정"이라 한다)을 체결할 수 있다.
② 상호인정협정의 절차와 내용 등에 관하여 필요한 사항은 대통령령으로 정한다.
③ 미래창조과학부장관은 상호인정협정을 체결하였을 때에는 그 내용을 고시하여야 한다.

제58조의9(국제적 적합성평가 체계의 구축)

① 미래창조과학부장관은 이 법에 따른 적합성평가 체계가 국제기준에 적합하도록 노력하여야 한다.
② 미래창조과학부장관은 제1항에 따른 적합성평가 체계 구축을 위한 세부사항을 정하여 고시할 수 있다.

제58조의10(복제·개조·변조 등의 금지)

① 누구든지 적합성평가를 받은 기자재를 복제하여서는 아니 되며, 타인의 정상적인 기자재 사용을

방해하거나 전파이용 질서를 저해할 정도로 개조·변조하여서는 아니 된다.

② 누구든지 제1항을 위반하여 복제·개조·변조한 기자재를 판매·대여하거나 판매·대여할 목적으로 진열·보관 또는 운송하거나 무선국·방송통신망에 설치하여서는 아니 된다.

제58조의11(부적합 보고 등)

제58조의2에 따른 적합성평가를 받은 자는 해당 기자재가 중대한 결함이 있음을 알게 되거나 적합성평가기준에 적합하지 아니함을 알게 되었을 때에는 지체 없이 미래창조과학부장관에게 보고하고 스스로 시정하거나 수거하는 등 필요한 조치를 하여야 한다.

제58조의12(주파수분배 변경에 따른 조치 등)

① 제58조의2에 따른 방송통신기자재등의 적합성평가를 받은 자는 주파수분배의 변경으로 인하여 해당 방송통신기자재등을 사용할 수 없게 되는 경우에는 대통령령으로 정하는 방법에 따라 관련 사실을 표시하여야 한다.

② 방송통신기자재등을 판매·대여하는 자, 판매·대여할 목적으로 진열·보관하는 자는 주파수분배의 변경으로 인하여 방송통신기자재등을 사용할 수 없게 되는 경우 이를 구매하거나 대여받으려는 자에게 고지하여야 한다.

③ 미래창조과학부장관은 주파수분배의 변경으로 사용할 수 없게 되는 방송통신기자재등의 수입·판매 중지 등 필요한 조치를 명할 수 있다.

제6장 전파의 진흥

제60조(주파수이용 현황의 공개)

① 미래창조과학부장관은 전파이용을 촉진하기 위하여 필요한 경우 주파수이용 현황을 공개하여야 한다.

② 제1항에 따른 공개의 범위·절차 및 시기 등에 필요한 사항은 대통령령으로 정한다.

제61조(전파 연구)

① 미래창조과학부장관은 전파이용을 촉진하고 보호하기 위하여 필요한 연구를 수행하여야 한다.

② 제1항에 따라 수행하는 연구는 다음 각 호와 같다.

1. 기술기준의 연구

2. 전파의 전파(傳播) 분석 및 주파수할당 기법의 연구
3. 위성망의 혼신조정 기준에 관한 연구
4. 전자파장해 및 전파가 인체에 미치는 위해에 관한 연구
5. 전자파 흡수율의 측정에 관한 연구
6. 전파기기의 측정방법 및 측정기술에 관한 연구
7. 우주전파 수신기술 연구 및 수신자료 분석
8. 지자기(地磁氣) 및 전리층(電離層)의 관측
9. 태양 흑점의 관측
10. 제8호와 제9호에 따른 관측결과의 분석 및 예보·경보

제62조(기술개발의 촉진)

미래창조과학부장관은 전파산업과 방송기기산업의 기반 조성에 필요한 기술의 연구·개발 및 활용을 촉진하기 위하여 다음 각 호의 사항을 추진하여야 한다.

1. 기술수준의 조사·연구개발 및 개발기술의 평가·활용
2. 기술의 협력·지도 및 이전
3. 기술정보의 원활한 유통
4. 산업계·학계 및 연구계의 공동 연구·개발
5. 그 밖에 기술개발을 위하여 필요한 사항

제63조(표준화)

① 미래창조과학부장관은 전파의 효율적인 이용 촉진, 전파이용 질서의 유지 및 이용자 보호 등을 위하여 전파이용 기술의 표준화에 관한 다음 각 호의 사항을 추진하여야 한다. 다만, 「산업표준화법」 제12조에 따른 한국산업표준이 제정되어 있는 사항에 대하여는 그 표준에 따른다.
  1. 전파 관련 표준의 제정 및 보급
  2. 전파 관련 표준의 적합인증
  3. 그 밖의 표준화에 필요한 사항

② 제1항에 따른 전파이용 기술 표준화의 추진에 필요한 사항은 대통령령으로 정한다.

제64조(인력의 양성)

미래창조과학부장관은 전파 관련 전문인력을 양성하기 위하여 다음 각 호의 시책을 마련하고 시행

하여야 한다.

1. 각급 학교와 그 밖의 교육기관에서 시행하는 전파 교육의 지원
2. 전파 및 방송기술 전문인력 양성사업의 지원
3. 전파 관련 교육프로그램의 개발·보급 및 지원
4. 그 밖에 전파 관련 전문인력의 양성에 필요한 사항

제65조(국제협력의 촉진)

미래창조과학부장관은 전파이용 기술을 향상시키기 위하여 관련 기술이나 인력의 국제교류, 국제표준화, 국제공동연구개발 등의 국제협력사업을 지원할 수 있다.

제66조(한국방송통신전파진흥원)

① 전파의 효율적 관리 및 방송·통신·전파의 진흥을 위한 사업과 정부로부터 위탁받은 업무를 수행하기 위하여 한국방송통신전파진흥원(이하 "진흥원"이라 한다)을 설립한다.

② 진흥원은 법인으로 한다.

③ 진흥원은 그 주된 사무소의 소재지에서 설립등기를 함으로써 성립한다.

④ 진흥원은 다음 각 호의 사업을 한다.

1. 전파이용 촉진에 관한 연구
2. 방송·통신·전파 관련 국내외 기술에 관한 정보의 수집·조사 및 분석
3. 방송·통신·전파에 관한 연구지원 및 교육
4. 제1호부터 제3호까지의 사업에 부수되는 사업
5. 그 밖에 이 법 또는 다른 법령에서 진흥원의 업무로 정하거나 위탁한 사업 또는 미래창조과학부장관이 위탁한 사업

⑤ 진흥원의 사업과 운영 등에 필요한 사항은 대통령령으로 정한다.

⑥ 진흥원에 관하여 이 법에서 규정한 것 외에는 「민법」 중 재단법인에 관한 규정을 준용한다.

제66조의2(한국전파진흥협회)

① 다음 각 호의 사업 등을 효율적으로 수행하기 위하여 한국전파진흥협회(이하 "협회"라 한다)를 설립할 수 있다.

1. 새로운 전파이용 기술의 실용화 및 보급 촉진
2. 전파자원의 효율적인 이용과 전파산업 발전의 기반 조성에 관한 사업

3. 전파이용 기술의 표준화에 관한 사업

② 협회는 법인으로 한다.

③ 전기통신사업자, 시설자, 전파 관련 기자재·시스템 및 부품의 제조업자, 그 밖에 협회의 정관으로 정하는 자는 협회의 회원이 될 수 있다.

④ 협회의 사업과 운영 등에 필요한 사항은 대통령령으로 정한다.

⑤ 협회에 관하여 이 법에서 정한 것 외에는 「민법」 중 사단법인에 관한 규정을 준용한다.

제66조의3(진흥원의 운영경비 등)

① 진흥원의 운영에 필요한 경비는 다음 각 호의 재원으로 충당한다.

1. 제69조제1항제1호에 따른 주파수이용권 관리대장의 열람 또는 사본의 발급 수수료
2. 제69조제1항제3호에 따른 검사 수수료(미래창조과학부장관이 진흥원에 위탁한 검사 업무에만 적용한다)
3. 제69조제1항제5호에 따른 전자파 강도의 측정 수수료
4. 제69조제1항제6호에 따른 기술자격검정시험 응시 수수료 및 기술자격증 발급 수수료(「국가기술자격법」에 따라 한국산업인력공단에 위탁한 사항은 제외한다)
5. 제66조제4항제1호부터 제4호까지의 사업수행에 따른 수입금

② 정부는 진흥원의 사업수행에 필요한 경비를 충당하기 위하여 예산의 범위에서 보조할 수 있다.

제67조(전파사용료)

① 미래창조과학부장관 또는 방송통신위원회는 시설자(수신전용의 무선국을 개설한 자는 제외한다)에게 해당 무선국이 사용하는 전파에 대한 사용료(이하 "전파사용료"라 한다)를 부과·징수할 수 있다. 다만, 제1호부터 제3호까지의 무선국 시설자에게는 전부를 면제하고, 제4호부터 제7호까지의 무선국 시설자에게는 대통령령으로 정하는 바에 따라 전부나 일부를 감면할 수 있다.

1. 국가나 지방자치단체가 개설한 무선국
2. 방송국 중 영리를 목적으로 하지 아니하는 방송국과 「방송통신발전 기본법」 제25조제2항에 따라 분담금을 내는 지상파방송사업자의 방송국
3. 제19조제2항에 따른 무선국
4. 「방송통신발전 기본법」 제25조제3항에 따라 분담금을 내는 위성방송사업자 및 종합유선방송사업자의 방송국
5. 제11조에 따라 할당받은 주파수를 이용하여 전기통신역무를 제공하는 무선국

6. 영리를 목적으로 하지 아니하거나 공공복리를 증진시키기 위하여 개설한 무선국 중 대통령령으로 정하는 무선국
7. 「재난 및 안전관리 기본법」 제60조제1항에 따라 특별재난지역으로 선포된 지역에 개설된 무선국 중 미래창조과학부장관이 고시로 정하는 기준에 부합되는 무선국

② 전파사용료는 전파 관리에 필요한 경비의 충당과 전파 관련 분야 진흥을 위하여 사용한다.

제68조(전파사용료의 부과기준 등)

① 시설자에 대한 전파사용료는 무선국별로 대통령령으로 정하는 바에 따라 해당 무선국이 사용하는 주파수 대역, 전파의 폭 및 공중선전력 등을 기준으로 하여 산정한다. 다만, 해당 시설자가 제10조에 따라 할당된 주파수를 이용하여 가입자에게 전기통신역무를 제공하는 기간통신사업자인 경우에는 해당 전기통신역무를 제공받는 가입자의 수를 기준으로 산정할 수 있다.

② 미래창조과학부장관 또는 방송통신위원회는 전파사용료를 내야 할 자가 그 납부기한까지 내지 아니하면 체납된 전파사용료에 대하여 100분의 5의 범위에서 대통령령으로 정하는 비율에 상당하는 금액을 가산금으로 받는다.

③ 전파사용료 및 제2항에 따른 가산금을 내지 아니하면 국세 체납처분의 예에 따라 징수한다.

제69조(수수료)

① 다음 각 호의 어느 하나에 해당하는 자는 대통령령으로 정하는 바에 따라 수수료를 내야 한다.
1. 제18조에 따라 주파수이용권 관리대장의 열람 또는 사본 발급을 신청하는 자
2. 제19조(제58조제3항에 따라 준용되는 경우를 포함한다) 또는 제22조제1항에 따른 허가·재허가 또는 변경허가를 신청하는 자
3. 제24조(제58조제3항에 따라 준용되는 경우를 포함한다) 및 제58조의6제1항에 따른 검사를 받는 자
4. 제47조의2제4항에 따라 전자파 강도의 측정을 요청하는 자

4의2. 제58조의2에 따른 적합인증 및 적합등록을 신청(변경신고를 포함한다)하거나 잠정인증을 신청하는 자

4의3. 제58조의5제1항에 따른 지정시험기관의 지정을 받기 위하여 신청하거나 같은 조 제2항에 따른 변경신청(지정분야 또는 시험항목 추가에 따른 변경신청에 한한다)을 하는 자

5. 제70조에 따른 기술자격검정 시험에 응시하려는 자 및 기술자격증을 발급받으려는 자

② 제1항의 수수료는 공공복리를 증진하기 위하여 필요하면 대통령령으로 정하는 바에 따라 감면할 수 있다.

제7장 무선종사자

제70조(무선종사자의 자격)

① 무선종사자가 되려는 자는 국가기술자격에 관한 법령 또는 대통령령으로 정하는 바에 따라 시행하는 기술자격검정에 합격하여야 한다.

② 미래창조과학부장관은 제1항에 따른 기술자격검정에 합격한 자에게 대통령령으로 정하는 바에 따라 기술자격증을 발급한다.

③ 무선종사자의 자격종목 및 자격종목별 종사범위는 대통령령으로 정한다.

④ 무선국의 무선설비는 무선종사자가 아니면 이를 운용하거나 그 공사를 하여서는 아니 된다. 다만, 선박이나 항공기가 항행 중이어서 무선종사자를 보충할 수 없거나 그 밖에 대통령령으로 정하는 경우에는 그러하지 아니하다.

제71조(무선종사자의 배치)

시설 자는 대통령령으로 정하는 자격 및 정원배치기준에 따라 무선종사자를 무선국에 배치하여야 한다. 다만, 다음 각 호의 어느 하나에 해당하는 자는 무선국에 배치하여서는 아니 된다.

1. 피성년후견인
2. 「형법」 중 내란의 죄와 외환의 죄, 「군형법」 중 이적의 죄 또는 「국가보안법」을 위반하여 금고 이상의 형을 선고받고 그 집행이 끝나거나 집행을 받지 아니하기로 확정된 후 5년이 지나지 아니한 자

제71조의2(조사 및 조치)

① 미래창조과학부장관은 다음 각 호의 어느 하나에 해당하는 경우 소속 공무원으로 하여금 이를 조사 또는 시험하게 할 수 있다.

1. 무선설비 및 고압송전선, 그 밖에 전기적 설비에 의한 혼신 또는 전자파장해가 있거나 무선설비 등에서 발생하는 전자파가 제47조의2제1항에 따른 전자파 인체보호기준을 초과한 사실을 알게 된 경우
2. 적합성평가를 받은 기자재가 적합성평가 기준대로 제조·수입·판매되고 있는지 확인이 필요한 경우
3. 제19조·제19조의2·제24조·제25조·제29조·제45조·제52조·제58조·제58조의2 또는 제58조의10을 위반한 자가 있다고 인정되는 경우

② 미래창조과학부장관은 제1항에 따른 조사 또는 시험을 위하여 필요한 경우 관련 자료 또는 해당 기자재의 제출을 요구할 수 있으며, 필요한 경우 소속 공무원으로 하여금 해당 무선설비 또는 기

자재의 설치 장소, 해당 기관의 사무실, 사업장 등 그 밖에 필요한 장소에 출입하여 설비를 조사 또는 시험하게 할 수 있다.

③ 미래창조과학부장관은 제2항에 따라 무선설비 또는 기자재의 설치 장소, 해당 기관의 사무실, 사업장 등 그 밖에 필요한 장소에 출입하는 경우에는 조사 7일 전까지 조사 목적, 방법, 기간 등이 포함된 조사계획을 해당 무선국 시설 자 또는 출입 기관의 장에게 알려야 한다. 다만, 긴급하거나 사전에 알렸을 때 증거 인멸 등 조사의 목적을 달성할 수 없다고 인정하는 때에는 그러하지 아니하다.

④ 제1항에 따른 조사 또는 시험을 하는 공무원은 그 권한을 표시하는 증표를 지니고 이를 관계인에게 보여주어야 한다.

⑤ 미래창조과학부장관은 제1항에 따른 조사 또는 시험 결과 위반 사실이 확인되었을 때에는 그 시설 자, 제조·수입·판매·대여하는 자, 판매·대여할 목적으로 진열·보관·운송하거나 무선국·방송통신망에 설치하는 자에게 개선·시정·수거·철거·파기 또는 생산중지·수입중지·판매중지·사용중지 등 필요한 조치를 명하거나 관계 중앙행정기관의 장에게 필요한 조치를 명하도록 요청할 수 있다.

⑥ 제1항부터 제5항까지의 규정에 따른 조사·시험의 절차와 방법 등에 관하여 필요한 사항은 대통령령으로 정한다.

제8장 보칙

제72조(무선국의 개설허가 취소 등)

① 시설 자가 제20조제1항제1호부터 제3호까지의 결격사유에 해당하게 되거나 제10조에 따라 주파수할당을 받은 시설자가 제15조의2에 따라 주파수할당이 취소되거나 제16조제1항에 따른 재할당을 받지 못할 경우에는 무선국의 개설허가나 개설신고는 그 효력을 상실한다.

② 미래창조과학부장관 또는 방송통신위원회는 시설자가 다음 각 호의 어느 하나에 해당하는 때에는 무선국 개설허가의 취소 또는 개설신고한 무선국의 폐지를 명하거나 6개월 이내의 기간을 정하여 무선국의 운용정지, 무선국의 운용허용시간, 주파수 또는 공중선전력의 제한을 명할 수 있다. 다만, 제1호 및 제2호에 해당하는 경우에는 무선국의 취소 또는 폐지를 명하여야 한다.

1. 시설 자가 제20조제1항 각 호의 어느 하나에 해당하게 된 경우
2. 거짓이나 그 밖의 부정한 방법으로 제21조에 따른 무선국의 개설허가 또는 변경허가를 받은 경우
3. 제21조제4항에 따른 무선국의 허가증 또는 제22조의2제2항에 따른 무선국 신고증명서에 적혀

있는 준공기한(제24조제2항에 따라 기한을 연장한 경우에는 그 기한)이 지난 후 30일이 지날 때까지 준공신고를 마치지 아니한 경우

4. 제23조제2항에 따른 인가를 받지 아니하거나 제3항에 따른 신고를 하지 아니하고 무선국을 운용한 경우 4의2. 제19조의2제1항제3호의 무선국을 제24조제1항에 따른 준공신고를 하지 아니하고 운용하거나 제25조제3항을 위반하여 재검사를 받지 아니하고 운용한 때 4의3. 제24조제3항 단서 및 제25조제3항 단서에 따른 기한(검사기관의 사정으로 발생한 지연 일수는 검사기간 산정에서 제외한다) 내에 재검사를 신청하지 아니하거나 재검사 신청 후 재검사에 합격하지 못한 경우
5. 제24조제4항 및 제5항(제58조제3항에 따라 준용되는 경우를 포함한다)에 따른 검사를 거부하거나 방해한 경우
6. 제25조제1항을 위반하여 준공검사를 받지 아니하고 무선국을 운용한 경우
7. 정당한 사유 없이 계속하여 6개월 이상 무선국의 운용을 휴지한 경우
8. 전파사용료를 내지 아니한 경우
9. 제25조제2항을 위반하여 허가 또는 신고 사항의 범위를 벗어나 무선국을 운용한 경우
10. 제28조제1항을 위반하여 의무선박국 및 의무항공기국이 갖추어야 할 사용주파수 및 전파형식 등의 무선국의 조건을 갖추지 아니한 경우
11. 제30조제1항을 위반하여 통신보안에 관한 사항을 지키지 아니한 경우
12. 제31조제1항을 위반하여 외국의 실험국과 통신을 한 경우
13. 제31조제2항을 위반하여 실험국과 아마추어국이 암어를 사용하여 통신을 한 경우
14. 제45조를 위반하여 무선설비의 기술기준이 적합하지 아니한 경우
15. 제47조를 위반하여 무선설비를 안전시설기준에 따라 설치하지 아니한 경우
16. 제48조제1항을 위반하여 승인을 받지 아니하고 무선설비를 다른 사람에게 임대·위탁운용하거나 다른 사람과 공동으로 사용한 경우
17. 제69조제1항을 위반하여 수수료를 내지 아니한 경우
18. 제70조제3항을 위반하여 무선종사자가 종사범위를 벗어나 무선설비를 운용하거나 공사를 한 경우
19. 제70조제4항을 위반하여 무선종사자가 아닌 자가 무선설비를 운용하거나 공사를 한 경우
20. 제71조를 위반하여 무선종사자를 무선국에 배치하지 아니하거나 제71조 각 호의 어느 하나에 해당하는 자를 무선국에 배치한 경우

③ 미래창조과학부장관 또는 방송통신위원회는 다음 각 호의 어느 하나에 해당하는 경우에는 무선국 개설허가의 취소 또는 개설 신고한 무선국의 폐지를 명하거나 무선국의 변경·운용제한 또는

운용정지를 명할 수 있다.

1. 비상사태가 발생한 경우
2. 혼신을 방지하기 위하여 필요한 경우
3. 제6조의2에 따라 주파수회수 또는 주파수재배치를 한 경우

④ 미래창조과학부장관 또는 방송통신위원회는 제1항의 경우에는 효력상실의 뜻을, 제2항이나 제3항에 따른 처분을 한 경우에는 처분내용과 그 사유를 시설 자에게 서면으로 알려주어야 한다.

⑤ 제2항과 제3항에 따른 무선국 개설허가의 취소 또는 개설 신고한 무선국의 폐지 명령 등에 대한 세부적인 기준, 그 밖에 필요한 사항은 대통령령으로 정한다.

제73조(과징금의 부과·징수)

① 미래창조과학부장관 또는 방송통신위원회는 제72조제2항에 따라 무선국의 운용정지 또는 주파수 등의 제한을 명하여야 하는 경우에 그 정지나 제한이 해당 무선국의 이용자에게 심한 불편을 주거나 공익을 해칠 우려가 있으면 그 정지 또는 제한을 갈음하여 3천만원 이하의 과징금을 부과·징수할 수 있다.

② 제1항에 따른 과징금을 부과하는 위반행위의 종류와 그 정도에 따른 과징금의 금액, 그 밖에 필요한 사항은 대통령령으로 정한다.

③ 미래창조과학부장관 또는 방송통신위원회는 제1항에 따른 과징금을 내야 할 자가 내지 아니하면 기간을 정하여 독촉하고, 그 지정된 기간에 과징금을 내지 아니하면 국세 체납처분의 예에 따라 징수한다.

④ 제1항에 따른 과징금의 부과·징수에 관하여는 제72조제4항을 준용한다.

제76조(무선종사자의 기술자격의 취소 등)

① 미래창조과학부장관은 무선종사자가 다음 각 호의 어느 하나에 해당하면 대통령령으로 정하는 바에 따라 기술자격을 취소하거나 6개월 이상 2년 이하의 기간을 정하여 업무종사의 정지를 명할 수 있다. 다만, 제1호에 해당하는 경우에는 기술자격을 취소하여야 한다.

1. 거짓이나 그 밖의 부정한 방법으로 무선종사자의 기술자격을 취득한 경우
2. 제25조제1항을 위반하여 준공검사를 받지 아니하고 무선국을 운용한 경우
3. 제25조제2항을 위반하여 허가 또는 신고 사항의 범위를 벗어나 무선국을 운용한 경우
4. 제27조를 위반하여 미래창조과학부장관이 정하여 고시하는 호출방법, 응답방법, 운용시간, 청취의무, 그 밖의 통신방법 등을 지키지 아니하고 운용한 경우

5. 제28조제2항을 위반하여 조난통신·긴급통신·안전통신을 수신하고도 필요한 조치를 하지 아니한 경우
6. 제28조제3항을 위반하여 선박국이 해안국의 통신권에 들어왔을 때와 통신권을 벗어날 때에 해안국에 그 사실을 알리지 아니한 경우
7. 제28조제4항을 위반하여 항공기국이 항공국과 연락을 하지 아니한 경우
8. 제30조제1항을 위반하여 통신보안사항을 지키지 아니하거나 같은 조 제2항에 따른 통신보안 교육을 받지 아니한 경우
9. 제31조제2항을 위반하여 실험국과 아마추어국이 암어를 사용하여 통신을 한 경우
10. 제70조제3항을 위반하여 무선종사자가 그 종사범위를 벗어나 무선설비를 운용하거나 공사를 한 경우

② 제1항에 따른 무선종사자의 기술자격의 취소 등에 대한 세부적인 기준, 그 밖에 필요한 사항은 대통령령으로 정한다.

제77조(청문)

미래창조과학부장관 또는 방송통신위원회는 다음 각 호의 어느 하나에 해당하는 처분을 하려면 청문을 하여야 한다.

1. 제6조의2에 따른 주파수회수 또는 주파수재배치
2. 제15조의2에 따른 주파수할당의 취소

2의2. 제58조의4에 따른 적합성평가의 취소

2의3. 제58조의7에 따른 지정시험기관의 지정 취소

3. 제72조제2항에 따른 무선국 개설허가의 취소 또는 개설신고한 무선국의 폐지
4. 제76조에 따른 기술자격의 취소

제78조(권한의 위임·위탁)

① 이 법에 따른 미래창조과학부장관의 권한은 대통령령으로 정하는 바에 따라 그 일부를 소속 기관의 장에게 위임할 수 있다.

② 미래창조과학부장관은 대통령령으로 정하는 바에 따라 제7조, 제7조의2, 제18조, 제24조제1항·제4항 및 제5항(제58조에 따라 준용되는 경우를 포함한다), 제25조의2제1항(제58조에 따라 준용되는 경우를 포함한다), 제47조의2제4항·제5항 및 제58조의2, 제63조부터 제65조까지, 제69조 및 제70조제1항·제2항에 따른 업무의 일부를 진흥원·협회 또는 「전기통신사업법」에 따른 기간

통신사업자에게 위탁할 수 있다.

③ 이 법에 따른 방송통신위원회의 업무 중 일부는 대통령령으로 정하는 바에 따라 미래창조과학부 소속 기관의 장, 진흥원 또는 협회에 위탁할 수 있다.

제79조(다른 법률의 준용)

① 전파 관리 업무에 사용되는 공중선과 그 부속설비의 건설이나 보수에 관하여는 「전기통신사업법」 제45조, 제72조부터 제74조까지, 제76조부터 제78조까지, 제80조, 제95조제6호 및 제104조제1항제1호·제2호를 준용한다. 다만, 「도로법」에 따른 도로, 「하천법」에 따른 하천 또는 「항만법」에 따른 항만에 이를 건설하거나 보수하려면 미리 소관 관리청과 협의하여야 한다.

제9장 벌칙

제80조(벌칙)

① 무선설비나 전선로에 주파수가 9킬로헤르츠 이상인 전류가 흐르는 통신설비(케이블반송설비 및 평형2선식 나선반송설비를 제외한 통신설비를 말한다)를 이용하여 「대한민국헌법」 또는 「대한민국헌법」에 따라 설치된 국가기관을 폭력으로 파괴할 것을 주장하는 통신을 한 자는 1년 이상 15년 이하의 징역에 처한다.

② 제1항의 미수범은 처벌한다.

③ 제1항의 죄를 범할 목적으로 예비하거나 음모한 자는 10년 이하의 징역에 처한다.

제81조(벌칙)

① 다음 각 호의 어느 하나에 해당하는 자는 10년 이하의 징역 또는 1억원 이하의 벌금에 처한다.

1. 조난통신·긴급통신 또는 안전통신을 발신하여야 할 사태에 이르렀는데도 그 선장이나 기장이 필요한 명령을 하지 아니하거나 무선통신 업무에 종사하는 자로서 그 명령을 받고 지체 없이 이를 발신하지 아니한 자
2. 무선통신 업무에 종사하는 자로서 제28조제2항에 따른 조난통신의 조치를 하지 아니하거나 지연시킨 자
3. 조난통신의 조치를 방해한 자

② 제1항 제2호 및 제3호의 미수범은 처벌한다.

제82조(벌칙)

① 다음 각 호 어느 하나의 업무에 제공되는 무선국의 무선설비를 손괴(損壞)하거나 물품의 접촉, 그 밖의 방법으로 무선설비의 기능에 장해를 주어 무선통신을 방해한 자는 10년 이하의 징역 또는 1억원 이하의 벌금에 처한다.

1. 전기통신 업무
2. 방송 업무
3. 치안유지 업무
4. 기상 업무
5. 전기공급 업무
6. 철도·선박·항공기의 운행 업무

② 제1항에 따른 무선설비 외의 무선설비에 대하여 제1항에 해당하는 행위를 한 자는 5년 이하의 징역 또는 5천만원 이하의 벌금에 처한다.

③ 제1항과 제2항의 미수범은 처벌한다.

제83조(벌칙)

① 자기 또는 타인의 이익을 위하거나 타인에게 손해를 줄 목적으로 무선설비 또는 전선로에 주파수가 9킬로헤르츠 이상인 전류가 흐르는 통신설비(케이블반송설비 및 평형2선식 나선반송설비를 제외한 통신설비를 말한다)에 의하여 거짓으로 통신을 한 자는 3년 이하의 징역 또는 3천만원 이하의 벌금에 처한다.

② 선박이나 항공기의 조난이 없음에도 불구하고 무선설비로 조난통신을 한 자는 5년 이하의 징역에 처한다.

③ 무선통신 업무에 종사하는 자가 제1항에 해당하는 행위를 하면 5년 이하의 징역 또는 5천만원 이하의 벌금에 처하고, 제2항에 따른 행위를 하면 10년 이하의 징역 또는 1억원 이하의 벌금에 처한다.

제84조(벌칙)

다음 각 호의 어느 하나에 해당하는 자는 3년 이하의 징역 또는 3천만원 이하의 벌금에 처한다.

1. 제19조제1항에 따른 허가를 받지 아니하거나 제19조의2제1항에 따른 신고를 하지 아니하고 같은 항 제3호 및 제4호의 무선국을 개설하거나 운용한 자
2. 제58조제1항에 따른 허가를 받지 아니하고 같은 항 제2호에 따른 통신설비를 설치하거나 운용한 자
3. 제58조의2에 따른 적합성평가를 받지 아니한 기자재를 판매하거나 판매할 목적으로 제조·수입

한 자
4. 제58조의10제1항을 위반하여 적합성평가를 받은 기자재를 복제·개조 또는 변조한 자

제85조(벌칙)

무선설비 또는 전선로에 주파수가 9킬로헤르츠 이상인 전류가 흐르는 통신설비(케이블반송설비 및 평형2선식 나선반송설비를 제외한 통신설비를 말한다)로 음란한 통신을 한 자는 2년 이하의 징역 또는 2천만원 이하의 벌금에 처한다.

제86조(벌칙)

다음 각 호의 어느 하나에 해당하는 자는 1년 이하의 징역 또는 1천만원 이하의 벌금에 처한다.
1. 제24조제4항 및 제5항(제58조제3항에 따라 준용되는 경우를 포함한다), 제47조의2제5항 및 제71조의2제1항 및 제2항(제47조의3제4항에 따라 준용되는 경우를 포함한다)에 따른 검사·측정·조사·시험 또는 현장 출입을 거부하거나 방해한 자
2. 제47조의2제6항에 따른 명령을 이행하지 아니한 자
3. 제52조제1항에 따른 승인을 얻지 아니하고 건조물 또는 공작물을 건설한 자
3의2. 제58조의2제1항을 위반하여 적합성평가를 받지 아니한 기자재를 판매·대여할 목적으로 진열·보관 또는 운송하거나 무선국·방송통신망에 설치한 자
4. 제58조의4제1항 및 제71조의2제5항에 따른 명령을 이행하지 아니한 자
4의2. 제58조의10제2항을 위반하여 복제 또는 개조·변조한 기자재를 판매·대여하거나 판매·대여할 목적으로 진열·보관 또는 운송하거나 무선국·방송통신망에 설치한 자
5. 제72조제2항 또는 제3항(제58조제3항에 따라 준용되는 경우를 포함한다)에 따라 운용정지 명령을 받은 무선국·무선설비 또는 제58조제1항제2호에 따른 통신설비를 운용한 자

제87조(벌칙)

다음 각 호의 어느 하나에 해당하는 자는 100만원 이하의 벌금에 처한다.
1. 제24조의2제1항제1호부터 제3호까지의 무선국을 제19조제1항에 따른 허가를 받지 아니하고 개설하거나 운용한 자
2. 제72조제3항(제58조제3항에 따라 준용되는 경우를 포함한다)에 따라 운용이 정지된 제58조제1항제1호에 따른 설비를 운용한 자

제88조(양벌규정)

법인의 대표자나 법인 또는 개인의 대리인, 사용인, 그 밖의 종업원이 그 법인 또는 개인의 업무에 관하여 제84조 또는 제86조의 위반행위를 하면 그 행위자를 벌하는 외에 그 법인 또는 개인에게도 해당 조문의 벌금형을 과(科)한다. 다만, 법인 또는 개인이 그 위반행위를 방지하기 위하여 해당 업무에 관하여 상당한 주의와 감독을 게을리 하지 아니한 경우에는 그러하지 아니하다.

제89조(벌칙 적용 시의 공무원 의제)

제58조의5제1항에 따라 적합성평가시험 업무를 취급하는 자 및 제78조제2항·제3항에 따라 미래창조과학부장관 또는 방송통신위원회로부터 위탁받은 업무에 종사하는 자는 「형법」 제129조부터 제132조까지의 규정에 따른 벌칙을 적용할 때에는 공무원으로 본다.

제89조의2(과태료)

제19조제3항에 따라 신규로 이용계약을 체결한 가입자의 수와 전체 가입자의 수를 통보하지 아니하거나 거짓으로 통보한 자에게는 1천만원 이하의 과태료를 부과한다.

제89조의3(과태료)

다음 각 호의 어느 하나에 해당하는 자에게는 500만원 이하의 과태료를 부과한다.

1. 제24조제7항을 위반하여 무선국을 검사받지 아니하고 운용하는 자
2. 제48조의2제1항의 명령을 위반하여 무선국을 공동으로 사용하지 아니하거나 환경 친화적으로 설치하지 아니하고 사용한 자

제90조(과태료)

다음 각 호의 어느 하나에 해당하는 자에게는 300만 원 이하의 과태료를 부과한다.

1. 제19조의2제1항제1호 및 제2호에 따른 무선국을 신고하지 아니하고 운용한 자
2. 제19조의2제1항제3호의 무선국을 제24조제1항을 위반하여 준공신고를 하지 아니하고 운용하거나 제25조 제3항을 위반하여 재검사를 받지 아니하고 운용하는 자

2의2. 제25조제1항을 위반하여 무선설비를 운용한 자

3. 제25조제2항 각 호 외의 부분 본문을 위반하여 무선국의 허가 또는 신고 사항을 벗어나 무선국을 운용한 경우
4. 제47조의2제8항을 위반하여 전자파 등급을 표시하지 아니한 자

5. 제58조제1항제1호에 따른 설비를 허가받지 아니하고 운용한 자
5의2. 제58조의2제4항을 위반하여 적합등록 후 관련 서류를 비치하지 아니한 자
5의3. 제58조의2제6항을 위반하여 적합성평가를 받은 사실을 표시하지 아니하고 판매·대여한 자나 판매·대여할 목적으로 진열·보관 또는 운송하거나 무선국·방송통신망에 설치한 자
5의4. 제58조의6제1항에 따른 검사 및 현장 출입을 거부하거나 방해한 자
5의5. 제58조의6제1항 및 제71조의2제2항(제47조의3제4항에 따라 준용되는 경우를 포함한다)에 따른 자료 또는 기자재 제출 요구를 거부하거나 방해한 자
5의6. 제71조의2제5항에 따른 명령을 위반하여 무선국을 운용한 자
6. 제72조제2항 또는 제3항(제58조제3항에 따라 준용되는 경우를 포함한다)에 따른 운용의 제한을 위반한 자

제91조(과태료)

다음 각 호의 어느 하나에 해당하는 자에게는 200만 원 이하의 과태료를 부과한다.
1. 제28조제2항을 위반하여 긴급통신·안전통신 또는 비상통신에 관한 의무를 이행하지 아니한 자
2. 제29조 본문을 위반하여 무선국을 운용한 자
3. 제30조제1항에 따른 통신보안사항을 지키지 아니하거나 같은 조 제2항에 따른 통신보안교육을 받지 아니한 자
4. 제45조와 제47조를 위반하여 무선설비의 기술기준 또는 안전시설기준에 적합하지 아니한 무선설비를 운용한 자
5. 제47조의2제3항을 위반하여 전자파 강도의 측정 결과를 보고하지 아니하거나 거짓으로 보고한 자
6. 제70조제4항 본문을 위반하여 무선설비를 운용하거나 공사를 한 자
7. 제76조에 따라 업무종사의 정지를 당한 후 그 기간에 무선설비를 운용하거나 그 공사를 한 자

제92조(과태료)

다음 각 호의 어느 하나에 해당하는 자에게는 100만원 이하의 과태료를 부과한다.
1. 제14조제3항을 위반하여 승인을 받지 아니한 자
2. 제23조제2항을 위반하여 인가를 받지 아니하거나 같은 조 제3항을 위반하여 신고를 하지 아니한 자
3. 제25조의2제1항을 위반하여 신고를 하지 아니한 자
4. 제58조의2제5항을 위반하여 변경신고를 하지 아니한 자
5. 제58조의2제7항에 따른 잠정인증의 조건을 이행하지 아니한 자

제93조(과태료의 부과·징수)

제89조의2, 제89조의3 및 제90조부터 제92조까지의 규정에 따른 과태료는 대통령령으로 정하는 바에 따라 미래창조과학부장관 또는 방송통신위원회가 부과·징수한다.

부칙

제1조(시행일)

이 법은 공포 후 6개월이 경과한 날부터 시행한다. 다만, 제71조제1호, 제80조제1항·제3항, 제81조제1항, 제82조제1항·제2항, 제83조제1항·제3항, 제84조 각 호 외의 부분, 제85조 및 제86조의 개정규정은 공포한 날부터 시행한다.

제2조(주파수분배의 변경에 따른 이용자 지원 등에 관한 적용례)

제9조의2의 개정규정은 주파수분배 변경에 따른 주파수를 사용할 수 있는 기간이 2011년 6월 1일 이후로 특정된 경우부터 적용한다.

제3조(주파수 사용승인을 받아 개설된 무선국의 시험성적서 제출에 관한 적용례)

제25조제4항의 개정규정은 이 법 시행 후 무선국을 개설하는 경우부터 적용한다.

제4조(주파수 사용승인에 관한 경과조치)

이 법 시행 당시 종전의 규정에 따라 주파수 사용승인을 받은 자는 제18조의2제3항의 개정규정에 따라 주파수 사용승인을 받은 것으로 본다.

제5조(금치산자 등의 무선국 배치에 관한 경과조치)

제71조제1호의 개정규정에도 불구하고 같은 개정규정 시행 당시 이미 금치산 또는 한정치산의 선고를 받고 법률 제10429호 민법 일부개정법률 부칙 제2조에 따라 금치산 또는 한정치산 선고의 효력이 유지되는 사람에 대하여는 종전의 규정에 따른다.

전파법 시행령

제1장 총칙

제1조(목적)

이 영은 「전파법」에서 위임된 사항과 그 시행에 필요한 사항을 규정함을 목적으로 한다.

제2조(정의)

이 영에서 사용하는 용어의 뜻은 다음과 같다.

1. 삭제
2. "송신설비"란 전파를 보내는 설비로서 송신장치와 송신공중선계(送信空中線系)로 구성되는 설비를 말한다.
3. "수신설비"란 전파를 받는 설비로서 수신장치와 수신공중선계로 구성되는 설비를 말한다.
4. "송신장치"란 무선통신의 송신을 위한 고주파 에너지를 발생하는 장치와 이에 부가되는 장치를 말한다.
5. "송신공중선계"란 송신장치에서 발생하는 고주파 에너지를 공간에 복사하는 설비를 말한다.
6. "공중선전력(空中線電力)"이란 공중선의 급전선(給電線)에 공급되는 전력을 말한다.
7. "실효복사전력(實效輻射電力)"이란 공중선전력에 주어진 방향에서의 반파다이폴의 상대이득(相對利得)을 곱한 것을 말한다.
8. "중파방송"이란 300킬로헤르츠(KHz)부터 3메가헤르츠(MHz)까지의 주파수대역 중 방송용으로 분배된 주파수의 전파를 이용하여 음성·음향 등을 보내는 방송을 말한다.
9. "단파방송"이란 3메가헤르츠(MHz)부터 30메가헤르츠(MHz)까지의 주파수대역 중 방송용으로 분배된 주파수의 전파를 이용하여 음성·음향 등을 보내는 방송을 말한다.
10. "초단파방송"이란 30메가헤르츠(MHz)부터 300메가헤르츠(MHz)까지의 주파수대역 중 방송용으로 분배된 주파수의 전파를 이용하여 음성·음향 등을 보내는 방송으로서 제11호 및 제12호의 방송에 해당하지 아니하는 방송을 말한다.
11. "텔레비전방송"이란 정지 또는 이동하는 사물의 순간적 영상과 이에 따르는 음성·음향 등을 보내는 방송을 말한다.
12. "데이터방송"이란 데이터와 이에 따르는 영상·음성·음향 등을 보내는 방송으로서 제8호부터 제11호까지의 방송에 해당하지 아니하는 방송을 말한다.

13. "방송구역"이란 방송을 양호하게 수신할 수 있는 구역으로서 전계강도(電界强度)가 미래창조과학부장관이 정하여 고시하는 기준 이상인 구역을 말한다.
14. "블랭킷에어리어"란 방송국의 송신공중선으로부터 발사되는 강한 전파로 다른 전파와의 간섭이 일어나는 지역을 말한다. 이 경우 중파방송의 경우에는 지상파의 전계강도가 미터마다 1볼트 이상인 지역을 말한다.
15. "연주소"란 방송사항의 제작·편성 및 조정에 필요한 설비와 그 종사자의 총체를 말한다.
16. "무선측위(無線測位)"란 전파의 전파특성(傳播特性)을 이용하여 위치·속도 및 기타 사물의 특징에 관한 정보를 취득하는 것을 말한다.
17. "무선항행"이란 항행을 위하여 하는 무선측위를 말한다(장애물의 탐지를 포함한다).
18. "무선탐지"란 무선항행 외의 무선측위를 말한다.
19. "무선방향탐지"란 무선국 또는 물체의 방향을 결정하기 위하여 전파를 수신하여 하는 무선측위를 말한다.
20. "레이더"란 결정하려는 위치에서 반사 또는 재발사되는 무선신호와 기준신호와의 비교를 기초로 하는 무선측위설비를 말한다.

제2장 전파자원의 확보

제3조(국제등록대상주파수 등)

① 「전파법」(이하 "법"이라 한다) 제5조제2항에 따른 등록대상 주파수는 「국제전기통신연합 전파규칙」이 정하는 바에 따른다.

② 제1항에 따른 등록대상 주파수를 사용하는 무선국을 개설하려는 자는 미래창조과학부장관에게 해당 주파수에 대한 국제등록신청을 요청하여야 한다. 국제등록을 한 사항을 변경하는 경우에도 또한 같다.

③ 제2항에 따라 주파수의 국제등록을 요청한 자는 국제전기통신연합이 정하는 등록비용을 부담하여야 한다.

제4조(주파수 이용 현황의 조사·확인)

① 법 제6조제2항에 따른 주파수 이용 현황의 조사·확인은 다음 각 호의 사항을 대상으로 하여 매년 실시한다.

1. 주파수분배·주파수할당·주파수지정 및 주파수사용승인의 현황

2. 주파수 이용과 관련한 사회·경제적 지표
3. 주파수 이용기술개발 및 관련 산업의 동향
4. 무선설비의 이용 및 운영 실태
5. 법 제8조에 따른 전파진흥기본계획의 수립에 관한 사항

② 미래창조과학부장관은 제1항에 따른 이용현황의 조사를 위하여 필요한 경우에는 해당 시설자 또는 법 제19조제 5항에 따라 주파수의 사용승인을 받은 자(이하 "시설자등"이라 한다)에게 필요한 자료의 제출을 요청할 수 있다.

제5조(주파수회수 또는 주파수재배치의 공고 등)

① 미래창조과학부장관은 법 제6조의2제1항에 따라 주파수회수 또는 주파수재배치를 하려는 때에는 다음 각 호의 사항을 관보, 인터넷 홈페이지 또는 일간신문 등을 통하여 공고하여야 한다.
1. 주파수회수 또는 주파수재배치의 목적
2. 주파수회수 또는 주파수재배치의 대상
3. 주파수회수 또는 주파수재배치의 시행시기
4. 손실보상금의 산정기준
5. 손실보상금의 청구 및 지급방법
6. 그 밖에 주파수회수 또는 주파수재배치의 시행에 필요한 사항

② 미래창조과학부장관은 제1항에 따른 공고를 할 때에는 시설자등에게 그 공고에 따른 의견서를 제출할 수 있다는 뜻을 통지하여야 한다. 다만, 송달이 불가능하거나 통상의 방법으로 시설자등의 주소·거소·영업소·사무소 또는 전자우편주소를 확인할 수 없어 통지할 수 없는 경우에는 제1항에 따른 공고일부터 30일이 경과한 날에 그 통지가 시설자등에게 도달한 것으로 본다.

제6조(주파수 이용실적의 판단기준)

법 제6조의2제1항 및 제2항에 따른 주파수 이용실적의 판단기준은 다음 각 호와 같다.
1. 해당주파수의 이용현황 및 수요전망
2. 전파이용기술의 발전추세
3. 국제적인 주파수의 사용동향
4. 국가안보 또는 인명안전 등의 공익적 필요성

제7조(주파수 대역정비의 요건)

미래창조과학부장관이 법 제6조의2제2항에 따라 동일한 용도 안에서 주파수 대역정비를 실시할 수

있는 요건은 다음 각 호의 어느 하나로 한다.

1. 새로운 서비스의 도입 등을 위하여 여유 주파수의 확보가 필요한 경우
2. 전파이용기술의 발전 등으로 점유주파수대폭의 변경이 필요한 경우
3. 혼신의 방지를 위하여 필요한 경우
4. 그 밖에 주파수 이용효율의 개선 등을 위하여 대역정비가 필요하다고 인정되는 경우

제7조의2(주파수심의위원회의 구성과 운영 등)

① 법 제6조의2제3항에 따른 주파수심의위원회(이하 이 조에서 "위원회"라 한다)는 위원장을 포함한 7명 이내의 위원으로 구성하고, 위원은 다음 각 호의 사람으로 한다.

1. 국무조정실, 미래창조과학부 및 방송통신위원회의 고위공무원단에 속하는 공무원 중에서 해당 기관의 장이 지명하는 사람 각 1명
2. 다음 각 목의 어느 하나에 해당하는 사람 중에서 위원장이 위촉하는 사람
   가. 「고등교육법」 제2조에 따른 학교에서 전자공학·전파공학 등 주파수 관련 학과의 교수로 5년 이상 재직 중인 사람
   나. 공인된 연구기관에서 주파수와 관련된 분야의 연구원으로 5년 이상 재직하였거나 재직 중에 있는 사람

② 제1항제2호에 따른 위원의 임기는 2년으로 하되, 한차례만 연임할 수 있다.

③ 위원회에 간사위원 1명을 두며, 간사위원은 제1항제1호에 따라 미래창조과학부의 고위공무원단에 속하는 공무원 중에서 미래창조과학부장관이 지명하는 사람이 된다.

④ 위원회의 회의는 재적위원 과반수의 출석으로 개의(開議)하고, 출석위원 과반수의 찬성으로 의결한다.

⑤ 위원장이 부득이한 사유로 직무를 수행할 수 없을 때에는 위원장이 미리 지명하는 위원이 그 직무를 대행한다.

⑥ 제1항부터 제5항까지에서 규정한 사항 외에 위원회의 구성과 운영 등에 필요한 사항은 위원회 의결을 거쳐 위원장이 정한다.

제8조(손실보상금의 산정기준 및 청구절차 등)

① 법 제7조제1항 각 호 외의 부분 본문에 따른 손실보상금의 산정기준은 별표 1과 같다.

② 법 제7조제1항 각 호 외의 부분 본문에 따라 시설자등은 제5조제1항에 따른 공고일 부터 120일 이내에 손실의 내용을 적은 손실보상청구서에 그 증명서류를 첨부하여 미래창조과학부장관에게 제

출하여야 한다.

③ 미래창조과학부장관은 제2항에 따른 손실보상청구서를 받은 날부터 60일 이내에 시설자등에게 손실보상금액을 결정·통지하여야 한다. 다만, 그 기간에 손실보상금액을 결정·통지할 수 없는 정당한 사유가 있는 경우에는 그 사유를 통지하고 1회에 한하여 30일의 범위에서 그 기간을 연장할 수 있다.

④ 미래창조과학부장관은 주파수회수 또는 주파수재배치의 시행일까지 시설자등에게 제3항에 따른 손실보상금을 지급하여야 한다.

⑤ 법 제7조제4항에 따라 새로 주파수할당·주파수지정 또는 주파수 사용승인을 받은 자(이하 "신규이용자"라 한다)가 시설자등에게 직접 손실을 보상하는 경우에는 제4항을 준용한다. 이 경우 "미래창조과학부장관"은 "신규이용자"로 본다.

제9조(징수금의 징수)

미래창조과학부장관은 법 제7조제2항에 따라 시설자등에게 보상한 금액을 징수하려는 때에는 징수금액 및 납부기한 등을 명시하여 한국은행에 개설되는 「방송통신발전 기본법」 제24조에 따른 방송통신발전기금(이하 "방송통신발전기금"이라 한다)의 출납관리를 위한 계정에 납부할 것을 신규이용자에게 서면으로 알려야한다.

제10조(주파수할당 대가의 반환금액의 산정 및 배분기준)

① 법 제7조제5항 본문에 따른 주파수할당대가의 반환 금액의 산정기준은 별표 2와 같다.

② 법 제7조제5항에 따른 주파수할당 대가 반환금액의 배분은 해당 주파수할당 대가가 방송통신발전기금 및 「정보통신산업진흥법」 제41조에 따른 정보통신진흥기금(이하 "정보통신진흥기금"이라 한다)의 수입금으로 각각 편입된 금액규모를 기준으로 한다.

제3장 전파자원의 분배 및 할당

제11조(주파수할당의 공고)

① 미래창조과학부장관은 법 제10조제1항에 따라 주파수할당을 하려는 때에는 다음 각 호의 사항을 공고하여야 한다. 다만, 제3호는 법 제11조제1항 단서에 따른 대가산정 주파수할당의 경우에만 해당하고, 제6호의2 및 제6호의3은 법 제11조제1항 본문에 따른 가격경쟁 주파수할당(이하 "가격경쟁주파수할당"이라 한다)에만 해당한다.

1. 할당대상 주파수 및 대역폭
2. 할당방법 및 시기
3. 주파수할당 대가
4. 주파수 이용기간
5. 주파수용도 및 기술방식에 관한 사항

5의2. 주파수할당을 신청할 수 있는 자의 범위

6. 제13조제2항에 따라 붙이는 조건

6의2. 가격경쟁주파수할당의 방법 및 절차

6의3. 법 제11조제3항 단서에 따른 최저경쟁가격(이하 "최저경쟁가격"이라 한다)

7. 그 밖에 주파수할당에 관하여 필요한 사항

② 제1항에 따른 공고는 주파수할당을 하는 날부터 1월전까지 하여야 한다.

제12조(주파수할당 신청)

① 법 제10조제2항에 따라 주파수할당을 신청하는 경우에는 다음 각 호의 서류(전자문서를 포함한다)를 제출하여야 한다.

1. 법인(설립예정법인을 포함한다. 이하 이 조, 제17조 및 제19조에서 같다)의 정관
2. 법인의 주주명부 및 주주 등의 주식 등의 소유에 관한 서류
3. 주파수이용계획서
4. 법 제10조제1항에 따라 주파수할당 공고에서 정하는 서류

② 제1항에 따른 주파수할당 신청을 받은 미래창조과학부장관은 「전자정부법」 제36조제1항에 따른 행정정보의 공동이용을 통하여 법인 등기사항증명서를 확인하여야 한다.

③ 제1항 및 제2항에서 규정한 사항 외에 주파수할당의 신청 절차 및 방법 등에 관하여 필요한 세부사항은 미래창조과학부장관이 정하여 고시한다.

제13조(전파자원의 독과점방지)

① 법 제10조제3항에서 "대통령령으로 정하는 특수관계에 있는 자"란 「독점규제 및 공정거래에 관한 법률 시행령」 제11조 각 호의 어느 하나에 해당하는 자를 말한다.

② 법 제10조제3항에 따라 미래창조과학부장관이 주파수할당을 하는 경우 붙일 수 있는 조건은 다음 각 호의 어느 하나와 같다.

1. 주파수할당을 받은 자 및 제1항에 해당하는 자가 할당받을 수 있는 주파수의 총량에 관한 사

항. 이 경우 주파수의 총량은 새로 할당하는 주파수 및 그와 역무의 대체성이 있는 이미 할당한 주파수의 양을 고려하여 정한다.

2. 제1호에 따른 총량을 초과하는 주파수의 회수시기 및 방법에 관한 사항
3. 할당받은 주파수를 이용하여 제공하는 역무의 제공시기·제공지역 및 품질수준에 관한 사항

제14조(주파수할당 대가의 산정기준 및 부과절차 등)

① 법 제11조제3항 본문에 따른 주파수할당 대가의 산정기준은 별표 3과 같다. 다만, 할당대상 주파수와 동일하거나 유사한 용도의 주파수가 가격경쟁주파수할당의 방식에 따라 할당된 적이 있는 경우에는 다음 각 호의 사항을 고려하여 주파수할당 대가를 산정할 수 있다.

1. 동일하거나 유사한 용도의 주파수에 대한 주파수할당 대가
2. 할당대상 주파수의 특성 및 대역폭
3. 할당대상 주파수의 이용기간·용도 및 기술방식
4. 그 밖에 할당대상 주파수의 수요전망 등 미래창조과학부장관이 필요하다고 인정하는 사항

② 미래창조과학부장관은 주파수할당 대가를 부과하는 경우 납부금 및 납부기한 등을 명시하여 한국은행에 개설되는 방송통신발전기금 및 정보통신진흥기금의 출납관리를 위한 각 계정에 납부할 것을 서면으로 알려야 한다.

③ 주파수할당대가의 산정 및 부과에 관한 세부사항은 미래창조과학부장관이 정하여 고시한다.

제14조의2(최저경쟁가격의 결정방법)

최저경쟁가격은 다음 각 호의 사항을 고려하여 결정한다.

1. 제14조제1항제1호부터 제3호까지에 관한 사항
2. 할당대상 주파수를 이용한 서비스의 예상매출액
3. 할당대상 주파수에 대한 수요

제15조(보증금)

① 법 제11조제4항에 따른 보증금(이하 "보증금"이라 한다)은 다음 각 호의 구분에 따라 산정한다.

1. 제14조제1항 본문에 따른 주파수할당의 경우: 별표 3 제2호에 따라 예상매출액을 기준으로 산정한 납부금의 100분의 10에 해당하는 금액
2. 제14조제1항 단서에 따른 주파수 할당의 경우: 주파수할당 대가의 100분의 10에 해당하는 금액
3. 가격경쟁주파수할당의 경우: 최저경쟁가격의 100분의 10에 해당하는 금액

② 보증금은 현금 또는 「국가를 당사자로 하는 계약에 관한 법률 시행령」 제37조제2항 각 호의 어느 하나의 보증서 등으로 납부하게 하여야 한다.

③ 미래창조과학부장관은 제2항에 따라 납부된 보증금의 목적이 되는 주파수를 할당한 경우 법 제11조제5항에 따른 사유에 해당하지 아니할 때에는 지체 없이 이를 반환하여야 한다.

제15조의2(수입금의 배분 등)

법 제11조제5항 및 제6항에 따라 보증금 및 주파수할당 대가를 방송통신발전기금 및 정보통신진흥기금에 배분하는 경우에는 그 배분비율의 편차가 30퍼센트를 넘지 아니하는 범위에서 미래창조과학부장관이 방송통신위원회와 협의하여 고시하는 비율에 따른다.

제16조(주파수이용권의 양도·임대)

① 법 제14조제2항 본문에서 "대통령령으로 정하는 기간"이란 주파수할당을 받은 날부터 3년을 말한다.

② 법 제14조제2항 단서에서 "대통령령으로 정하는 사유에 해당하는 경우"란 주파수이용권 양도의 경우에는 제1호 및 제2호에 해당하는 경우를 말하며, 주파수이용권 임대의 경우에는 제3호에 해당하는 경우를 말한다.

1. 주파수할당을 받은 자가 파산한 경우
2. 경제적 여건의 급변에 대처하거나 사업의 효율화를 위하여 주파수할당을 받은 자가 합병되거나 그가 영위하는 사업의 전부 또는 일부를 양도하는 경우
3. 법 제16조에 따라 재 할당을 받은 경우

제17조(주파수이용권의 양수·임차의 승인신청 등)

① 법 제14조제3항에 따라 주파수이용권을 양수하거나 임차하려는 자는 미리 다음 각 호의 서류(전자문서를 포함한다)를 갖추어 미래창조과학부장관에게 승인신청을 하여야 한다.

1. 주파수이용권 양도·양수계약서 사본 또는 주파수이용권 임대·임차계약서 사본
2. 법인의 정관
3. 법인의 주주명부 및 주주 등의 주식 등의 소유에 관한 서류
4. 주파수이용계획서(임대인의 주파수이용계획을 포함한다)
5. 법 제10조제1항에 따라 주파수할당 공고에서 정하는 서류
6. 이용자 보호대책

7. 제16조 제2항 제1호 또는 제2호에 해당하는 것을 증명하는 서류(법 제14조제2항 단서에 따른 사유로 주파수이용권을 양수받은 자만 해당한다)

② 제1항에 따른 주파수이용권의 양수·임차의 승인신청 절차에 관하여 제12조제2항을 준용한다.

③ 미래창조과학부장관은 제1항에 따른 승인신청을 받으면 신청을 받은 날부터 30일 이내에 법 제12조 각 호의 사항을 고려하여 승인 여부를 결정하고, 그 결과를 신청인에게 알려야 한다.

제18조(재할당)

① 법 제16조제1항 본문에 따라 주파수할당을 받은 자가 주파수이용기간이 만료되어 주파수재할당을 받으려면 주파수이용기간 만료 6개월 전에 재할당 신청을 하여야 한다.

② 제1항에 따른 주파수 재할당의 신청절차 및 그 할당 대가의 산정·징수 등에 관하여는 제12조 및 제14조를 준용한다.

제19조(전환의 절차 등)

① 법 제17조제1항에 따라 전환을 받으려는 자는 다음 각 호의 서류를 갖추어 미래창조과학부장관에게 전환신청(전자문서로 된 신청서를 포함한다)을 하여야 한다.

1. 법인의 정관
2. 법인의 주주명부 및 주주 등의 주식 등의 소유에 관한 서류
3. 주파수이용계획서

② 미래창조과학부장관은 제1항에 따른 신청을 받은 날부터 6개월 이내에 전환대상의 여부, 전환의 시기 및 주파수할당대가 등을 결정하여 신청인 및 이해관계인에게 미리 그 결정 내용을 알려야 한다.

③ 제2항에 따른 통지를 받은 신청인은 그 통지를 받은 날부터 3개월 이내에 서면으로 전환신청을 철회할 수 있다.

④ 미래창조과학부장관은 제3항에 따른 철회가 없는 경우에는 주파수를 전환하게 하고 전환의 대상 및 시기, 주파수 이용기간, 주파수할당대가 그 밖에 전환에 필요한 사항을 관보, 인터넷 홈페이지 또는 일간신문 등에 공고하여야 한다.

⑤ 제1항에 따른 주파수할당 전환신청절차에 관하여는 제12조제2항을 준용하고, 제4항에 따라 전환을 받은 신청인이 납부하여야 할 주파수할당대가의 산정 및 징수에 관하여는 제14조를 준용한다.

제20조(주파수이용권관리대장의 서식 등)

① 법 제18조제1항에 따라 주파수이용권관리대장에 적어야 할 사항 등은 미래창조과학부장관이 정

하여 고시한다.

② 법 제18조제2항에 따라 주파수이용권관리대장을 열람하거나 그 사본을 발급받으려는 자는 주파수이용권관리대장열람(발급)신청서를 미래창조과학부장관에게 제출하여야 한다.

제4장 전파자원의 이용

제1절 무선국의 허가 및 운용 등

제21조(허가받은 것으로 보는 무선국)

법 제19조제2항 전단에서 "대통령령으로 정하는 무선국"이란 법 제10조에 따라 미래창조과학부장관이 할당한 주파수를 이용하는 휴대용 무선국을 말한다.

제22조(이용계약의 체결통보)

전기통신사업자는 법 제19조제3항에 따라 이용계약을 체결한 경우에는 매 분기 말일부터 15일 이내에 다음 각 호의 사항을 미래창조과학부장관에게 통보하여야 한다.

1. 해당 분기 중 신규로 이용계약을 체결한 가입자의 수
2. 매 분기 말일 기준의 가입자의 수
3. 「병역법」에 따른 징집 또는 지원에 따라 입영한 현역병[같은 법 제24조제2항 또는 제25조제1항(같은 항 제2호 중 경찰대학 졸업예정자로서 전투경찰대에 복무하도록 추천을 받은 자는 제외한다)에 따라 전환 복무하는 자를 포함한다]으로서 제21조에 따른 무선국의 이용을 정지한 가입자의 수
4. 이용계약에 따른 이용요금의 연체로 인하여 제21조에 따른 무선국의 이용이 정지된 가입자의 수

제23조(주파수 사용승인을 받아 개설하는 무선국)

법 제19조제5항에 따라 주파수 사용승인을 받아 개설할 수 있는 무선국은 다음 각 호의 어느 하나에 해당하는 무선국으로 한다. 이 경우 제1호의 무선국으로서 국가안보상 필요할 때에는 우선적으로 승인할 수 있다.

1. 「군용전기통신법」 제3조에 따라 국방부장관이 관리·운용하는 무선국
2. 외국의 국가원수 등이 대한민국을 방문하는 중에 의전·경호 등의 목적으로 사용하기 위하여 외교통상부장관의 요청에 따라 개설하는 무선국
3. 주한 외국공관이 대한민국에서 해당 국가의 외교 및 영사업무를 위하여 외교통상부장관의 요청

에 따라 개설하는 무선국

4. 국내에서 열리는 국제적 또는 국가적 행사를 위하여 관계 국가기관의 장의 요청에 따라 외국인이 그 행사기간 중에 개설하는 무선국
5. 「대한민국과 아메리카합중국간의 상호방위조약 제4조에 따른 시설과 구역 및 대한민국에서의 합중국군대의 지위에 관한 협정」에 따라 아메리카합중국 군대가 관리·운용하는 무선국 중 같은 협정 제3조제2호에 따른 약정의 적용을 받는 무선국
6. 국가안전보장과 관련된 정보 및 보안업무를 관장하는 기관의 장이 그 업무를 위하여 관리·운용하는 무선국

제24조(신고하고 개설할 수 있는 무선국)

① 법 제19조의2제1항제1호 및 제2호에 따라 신고하고 개설할 수 있는 무선국은 다음 각 호의 어느 하나에 해당하는 무선기기를 사용하는 무선국으로 한다.

1. 간이무선국용 무선설비 중 휴대용 무선기기. 다만, 차량·선박 등 이동 체에 설치하는 경우는 제외한다.
2. 전파천문업무를 하는 수신전용 무선기기
3. 육상국·기지국 또는 이동중계국을 설치하는 자가 해당 무선국과 통신하기 위하여 개설하는 이동국·육상이동국용 무선설비 중 휴대용 무선기기. 다만, 차량·선박 등 이동 체에 설치하는 경우는 제외한다.
4. 다른 일반지구국으로부터 주파수, 출력, 전파형식 등 송신의 제어를 받는 일반지구국의 무선기기

② 법 제19조의2제1항제3호에 따라 신고하고 개설할 수 있는 무선국은 다음 각 호의 어느 하나에 해당하는 무선국을 말한다.

1. 「전기통신사업법」 제2조제11호 본문에 따른 기간통신역무를 제공하기 위한 무선국 중 다음 각 목의 어느 하나에 해당하는 무선국
   가. 이동통신
   나. 휴대인터넷
   다. 위치기반서비스
   라. 무선데이터통신
   마. 서비스제공지역이 전국인 주파수공용통신 및 무선호출
   바. 그 밖에 국가간·지역간 전파혼신 방지 등을 위하여 미래창조과학부장관이 무선국의 설치

장소, 운영시간, 주파수 또는 공중선전력 등을 제한할 필요가 없다고 인정하여 고시하는 무선국

2. 「방송법」 제2조제2호나목에 따른 종합유선방송사업을 하기 위한 무선국 또는 같은 조 제13호에 따른 전송망사업을 하기 위한 무선국

③ 법 제19조의2제1항제4호에 따라 신고하고 개설할 수 있는 무선국은 다음 각 호의 어느 하나에 해당하는 무선국을 말한다.

1. 위성방송보조국
2. 지하·터널내에 개설하는 지상파방송보조국

제25조(신고하지 아니하고 개설할 수 있는 무선국)

법 제19조의2제2항에서 "대통령령으로 정하는 무선국"이란 다음 각 호의 어느 하나에 해당하는 무선기기를 사용하는 무선국을 말한다.

1. 표준전계발생기·헤테르다인방식 주파수 측정장치, 그 밖의 측정용 소형발진기
2. 법 제58조의2제1항에 따른 적합성평가(이하 "적합성평가"라 한다)를 받은 무선기기로서 개인의 일상생활에 자유로이 사용하기 위하여 미래창조과학부장관이 정한 주파수를 이용하여 개설하는 생활무선국용 무선기기
3. 제24조제1항제2호에 따른 무선기기 외의 수신전용 무선기기
4. 적합성평가를 받은 무선기기로서 다른 무선국의 통신을 방해하지 아니하는 출력의 범위에서 특정구역 또는 건물내 등 가까운 거리에서 사용할 목적으로 미래창조과학부장관이 용도 및 주파수와 공중선전력 또는 전계강도 등을 정하여 고시하는 무선기기

제26조(외국인 등의 무선국개설)

법 제20조 제2항 제4호 다목에서 "대통령령으로 정하는 것"이란 다음 각 호의 어느 하나에 해당하는 무선국을 말한다.

1. 기지국
2. 육상이동국
3. 간이무선국

제27조(무선국의 개설조건)

① 실험국은 법 제20조의2제1항에 따른 개설조건 외에 다음 각 호의 개설조건을 갖추어야한다.

1. 신청인이 그 실험을 수행할 적정한 능력을 가지고 있을 것
2. 실험의 목적과 내용이 과학기술의 진보·발전 또는 과학지식의 보급에 공헌할 합리적인 가능성이 있을 것
3. 실험의 목적과 내용이 공공복리를 해하지 아니할 것
4. 신청인이 그 실험의 목적을 달성하기 위하여 전파의 발사를 필요로 하고, 합리적인 실험의 계획과 이를 실행하기 위한 적당한 설비를 갖추고 있을 것

② 아마추어국은 법 제20조의2제1항에 따른 개설조건 외에 다음 각 호의 개설조건을 갖추어야 한다.

1. 신청인이 다음 각 목의 어느 하나에 해당하는 자일 것
   가. 해당 아마추어국의 무선설비를 운용할 수 있는 무선종사자의 자격이 있는 사람
   나. 아마추어업무의 건전한 보급발달의 도모를 목적으로 하는 사단법인으로서 다음 요건을 구비한 자
      1) 영리를 목적으로 하지 아니할 것
      2) 목적, 명칭, 사무소, 자산, 이사의 임면과 사원자격의 득실에 관한 사항을 명시한 정관이 작성되고, 적당하다고 인정되는 대표자가 선임되어 있을 것
      3) 아마추어국의 무선설비를 운용할 수 있는 무선종사자의 자격이 있는 사람이 포함되어 있을 것
   다. 해당 아마추어국의 무선설비를 운용할 수 있는 3명 이상의 무선종사자의 자격을 가진 사람을 구성원으로 하는 단체
2. 무선설비의 공중선전력이 1킬로와트(이동하는 아마추어국의 경우에는 50와트) 이하일 것
3. 아마추어국 운용의 목적과 내용이 공공복리를 해하지 아니할 것

③ 중계를 목적으로 개설하는 아마추어국은 제2항에 따른 개설조건 외에 다음 각 호의 개설조건을 갖추어야 한다.

1. 신청인이 제2항제1호나목에 해당하는 자이거나 아마추어국 간의 중계를 위하여 아마추어업무용 위성을 설치한자일 것
2. 시설의 유지·관리에 적합한 대책을 갖출 것

제28조(업무의 분류)

법 제20조의2제3항에 따라 무선국이 하는 업무는 다음 각 호와 같이 분류한다.

1. 고정업무: 일정한 고정지점 간의 무선통신업무
2. 방송업무

가. 지상파방송업무: 공중이 직접 수신하도록 할 목적으로 지상의 송신설비를 이용하여 송신하는 무선통신업무

나. 위성방송업무: 공중이 직접 수신하도록 할 목적으로 인공위성의 송신설비를 이용하여 송신하는 무선통신업무

다. 지상파방송보조업무: 지상파방송의 난시청을 해소할 목적으로 지상의 송신설비를 이용하여 지상파방송신호를 중계하는 무선통신업무

라. 위성방송보조업무: 위성방송의 난시청을 해소할 목적으로 지상의 송신설비를 이용하여 위성방송신호를 중계하는 무선통신업무

3. 이동업무: 이동국과 육상국 간, 이동국 상호 간 또는 이동중계국의 중계에 의한 이들 상호 간의 무선통신업무
4. 해상이동업무: 선박국과 해안국 간, 선박국 상호 간 또는 선상통신국 상호 간의 무선통신업무
5. 항공이동업무: 항공기국과 항공국 간 또는 항공기국 상호 간의 무선통신업무
6. 육상이동업무: 기지국과 육상이동국 간, 육상이동국 상호 간 또는 이동중계국의 중계에 의한 이들 상호 간의 무선통신업무
7. 무선측위업무: 무선측위를 위한 무선통신업무
8. 무선항행업무: 무선항행을 위한 무선측위업무
9. 해상무선항행업무: 선박을 위한 무선항행업무
10. 항공무선항행업무: 항공기를 위한 무선항행업무
11. 무선탐지업무: 무선항행업무 외의 무선측위업무
12. 무선방향탐지업무: 무선방향탐지를 위한 무선측위업무
13. 무선표지업무: 이동국에 대하여 전파를 발사하여 그 전파발사 위치에서의 방향 또는 방위를 그 이동국으로 하여금 결정하게 할 수 있도록 하기 위한 무선항행업무
14. 비상통신업무: 지진·태풍·홍수·해일·설해·화재, 그 밖의 비상사태가 발생하거나 발생할 우려가 있는 경우에 인명구조·재해구호·교통통신의 확보 또는 질서유지를 위하여 하는 무선통신업무
15. 우주무선통신업무: 우주국·수동위성 또는 우주 내에 있는 그 밖의 물체를 이용하여 하는 무선통신업무
16. 아마추어업무: 금전상의 이익을 목적으로 하지 아니하고 개인적인 무선기술의 흥미에 따라 하는 자기훈련과 기술연구 목적의 통신업무
17. 기상원조업무: 수상(水象)을 포함하는 기상(氣象)상의 관측과 조사를 위한 무선통신업무
18. 표준주파수 및 시보업무: 과학·기술, 그 밖의 목적을 위하여 공중이 수신 가능하도록 높은 정확도를 가진 표준주파수 및 시각정보를 송신하는 무선통신업무

19. 무선조정업무: 무선에 의한 원격조정을 하는 업무
20. 고정위성업무: 우주국을 이용하여 특정한 고정지점의 지구국 상호 간에 하는 무선통신업무
21. 이동위성업무: 우주국과 이동지구국 간, 우주국을 이용하는 이동지구국 상호 간, 우주국을 이용하는 특정한 고정지점의 지구국과 이동지구국 간 또는 우주국 상호 간에 하는 무선통신업무
22. 육상이동위성업무: 육상에 설치된 이동지구국이 하는 이동위성업무
23. 해상이동위성업무: 선박에 설치된 이동지구국이 하는 이동위성업무(구명부기국 및 비상위치지시용 무선표지국이 하는 업무를 포함한다)
24. 항공이동위성업무: 항공기에 설치된 이동지구국이 하는 이동위성업무(구명부기국 및 비상위치지시용 무선표지국이 하는 업무를 포함한다)
25. 무선측위위성업무: 우주국을 이용하여 무선측위를 하는 무선통신업무
26. 무선항행위성업무: 무선항행을 하는 무선측위위성업무
27. 해상무선항행위성업무: 선박에 설치된 이동지구국이 하는 무선항행위성업무
28. 항공무선항행위성업무: 항공기에 설치된 이동지구국이 하는 무선항행위성업무
29. 표준주파수 및 시보위성업무: 우주국을 이용하여 표준주파수 및 시각정보를 보내는 무선통신업무
30. 전파천문업무: 전파를 이용하여 하는 천문업무
31. 구명업무: 구명정·구명복, 그 밖의 구명설비에 설치되어 구명용으로만 이용하기 위한 무선통신업무

제29조(무선국의 분류)

법 제20조의2제3항에 따라 무선국은 다음 각 호와 같이 분류한다.

1. 고정국: 고정업무를 하는 무선국
2. 방송국
   가. 지상파방송국: 지상파방송업무를 하는 무선국
   나. 위성방송국: 위성방송업무를 하는 무선국
   다. 지상파방송보조국: 지상파방송보조업무를 하는 무선국
   라. 위성방송보조국: 위성방송보조업무를 하는 무선국
3. 육상국: 이동 중의 운용을 목적으로 하지 아니하는 이동업무를 하는 무선국으로서 해안국·기지국·항공국 및 이동중계국에 해당하지 아니하는 무선국
4. 해안국: 선박국과 통신을 하기 위하여 육상에 개설하고 이동하지 아니하는 무선국
5. 항공국: 항공기국과 통신을 하기 위하여 육상에 개설하고 이동하지 아니하는 무선국. 다만, 선박

상 또는 지구위성상에 개설하는 경우에는 이동하는 무선국을 포함한다.

6. 기지국: 육상이동국과의 통신 또는 이동중계국의 중계에 의한 통신을 하기 위하여 육상에 개설하고 이동하지 아니하는 무선국
7. 이동국: 이동 중 또는 특정하지 아니하는 지점에서 정지 중에 이동업무를 행하는 무선국으로서 선박국·육상이동국·항공기국 및 선상통신국에 해당하지 아니하는 무선국
8. 이동중계국: 기지국과 육상이동국, 육상국과 이동국, 육상이동국 상호 간 및 이동국 상호 간의 통신을 중계하기 위한 다음 각 목의 무선국
   가. 육상에 개설하고 이동하지 아니하는 무선국
   나. 선박에 개설하는 무선국
9. 선박국: 선박에 개설하여 해상이동업무를 하는 무선국
10. 선상통신국: 선박의 선내통신, 구명정의 구조훈련 또는 구조작업이 행하여지는 때의 선박과 그 구명정이나 구명뗏목 간의 통신, 끄는 배와 끌리는 배 또는 미는 배와 밀리는 배로 구성되는 선단 내의 통신과 밧줄연결 및 계류지시를 목적으로 하는 해상이동업무의 저전력의 이동국
11. 항공기국: 항공기에 개설하여 항공이동업무를 하는 무선국
12. 육상이동국: 육상(하천이나 그 밖에 이에 준하는 수역을 포함한다)에서 육상이동업무를 하는 무선국
13. 무선측위국: 무선측위를 하는 무선국으로서 무선방향탐지국·무선표지국·무선항행육상국·무선항행이동국·무선탐지육상국·무선탐지이동국 및 비상위치지시용무선국에 해당하지 아니하는 무선국
14. 무선항행국: 무선항행업무를 하는 무선국
15. 무선항행육상국: 이동하지 아니하는 무선항행국
16. 무선항행이동국: 이동하는 무선항행국
17. 무선탐지육상국: 무선탐지업무를 하는 이동하지 아니하는 무선국
18. 무선탐지이동국: 무선탐지업무를 하는 이동하는 무선국
19. 무선방향탐지국: 무선방향탐지업무를 하는 무선국
20. 무선표지국: 무선표지업무를 하는 무선국
21. 비상국: 비상통신업무만을 하는 것을 목적으로 개설하는 무선국
22. 실험국: 과학 또는 기술의 발전을 위한 실험에 전용하는 무선국
23. 아마추어국: 개인적인 무선기술에의 흥미에 따라 자기훈련과 기술연구에 전용하는 무선국
24. 기상원조국: 기상원조업무를 하는 무선국
25. 표준주파수 및 시보국: 표준주파수 및 시보업무를 하는 무선국

26. 실용화시험국: 해당 무선통신업무를 실용에 옮길 목적으로 시험적으로 개설하는 무선국
27. 간이무선국: 일정 지역에서 간단한 업무연락을 위하여 사용할 목적으로 미래창조과학부장관이 정하여 고시한 전파형식·주파수 및 공중선전력 등의 기준에 적합한 무선국
28. 비상위치지시용무선표지국: 탐색과 구조작업을 쉽게 하기 위하여 비상위치지시용 무선표지설비만을 사용하여 전파를 발사하는 이동업무를 하는 무선국
29. 무선조정국: 무선조정업무를 하는 무선국
30. 우주국: 인공위성에 개설하여 위성방송업무 외의 무선통신업무를 하는 무선국
31. 일반지구국: 육상의 특정 지점에 개설하여 우주국 또는 위성방송국과 고정업무를 하는 지구국
32. 해안지구국: 육상의 특정 지점에 개설하여 해상이동위성업무를 하는 지구국
33. 선박지구국: 선박에 개설하여 해상이동위성업무를 하는 이동지구국
34. 항공지구국: 육상의 특정 지점에 개설하여 항공이동위성업무를 하는 지구국
35. 항공기지구국: 항공기에 개설하여 항공이동위성업무를 하는 이동지구국
36. 육상지구국: 육상의 특정 지점에 개설하여 이동위성업무를 하는 무선국으로서 해안지구국·항공지구국 및 기지지구국에 해당하지 아니하는 무선국
37. 이동지구국: 이동 중 또는 특정하지 아니한 지점에서 정지 중에 이동위성업무를 하는 무선국으로서 선박지구국·항공기지구국 및 육상이동지구국에 해당하지 아니하는 무선국
38. 기지지구국: 육상의 특정 지점에 개설하여 육상이동위성업무를 하는 지구국
39. 육상이동지구국: 육상에서 이동 중 또는 특정하지 아니한 지점에서 정지 중에 이동위성업무를 하는 이동지구국
40. 비상위치지시용 위성무선표지국: 위성을 이용하는 비상위치지시용무선표지국
41. 전파천문국: 전파천문업무를 하는 무선국

제29조의2(전파형식의 표시 등)

전파형식의 표시는 별표 4에 따르고, 주파수의 표시는 별표 5에 따른다.

제30조(허가신청의 단위)

① 무선국의 허가신청은 제29조의 무선국의 분류에 따라 송신설비의 설치장소(휴대용 무선기기를 이용한 무선국의 경우에는 송신장치)별로 하여야 한다.

② 방송국의 허가신청은 제1항에 따르는 것 외에 중파방송·단파방송·초단파방송·텔레비전방송·데이터방송 등 방송별로 하거나 주파수별로(단파방송의 경우는 제외한다) 하여야 한다. 다만, 하나

의 주파수로 여러 방송을 할 수 있는 경우에는 방송별로 허가신청을 하여야 한다.

③ 이동하는 무선국 중 개인이 개설하는 아마추어국과 송신장치마다 신청하는 것이 불합리하다고 인정되는 무선국에 대하여는 제1항에도 불구하고 둘 이상의 송신장치를 포함하여 단일무선국으로 신청할 수 있다.

④ 미래창조과학부장관은 무선국의 허가신청을 간소화하기 위하여 필요한 경우에는 제1항 및 제2항 단서에도 불구하고 미래창조과학부장관이 정하여 고시하는 바에 따라 통신망별 또는 설치장소나 주파수별로 허가를 신청하게 할 수 있다.

제31조(허가의 신청)

① 법 제21조제1항에 따라 무선국의 개설허가를 받으려는 자는 허가신청서(전자문서로 된 신청서를 포함한다)에 다음 각 호의 서류(전자문서를 포함한다)를 첨부하여 미래창조과학부장관에게 제출하여야 한다.

1. 무선설비의 시설개요서와 공사설계서(법 제24조의2제1항제1호 및 제3호에 따른 무선국은 제외한다)
2. 「여권법」에 따른 여권의 사본(법 제20조제1항제1호부터 제3호까지에 해당하는 자로서 제3항 제2호에 따라 확인할 수 없는 경우만 해당한다)

② 무선국의 개설허가신청이 다음 각 호의 어느 하나에 해당하는 경우에는 제1항에도 불구하고 무선국의 수에 관계없이 허가신청서 1부와 제1항 각 호의 서류 각 1부만을 제출할 수 있다. 다만, 제2호의 경우에는 방송국별로, 제3호의 경우에는 항공기지구국별로 설치장소·공중선형식 또는 공중선전력 등이 일부 다를 때에는 그 명세를 별도로 제출하여야 한다.

1. 제24조제1항제1호 단서 및 제3호 단서에 따른 휴대용 무선기기로서 같은 종별에 속하는 둘 이상의 무선국을 동시에 허가 신청하는 경우
2. 지상파방송보조국(제24조제3항제2호에 따른 지하·터널내에 개설하는 지상파방송보조국은 제외한다)을 둘 이상 동시에 허가 신청하는 경우
3. 전기통신역무를 제공하기 위하여 항공기지구국을 둘 이상 동시에 허가 신청하는 경우

③ 제1항에 따라 허가신청을 받은 미래창조과학부장관은 「전자정부법」 제36조제1항에 따른 행정정보의 공동이용을 통하여 다음 각 호의 서류를 확인하여야 한다. 다만, 신청인(법인의 경우 대표자를 말한다)·방송편성책임자가 제2호 또는 제3호의 확인에 동의하지 아니하는 경우에는 해당 서류를 첨부하도록 하여야 한다.

1. 법인 등기사항증명서(기존의 무선국 시설자가 추가로 무선국의 개설허가를 받으려는 경우에

는 그 대표자 또는 임원이 변경된 경우만 해당한다)

2. 「출입국관리법」 제88조에 따른 외국인등록사실증명(법 제20조제1항제1호부터 제3호까지에 해당하는 자만 해당한다)

3. 법인의 대표자·방송편성책임자의 가족관계기록사항에 관한 증명서(위성방송국 개설허가 신청의 경우만 해당한다)

④ 법 제19조제1항 후단 및 제21조제1항에 따라 다음 각 호의 사항에 대하여 변경허가를 받으려는 자는 변경허가 신청서(전자문서로 된 신청서를 포함한다)에 무선설비의 공사설계서(제1호·제2호·제4호 및 제8호를 변경하는 경우는 제외한다) 및 무선국 변경내역서(전자문서를 포함한다)를 첨부하여 미래창조과학부장관에게 제출하여야 한다.

1. 무선국의 목적
2. 통신의 상대방 및 통신사항(방송국의 경우에는 방송사항 및 방송구역을 말한다)
3. 무선설비의 설치 장소(무선설비가 설치된 차량을 교체하는 경우는 제외한다)
4. 호출부호 또는 호출명칭
5. 전파의 형식, 점유주파수대폭 및 주파수(간이무선국이 같은 주파수대역 내에서 주파수를 변경하는 경우는 제외한다)
6. 공중선전력
7. 공중선의 형식·구성 및 이득
8. 운용허용시간
9. 송신장치의 증설(아마추어국으로서 공중선전력 10와트 이하의 송신장치는 제외한다)
10. 무선기기의 대치(미래창조과학부장관 고시로 정하는 무선기기는 제외한다)

⑤ 제4항에 따라 위성방송국 변경허가 신청을 받은 미래창조과학부장관은 「전자정부법」 제36조제1항에 따른 행정정보의 공동이용을 통하여 다음 각 호의 서류를 확인하여야 한다. 다만, 신청인이 제2호의 확인에 동의하지 아니하는 경우에는 해당 서류를 첨부하도록 하여야 한다.

1. 법인 등기사항증명서
2. 법인의 대표자의 가족관계기록사항에 관한 증명서

제32조 삭제

제33조(허가증의 기재사항)

① 법 제21조제4항에 따라 무선국의 허가증에 적을 사항은 다음 각 호와 같다.

1. 허가연월일 및 허가번호
2. 시설자의 성명 또는 명칭
3. 무선국의 종별 및 명칭
4. 무선국의 목적
5. 통신의 상대방 및 통신사항(방송국의 경우에는 방송사항 및 방송구역을 말한다)
6. 무선설비의 설치장소
7. 허가의 유효기간
8. 호출부호 또는 호출명칭
9. 전파의 형식·점유주파수대폭 및 주파수
10. 공중선전력
11. 공중선의 형식·구성 및 이득
12. 운용허용시간
13. 무선종사자의 자격 및 정원
14. 무선국의 준공기한
15. 시험전파의 발사기간 및 내용(시험전파의 발사를 신청한 경우만 해당한다)
16. 무선기기의 명칭 및 기기일련번호

② 시설자는 허가증의 정정을 받으려는 때에는 미래창조과학부장관에게 정정신청을 하여야 한다.

③ 시설자는 허가증의 파손·오손·분실 등으로 허가증의 재발급을 받으려는 때에는 미래창조과학부장관에게 재발급신청을 하여야 한다.

제34조(고시대상무선국)

법 제21조제5항에 따라 무선국의 개설허가를 한 경우에 고시하여야 할 무선국은 다음 각 호와 같다. 다만, 제2호부터 제4호까지에 해당하는 무선국 중 국방 또는 치안에 사용되는 무선국의 경우에는 그러하지 아니하다.

1. 방송국(지상파방송보조국 및 위성방송보조국은 제외한다)
2. 해안국
3. 항공국
4. 육상에 개설하는 무선측위국
5. 표준주파수 및 시보국

제35조(무선국의 고시사항)

① 법 제21조제5항에 따라 제34조에 따른 고시대상무선국을 허가한 경우에 고시하여야하는 사항은 다음 각 호와 같다.

1. 허가연월일 및 허가번호
2. 시설자의 성명 또는 명칭
3. 무선국의 명칭 및 종별과 무선설비의 설치장소
4. 호출부호 또는 호출명칭
5. 주파수, 전파의 형식, 점유주파수대폭 및 공중선전력

② 미래창조과학부장관은 제1항에 따라 고시한 사항에 변경이 있는 경우 지체 없이 이를 고시하여야 한다.

제36조(무선국개설허가의 유효기간)

① 법 제22조제1항에 따른 무선국의 개설허가의 유효기간은 다음 각 호와 같다.

1. 실험국 및 실용화시험국: 1년
2. 이동국·육상국·육상이동국·기지국·이동중계국·선박국(의무선박국은 제외한다)·선상통신국·무선표지국·무선측위국·우주국·일반지구국·해안지구국·항공지구국·육상지구국·이동지구국·기지지구국·육상이동지구국·아마추어국·간이무선국·항공국·고정국·무선항행육상국·무선항행이동국·무선탐지육상국·무선탐지이동국·비상국·기상원조국·항공기지구국·무선조정국·전파천문국·선박지구국·항공기국·무선항행국·비상위치지시용무선표지국·비상위치지시용위성무선표지국·해안국 및 무선방향탐지국: 5년 2의2. 방송국: 5년. 다만, 초단파방송을 하는 방송국으로서「방송법」제2조제3호마목에 따른 공동체라디오방송사업자가 개설하는 방송국(이하 "공동체라디오방송국"이라 한다)은 3년으로 한다.
3. 제1호·제2호 및 제2호의2 외의 무선국: 3년

② 미래창조과학부장관은 제1항 각 호에도 불구하고 같은 시설자의 같은 종별 또는 통신망에 속하는 무선국에 대하여는 각 무선국의 허가시기가 다르더라도 그 유효기간이 동시에 끝나도록 허가할 수 있다.

③ 미래창조과학부장관은 법 제20조제2항제4호 및 제5호에 따른 무선국의 시설자 또는 신청인이 원하는 경우에는 제1항 각 호에 따른 허가유효기간의 범위에서 허가의 유효기간을 달리 정할 수 있다.

④ 미래창조과학부장관은 제1항제2호의2 본문에도 불구하고 전파의 효율적인 이용 및 관리를 통한 공공복리증진을 위하여 필요하다고 판단하는 경우에는「방송법」제10조제1항 또는 제17조제3항

에 따른 심사결과를 고려하여 2년을 초과하지 아니하는 범위에서 허가의 유효기간을 단축하여 허가할 수 있다.

제37조(주파수 사용승인의 유효기간)

① 법 제22조제1항에 따른 주파수 사용승인의 유효기간은 다음 각 호와 같다.

1. 제23조제1호 및 제5호의 무선국: 10년
2. 제23조제3호 및 제6호의 무선국: 5년
3. 제23조제2호 및 제4호의 무선국: 해당 무선국의 개설 목적을 달성하는 데에 필요하다고 미래창조과학부장관이 인정하는 기간

② 미래창조과학부장관은 제1항에도 불구하고 주파수분배가 변경되는 경우 또는 사용승인의 목적 달성에 필요한 기간이 제1항 제1호 또는 제2호에 따른 유효기간보다 단기인 경우 등의 사유로 제1항제1호 또는 제2호에 따른 유효기간 동안 사용승인을 하는 것이 전파자원의 효율적 이용을 저해한다고 판단되는 경우에는 주파수 사용승인의 요청 자와 협의하여 제1항제1호 또는 제2호에 따른 유효기간의 범위에서 유효기간을 달리 정할 수 있다.

제38조(재허가)

① 법 제22조제1항에 따라 재허가를 받으려는 자는 유효기간 만료 전 2개월 이상 4개월 이내의 기간에 미래창조과학부장관에게 재허가 신청을 하여야 한다. 다만, 허가의 유효기간이 1년인 무선국에 대하여는 그 유효기간 만료일 2개월 전까지 신청하여야 하며, 허가의 유효기간이 1년 미만인 무선국에 대하여는 그 유효기간 만료일 1개월 전까지 신청하여야 한다.

② 법 제22조제1항에 따라 위성방송국의 재허가를 받으려는 자는 재허가신청서(전자문서로 된 신청서를 포함한다)에 무선설비 시설개요서와 공사설계서를 첨부하여야 한다.

③ 제1항에 따라 위성방송국 재허가 신청을 받은 미래창조과학부장관은 「전자정부법」 제36조제1항에 따른 행정정보의 공동이용을 통하여 다음 각 호의 서류를 확인하여야 한다. 다만, 신청인·방송편성책임자가 제2호의 확인에 동의하지 아니하는 경우에는 해당 서류를 첨부하도록 하여야 한다.

1. 법인 등기사항증명서
2. 법인의 대표자·방송편성책임자의 가족관계기록사항에 관한 증명서

④ 미래창조과학부장관은 재허가 신청을 심사한 결과 그 신청이 법 제21조제2항 각 호에 적합하다고 인정하는 경우에는 재허가를 한다. 다만, 허가신청 시와 주파수 이용현황 등이 달라진 경우에는 다음 각 호의 사항을 다시 지정하여 무선국의 허가를 할 수 있다.

1. 전파의 형식·점유주파수대폭 및 주파수
2. 호출부호 또는 호출명칭
3. 공중선전력
4. 운용허용시간
5. 무선종사자의 자격 및 정원
6. 공중선의 형식·구성 및 이득
7. 방송을 목적으로 하는 무선국에 있어서는 방송사항 및 방송구역

제39조(재승인)

법 제22조제1항에 따라 재승인 받으려는 자는 주파수 사용승인의 유효기간 만료일 전 6개월 이상 12개월 이내에 미래창조과학부장관에게 재승인을 신청하여야 한다. 다만, 제37조제1항 제3호에 따라 유효기간이 정하여진 경우는 그러하지 아니하다.

제39조의2(무선국개설신고 등의 절차)

① 법 제22조의2제1항 전단에 따라 무선국의 개설신고를 하려는 자는 무선국개설신고서(전자문서로 된 신고서를 포함한다)에 무선설비의 시설개요서 및 공사설계서(법 제19조의2제1항 제1호 및 제2호에 따른 무선국은 제외한다)를 첨부하여 미래창조과학부장관에게 제출하여야 한다.

② 제1항에도 불구하고 무선국의 개설신고가 다음 각 호의 어느 하나에 해당하는 경우에는 무선국의 수에 관계없이 무선국개설신고서 1부만을 제출할 수 있다. 다만, 제2호의 경우에는 무선설비의 시설개요서와 공사설계서 각 1부를 제출하여야 한다.

1. 제24조 제1항 제1호 본문 및 제3호 본문에 따른 휴대용 무선기기로서 같은 종별에 속하는 둘 이상의 무선국을 동시에 개설 신고하는 경우
2. 제24조 제3항에 따른 위성방송보조국 또는 지하·터널내에 개설하는 지상파방송보조국을 둘 이상 동시에 개설신고하는 경우

③ 제1항 및 제2항에 따라 무선국을 개설한 자가 법 제22조의2제1항 후단에 따라 다음 각 호의 사항을 변경하려는 경우에는 무선설비의 공사설계서(제31조제4항제1호·제2호·제4호 및 제8호에 관한 사항을 변경하는 경우와 법 제19조의2제1항 제1호 및 제2호에 따른 무선국을 변경하는 경우는 제외한다) 및 무선국 변경내역서를 첨부하여 미래창조과학부장관에게 변경신고를 하여야 한다.

1. 제31조제4항 제1호·제2호·제4호 및 제6호부터 제8호까지에 관한 사항
2. 무선설비의 설치장소 또는 상치장소

3. 전파의 형식·점유주파수대폭 및 주파수(기간통신사업자가 법 제11조 및 제12조에 따라 할당받은 주파수대역내에서 주파수를 변경하는 경우는 제외한다)
4. 송신장치의 증설
5. 무선기기의 대치

제39조의3(무선국 신고증명서의 기재사항)

① 법 제22조의2제2항에 따른 무선국 신고증명서에는 다음 각 호의 사항을 기재하여야 한다. 다만, 제24조제1항에 따른 무선국의 경우에는 제33조제1항제4호 및 제11호부터 제15호까지의 사항은 제외한다.
1. 제33조제1항제2호부터 제5호까지 및 제8호부터 제16호까지에 관한 사항
2. 신고번호 및 수리일자
3. 무선설비의 설치장소 또는 상치장소

② 무선국 신고증명서의 정정 및 재발급에 관하여는 제33조제2항 및 제3항을 준용한다.

제40조(시설자 지위승계의 인가 신청)

① 법 제23조제2항 본문 및 단서에 따라 시설자 지위승계의 인가를 받으려는 자는 다음 각 호의 서류를 갖추어 미래창조과학부장관 또는 방송통신위원회에 시설자 지위승계의 인가 신청을 하여야한다.
1. 법 제23조제1항제1호에 해당하는 경우: 사업양도·양수계약서 사본
2. 법 제23조제1항제2호에 해당하는 경우
가. 법인합병계약서 사본
나. 합병을 결의한 주주총회 또는 사원총회의 의사록, 그 밖에 합병에 관한 의사결정을 증명하는 서류
다. 합병 후 존속하는 법인 또는 합병에 따라 설립된 법인의 정관 사본
3. 법 제23조제1항제3호 및 제4호에 해당하는 경우: 승계사실을 증명하는 서류 ② 제1항에 따른 시설자 지위승계의 인가 신청을 받은 미래창조과학부장관은 「전자정부법」 제36조제1항에 따른 행정정보의 공동이용을 통하여 다음 각 호의 서류를 확인하여야 한다. 다만, 신청인(법인의 경우 대표자를 말한다)이 제2호 또는 제3호의 확인에 동의하지 아니하는 경우에는 해당 서류를 첨부하도록 하여야 한다.
가. 법인 등기사항증명서
나. 「출입국관리법」 제88조에 따른 외국인등록사실증명(법 제20조제1항제1호부터 제3호까

지에 해당하는 자만 해당한다)

다. 법인의 대표자의 가족관계기록사항에 관한 증명서(위성방송국 시설자 지위승계 인가 신청의 경우만 해당한다)

제41조(신고에 따른 시설자 지위승계)

① 법 제23조제3항 본문에서 "대통령령으로 정하는 무선국"이란 간이무선국 및 법 제19조의2제1항에 따라 신고하고 개설하는 무선국을 말한다.

② 제1항에 따른 신고에 의한 시설자 지위승계의 절차에 관하여는 제40조를 준용한다.

제42조(준공신고)

법 제24조제1항에 따른 준공의 신고를 하려는 무선국 중 미래창조과학부장관이 정하여 고시하는 무선국의 경우에는 무선설비의 성능성적표를 함께 제출하여야 한다.

제42조의2(표본검사)

① 법 제24조제1항 각 호 외의 부분 단서에 따른 표본검사(이하 "표본검사"라 한다)를 하기 위하여는 검사관할구역별로 표본모집기간 내에 준공 신고한 무선국 중 100분의 30 이하의 비율(이하 "표본추출비율"이라 한다)로 표본을 추출(소수점 이하는 절상한다)하여야 한다. 이 경우 검사관할구역, 표본모집기간, 표본추출비율 등 표본검사의 운영에 관한 세부적인 사항은 미래창조과학부장관이 정하여 고시한다.

② 법 제24조제1항 각 호 외의 부분 단서에서 "대통령령으로 정하는 경우"란 제24조제2항제1호에 따른 무선국으로서 최초로 준공검사를 하는 경우를 말한다.

③ 법 제24조제7항에서 "불합격률이 일정 기준을 초과하는 등 대통령령으로 정하는 경우"란 제1항에 따른 표본검사 결과 그 불합격률이 100분의 15를 초과하는 경우를 말한다.

제43조(준공기한의 연장)

법 제24조제2항에 따라 준공기한을 연장하려는 자는 미래창조과학부장관에게 준공기한연장을 신청하여야 한다.

제43조의2(재검사의 기한)

법 제24조제3항 단서 및 제25조제3항 단서에서 "대통령령으로 정하는 기한"이란 준공검사의 결과를 통보받은 날부터 6개월 이내의 기한을 말한다.

제44조(정기검사의 유효기간)

① 법 제24조제4항 각 호 외의 부분에서 “대통령령으로 정하는 기간”이란 다음 각 호의 구분에 따른 기간을 말한다.

1. 다음 각 목에 따른 무선국: 1년
   가. 의무선박국(제2호가목 및 나목에 따른 의무선박국은 제외한다)
   나. 의무항공기국(제2호다목에 따른 의무항공기국은 제외한다)
   다. 실험국
   라. 실용화시험국
2. 다음 각 목에 따른 무선국: 2년
   가. 총톤수 40톤 미만인 어선의 의무선박국
   나. 「선박안전법 시행령」 제2조제1항제3호가목에 따른 평수구역 안에서만 운항하는 선박(여객선 및 어선은 제외한다)의 의무선박국
   다. 「항공법」 제2조제1호 및 제26호에 따른 회전익항공기 및 경량항공기의 의무항공기국
3. 제36조제1항제2호의2 및 제3호에 따른 무선국: 3년
4. 제36조제1항제2호에 따른 무선국: 5년. 다만, 인명구조 및 재난 관련 무선국으로서 미래창조과학부장관이 정하여 고시하는 무선국은 2년으로 한다.

② 제1항에 따른 정기검사의 유효기간은 다음 각 호의 어느 하나에 해당하는 날부터 기산한다.

1. 최초로 정기검사를 받는 무선국: 법 제24조제3항에 따른 검사증명서(이하 “준공검사증명서”라 한다)를 발급받은 날(법 제24조의2제1항 각 호에 따른 무선국의 경우에는 무선국의 허가를 받은 날을 말한다)
2. 정기검사 유효기간이 만료되어 다시 정기검사를 받는 무선국: 종전의 정기검사 유효기간의 만료일 다음날
3. 정기검사의 유효기간 중에 법 제24조제5항에 따른 검사(이하 “수시검사”라 한다)를 받은 무선국: 수시검사를 받고 제45조제6항에 따른 검사증명서를 발급받은 날. 이 경우 종전의 정기검사의 유효기간은 수시검사를 받고 검사증명서를 발급받은 날 만료된 것으로 본다.

제45조(검사의 시기·방법 등)

① 법 제24조제4항에 따른 정기검사의 시기는 다음 각 호의 구분에 따르며, 이 시기에 정기검사에 합격한 경우에는 정기검사 유효기간의 만료일에 정기검사를 받은 것으로 본다.

1. 제44조 제1항 제1호에 따른 무선국: 해당 무선국의 정기검사 유효기간의 만료일 전후 2개월 이내

2. 제44조 제1항 제2호·제3호 및 같은 항 제4호 단서에 따른 무선국: 해당 무선국의 정기검사 유효기간의 만료일전후 3개월 이내
3. 제44조제1항제4호에 따른 무선국: 해당 무선국의 정기검사 유효기간의 만료일 전후 6개월 이내

② 정기검사 및 수시검사는 다음 각 호의 구분에 따라 실시하며, 구체적인 검사항목 등 검사에 필요한 세부사항은 미래창조과학부장관이 정하여 고시한다.

1. 성능검사: 공중선전력·주파수·불요발사(不要發射)·점유주파수대폭·등가등방복사전력(等價等方輻射電力)·실효복사전력(實效輻射電力)·변조도 등 무선설비의 성능에 대하여 행하는 검사
2. 대조검사: 시설자·무선설비·설치장소 및 무선종사자의 배치 등이 무선국허가·신고사항 등과 일치하는지 여부를 대조·확인하는 검사

③ 정기검사를 하는 기관의 장은 정기검사대상 무선국의 시설자에게 정기검사일 및 정기검사수수료 등에 관한 사항을 정하여 정기검사일 1개월 전까지 통보하여야 한다.

④ 수시검사는 다음 각 호의 어느 하나에 해당하는 경우 실시할 수 있다. 다만, 제1호에 따른 수시검사의 대상이 되는 무선국의 비율은 100분의 30에서 표본추출비율을 공제한 비율을 초과하지 아니하는 범위에서 표본검사의 불 합격률을 고려하여 미래창조과학부장관이 정하여 고시한다.

1. 표본추출비율을 100분의 30 미만으로 한 표본검사의 결과 그 불합격률이 100분의 15 이하인 경우
2. 무선국 시설 자가 수시검사를 요청한 경우
3. 무선국이 있는 선박이나 항공기가 외국에 출항하려는 경우 또는 법 제29조에 따른 혼신 등을 방지하려는 경우 등 미래창조과학부장관이 전파의 효율적 이용이나 관리를 위하여 특히 필요하다고 인정하는 경우

⑤ 수시검사를 하는 기관의 장은 수시검사 대상 무선국의 시설자에게 수시검사일 및 수시검사수수료 등에 관한 사항을 정하여 미리 통보하여야 한다.

⑥ 법 제24조제4항 및 제5항에 따른 검사에 합격한 경우에는 검사증명서를 발급한다.

⑦ 법 제24조제1항·제4항 및 제5항에 따른 검사를 하는 자는 무선국검사관임을 증명하는 증표나 공무원증을 관계인에게 내보여야 한다.

⑧ 이 영에서 정한 것 외에 법 제24조제1항·제4항 및 제5항에 따른 검사의 방법 및 절차 등은 미래창조과학부장관이 정하여 고시한다.

제45조의2(준공검사를 받지 아니하고 운용할 수 있는 무선국)

① 법 제24조의2제1항제1호에서 "대통령령으로 정하는 무선국"이란 다음 각 호의 무선국을 말한다.

1. 30와트 미만의 무선설비를 시설하는 어선의 선박국
2. 아마추어국(적합성평가를 받은 무선기기를 사용하는 경우만 해당한다)
3. 국가안보 또는 대통령 경호를 위하여 개설하는 무선국
4. 정부 또는 「전기통신사업법」에 따른 기간통신사업자(이하 "기간통신사업자"라 한다)가 비상통신을 위하여 개설한 무선국으로서 상시 운용하지 아니하는 무선국
5. 공해 또는 극지역에 개설한 무선국
6. 외국에서 운용할 목적으로 개설한 육상이동지구국

② 법 제24조의2제1항제3호에서 "대통령령으로 정하는 무선국"이란 다음 각 호의 무선국을 말한다.

1. 적합성평가를 받은 다음 각 목의 어느 하나에 해당하는 무선기기를 사용하는 무선국
   가. 이동국용 무선설비 중 휴대용 무선기기
   나. 육상이동국용 무선설비 중 휴대용 무선기기
   다. 선상통신국용 무선설비 중 휴대용 무선기기
   라. 주파수공용무선전화용 무선설비 중 자가통신용 휴대용 무선기기
   마. 무선탐지업무용 무선설비 중 차량설치용 또는 휴대용 무선기기
2. 중계기능만 수행하는 무선설비로서 회로의 변경없이 전파의 형식 또는 수신주파수를 변경하는 무선국
3. 그 밖에 터널이나 건축물 등의 지하층에 설치하는 무선설비의 공중선 구성만을 변경하는 무선국 등 미래창조과학부장관이 정하여 고시하는 무선국

제46조(정기검사의 연기)

① 법 제24조의2제2항에 따라 정기검사의 시기를 연기하려는 자는 제45조제3항에 따라 통보한 정기검사일이 지나기 전에 검사기관의 장에게 서면(전자문서를 포함한다)으로 정기검사시기의 연기를 요청하여야 한다.

② 검사기관의 장은 제1항에 따른 정기검사의 연기사유가 합당하다고 인정하는 경우에는 제45조제1항에 따른 정기검사시기를 넘지 아니하는 범위에서 이를 승인할 수 있다.

제47조(정기검사의 면제 또는 생략)

법 제24조의2제2항에 따라 정기검사를 면제 또는 생략할 수 있는 무선국은 다음 각 호와 같다.

1. 법 제24조의2제1항제5호에 따른 무선국
2. 제45조의2제1항제2호부터 제6호까지 및 같은 조 제2항에 따른 무선국 제48조 삭제

제49조(무선국 운용의 예외)

법 제25조제2항제5호에서 "기타 대통령령이 정하는 통신"이란 다음 각 호의 통신을 말한다. 이 경우 제1호의 통신 외의 통신은 선박국에 있어서는 그 선박의 항행 중에, 항공기국에 있어서는 그 항공기의 항행 중 또는 항행 준비 중으로 한정한다.

1. 무선기기의 시험 또는 조정을 하기 위하여 하는 통신
2. 기상의 조회 또는 시각(時刻)의 조합을 위하여 하는 해안국과 선박국 간, 선박국 상호 간 또는 항공국과 항공기국 간, 항공기 국 상호 간의 통신
3. 의료통보(항행 중의 선박 또는 항공기 내에서의 환자의 의료에 관한 통보를 말한다)에 관한 통신
4. 선박 또는 항공기의 위치 통보(선박 또는 항공기가 조난한 경우에 구조나 탐색상의 필요로 국내 또는 외국의 행정기관이 수집하는 선박 또는 항공기의 위치에 관한 통보로서 해당 행정기관과 해당 선박 또는 항공기간에 송·수신되는 것을 말한다)에 관한 통신
5. 방위를 측정하기 위하여 하는 해안국과 선박국 간, 선박국 상호 간, 항공국과 항공기국 간 또는 항공기국 상호 간의 통신
6. 선박국에서 그 시설자의 업무를 위한 전보를 해안국에 보내기 위하여 하는 통신
7. 항공기국에서 그 시설자의 업무를 위한 전보를 항공국에 보내기 위하여 하는 통신
8. 항공국에서 항공기국에 보내는 통신, 그 밖에 항공기의 항행안전에 관한 통신으로서 시급한 것을 송신하기 위하여 하는 다른 항공국과의 통신(다른 전기통신계통에 따라 해당 통신의 목적을 달성하기 곤란한 경우만 해당한다)
9. 항공무선전화 통신망을 형성하는 항공국 상호 간에 하는 다음의 통신
   가. 항공기국에서 발신하는 통보로서 해당 통신망 내의 다른 항공국에 보내는 것의 중계
   나. 해당 통신망 내에서의 통신의 유효한 소통을 위하여 필요한 통신
10. 항공기국과 해상이동업무의 무선국 간에 하는 다음의 통신
    가. 전기통신역무를 제공하는 업무를 취급하는 통신
    나. 항공기의 항행안전에 관한 통신
    다. 조난선박 또는 조난항공기의 구조 등에 관하여 선박과 항공기가 협동작업을 하기 위하여 필요한 통신
11. 같은 시설 자에 속하는 항공기국과 그 시설 자에 속하는 해상이동업무·육상이동업무 또는 이동업무의 무선국간에 하는 해당 시설자의 업무를 위한 시급한 통신
12. 같은 시설 자에 속하는 이동국과 그 시설 자에 속하는 해상이동업무·항공이동업무 또는 육상이동업무의 무선국간에 하는 해당 시설자의 업무를 위한 시급한 통신

13. 국가 또는 지방자치단체의 해안국과 선박국 간 또는 선박국 상호 간에 하는 항만 내에서의 선박의 교통, 해상 유류오염발생, 항만 내의 정리, 그 밖의 항만 내에서의 단속, 해항검역사무에 관한 통신
14. 국가 또는 지방자치단체의 항공관제탑의 항공국과 해당 공항 내를 이동하는 육상이동국 또는 이동국 간에 하는 공항의 교통정리, 단속·검역사무, 그 밖에 공항 내 안전을 위하여 시급한 통신
15. 해안국과 어선의 선박국 간 또는 어선의 선박국 상호 간에 하는 어업통신 또는 어로의 지도·감독에 관한 통신
16. 해상보안을 위한 해상이동업무 또는 항공이동업무의 무선국과 그 밖의 선박국, 항공기국 또는 무선측위업무의 무선국 간에 하는 해상보안업무에 관한 시급한 통신
17. 치안유지를 관장하는 행정기관의 무선국 상호 간에 하는 치안유지에 관한 시급한 통신
18. 비상통신의 통신체제 확보를 위한 훈련 목적의 통신

제50조(무선설비의 접속·사용)

① 미래창조과학부장관은 무선국의 시설자가 그 무선설비를 다른 시설자의 무선설비에 접속·사용하려는 경우 응급구조 등 공공복리의 증진을 위하여 특히 필요하다고 인정하면 이를 허용할 수 있다.
② 미래창조과학부장관은 제1항에 따라 무선설비의 접속·사용을 허용한 때에는 그 내용을 고시하여야 한다.

제51조(폐지·운용휴지 등)

① 법 제25조의2제1항에 따라 무선국의 폐지·휴지 또는 무선국의 재운용을 신고하려는 자는 그 사유를 첨부하여 미래창조과학부장관 또는 방송통신위원회에 신고하여야 한다.
② 제1항에 따른 무선국의 휴지기간은 1개월 이상 1년 이내의 기간으로 한다.

제52조(해안국에 대한 통지)

① 선박국은 법 제28조제3항에 따라 다음 각 호의 어느 하나에 해당하는 경우에는 그 선박이 소재하는 통신권의 해안국에 그 뜻을 통지하여야 한다.
   1. 통신 권에 들어왔을 때 또는 통신 권을 떠나려고 할 때
   2. 입항으로 폐국하려고 할 때 또는 출항으로 개국하려고 할 때
   3. 운용의무시간이 없는 선박국의 경우에는 제2호의 경우 외에 폐국하려고 할 때
② 선박국은 제1항에도 불구하고 다음 각 호의 어느 하나에 해당하는 경우에는 해안국에 대한 통지

를 하지 아니할 수 있다.

1. 그 선박이 소재하는 통신권의 해안국이 청취하는 주파수의 전파를 가지지 아니하는 경우
2. 정부 또는 공공단체의 선박국으로서 업무상 그 선박의 행동을 비밀로 할 필요가 있는 경우
3. 정기선의 선박국으로서 그 선박이 정시에 입출항하는 경우

③ 제1항에 따른 해안국의 통신 권은 미래창조과학부장관이 정하여 고시한다.

제53조 삭제

제2절 방송국의 개설허가 및 운용

제54조(방송국의 개설허가 신청)

① 법 제34조제1항에 따라 지상파방송사업을 위한 방송국의 개설허가를 신청하려는 자는 허가신청서(전자문서로 된 신청서를 포함한다)에 무선설비의 시설개요서와 공사설계서를 첨부하여 방송통신위원회에 제출하여야 한다.

② 방송국의 개설허가신청 시 지상파방송보조국(제24조제3항제2항에 따른 지하·터널 내에개설하는 지상파방송 보조국은 제외한다)을 둘 이상 동시에 허가신청하는 경우에는 제1항에도 불구하고 무선국의 수에 관계없이 허가신청서 1부와 무선설비의 시설개요서 및 공사설계서 각 1부만을 제출할 수 있다. 다만, 방송국별로 설치장소·공중선형식 또는 공중선전력 등이 일부 다를 때에는 그 명세를 별도로 제출하여야 한다.

③ 제1항에 따라 허가신청을 받은 방송통신위원회는 「전자정부법」 제36조제1항에 따른 행정정보의 공동이용을 통하여 법인 등기사항증명서(기존의 무선국 시설자가 추가로 무선국의 개설허가를 받으려는 경우에는 그 대표자 또는 임원이 변경된 경우만 해당한다)를 확인하여야 한다.

④ 법 제34조제4항 후단에서 "대통령령으로 정하는 사항"이란 제31조제4항 각 호의 사항을 말한다.

제55조(방송국 개설허가 심사사항 등)

법 제34조제2항제5호 및 제34조의2제2호에서 "대통령령으로 정하는 사항"이란 다음 각 호와 같다.

1. 신청인이 설립 중인 법인인 경우에는 해당 법인의 설립이 확실한지 여부
2. 연주소 시설의 보유 여부. 다만, 다른 방송국의 방송사항을 중계하는 것을 전담으로 하는 경우에는 그러하지 아니하다.
3. 방송국의 시설설치계획이 합리적인지 여부
4. 방송국을 운용할 수 있는 기술적 능력의 보유 여부

5. 중파방송을 하는 방송국인 경우에는 공중선전력이 50킬로와트 이하인지 여부. 다만, 미래창조과학부장관이 특히 필요하다고 인정하는 경우에는 그러하지 아니하다.

第56조(중파방송을 행하는 방송국의 개설조건)

① 중파방송을 행하는 방송국의 송신공중선의 설치장소는 다음 각 호의 개설조건에 적합하여야 한다.

1. 개설하려는 방송국의 블랭킷에어리어 내의 가구 수는 그 방송국의 방송구역 내 가구 수의 0.35퍼센트 이하일 것
2. 개설하려는 방송국의 송신공중선의 위치는 미래창조과학부장관이 인구밀도 등을 고려하여 지정하는 지점의 어느 곳에서도 다음 표에서 정한 거리 이상 떨어져 있을 것. 다만, 그 거리 이상 떨어지는 것이 지형상 현저히 곤란하거나 그 필요가 없는 경우에는 미래창조과학부장관이 따로 정하는 거리에 따른다.
3. 개설하려는 방송국의 방송구역의 전부 또는 대부분이 다른 중파방송을 하는 방송국의 방송구역의 전부 또는 대부분이 되는 경우에는 송신공중선 상호 간의 전자적 결합 등에 따라 방송의 수신에 나쁜 영향을 미치지 아니하는 한도에서 그 방송국의 송신공중선의 설치장소는 될 수 있는 대로 다른 중파방송을 하는 방송국의 송신공중선의 설치장소에 접근한 장소일 것

② 미래창조과학부장관은 공공복리의 증진 등 특히 필요하다고 인정하는 경우에는 제1항에 따른 조건을 완화하여 적용할 수 있다. 이 경우 시설 자에 대하여 해당 방송의 수신 장애를 제거하거나 그 밖의 필요한 조치를 명할 수 있다.

第57조(초단파방송국 또는 텔레비전방송국의 개설조건)

① 초단파방송 또는 텔레비전방송을 하는 방송국의 송신공중선은 다음 각 호의 개설조건에 적합하여야 한다.

1. 송신공중선의 설치장소는 방송하려는 지역의 인구밀도 등을 고려하여 능률적인 전계강도의 분포를 발생할 수 있어야 하고, 방송하려는 지역 외의 지역에 대한 전파발사를 최대한 억제할 수 있는 낮은 위치일 것
2. 송신공중선의 높이와 실효복사전력 및 지향특성은 방송하려는 지역 안의 하나 이상의 주요 도시 전역이 방송구역에 들어가도록 하되, 불필요한 전파를 최대한 억제할 수 있도록 할 것
3. 제56조 제1항 제3호의 조건에 적합할 것

② 초단파방송을 하는 방송국 중 공동체라디오방송국은 제1항에도 불구하고 다음 각 호의 개설조건에 적합하여야 한다.

1. 공중선전력은 10와트 이하일 것

1의2. 허가받은 공중선전력을 초과할 수 없도록 하는 출력제한장치를 갖출 것. 이 경우 출력제한장치는 쉽게 개봉할 수 없도록 하여야 한다.

2. 송신공중선의 높이와 지향특성은 방송구역을 초과하지 아니하도록 할 것

3. 그 밖에 주파수대역 및 안테나 높이 등 미래창조과학부장관이 정하여 고시하는 기술기준에 적합할 것

③ 미래창조과학부장관은 공공복리의 증진 등 특히 필요하다고 인정하는 경우에는 제1항 및 제2항에 따른 조건을 완화하여 적용할 수 있다.

第58조(방송구역)

① 방송국(위성방송국은 제외한다. 이하 이 조에서 같다)별 방송구역은 특별시·광역시·도·특별자치도·시·군·구(자치구를 말한다) 등의 구별에 따라 지도에 이를 표시하고, 그 구역 내의 총 가구수·방송청취 예상 세대 수 등 방송청취예상자에 관한 사항을 적어야 한다.

② 제1항에 따른 방송구역의 세부적인 표시방법과 작성요령은 미래창조과학부장관이 정하여 고시한다.

③ 방송국의 허가를 받은 자는 방송국 운용개시 후 3개월 이내에 방송구역 전계강도 실측자료를 미래창조과학부장관에게 제출하여야 한다.

第59조(방송수신의 보호)

① 법 제36조제1항에 따라 방송(텔레비전방송만 해당한다)의 수신 장애(이하 "수신 장애"라 한다)를 일으키는 건축물의 소유자(이하 "소유자"라 한다)는 해당 수신 장애를 제거하기 위하여 필요한 시설을 설치하고 이를 유지·관리하여야 한다.

② 법 제36조제1항에 따른 통상적으로 수신이 가능한 방송의 기준과 수신 장애 제거의 수준은 미래창조과학부장관이 정하여 고시한다.

第60조(분쟁의 발생과 조정)

① 수신 장애를 받는 지역의 주민(이하 "지역주민"이라 한다)은 해당 건축물의 허가기관의 장에게 수신 장애 발생사실을 신고할 수 있다.

② 제1항에 따른 신고를 접수한 해당 건축물의 허가기관의 장은 소유자에게 이를 알려야 한다.

③ 소유자와 지역주민 간의 수신장애 제거에 관한 합의가 이루어지지 아니한 때에는 지역주민은 해

당 건축물의 허가기관의 장에게 중재를 요청할 수 있다.

④ 해당 건축물의 허가기관의 장은 분쟁을 해결하기 위하여 적절한 조치를 하여야 하며, 필요한 경우 미래창조과학부장관의 협조를 요청할 수 있다.

제61조(방송국 시설자의 조치)

① 소유자가 미래창조과학부장관이 정하여 고시하는 무선설비로 인하여 수신 장애를 제거하려는 경우 수신 장애를 받는 방송의 방송국 시설 자는 수신 장애를 제거하기 위한 무선국의 허가신청 등 필요한 조치를 하여야 한다.

② 방송국 시설 자는 제1항에 따른 무선국을 개설하는 데 드는 비용 등을 소유자에게 부담하게 할 수 있다.

제62조(장애조사 등)

미래창조과학부장관은 수신 장애를 일으키는 건축물의 허가기관의 장이 다음 각 호의 사항에 대하여 협의를 요청할 경우 이에 따라야 한다.

1. 수신 장애의 발생내용 및 범위의 조사
2. 수신 장애의 제거방안
3. 해당 지역의 통상 수신이 가능한 방송수신 기준의 등급판정

제3절 우주통신의 운용

제63조(위성망의 국제등록신청)

① 법 제39조제1항에 따라 위성 망 국제등록신청을 요청하려는 자(이하 "요청자"라 한다)는 다음 각 호의 서류를 갖추어 미래창조과학부장관에게 요청하여야 한다.

1. 「국제전기통신연합전파규칙」에서 정한 서류
2. 위성사업계획서

② 미래창조과학부장관은 제1항에 따른 요청 내용이 다음 각 호에 적합하다고 인정하는 경우에는 국제전기통신연합에 위성 망 국제등록을 신청하여야 한다. 〈개정 2013.3.23.〉

1. 요청자가 개설하려는 우주국에 주파수 할당·지정이 가능할 것
2. 위성사업계획이 적정할 것
3. 요청자가 위성 망 혼신조정능력이 있을 것

③ 미래창조과학부장관은 요청내용이 제2항 각 호에 적합하지 아니한 경우에는 기간을 명시하여 보

완하게 할 수 있다.

④ 미래창조과학부장관은 위성망 혼신조정을 위하여 필요하다고 인정하는 경우에는 요청자로 하여금 외국의 관할 하에 있는 위성 망과의 혼신조정을 하게 할 수 있다.

제64조(위성 망 국제등록비용)

① 법 제39조제3항에 따른 위성 망 국제등록비용은 국제전기통신연합이 정하는 바에 따른다.

② 미래창조과학부장관은 국제전기통신연합이 정하는 바에 따라 매년 위성 망 국제등록비용이 면제되는 위성 망을 선정할 수 있다.

제5장 전파자원의 보호

제65조(전자파강도 보고대상 무선국의 기준)

법 제47조의2제3항에서 "대통령령으로 정하는 기준에 해당하는 무선국"이란 별표 6에서 정한 공중선전력 기준과 설치장소 기준 모두에 해당하는 무선국을 말한다.

제66조(전자파강도의 보고 시기 및 방법)

법 제47조의2제3항에 따른 전자파강도의 보고 시기는 다음 각 호의 구분에 따른다.

1. 법 제24조제1항에 따른 준공검사[제31조제4항제3호·제6호·제7호 및 제9호와 제39조의2 제3항제1호(공중선전력 및 공중선의 형식·구성 및 이득에 관한 사항만 해당한다)·제2호 및 제4호의 변경사항만 해당한다]를 받아야 하는 무선국: 준공검사증명서를 받은 날부터 30일 이내
2. 법 제24조제4항에 따른 정기검사를 받아야 하는 무선국: 법 제24조제4항에 따른 검사에 합격하여 검사증명서를 발급받은 날부터 30일 이내

제67조(전자파강도의 측정 요청 시기 및 방법)

법 제47조의2제4항에 따른 전자파강도 측정 요청의 시기는 다음 각 호의 구분에 따른다.

1. 법 제24조제1항에 따른 준공검사를 받아야 하는 무선국: 제42조에 따른 준공신고서를 제출한 날
2. 법 제24조제4항에 따른 정기검사를 받아야 하는 무선국: 제45조제3항에 따른 정기검사를 통보받은 날부터 30일 이내

제67조의2(전자파적합성기준)

① 법 제47조의3제1항에 따른 전자파적합성기준(이하 "전자파적합성기준"이라 한다)은 다음 각 호와 같다.

1. 전자파장해를 주는 기자재는 다음 각 목의 기준에 따라 방송통신망을 보호하고 다른 기자재의 성능에 장해를 주지 아니하도록 할 것
   가. 전원선 또는 신호 선을 통하여 흐르는 전압 또는 전류에 의한 전자파에너지가 다른 통신망 또는 주변기기 등에 영향을 주지 아니할 것
   나. 공간으로 퍼져나가는 전기장의 세기 또는 전력 등의 전자파에너지가 다른 통신망 또는 주변기기에 영향을 주지 아니할 것
2. 전자파로부터 영향을 받는 기자재는 다음 각 목의 기준에 따라 전자파가 존재하는 환경에서 오동작 또는 성능 저하가 발생하지 아니하도록 할 것
   가. 공간에 존재하는 전자파에너지 및 전원선·신호선 등에 의한 전자파에너지의 영향으로 오동작 또는 성능 저하가 발생하지 아니할 것
   나. 정전기 등 순간적인 전자파에너지의 변동과 정격전압 변화 등의 영향으로 오동작 또는 성능 저하가 발생하지 아니할 것

② 제1항에 따른 전자파적합성기준의 세부적인 내용에 관하여는 미래창조과학부장관이 정하여 고시한다.

제68조(무선설비의 임대)

① 법 제48조제1항에 따라 시설 자가 무선국의 무선설비를 다른 사람에게 임대하려는 경우에는 미래창조과학부장관에게 무선설비 임대의 승인을 신청하여야 한다.

② 미래창조과학부장관은 제1항에 따른 신청이 무선설비의 효율적인 이용 및 전파이용질서의 유지에 적합하다고 판단되는 경우에는 임대를 승인하여야 한다.

③ 미래창조과학부장관은 제2항에 따라 임대를 승인하는 경우 특히 필요한 때에는 임대기간 및 사용지역 등을 제한할 수 있다.

제69조(무선설비의 위탁운용 및 공동사용)

① 법 제48조제1항에 따라 위탁운용 또는 공동사용할 수 있는 무선설비는 다음 각 호와 같다.

1. 무선국의 공중선주
2. 송신설비 및 수신 설비

3. 시설 자가 동일한 무선국의 무선설비
4. 미래창조과학부장관이 정하는 아마추어국의 무선설비
5. 그 밖에 공공의 안전을 위한 무선국으로서 미래창조과학부장관이 특히 필요하다고 인정하여 고시하는 무선설비

② 제1항에 따른 무선설비를 위탁운용하거나 공동 사용하는 경우에는 다음 각 호의 조건에 적합하여야 한다.

1. 전파가 능률적으로 발사될 수 있는 곳에 설치할 것
2. 이미 시설된 무선국의 운용에 지장을 주지 아니할 것
3. 무선설비로부터 발사되는 전파가 인근 주택가의 방송수신에 장애를 주지 아니할 것
4. 그 밖에 미래창조과학부장관이 필요하다고 인정하여 정하는 기준에 적합할 것

③ 제1항에 따른 무선설비를 위탁운용하거나 공동사용하기 위하여 미래창조과학부장관의 승인을 받으려는 자는 합의서 또는 공동사용계약서를 갖추어 미래창조과학부장관에게 무선설비 위탁운용 및 공동사용의 승인을 신청하여야 한다.

④ 삭제〈2010.12.31.〉

⑤ 삭제〈2010.12.31.〉

⑥ 삭제〈2010.12.31.〉

⑦ 삭제〈2010.12.31.〉

⑧ 삭제〈2010.12.31.〉

⑨ 삭제〈2010.12.31.〉

제69조의2(무선설비의 공동사용 명령 등)

① 법 제48조의2제2항에 따른 무선설비의 공동사용 명령과 환경 친화적 설치명령(이하 "공동사용명령 등"이라 한다)의 요건은 다음 각 호와 같다.

1. 국립·공립 공원지역 및 개발제한구역 등에 설치·운용하는 무선설비로서 자연환경을 훼손할 우려가 있다고 인정되는 경우
2. 도시지역에 설치·운용하는 무선설비로서 도시미관을 해칠 우려가 있다고 인정되는 경우
3. 건물·도로·나대지 등에 설치·운용하는 무선설비로서 도시미관 및 자연환경을 훼손할 우려가 있다고 인정되는 경우

② 공동사용명령 등의 대상은 「전기통신사업법」 제6조에 따른 기간통신사업자가 개설·운용하는 기지국·이동중계국 및 고정 국에 설치되는 다음 각 호의 무선설비로 한다.

1. 무선국의 공중선주
2. 송신설비 및 수신 설비

③ 미래창조과학부장관이 공동사용명령 등을 하는 경우에는 다음 각 호의 사항을 고려하여야 한다.

1. 전파의 혼신발생 가능 여부
2. 건물 또는 부지의 임차 가능 여부
3. 건물·옥상·철탑 등의 안전 여부
4. 전자파강도의 전자파 인체보호기준 초과 여부(무선설비의 공동사용 명령만 해당한다)
5. 지하·터널 또는 건물 내의 설치 가능 여부(무선설비의 환경 친화적 설치명령만 해당한다)
6. 그 밖에 무선설비의 효율적 운용 및 관리 등을 위하여 미래창조과학부장관이 필요하다고 인정하는 사항

④ 미래창조과학부장관이 공동사용명령 등을 하는 경우에는 다음 각 호의 사항을 적어 서면으로 통지하여야 한다.

1. 공동 또는 환경 친화적으로 사용할 무선국명
2. 무선설비의 설치장소
3. 무선설비의 설치기간

⑤ 제1항부터 제4항까지의 규정에 따른 공동사용명령 등의 요건·대상 및 절차 등에 관하여 필요한 세부사항은 미래창조과학부장관이 정하여 고시한다.

제70조(전파감시)

법 제49조제2항제6호에서 "대통령령으로 정하는 사항"이란 다음 각 호의 사항을 말한다.

1. 가전제품 및 공장자동화설비 등으로부터 발사되는 불요파(不要波)의 탐지
2. 대기권으로부터 유입되는 전파의 탐지·분석

2의2. 태양흑점폭발 등 우주전파 교란으로 인한 전파의 변화 탐지·분석

3. 전파통신에 지장을 초래하는 혼신방해통신, 불요통신, 허위통신의 감시 및 조치
4. 전파의 이동감시
5. 그 밖에 전파이용질서의 유지 및 보호에 필요한 자료조사·조치 및 홍보에 관한 사항

제71조(승인을 받아야 할 건축물 등)

① 법 제52조제1항에 따라 미래창조과학부장관의 승인을 얻어야 할 건축물 또는 공작물(이하 "건축물 등"이라 한다)은 다음 각 호와 같다.

1. 무선방위측정 장치(無線方位測定裝置)의 설치장소로부터 1킬로미터 이내의 지역에 건설하려

는 다음의 것

가. 송신공중선과 수신 공중선. 다만, 방송수신용인 소형의 것과 이에 준하는 것은 제외한다.

나. 가공선과 고가 케이블(전력용·통신용·전기철도용, 그 밖에 이에 준하는 것을 포함한다)

다. 건물(목조·석조·콘크리트조, 그 밖에 구조의 것을 포함한다). 다만, 높이가 무선방위측정 장치의 설치장소로부터 앙각(仰角) 3도 미만의 것은 제외한다.

라. 철조·석조 또는 목조의 탑주와 이의 지지 물건·연통·피뢰침. 다만, 높이가 무선방위측정 장치의 설치장소로부터 앙각 3도 미만의 것은 제외한다.

마. 철도 및 궤도

2. 무선방위측정 장치의 설치장소로부터 500미터 이내의 지역에 매설하는 수도관·가스관·전력용케이블·통신용케이블, 그 밖에 이에 준하는 매설물

② 제1항 각 호의 어느 하나에 해당하는 건축물 등을 건설하려는 자는 미래창조과학부장관에게 고층부분의 외형을 나타내는 입면도 및 평면도(축적·방위·높이 및 폭을 명시하여야 한다)를 갖추어 건축물등 건설의 승인을 신청하여야 한다. 승인받은 사항에 대하여 변경승인을 신청하는 경우에도 같다.

③ 미래창조과학부장관은 제2항에 따른 승인의 신청이 있는 경우 전파 장해 여부를 판단하기 위하여 필요하면 그 신청인에게 일정기간을 정하여 필요한 자료의 제출을 요구할 수 있다.

④ 미래창조과학부장관은 제2항에 따른 승인 또는 변경승인의 신청을 접수한 경우에는 전파 장해 여부를 검토하여 14일 이내에 신청인에게 그 승인 여부를 알려야 한다.

제72조(증표의 제시)

법 제6조·제49조·제50조 및 제71조의2에 따라 조사·시험이나 전파감시 등의 업무를 수행하는 공무원은 그 신분을 증명하는 증표 또는 공무원증을 지니고 관계인에게 내보여야 한다.

제73조 삭제

제74조(통신설비 외의 전파응용설비)

법 제58조제1항제1호에서 “대통령령이 정하는 기준에 해당하는 설비”란 주파수가 9킬로헤르츠(㎑) 이상인 고주파 전류를 발생시키는 설비로서 50와트를 초과하는 고주파 출력을 사용하는 다음 각 호의 어느 하나에 해당하는 설비를 말한다. 다만, 가사용 전자제품 등 미래창조과학부장관이 정하여 고시하는 것은 제외한다.

1. 산업용 전파응용설비(고주파의 에너지를 발생시켜 그 에너지를 목재와 합판의 건조, 금속의 용융 또는 가열, 진공관의 배기 등 산업생산을 위하여 사용하는 것)
2. 의료용 전파응용설비(고주파의 에너지를 발생시켜 그 에너지를 의료용으로 사용하는 것)
3. 그 밖의 전파응용설비[제1호 및 제2호 외의 설비로서 고주파의 에너지를 직접 부하(負荷)에 가하여 가열 또는 전리 등의 목적에 이용하는 것]

제75조(통신설비인 전파응용설비)

① 법 제58조제1항제2호에서 "대통령령으로 정하는 기준에 해당하는 설비"란 다음 각 호의 어느 하나에 해당하는 설비를 말한다.

1. 전력선을 이용한 통신설비(이하 "전력선통신설비"라 한다)는 해당 설비로부터 3미터에서의 전계강도가 500마이크로볼트(㎶/m)를 초과하는 설비. 다만, 해당 설비의 주파수가 450킬로헤르츠(㎑) 미만인 경우에는 미래창조과학부장관이 고시하는 전계강도를 초과하는 설비로 한다.
2. 유도식 무선전신·무선전화로서 해당 설비로부터 500미터 떨어지고 선로로부터 기본주파수의 파장을 2파이(π)로 나눈 거리에서의 전계강도가 미터마다 15마이크로볼트를 초과하는 것(이하 "유도식 통신설비"라 한다)

② 전력선통신설비는 그 설비에서 발사되는 주파수와 사용하는 출력이 다음 각 호에 적합하여야 한다.

1. 9킬로헤르츠(㎑)이상 30메가헤르츠(㎒)까지의 범위의 주파수(기술개발을 위한 현장실험의 경우는 제외한다)
2. 송신설비의 고주파 출력이 10와트 이하일 것. 다만, 특수한 장치의 것은 제외한다.

③ 유도식 통신설비는 그 설비에서 발사되는 주파수가 9킬로헤르츠(㎑)부터 250킬로헤르츠(㎑)까지의 것이어야 한다.

제76조(전파응용설비의 허가)

① 법 제58조제1항에 따라 전파응용설비의 허가를 받으려는 자는 전파응용설비 공사설계서를 갖추어 다음 각 호의 구분에 따라 미래창조과학부장관에게 허가를 신청하여야 한다.

1. 제74조에 따른 설비: 해당 설비의 설치장소마다 신청
2. 제75조제1항에 따른 설비: 해당 설비의 통신계통마다 신청

② 제1항에 따라 허가를 신청하려는 자가 소유권이전에 따라 다른 사람이 허가를 받아 사용하고 있는 전파응용설비의 전부를 그대로 계속하여 사용하려는 경우에는 다음 각 호의 서류로 제1항의 전파응용설비 공사설계서를 갈음할 수 있다.

1. 현재 허가를 받고 있는 해당 설비의 허가증 사본
2. 새로 설치하려는 설비의 설치장소가 종전의 설비의 설치장소와 다른 경우에는 새로운 설치장소와 그 부근의 지도
3. 소유권이전 등의 사실을 증명하는 서류

③ 미래창조과학부장관은 전파응용설비의 허가를 한 경우에는 신청인에게 전파응용설비 허가증을 내주어야 한다.

④ 법 제58조제1항 각 호 외의 부분 후단에서 "대통령령으로 정하는 사항"이란 다음 각 호의 사항을 말한다.

1. 운용목적
2. 설치장소
3. 기기형식·명칭 및 기기일련번호
4. 전파형식 및 주파수
5. 고주파 출력

제77조(전파응용설비의 검사)

① 법 제58조제3항에 따라 검사를 받은 전파응용설비 정기검사의 유효기간은 5년으로 한다.

② 전파응용설비 검사의 유효기간의 기산점에 관하여는 제44조제2항을, 정기검사의 시기에 관하여는 제45조제1항 제3호를, 검사방법 및 절차 등에 관하여는 제45조제2항, 제3항 및 제6항부터 제8항까지를, 정기검사의 연기에 관하여는 제46조를 각각 준용한다.

제5장의2 방송통신기자재 등의 관리

제77조의2(적합인증)

① 법 제58조의2제2항에 따른 적합인증(이하 "적합인증"이라 한다)을 받아야 하는 방송통신기자재와 전자파장해를 주거나 전자파로부터 영향을 받는 기자재(이하 "방송통신기자재 등"이라 한다)는 다음 각 호와 같다.

1. 전파환경 및 방송통신망 등에 위해를 줄 우려가 있는 방송통신기자재 등
2. 중대한 전자파장해를 주거나 전자파로부터 정상적인 동작을 방해받을 정도의 영향을 받는 방송통신기자재 등
3. 그 밖에 사람의 생명과 안전 등에 중대한 위해를 줄 우려가 있는 방송통신기자재 등

② 적합인증을 받으려는 자는 적합인증신청서(전자문서로 된 신청서를 포함한다)에 부품배치도 및 외관도 등 미래창조과학부장관이 고시하는 서류(전자문서를 포함한다)를 첨부하여 미래창조과학부장관에게 제출하여야 한다.

③ 미래창조과학부장관은 제2항에 따른 신청에 대하여 적합인증을 한 경우에는 신청인에게 적합인증서를 발급하고, 그 사실을 관보에 공고하여야 한다.

④ 제1항부터 제3항까지의 규정에 따른 적합인증의 대상, 절차 및 방법 등에 관하여 필요한 세부사항은 미래창조과학부장관이 정하여 고시한다.

제77조의3(적합등록)

① 법 제58조의2제3항에 따른 적합등록(이하 "적합등록"이라 한다)의 절차·방법 및 공고 등에 관하여는 제77조의2제2항부터 제4항까지의 규정을 준용한다.

② 법 제58조의2제3항 단서에서 "대통령령으로 정하는 기자재"란 다음 각 호의 어느 하나에 해당하는 방송통신기자재 등으로서 미래창조과학부장관이 정하여 고시하는 기자재를 말한다. 〈개정 2013.3.23.〉

1. 측정·검사용으로 사용되는 방송통신기자재 등
2. 산업·과학용으로 사용되는 방송통신기자재 등
3. 그 밖에 기자재의 특성이나 용도 등에 비추어 지정시험기관의 시험이 필요하지 아니한 방송통신기자재 등

③ 적합등록을 한 자는 법 제58조의2제4항에 따라 그 등록을 한 날부터 제조·수입·판매가 중단된 후 5년까지 법 제58조의2제1항에 따른 적합성평가기준(이하 "적합성평가기준"이라 한다)에 관한 시험서류 등 미래창조과학부장관이 정하여 고시하는 서류를 비치하여야 한다.

제77조의4(적합성평가의 변경신고)

법 제58조의2제5항 전단에 따라 적합성평가를 받은 사항을 변경하려는 경우에는 적합성평가 변경신고서(전자문서로 된 신고서를 포함한다)에 변경된 사실을 증명하는 서류(전자문서를 포함한다)를 첨부하여 미래창조과학부장관에게 제출하여야 한다. 이 경우 적합성평가기준과 관련된 사항의 경우에는 적합성 평가를 받은 이후에 신고하여야 한다.

제77조의5(잠정인증)

① 법 제58조의2제7항에 따른 잠정인증(이하 "잠정인증"이라 한다)의 절차·방법 및 공고 등에 관하

여는 제77조의2제2항부터 제4항까지의 규정을 준용한다.

② 미래창조과학부장관은 제1항에 따른 잠정인증 신청의 심사를 위하여 필요하다고 인정하는 경우에는 미래창조과학부장관이 정하여 고시하는 바에 따라 잠정인증심사위원회를 구성·운영할 수 있다.

③ 제1항에 따라 잠정인증을 신청하거나 잠정인증을 받은 자는 그 업무를 위하여 필요한 경우에는 적합성평가기준의 제정이나 개정을 미래창조과학부장관에게 요청할 수 있다.

제77조의6(적합성평가의 면제)

① 법 제58조의3제1항에 따른 적합성평가의 면제기준은 다음 각 호의 구분에 따른다.

1. 법 제58조의3제1항제1호 및 제2호의 기자재로서 미래창조과학부장관이 정하여 고시하는 기자재: 전부 면제
2. 법 제58조의3제1항제3호 및 제4호의 기자재로서 미래창조과학부장관이 정하여 고시하는 기자재: 일부 면제

② 제1항에 따른 적합성평가의 면제 절차 및 방법 등에 관하여는 제77조의2제2항부터 제4항까지의 규정을 준용한다.

제77조의7(적합성평가의 취소)

① 미래창조과학부장관은 법 제58조의4제1항 또는 제2항에 따라 적합성평가를 취소한 경우에는 그 사실을 관보에 공고하여야 한다.

② 법 제58조의4제3항에서 "대통령령으로 정하는 기간"이란 다음 각 호의 구분에 따른 기간을 말한다.

1. 법 제58조의4제1항 및 같은 조 제2항제2호에 해당하는 사유로 취소처분을 받은 경우: 6개월
2. 법 제58조의4제2항제1호에 해당하는 사유로 취소처분을 받은 경우: 1년

제77조의8(시험기관의 지정 등)

① 법 제58조의5제1항에 따라 적합성평가의 시험업무를 하는 기관(이하 "시험기관"이라 한다)으로 지정받으려는 법인은 다음 각 호의 구분에 따라 시험기관 지정신청서(전자문서로 된 신청서를 포함한다)에 미래창조과학부장관이 정하는 서류(전자문서를 포함한다)를 첨부하여 미래창조과학부장관에게 신청하여야 한다.

1. 유선 분야
2. 무선 분야

3. 전자파적합성 분야
4. 삭제
5. 전자파흡수율 분야

② 미래창조과학부장관은 제1항에 따른 지정신청의 심사를 위하여 필요하다고 인정하는 경우에는 제77조의9에 따른 전문심사기구에서 그 요건의 심사를 수행하게 할 수 있다.

③ 미래창조과학부장관은 제1항에 따른 신청에 대하여 시험기관으로 지정한 경우에는 지정서를 발급하고, 그 사실을 관보에 공고하여야 한다.

④ 제1항부터 제3항까지의 규정에 따른 지정신청의 절차·방법 및 심사에 관하여 필요한 세부사항은 미래창조과학부장관이 정하여 고시한다.

⑤ 제3항에 따라 지정받은 시험기관(이하 "지정시험기관"이라 한다)이 법 제58조의5에 따라 지정받은 사항의 변경, 지정시험 업무의 폐지 또는 지위승계의 승인을 받고자 하는 경우에 그 절차·방법 및 공고 등에 관하여는 제2항부터 제4항까지의 규정을 준용한다.

제77조의9(전문심사기구 등)

① 법 제58조의5제4항에서 "대통령령으로 정하는 전문심사기구"란 국제표준화기구(ISO)에서 제정한 지정시험기관의 심사를 위한 기준을 갖춘 기구 중에서 미래창조과학부장관이 지정·고시하는 기구를 말한다.

② 제1항에 따른 전문심사기구는 미래창조과학부장관이 정하여 고시하는 바에 따라 그 심사업무를 수행하여야 한다.

제77조의10(지정시험기관의 검사 등)

① 법 제58조의6에 따른 지정시험기관에 대한 검사는 다음 각 호의 구분에 따른다.

1. 정기검사: 지정시험기관으로 지정된 날부터 2년마다 하는 검사
2. 수시검사: 제1호 외의 검사

② 미래창조과학부장관은 법 제58조의6제1항에 따라 관련 자료의 제출을 요구하는 경우에는 서면(전자문서를 포함한다)으로 하되 15일의 제출기한을 두어야 한다. 다만, 그 제출을 요청받은 자가 정당한 사유를 소명하는 경우에는 15일의 범위에서 그 제출기한을 연장할 수 있다.

제77조의11(지정시험기관의 준수사항 등)

① 법 제58조의7제1항에 따라 지정시험기관이 준수하여야 할 사항은 다음 각 호와 같다.

1. 시험 관련 설비를 적정하게 유지·관리할 것
2. 시험 관련 인력에 대한 정기적인 교육을 실시할 것
3. 시험 관련 자료를 5년 이상 보존·비치할 것
4. 시험에 합격한 방송통신기자재 등 중 100분의 3에 해당하는 기자재에 대한 표본검사를 실시하고, 그 결과를 미래창조과학부장관에게 보고할 것
5. 국제표준화기구에서 정한 시험 관련 품질관리에 관한 규정을 제정·시행할 것

② 미래창조과학부장관은 법 제58조의7제2항 및 제3항에 따른 정지명령 및 취소를 한 경우에는 그 사실을 관보에 공고하여야 한다.

③ 제1항 및 제2항에 따른 준수사항 및 공고 등에 필요한 세부사항은 미래창조과학부장관이 정하여 고시한다.

제77조의12(적합성평가의 국가 간 상호인정협정)

법 제58조의8에 따른 외국정부와의 상호인정협정의 내용은 다음 각 호와 같다.

1. 적합성평가의 효력에 관한 사항
2. 적합성평가의 기준에 관한 사항
3. 적합성평가와 관련된 시험기관 및 인증기관에 관한 사항
4. 그 밖에 적합성평가의 절차 및 방법 등에 관하여 미래창조과학부장관이 필요하다고 인정하는 사항

제6장 전파의 진흥

제78조 삭제

제79조 삭제

제80조 삭제

제81조 삭제

제82조 삭제

제83조 삭제

제84조 삭제

제85조(주파수이용현황의 공개)

① 미래창조과학부장관은 법 제60조에 따라 주파수이용현황을 공개하여야 한다. 다만, 「공공기관의 정보공개에 관한 법률」 제9조제1항 각 호에 따른 정보는 공개하지 아니할 수 있다.

② 미래창조과학부장관은 누구든지 쉽게 접근할 수 있는 매체를 통하여 주파수이용현황을 공개하고, 공개된 주파수 이용현황이 변경되는 경우에는 지체 없이 이를 최신화하여야 한다.

제86조(표준화의 대상 및 절차 등)

① 법 제63조제2항에 따른 전파이용기술의 표준화 대상은 다음 각 호와 같다.

1. 전파를 이용한 시스템 및 서비스에 관한 기술
2. 전파 관리 및 이용환경에 관한 기술
3. 그 밖에 전파를 이용한 기술

② 전파이용기술의 표준화에 관하여 이해관계가 있는 자는 제1항 각 호의 사항에 대한 표준안을 작성하여 미래창조과학부장관에게 그 제정 또는 개정을 요청할 수 있다.

③ 미래창조과학부장관은 전파이용기술에 관한 표준을 제정·개정 또는 폐지할 경우에는 그 내용을 고시하여야 한다.

④ 제3항에 따른 표준의 제정·개정 또는 폐지에 관한 절차 등 필요한 사항은 미래창조과학부장관이 정하여 고시한다.

제87조(한국방송통신전파진흥원에 대한 업무의 지도·감독)

① 미래창조과학부장관은 법 제66조제5항에 따라 법 제66조제1항에 따른 한국방송통신전파진흥원(이하 "진흥원"이라 한다)의 업무를 지도·감독하며, 필요하다고 인정할 경우에는 진흥원에 대하여 그 사업에 관한 지시·처분 또는 명령을 할 수 있다.

② 미래창조과학부장관은 진흥원의 업무·회계 및 재산에 관하여 필요한 사항을 보고하게 하거나 소속 공무원으로 하여금 진흥원의 장부·서류 및 그 밖의 물건을 검사하게 할 수 있다.

③ 제2항에 따라 검사를 하는 공무원은 그 신분을 증명하는 증표를 지니고 관계인에게 내보여야 한다.

제88조(협회의 사업)

법 제66조의2에 따른 한국전파진흥협회(이하 "협회"라 한다)는 다음 각 호의 사업을 행한다.

1. 회원 상호 간의 협력활동
2. 전파의 이용확산과 인식을 높이기 위한 연구·조사·홍보 및 발간사업

2의2. 전파산업의 발전을 위한 사업환경 조성

3. 전파 관련 산업의 실태조사
4. 전파에 관한 기술의 개발 및 보급

5. 전파에 관한 기술정보의 수집·조사·분석 및 제공
6. 전파이용기술의 표준화에 관한 연구
6의2. 전파 관련 인력양성에 관한 사업
6의3. 미래창조과학부장관으로부터 위탁받은 사업
7. 제1호, 제2호, 제2호의2, 제3호부터 제6호까지, 제6호의2 및 제6호의3에 따른 사업의 부대사업과 그 밖에 협회의 목적달성을 위하여 필요한 사업

제89조(전파사용료의 감면)

① 법 제67조제1항제6호에서 "대통령령으로 정하는 무선국"이란 다음 각 호의 무선국을 말한다.
1. 비상국, 실험국, 아마추어국, 표준주파수 및 시보국
2. 「대한적십자사 조직법」에 따른 대한적십자사가 시설자인 무선국 및 「응급의료에 관한 법률」 제27조에 따른 응급의료정보센터 운영을 위하여 개설한 무선국
3. 제90조제2항제1호 또는 제2호에 해당하는 무선국으로서 부과할 전파사용료가 3천원 미만인 무선국과 별표 7에 해당하는 무선국
4. 터널, 도시철도(지하에 설치된 부분만 해당한다), 건축물의 지하층 등에 개설한 다음 각 목의 무선국
가. 기간통신사업자가 제공하는 전기통신역무를 이용할 수 있도록 개설한 무선국
나. 위성이동멀티미디어 방송사업자가 개설한 위성방송보조국
5. 홍수의 예보·경보 등 재해예방을 위한 무선국
6. 기간통신사업자가 개설한 무선국으로서 국가의 공공업무 수행을 위하여 제공되는 무선국
7. 농어촌 지역에 위성을 이용한 인터넷서비스를 제공하기 위하여 기간통신사업자가 개설한 지구국

② 법 제67조제1항 각 호 외의 부분 단서에 따른 전파사용료의 감면은 다음 각 호의 구분에 따른다.
1. 법 제67조제1항제6호 및 제7호에 해당하는 무선국의 시설자에 대하여는 전파사용료의 전부를 감면한다.
2. 법 제67조제1항제4호 또는 제5호에 해당하는 무선국의 시설자에 대하여는 전파사용료의 100분의 30을 감면한다.

제90조(전파사용료의 산정기준 등)

① 법 제68조제1항 단서에 따라 가입자에게 전기통신역무를 제공하기 위하여 기간통신사업자가 개

설한 무선국에 대한 전파사용료는 별표 8에 따라 산정한다. 다만, 「전기통신사업법」 제38조에 따라 다른 전기통신사업자에게 전기통신서비스를 도매제공한 경우에는 2015년 9월 30일까지는 별표 8의 가입자 수에서 도매 제공한 전기통신서비스를 제공받는 가입자 수를 빼고 산정한다.

② 법 제68조제1항 본문에 따른 전파사용료는 다음 각 호의 구분에 따라 산정한다.

1. 제1항에 따른 기간통신 사업자를 제외한 기간통신사업자가 개설한 무선국 및 위성방송사업자가 개설한 위성방송보조국에 대한 전파사용료의 산정기준은 별표 9와 같다.
2. 제1항 및 제1호에 해당하지 아니하는 무선국에 대한 전파사용료의 산정기준은 별표 10과 같다.
3. 제1호 및 제2호에도 불구하고 이동하며 사용하는 무선국 및 기간통신사업자가 임대를 목적으로 개설하는 지구국에 대한 전파사용료의 산정은 별표 11과 같다.

③ 제1항 및 제2항에 따라 산정하여 부과·징수하는 전파사용료는 산정하여야 할 기간이 3개월 미만인 경우에는 해당 분기의 전파사용료에 전파사용료를 부과·징수하여야 할 일수를 곱한 금액을 해당 분기의 총일수로 나누어 산출한 금액으로 한다. 다만, 제2항 제3호에 따른 무선국으로서 전파사용료를 부과·징수하여야 할 기간이 3개월 미만인 경우에는 이를 부과·징수하지 아니한다.

④ 제2항 제1호 및 제2호에도 불구하고 수신 설비 및 예비설비에 대하여는 전파사용료를 부과·징수하지 아니하고, 법 제25조의2제1항에 따른 운용휴지기간 및 법 제72조제3항에 따른 운용정지기간은 전파사용료를 부과·징수하는 일수에 산입하지 아니한다.

제91조(전파사용료의 징수기간 등)

① 전파사용료는 분기별로 부과·징수하며, 분기별 징수기간은 별표 11의2와 같다.

② 제1항에도 불구하고 분기 중에 무선국의 개설허가를 받은 자에 대하여는 제1항에 따른 징수기간에 전파사용료를 징수하고, 분기 중에 무선국을 폐지한 자에 대하여는 무선국을 폐지한 때에 전파사용료를 징수한다.

③ 제1항에도 불구하고 제90조제1항에 따라 전파사용료를 산정하는 무선국을 제외한 무선국의 시설 자는 1년간 내야 할 전파사용료 전액을 미리 낼 수 있다. 이 경우 전파사용료 전액을 미리 내려는 자는 미래창조과학부장관 또는 방송통신위원회에 전파사용료 일시납부신청을 하여야 한다.

④ 제3항에 따라 전파사용료 전액을 미리 내려는 경우 1년간 내야 할 전파사용료의 100분의 10에 해당하는 금액을 감면할 수 있다. 이 경우 1년간은 전파사용료 일시납부신청을 한 날이 속하는 분기의 다음 분기부터 1년간으로 한다.

제92조(전파사용료 가산금의 비율)

법 제68조제2항에 따른 가산금의 비율은 체납된 전파사용료의 100분의 5로 한다.다만, 납부기한 경과 후 1주일 이내에 납부하는 경우에는 체납된 전파사용료의 100분의 1로 한다.

제93조(전파사용료의 징수절차)

① 전파사용료의 징수절차에 관하여는 국고금 관리 법령의 수입금 징수에 관한 절차를 준용한다. 이 경우 납입고지서에는 전파사용료 산정기준과 이의제기의 방법 및 기간 등을 함께 적어야 한다.
② 이 영에서 정한 사항 외에 전파사용료의 징수에 필요한 사항은 미래창조과학부장관이 방송통신위원회와 협의하여 고시로 정한다.

제94조(주파수이용권관리대장의 열람수수료 등)

법 제18조에 따라 주파수이용권관리대장의 열람 또는 사본의 교부를 신청하는 자는 법 제69조제1항 제1호에 따라 다음 각 호의 구분에 따른 수수료를 내야 한다.
1. 열람의 경우: 건당 4천800원
2. 교부의 경우: 건당 6천500원

제95조(무선국 허가 등의 신청수수료)

① 법 제19조제1항·제22조제1항 및 제58조제1항에 따른 무선국 및 전파응용 설비의 허가·재허가 또는 변경허가를 신청하는 자는 별표 12에 따른 수수료를 내야 한다.
② 제31조제4항 각 호에 따른 변경허가 사항 중 무선국시설의 변경을 수반하지 아니하는 시설목적·통신의 상대방·통신사항(방송국의 경우에는 방송사항)·호출부호·호출명칭·전파형식 또는 운용허용시간의 변경허가를 신청하는 자는 제1항에도 불구하고 그 수수료로 1천원을 내야 한다.
③ 제1항 및 제2항에 해당하는 사항을 동시에 변경하기 위하여 변경허가를 신청하는 자는 제1항에 따른 수수료를 납부하여야 한다.

제96조(무선국 등의 검사수수료)

① 법 제24조제1항·제4항·제5항·제7항 및 제58조제3항에 따른 무선국 및 전파응용설비 등의 준공검사·정기검사 및 수시검사를 받는 자는 별표 13에 따른 수수료를 내야 한다. 다만, 해당 설비가 둘 이상의 무선국에 공용되고 있는 경우에는 그 수수료는 하나의 무선국에 해당하는 수수료를 내되, 각 무선국의 공중선 전력이 다를 때에는 공중선전력이 높은 무선국의 수수료를 내야 한다.
② 제1항에 따른 수수료는 검사를 실시하는 송수신장치마다 적용한다. 다만, 법 제24조제1항 및 제58조제3항에 따른 변경허가 또는 변경신고에 따른 검사(이하 "변경검사"라 한다)를 하는 경우에

는 무선국의 종별과 해당 장치의 종류 및 규모에 따라 다음 각 호에 따라 수수료를 산정한다.

1. 변경검사를 실시하는 경우에는 송수신장치(증설 또는 기기대치를 제외한다)의 변경시설에 대하여는 별표 13의 변경검사 수수료란 해당 금액의 4분의 3으로 한다.
2. 무선국 및 전파응용설비 등의 정기검사와 변경검사를 병행하여 실시하는 경우에는 별표 13의 해당 정기검사 수수료를 적용한다.
3. 변경공사를 한 무선설비가 각 송수신장치에 공용되어 있어 송수신장치마다 검사를 할 필요가 없는 경우에는 송수신장치 중 최대공중선전력의 송수신기 1대에만 수수료를 적용한다.

③ 제1항에 따른 검사에 불합격하여 다시 검사를 받는 경우 재검사 수수료는 별표 13에 따른 수수료의 3분의 1에 해당하는 금액으로 한다. 다만, 서류상의 검사만을 받는 경우에는 재검사수수료를 면제한다.

제97조(레이다 등의 검사수수료)

① 레이다 및 펄스변조송신기에 대하여 법 제24조제1항·제4항 및 제5항에 따른 준공검사·정기검사 및 수시검사를 하는 경우의 검사수수료의 산정은 다음 각 호의 방법에 따른다.

1. 총톤수 500톤 미만인 어선의 공중선전력 50와트 이하인 선박국에 설치하는 레이다로서 첨두전력 10킬로와트 이하의 것은 별표 13의 무선국란의 종별란 중 어선의 선박국(총톤수 500톤 미만의 것)의 공중선전력에 의한 송신기의 규모란 12와트 이상 50와트 미만에 해당하는 검사수수료를 적용한다.
2. 제1호 외의 무선국에 설치하는 레이다 및 펄스변조송신기의 검사수수료는 별표 14와 같다.

② 공중선전력 500와트 미만의 다중무선설비(「방송법」 제2조제1호 라목에 따른 이동멀티미디어방송을 하는 무선설비를 포함한다) 또는 500메가헤르츠(MHz) 이상의 주파수의 전파를 사용하는 텔레비전(텔레비전방송국의 텔레비전은 제외한다)의 송신기에 대하여 법 제24조제1항·제4항 및 제5항에 따른 검사를 받는 경우의 검사수수료는 별표 13의 그 밖의 무선국란의 공중선 전력에 의한 송신기의 규모가 50와트 이상 500와트 미만에 해당하는 경우의 법제처 33 국가법령정보센터 전파법 시행령 검사수수료를 적용한다. 다만, 공중선전력 500와트 미만의 다중무선설비를 사용하는 무선국 중 제24조 제2항 제1호 가목·나목 및 마목(무선호출은 제외한다)에 해당하는 무선국은 별표 13의 할당받은 주파수를 사용하는 무선국란에 해당하는 검사수수료를 적용한다.

③ 제1항 및 제2항에 따른 검사에 불합격하여 다시 검사를 받는 경우 재검사수수료는 별표 13 및 별표 14에 규정된 수수료의 3분의 1에 해당하는 금액으로 한다. 다만, 서류상의 검사만을 받는 경우에는 재검사수수료를 면제한다.

제97조의2(적합성평가 및 시험기관의 지정 수수료)

적합성평가의 신청 및 적합성평가 시험기관의 지정신청에 관한 수수료는 별표 14의2와 같다.

제98조(무선국의 전자파강도 측정 수수료)

법 제47조의2제4항에 따라 전자파강도 측정을 요청하려는 자는 25만원의 수수료를 내야 한다.

제99조(무선종사자 기술자격검정 등의 수수료)

① 법 제70조제1항의 무선종사자의 기술자격검정에 응시하려고 하거나 기술자격증을 발급(재발급을 포함한다)받으려는 자는 법 제69조제1항제6호에 따라 미래창조과학부장관이 정하여 고시하는 수수료를 내야 한다. 다만, 「국가기술자격법」에 따라 진흥원에 위탁한 사항은 「국가기술자격법」이 정하는 바에 따라 수수료를 내야 한다.

② 미래창조과학부장관은 제1항 본문에 따라 수수료를 정하려는 경우에는 이해관계인의 의견을 수렴할 수 있도록 인터넷 홈페이지에 20일 이상 그 내용을 공고하여야 한다. 다만, 긴급하다고 인정하는 경우에는 인터넷 홈페이지에 그 사유를 소명하고 10일간 공고할 수 있다.

③ 제1항 본문에 따라 납부한 수수료는 다음 각 호의 어느 하나에 해당하는 경우를 제외하고는 반환하지 아니한다.

1. 수수료를 과오납한 경우: 과오납한 금액
2. 접수기간 안에 접수를 취소하는 경우: 수수료 전부
3. 미래창조과학부장관의 귀책사유로 검정에 응시하지 못한 경우: 수수료 전부
4. 검정시행일 5일 전까지 접수를 취소하는 경우: 미래창조과학부장관이 정하는 금액

제100조(허가증 및 신고증명서 재발급 수수료)

제33조제3항 및 제39조의3제2항에 따라 무선국 허가증 및 신고증명서의 재발급를 신청하는 자는 1천원의 수수료를 내야 한다. 다만, 전자문서로 재발급하는 경우에는 무료로 한다.

제101조(수수료의 감면)

① 시설 자가 미래창조과학부장관 또는 그 소속기관의 장으로 되어 있는 무선국 및 법 제7조제 1항에 따라 주파수재배치가 된 무선국에 대하여는 제95조부터 제97조까지 및 제100조에 따른 수수료를 면제한다.

② 제69조제1항제1호·제2호에 해당하는 무선설비를 둘 이상의 기간통신사업자나 방송사업자가 공

동으로 설치하여 사용하는 다음 각 호의 무선국에 대하여는 제96조에 따른 검사수수료의 20퍼센트를 감면한다.

1. 고정국
2. 기지국
3. 이동중계국
4. 방송국

제102조(납부방법)

① 제94조·제95조·제97조의2 및 제98조부터 제100조까지의 규정에 따른 수수료를 신청 또는 요청하는 경우에는 현금·우편대체 또는 우편환 등의 방법으로 내야 한다.

② 제96조 및 제97조에 따른 수수료의 납부에 관하여는 국고금 관리 법령의 수입금 징수 절차를 준용한다. 다만, 진흥원에 내야 할 수수료는 우편대체 또는 지로로 미리 내야 한다.

③ 수수료를 내야 할 자가 국가 또는 지방자치단체인 경우로서 제1항 및 제2항에 따라 수수료를 내기가 곤란한 경우에는 납부고지서에 따라 내야 한다.

④ 미래창조과학부장관은 정보통신망을 이용하여 전자화폐·전자결제 등의 방법으로 제1항 및 제2항에 따른 수수료를 내게 할 수 있다.

제7장 무선종사자

제103조(자격별 검정과목 등)

법 제70조제1항에 따른 무선종사자 중 무선통신사 및 아마추어무선기사의 자격별 검정과목 및 검정과목별 출제내용은 별표 15와 같다.

제104조(합격기준)

제103조에 따른 기술자격검정(이하 "기술자격검정"이라 한다)의 합격기준은 다음 각 호와 같다.

1. 매 과목 100점을 만점으로 하여 매 과목 40점 이상 전 과목 평균 60점 이상
2. 무선통신술과목[제3급 아마추어무선기사(전신급)의 무선통신술과목은 제외한다]은 해당 자격 종목의 매 종별마다 100점을 만점으로 하여 매 종별 40점 이상, 전 종별 평균 60점 이상

제105조(기술자격검정의 방법)

① 기술자격검정의 과목 중 무선통신술과목[제3급 아마추어무선기사(전신급)의 무선통신술과목은 제외한다]은 실기시험으로 하고, 그 외의 과목은 필기시험으로 한다.

② 제1항에 따른 필기시험의 출제방법은 검정과목별로 4지선다형 20문제로 한다. 다만, 검정과목 중 통신보안과목, 해상무선통신사의 영어과목 및 제3급 아마추어무선기사(전신급)의 무선통신술과목에 대한 출제방법은 4지선다형 10문제로 한다.

③ 제1항에 따른 무선통신술과목의 실기시험은 필기시험에 합격하지 아니하면 이에 응시할 수 없다.

④ 항공무선통신사·해상무선통신사·육상무선통신사·제한무선통신사·제3급 아마추어무선기사(전화급) 및 제4급 아마추어무선기사의 기술자격검정은 미래창조과학부장관이 정하여 고시하는 교육을 이수한 자에 대하여 해당 검정과목의 시험을 면제할 수 있다.

제106조(검정과목의 면제)

① 기술자격검정에서 필기시험에 합격한 자에 대하여는 해당 필기시험의 합격발표일부터 2년간 필기시험을 면제한다.

② 이미 무선종사자의 자격을 취득한 자가 다른 종목의 무선종사자 기술자격검정을 받으려는 경우에는 신청에 따라 별표 16에서 정하는 바에 따라 검정과목의 일부를 면제한다.

제107조(기술자격검정의 시행 등)

기술자격검정은 매년 1회 이상 실시하여야 한다. 다만, 다음 각 호의 경우에는 그러하지 아니하다.

1. 해당 자격종목의 자격취득자가 과다한 경우
2. 해당 자격종목의 응시희망자가 근소하거나 없을 것으로 예측될 경우

제108조(기술자격검정의 시행공고)

진흥원은 해당 연도에 시행하는 자격검정의 시행에 관한 계획을 직전 연도 11월 30일까지 공고하여야 한다.

제109조(기술자격검정의 신청)

기술자격검정을 받으려는 자는 미래창조과학부장관이 정하여 고시하는 기술자격검정신청서에 다음 각 호의 서류를 첨부하여 진흥원에 제출하여야 한다.

1. 사진(신청 전 6개월 이내에 촬영한 정면 탈모 상반신의 반명함판) 1장

2. 「국가기술자격법」 제9조에 따른 기술자격증 사본, 제112조제2항에 따른 기술자격증 사본 또는 경력을 증명하는 서류(제106조제2항에 따른 기술자격검정 과목의 일부 면제자만 해당한다)

제110조(부정행위자에 대한 제재)

① 기술자격검정에 관하여 다음 각 호의 어느 하나에 해당하는 부정행위가 있는 경우에는 해당 행위자에 대하여 그 검정을 정지하며 합격을 무효로 한다.

1. 다른 응시자와 시험과 관련된 대화를 하는 행위
2. 답안지를 교환하는 행위
3. 다른 응시자의 답안지 또는 문제지를 엿보고, 자신의 답안지를 작성하는 행위
4. 다른 응시자를 위하여 답안을 알려주거나 엿보게 하는 행위
5. 시험문제 내용과 관련된 물건을 휴대하여 사용하거나 이를 주고받는 행위
6. 시험장 내외의 자로부터 도움을 받고 답안지를 작성하는 행위
7. 사전에 시험문제를 알고 시험을 치른 행위
8. 다른 응시자와 성명 또는 응시번호를 바꾸어 제출하는 행위
9. 대리시험을 치르거나 치르게 하는 행위
10. 응시자가 시험시간 중에 통신기기 및 전자기기[휴대용 전화기, 휴대용 개인정보단말기(PDA), 휴대용 멀티미디어 재생장치(PMP), 휴대용 컴퓨터, 휴대용 카세트, 디지털 카메라, 음성파일 변환기(MP3 Player), 휴대용 게임기, 전자사전, 카메라펜, 시각표시 외의 기능이 부착된 시계]를 사용하여 답안지를 작성하거나 다른 응시자를 위하여 답안을 송신하는 행위
11. 그 밖에 부정 또는 불공정한 방법으로 시험을 치르는 행위

② 제1항에 해당하는 자에 대하여는 미래창조과학부장관은 6개월 이상 2년 이내의 기간을 정하여 기술자격검정을 받지 못하게 할 수 있다.

제111조(합격자의 공고방법)

진흥원은 시험 종료 후 30일 이내에 원서접수처에 합격자의 명단을 게시하거나 합격자에게 개별 통지를 하여야 한다.

제112조(기술자격증의 발급)

① 법 제70조제2항에 따라 자격검정에 합격한 자가 기술자격증을 발급받으려는 경우에는 다음 각 호의 서류를 갖추어 미래창조과학부장관에게 기술자격증 발급을 신청하여야 한다.

1. 사진(2.5센티미터×3센티미터) 1장

2. 외국인등록증 사본 또는 여권 사본(외국인만 해당한다)

② 미래창조과학부장관은 제1항에 따른 신청을 받으면 기술자격증을 신청인에게 발급하여야 한다.

제113조(기술자격증의 재발급)

무선종사자는 기술자격증을 잃어버리거나 못쓰게 되어 그 재발급 받으려는 경우 지체없이 다음 각 호의 서류를 갖추어 미래창조과학부장관에게 기술자격증 재발급을 신청하여야 한다. 다만, 선박국 또는 항공기국에 근무하는 자가 그 선박 또는 항공기의 항행 중에 기술자격증을 잃어버리거나 못쓰게 된 경우에는 그 항행에서 최초로 해당 선박 또는 항공기가 국내 목적지에 도착한 날부터 10일 이내로 한다.

1. 기술자격증(잃어버린 경우는 제외한다)
2. 사진(2.5센티미터×3센티미터) 1장

제114조(기술자격증의 정정)

무선종사자는 기술자격증 기재사항 중 변경사항이 있는 경우에는 미래창조과학부장관에게 정정신청을 하여 기술자격증의 정정을 받아야 한다.

제115조(자격종목 및 종사범위)

법 제70조제3항정에 따른 무선종사자의 자격종목 및 자격종목별 종사범위는 별표 17과 같다.

제116조(무선종사자가 아닌 자의 운용 또는 공사범위)

① 법 제70조제4항 단서에 따라 무선종사자가 아닌 자가 운용 또는 공사를 할 수 있는 경우는 다음 각 호와 같다.

1. 선박 또는 항공기가 외국에 있거나 외국의 각 지역을 항행 중이어서 무선종사자의 승무가 불가능한 경우로서 그 선박 또는 항공기가 국내의 목적지에 도착할 때까지 다음 표 왼쪽 란의 증명서(「국제전기통신연합 전파규칙」에 따라 외국정부에서 발급한 증명서를 말한다)를 가진 자가 같은 표 오른쪽 란의 해당 무선종사자의 종사범위에서 운용 또는 공사를 하는 경우
2. 비상통신업무를 할 때 무선종사자를 무선설비의 운용에 종사시킬 수 없는 경우
3. 선박국이나 항공기국의 무선전화 또는 자동통신시설 등의 통신운용으로서 다음 각 목에서 정한 것 외의 것을 해당 무선국의 무선종사자의 관리 하에 하는 경우

   가. 연락설정과 종료에 관한 통신운용

나. 조난통신·긴급통신 및 안전통신을 위한 통신운용

4. 제1호부터 제3호까지의 규정 외에 미래창조과학부장관이 정하여 고시하는 경우

② 제1항제1호에 따라 무선종사자가 아닌 자가 무선설비를 운용할 수 있는 경우는 조난통신·긴급통신·안전통신 및 선박운항에 관계되는 긴급한 통신을 하는 것으로 한정한다.

제117조(무선종사자의 자격·정원배치기준)

① 법 제71조에 따른 무선종사자의 자격·정원 배치기준은 다음 각 호와 같다.

1. 해안국의 무선종사자의 자격·정원배치기준은 별표 18과 같다.
2. 지구국의 무선종사자의 자격·정원배치기준은 별표 19와 같다.
3. 선박국의 무선종사자의 자격·정원배치기준은 별표 20과 같다.
4. 삭제
5. 방송국의 무선종사자의 자격·정원배치기준은 별표 22와 같다.
6. 항공기국은 해당 무선국에 설치되어 있는 각종 무선설비를 충분히 운용할 수 있는 전파전자통신기사·전파전자통신산업기사 또는 항공무선통신사의 자격을 갖춘 1명을 배치하여야 한다.
7. 제1호부터 제6호까지의 규정 외의 무선국에 배치하여야 할 무선종사자의 자격·정원배치기준은 미래창조과학부장관이 정하여 고시한다.

② 미래창조과학부장관은 제1항에도 불구하고 무선설비의 설치장소가 같거나 무선설비를 공동으로 사용하는 등의 경우에는 미래창조과학부장관이 정하여 고시하는 바에 따라 무선종사자의 자격별 정원을 줄일 수 있다.

제117조의2(조사 및 조치의 절차 등)

① 미래창조과학부장관은 법 제71조의2제2항에 따라 관련 자료 또는 기자재의 제출을 요구하는 경우에는 서면으로 요청하되, 15일의 제출기한을 두어야 한다. 다만, 그 제출을 요청받은 자가 정당한 사유를 소명하는 경우에는 15일의 범위에서 그 제출기한을 연장할 수 있다.

② 미래창조과학부장관은 제1항에 따라 제출받은 자료 또는 기자재를 조사하거나 시험한 경우에는 그 결과를 제출자에게 서면으로 통보하여야 한다.

제8장 보칙

제118조(행정처분의 기준)

법 제58조의4제1항·제2항, 제58조의7제2항·제3항, 제72조제2항·제3항 및 제76조 제1항에 따른 행정처분의 일반기준은 별표 22의2와 같고, 그 세부기준은 다음 각 호와 같다.

1. 법 제58조의4제1항 및 제2항에 따른 적합성평가를 받은 자에 대한 행정처분기준: 별표 23
2. 법 제58조의7제2항 및 제3항에 따른 지정시험기관에 대한 행정처분기준: 별표 24
3. 법 제72조제2항 및 제3항에 따른 무선국 시설자에 대한 행정처분기준: 별표 25
4. 법 제76조제1항에 따른 무선종사자에 대한 행정처분기준: 별표 26

제119조(시정지시 등)

미래창조과학부장관은 제118조의 처분사유가 되는 위반행위가 고의 또는 중대한 과실에 기인하지 아니한 것으로서 시정이 가능한 경미한 위반행위인 경우에는 별표 24부터 별표 26까지의 규정에 따른 처분을 하지 아니하고 시정지시 및 경고를 할 수 있다.

제120조(과징금의 부과·납부)

① 미래창조과학부장관 또는 방송통신위원회가 법 제73조제1항에 따라 과징금을 부과하려는 경우에는 해당 위반행위를 조사·확인한 후 위반사실·부과금액·이의방법 및 이의기간 등을 명시하여 이를 납부할 것을 부과대상자에게 알려야 한다.

② 제1항에 따른 통지를 받은 자는 통지를 받은 날부터 20일 이내에 과징금을 미래창조과학부장관 또는 방송통신위원회가 지정하는 수납기관에 내야 한다. 다만, 천재지변이나 그 밖에 부득이한 사유로 그 기간에 과징금을 낼 수 없는 경우에는 그 사유가 없어진 날부터 7일 이내에 내야 한다.

③ 제2항에 따라 과징금을 받은 수납기관은 과징금을 낸 자에게 영수증을 내주어야 한다.

④ 과징금의 수납기관은 제2항에 따라 과징금을 수납하면 지체 없이 그 사실을 부과권자에게 통보하여야 한다.

⑤ 과징금은 이를 분할하여 납부할 수 없다.

⑥ 제1항에 따른 과징금의 납부통지는 국고금 관리 법령의 수입금 징수에 관한 절차를 준용한다.

제121조(과징금의 부과기준)

법 제73조제2항에 따른 과징금의 부과기준은 별표 27과 같다.

제122조(과징금의 독촉)

① 법 제73조제3항에 따른 독촉은 납부기한 경과 후 7일 이내에 서면으로 하여야 한다.

② 제1항에 따라 독촉장을 발부하는 경우 체납된 과징금의 납부기한은 발부일 부터 10일 이내로 한다.

제123조(권한의 위임·위탁)

① 미래창조과학부장관은 법 제78조제1항에 따라 다음 각 호의 권한을 국립전파연구원장에게 위임한다.

1. 법 제5조에 따른 주파수의 국제등록

1의2. 법 제45조에 따른 기술기준 중 다음 각 목에 대한 기술기준의 고시

가. 해상업무용 무선설비

나. 항공업무용 무선설비

다. 전기통신사업용 무선설비

라. 간이무선국·우주국·지구국의 무선설비, 전파탐지용 무선설비, 그 밖의 업무용 무선설비(신고하지 아니하고 개설할 수 있는 무선국의 무선설비는 제외한다)

마. 전파응용설비

바. 무선설비의 공중선전력과 전파응용설비의 고주파 출력 측정방법 및 산출방법

1의3. 법 제47조에 따른 무선설비의 안전시설기준

2. 법 제47조의2제1항에 따른 전자파강도·전자파흡수율 측정기준 및 측정방법의 고시

3. 법 제47조의3제1항에 따른 전자파적합성기준에 관한 사항 중 제67조의2제2항에 따른 세부적인 기준의 고시

4. 법 제47조의3제3항 및 제5항에 따른 전자파적합성 여부에 관한 측정·조사 및 전자파 저감·차폐를 위한 조치 권고

5. 법 제49조제2항제6호에 따른 전파감시업무에 관한 사항 중 제70조제2호 및 제2호의2에 따른 전파의 탐지 및 분석

6. 법 제55조제1항에 따른 전파환경의 보호를 위하여 필요한 조치에 관한 사항(전파환경의 조사에 관한 사항은 제외한다)

7. 법 제55조제2항에 따른 전파환경 측정 등에 관한 고시

8. 법 제58조의2제2항·제3항·제5항·제7항 및 제10항에 따른 적합인증, 적합등록, 적합성평가의 변경신고 및 잠정인증 등에 관한 사항

9. 법 제58조의3에 따른 적합성평가의 면제에 관한 사항

10. 법 제58조의4제1항 및 제2항에 따른 적합성평가의 취소 및 개선·시정 등의 조치명령에 관한

사항

11. 법 제58조의5에 따른 시험기관의 지정, 지정사항의 변경, 지정시험업무의 폐지, 양수·합병의 승인 및 전문심사기구에 의한 심사에 관한 사항
12. 법 제58조의6에 따른 지정시험기관에 대한 자료제출 요구 및 검사에 관한 사항
13. 법 제58조의7제1항부터 제3항에 따른 지정시험기관에 대한 시정명령, 업무정지명령 및 지정취소에 관한 사항
14. 법 제58조의9에 따른 국제적 적합성평가체계의 구축 에 관한 사항
15. 법 제58조의11에 따른 부적합보고의 접수에 관한 사항
16. 법 제61조에 따른 전파연구에 관한 사항
17. 법 제71조의2에 따른 조사·시험 및 조치 등에 관한 사항(법 제71조의2 제1항 제2호만 해당한다)
18. 법 제77조제2호의2 및 제2호의3에 따른 청문
19. 법 제90조제5호의2부터 제5호의6까지 및 제92조제4호·제5호에 따른 과태료의 부과·징수

② 미래창조과학부장관은 법 제78조제1항에 따라 다음 각 호의 권한을 중앙전파관리소장에게 위임한다.

1. 법 제6조제2항에 따른 주파수 이용현황의 조사·확인에 관한 사항
2. 법 제19조·제19조의2·제21조·제22조 및 제22조의2에 따른 무선국의 개설허가·변경허가·개설신고·변경신고 및 재허가에 관한 사항. 다만, 연주소를 갖추고 공중선전력이 1와트를 초과하는 방송국의 개설허가·재허가와 이 영 제31조 제4항 제1호부터 제6호까지의 규정에 따른 변경허가는 제외한다.
3. 법 제23조에 따른 시설자 지위(연주소를 갖추고 공중선전력이 1와트를 초과하는 방송국에 대한 것은 제외한다) 승계의 인가 및 신고 수리
4. 법 제24조에 따른 무선국의 검사(같은 조 제4항제2호에 따른 무선국의 검사는 제외한다)에 관한 사항
5. 법 제25조의2에 따른 무선국(연주소를 갖추고 공중선전력이 1와트를 초과하는 방송국은 제외한다)의 폐지·운용휴지 및 재운용의 신고에 관한 사항
6. 법 제27조에 따른 통신방법 등의 준수에 관한 사항
7. 법 제28조에 따른 조난통신 등에 관한 사항
8. 법 제30조에 따른 통신보안의 준수에 관한 사항
9. 삭제
10. 법 제47조의2제3항에 따른 전자파강도 측정 결과 보고의 수리
11. 법 제47조의2제5항에 따른 무선국 전자파강도의 측정·조사

12. 법 제47조의2제6항에 따른 안전시설의 설치 등의 명령(연주소를 갖추고 공중선전력이 1와트를 초과하는 방송국은 제외한다)
13. 법 제48조제1항에 따른 무선국(연주소를 갖추고 공중선전력이 1와트를 초과하는 방송국은 제외한다) 무선설비의 임대·위탁운용 및 공동사용의 승인
14. 법 제48조의2에 따른 무선설비의 공동사용 명령 및 환경친화적 설치명령(연주소를 갖추고 공중선전력이 1와트를 초과하는 방송국에 대한 명령은 제외한다)에 관한 사항
15. 법 제49조 및 제50조에 따른 전파감시 및 국제전파감시 업무(제70조제2호·제2호의2에 따른 전파의 탐지·분석은 제외한다)에 관한 사항
16. 법 제52조에 따른 건축물 또는 공작물에 대한 승인 및 무선방위측정장치 설치장소의 공고
17. 법 제54조에 따른 조사·확인 및 통지
18. 법 제55조에 따른 전파환경의 측정 등 전파환경의 보호에 관한 사항(전파환경에 관한 조사만 해당한다)
19. 법 제58조에 따른 전파응용설비의 허가·허가취소·변경허가, 검사, 폐지·운용휴지·재운용 신고의 수리 및 허가증의 발급·정정 및 재발급
20. 법 제67조에 따른 전파사용료의 부과·징수
21. 법 제71조의2에 따른 조사·시험 및 조치 등에 관한 사항(법 제71조의2제1항제2호는 제외한다)
22. 법 제72조에 따른 무선국(연주소를 갖추고 공중선전력이 1와트를 초과하는 방송국은 제외한다)의 개설허가의 취소, 개설 신고한 무선국의 폐지, 운용정지명령 및 운용제한명령에 관한 사항
23. 법 제73조에 따른 과징금의 부과·징수(연주소를 갖추고 공중선전력이 1와트를 초과하는 방송국은 제외한다)에 관한 사항
24. 법 제76조에 따른 무선종사자의 기술자격의 취소 및 업무종사의 정지명령에 관한 사항
25. 법 제77조제3호 및 제6호에 따른 청문(연주소를 갖추고 공중선전력이 1와트를 초과하는 방송국은 제외한다)
26. 법 제78조제2항에 따라 미래창조과학부장관이 업무의 일부를 위탁한 진흥원에 대한 지도·감독
27. 법 제89조의2·제89조의3 및 제90조부터 제92조까지에 따른 과태료의 부과·징수. 다만, 연주소를 갖추고 공중선전력이 1와트를 초과하는 방송국에 대한 부과·징수 및 법 제90조제5호의2부터 제5호의5까지 및 제92조 제4호·제5호에 해당하는 경우는 제외한다.

③ 미래창조과학부장관은 법 제78조제2항에 따라 다음 각 호의 업무를 진흥원에 위탁한다.

1. 법 제18조에 따른 주파수이용권관리대장의 유지·관리
2. 법 제7조 및 제7조의2에 따른 손실보상에 관한 사항 및 그 손실보상에 관한 이의신청(법 제7조

제2항에 따른 징수는 제외한다)

3. 미래창조과학부장관이 정하여 고시하는 무선국에 대한 법 제24조에 따른 준공검사 등의 검사
4. 법 제47조의2제4항에 따른 전자파강도 측정요청의 수리 및 측정
5. 법 제58조제3항에 따른 산업·과학·의료용 전파응용설비 등에 대한 준공검사 등의 검사
6. 법 제70조제1항에 따른 무선종사자의 자격검정 시험의 실시(「국가기술자격법」에 따라 진흥원에 위탁한 사항은 제외한다)
7. 법 제70조제2항에 따른 무선종사자 기술자격증의 발급에 관한 사항(「국가기술자격법」에 따라 진흥원에 위탁한 사항은 제외한다)

④ 국립전파연구원장, 중앙전파관리소장 및 진흥원은 제1항·제2항 및 제3항에 따라 위임·위탁받은 업무를 처리하는 경우에는 미래창조과학부장관의 승인을 받아 법 제69조에 따른 수수료를 징수할 수 있다.

⑤ 방송통신위원회는 법 제78조제3항에 따라 다음 각 호의 권한을 중앙전파관리소장에게 위탁한다.

1. 법 제34조제1항에 따른 방송국 중 지상파방송보조국의 개설허가, 재허가 및 변경허가
2. 법 제36조에 따른 방송수신의 기준 및 수신 장애 제거에 관한 사항
3. 법 제67조에 따른 전파사용료의 부과·징수
4. 법 제72조에 따른 지상파방송국의 개설허가의 취소, 개설 신고한 무선국의 폐지, 운용정지명령 및 운용제한명령에 관한 사항(연주소를 갖추고 공중선전력이 1와트를 초과하는 방송국은 제외한다)
5. 법 제34조제1항에 따른 방송국에 대한 법 제77조제3호에 따른 청문(연주소를 갖추고 공중선전력이 1와트를 초과하는 방송국은 제외한다)
6. 법 제90조 및 제92조까지에 따른 과태료의 부과·징수(연주소를 갖추고 공중선전력이 1와트를 초과하는 방송국은 제외한다)

제123조의2(규제의 재검토)

① 미래창조과학부장관은 다음 각 호의 사항에 대하여 다음 각 호의 기준 일을 기준으로 3년마다(매 3년이 되는 해의 기준일과 같은 날 전까지를 말한다) 그 타당성을 검토하여 개선 등의 조치를 하여야 한다.

1. 제16조에 따른 주파수이용권의 양도·임대의 승인: 2014년 1월 1일
2. 제24조에 따른 신고하고 개설할 수 있는 무선국의 범위: 2014년 1월 1일
3. 제27조에 따른 무선국의 개설조건: 2014년 1월 1일
4. 제95조에 따른 무선국 허가 등의 신청수수료: 2014년 1월 1일

5. 제96조에 따른 무선국 등의 검사수수료: 2014년 1월 1일
6. 제103조에 따른 무선통신사 및 아마추어무선기사의 자격별 검정과목 및 검검과목별 출제내용: 2014년 1월 1일
7. 제117조에 따른 무선종사자의 자격·정원배치기준: 2014년 1월 1일

② 미래창조과학부장관은 다음 각 호의 사항에 대하여 다음 각 호의 기준일을 기준으로 5년마다(매 5년이 되는 해의 기준일과 같은 날 전까지를 말한다) 그 타당성을 검토하여 개선 등의 조치를 하여야 한다.

1. 제89조에 따른 전파사용료의 감면대상 무선국의 범위 및 전파사용료 감면의 범위: 2014년 1월 1일
2. 제118조에 따른 행정처분의 기준: 2014년 1월 1일
3. 제121조에 따른 과징금의 부과기준: 2014년 1월 1일

제123조의3(고유식별정보의 처리)

미래창조과학부장관 또는 방송통신위원회(제123조에 따라 미래창조과학부장관 또는 방송통신위원회의 권한을 위임·위탁받은 자를 포함한다)는 다음 각 호의 사무를 수행하기 위하여 불가피한 경우 「개인정보 보호법 시행령」 제19조제1호에 따른 주민등록번호가 포함된 자료를 처리할 수 있다.

1. 법 제13조에 따른 주파수할당의 결격사유 확인에 관한 사무
2. 법 제20조제1항에 따른 무선국 개설의 결격사유 확인에 관한 사무
3. 법 제23조제2항부터 제4항까지의 규정에 따른 시설자의 지위를 승계하는 자의 결격사유 확인에 관한 사무
4. 법 제73조에 따른 과징금의 부과·징수에 관한 사무

제124조(과태료의 부과기준)

법 제89조의2, 제89조의3 및 제90조부터 제92조까지의 규정에 따른 과태료의 부과기준은 별표 28과 같다.

부칙 〈제25561호,2014.8.27.〉

제1조(시행일)

이 영은 공포한 날부터 시행한다. 다만, 제42조의2제1항 및 제2항, 제45조제2항·제4항 및 제5항은

공포 후 3개월이 경과한 날부터 시행한다.

제2조(표본검사 및 수시검사에 관한 적용례)

제42조의2제1항 및 제2항, 제45조제4항제1호 및 제5항의 개정규정은 부칙 제1조 단서에 따른 시행일이 속하는 표본모집기간에 준공신고하는 무선국에 대해서도 적용한다.

제3조(수수료에 관한 적용례)

① 제97조제2항 단서의 개정규정은 이 영 시행 전에 준공신고를 하거나 정기검사 또는 임시검사를 통보한 경우로서 이 영 시행 후 준공검사, 정기검사 또는 수시검사를 하는 무선국에 대해서도 적용한다.

② 별표 13 비고의 개정규정은 이 영 시행 전에 준공신고를 한 경우로서 이 영 시행 후 준공검사를 하는 무선국에 대해서도 적용한다.

방송통신기자재등의 적합성평가에 관한 고시

제1장 총 칙

제1조(목적)

이 고시는 전파법(이하 '법'이라 한다) 제58조의2, 제58조의3, 제58조의4, 제58조의11, 제71조의2 및 전파법 시행령(이하 '영'이라 한다) 제77조의2부터 제77조의7에서 정하는 바에 따라 방송통신기자재등(이하 '기자재'라 한다)의 적합성평가 대상기자재 및 적합성평가 세부절차 등에 관하여 필요한 사항을 규정함을 목적으로 한다.

제2조(정의)

① 이 고시에서 사용하는 용어의 뜻은 다음 각 호와 같다.

1. '제조자'라 함은 기자재를 설계하여 직접 제작하거나 상표부착방식에 따라 기자재를 공급받는 자로서 해당 기자재의 설계·제작에 대한 책임을 지는 자를 말한다.
2. '사후관리'라 함은 적합성평가를 받은 기자재가 적합성평가기준대로 제조·수입 또는 판매되고 있는지 법 제71조의2에 따라 조사 또는 시험하는 것을 말한다.
3. '기본모델'이란 전기적인 회로·구조·성능이 동일하고 기능이 유사한 제품군 중 표본이 되는 기자재를 말한다.
4. '파생모델'이란 기본모델과 전기적인 회로·구조·기능이 유사한 제품군으로 기본모델과 동일한 적합성평가번호를 사용하는 기자재를 말한다.
5. '무선 송·수신용 부품'이란 차폐된 함체 또는 칩에 내장된 무선주파수의 발진, 변조 또는 복조, 증폭부 등과 안테나(안테나 단자 포함)로 구성된 것으로 시스템에 하나의 부품으로 내장되거나 장착될 수 있고 소비자가 최종으로 사용할 수 없는 물품을 말한다.
6. '정보기기'라 함은 데이터 또는 방송통신메세지의 입력, 저장, 출력, 검색, 전송, 처리, 스위칭, 제어 중 어느 하나(또는 이들의 조합)의 기능을 가지거나, 정보전송을 위해 사용되는 하나 이상의 포트를 갖춘 기자재로서 600 V를 초과하지 않는 정격전원전압을 사용하는 기자재를 말한다.
7. '디지털 장치'라 함은 9㎑ 이상의 타이밍 신호 또는 펄스를 발생시키는 회로가 내장되어 있으며 디지털 신호로 동작되는 기자재로서 제6호의 정보기기 이외의 기자재를 말한다.

② 이 고시에서 사용하는 용어는 제1항에서 정하는 것을 제외하고는 법 및 영에서 정하는 바에 따른다.

제3조(적합성평가 대상기자재의 분류 등)

① 영 제77조의2제1항 각 호에 따른 적합인증 대상기자재는 별표 1과 같다.

② 영 제77조의3제1항에 따른 적합등록(이하 '지정시험기관 적합등록'이라 한다) 대상기자재는 별표 2와 같다.

③ 영 제77조의3제2항에 따른 적합등록(이하 '자기시험 적합등록'이라 한다) 대상기자재는 별표 3과 같다.

제4조(적합성평가기준의 적용)

① 제3조에 따른 적합성평가 대상기자재는 다음 각 호의 적합성평가기준에 적합하여야 한다.

1. 공통 적용기준 : 법 제47조의3제1항에 따른 전자파적합성(EMC)기준
2. 개별 적용기준
   가. 무선분야(방송분야 포함) : 법 제37조, 제45조, 제47조의2 또는 방송법 제79조에 따른 세부 기술기준
   나. 유선분야 : 방송통신발전 기본법 제28조 또는 전기통신사업법 제61조·제68조·제69조에 따른 세부 기술기준
   다. 전자파흡수율(SAR) : 법 제47조의2에 따른 전자파흡수율 측정기준
3. 그 밖에 다른 법률에서 기자재와 관련하여 미래창조과학부가 정하도록 한 기술기준이나 표준

② 적합성평가 대상기자재별로 적용되는 적합성평가기준 적용에 관한 사항은 별표 1에서부터 별표 3에 표시된 바를 따른다.

③ 국립전파연구원장(이하 '원장'이라 한다)은 제1항 및 제2항에 따른 적합성평가기준 적용에 대한 시험 및 확인방법 등에 관한 세부 사항을 정하여 공고할 수 있다.

제2장 적합인증

제5조(적합인증의 신청 등)

① 제3조제1항에 따른 대상기자재에 대하여 적합인증을 신청하고자 하는 자는 다음 각 호의 신청서와 첨부서류(전자문서를 포함한다)를 작성하여 원장에게 제출하여야 한다.

1. 별지 제1호서식의 적합인증신청서
2. 사용자설명서(한글본) : 제품개요, 사양, 구성 및 조작방법 등이 포함 되어야 한다.
3. 다음 각 목 중 어느 하나의 시험성적서

가. 지정시험기관의 장이 발행하는 시험성적서
나. 원장이 발행하는 시험성적서
다. 국가간 상호 인정협정을 체결한 국가의 시험기관 중 원장이 인정한 시험기관의 장이 발행한 시험성적서

4. 외관도 : 제품의 전면·후면 및 타 기기와의 연결부분과 적합성평가표시 사항의 식별이 가능한 사진을 제출하여야 한다.
5. 부품 배치도 또는 사진 : 부품의 번호, 사양 등의 식별이 가능하여야 한다.
6. 회로도
가. 적합성평가를 받은 '무선 송·수신용 부품'을 기자재의 구성품으로 사용하는 경우에는 해당 부분을 생략할 수 있다.
나. 적합성평가기준 적용분야가 유선분야에 해당하는 기자재인 경우에는 전원 및 기간통신망과 직접 접속되는 부분의 회로도를 제출한다.
7. 대리인 지정서 : 제27조에 따른 별지 제4호서식의 대리인 지정(위임)서

② 제1항에 따라 다수의 공급업체로부터 명칭·형식기호·기능(성능) 등 기구적·전기적 특성이 동일한 부품을 선택적으로 사용하고자 하는 기자재인 경우에는 부품의 목록과 다음 각 호에 따른 전기적 특성의 동일성을 증명할 수 있는 관련 자료를 제출하여야 한다.
1. 저항 등 회로소자인 경우 기존 회로소자와의 전기적 특성 비교표
2. 부품이 시스템의 구성품인 경우 시험성적서

③ 제1항에 따른 적합인증 신청과 동시에 파생모델을 추가하는 경우에는 파생모델에 대한 그 목록과 전기적인 회로·구조 및 부가적인 기능에 관한 자료를 제출하여야 한다.

④ 최초로 적합인증을 신청하는 경우에는 별지 제2호서식의 '적합성평가 식별부호 신청서'를 작성하여야 하며, 「전자정부법」 제36조제1항에 따른 행정정보의 공동이용을 통하여 담당 공무원이 확인하는 것에 동의하는 경우에는 구비서류의 제출을 생략할 수 있다.(최초의 적합등록 및 잠정인증 신청자의 경우에도 이 규정을 준용한다)

⑤ 제1항제1호에 따른 별지 제1호서식의 기기부호 및 형식기호 표시방법에 관한 사항은 원장이 정하여 공고하여야 한다.

제6조(적합인증의 심사 등)

① 원장은 제5조의 적합인증 신청을 받은 때에는 다음 각 호의 사항을 심사하여야 한다.
1. 제5조제1항 각 호 서류의 적정성

2. 제4조에 따른 적합성평가기준 적용의 적절성
3. 시험성적서의 유효성

② 제1항제3호에 따른 시험성적서의 유효성에 대한 추가 확인이 필요한 경우에는 신청자에게 해당 기자재의 제출을 요구하거나 시험기관을 방문하여 적합성평가기준의 적합성 여부 등 시험성적서의 유효성에 관한 사항을 확인 할 수 있다.

제7조(적합인증서의 교부)

원장은 제6조에 따른 심사결과가 적합한 경우에는 별지 제3호서식의 적합인증서를 신청인에게 교부(전자적 방식을 포함한다)하고, 다음 각 호의 사항을 관보에 공고하여야 한다.

1. 인증 받은 자의 상호 또는 성명
2. 기자재의 명칭·모델명
3. 인증번호
4. 제조자 및 제조국가
5. 인증연월일

제3장 적합등록

제8조(적합등록의 신청 등)

① 제3조 제2항 및 제3항에 따른 대상기자재에 대하여 적합등록을 신청하고자 하는 자는 다음 각 호의 신청서와 첨부서류(전자문서를 포함한다)를 작성하여 원장에게 제출하여야 한다.

1. 별지 제5호서식의 적합등록신청서
2. 별지 제6호서식의 적합성평가기준에 부합함을 증명하는 확인서
3. 대리인 지정서 : 제27조에 따른 별지 제4호서식의 대리인 지정(위임)서

② 파생모델이 있는 경우에는 제1항에 따른 적합등록 신청과 동시에 파생모델의 등록을 신청할 수 있다.

③ 제1항에도 불구하고 적합인증 대상기자재와 적합등록 대상기자재가 조합된 복합 기자재인 경우에는 제5조제1항의 절차를 따른다. 다만, 적합인증을 받은 무선 송·수신용 부품을 내장 또는 장착한 적합등록 대상기자재는 적합등록 신청절차를 따를 수 있다.

④ 제1항에도 불구하고 제3조제2항의 적합등록 대상기자재 중 제4조제1항제1호의 공통기준만을 적용하여 적합등록을 받은 컴퓨터 내장구성품은 지정시험기관의 장으로부터 별지 제15호서식에

따라 적합등록을 받은 기자재의 구성품임을 확인받아 신청할 수 있다.

⑤ 제1항제1호에 따른 별지 제5호서식의 기기부호 및 형식기호 표시방법에 관한 사항은 원장이 정하여 공고하여야 한다.

제9조(적합등록필증의 교부 등)

원장은 제8조제1항에 따라 적합등록 신청이 있는 때에는 별지 제7호서식의 적합등록필증(전자적 방식을 포함한다)을 신청인에게 교부하고, 다음 각 호의 사항을 관보에 공고하여야 한다.

1. 등록 받은 자의 상호 또는 성명
2. 기자재의 명칭·모델명
3. 등록번호
4. 제조자 및 제조국가
5. 등록연월일

제10조(적합등록자가 비치하여야 할 서류 등)

① 제9조에 따라 적합 등록을 한 자는 다음 각 호의 서류를 작성(전자적 방식을 포함한다)하여 비치하여야 한다.

1. 제8조제1항 제2호 및 제3호의 서류
2. 사용자설명서 : 제품개요, 사양, 구성 및 조작방법 등이 포함 되어야 하며, 제3조 제2항 및 제3항에 따른 별표 2와 별표 3의 대상기자재 중 전자파적합성기준을 적용한 기자재는 별표 4의 사용자 안내문을 포함하여야 한다.
3. 다음 각 목 중 어느 하나의 시험성적서

가. 지정시험기관의 장이 발행하는 시험성적서

나. 원장이 발행하는 시험성적서

다. 국가간 상호 인정협정을 체결한 국가의 시험기관 중 원장이 인정한 시험기관의 장이 발행한 시험성적서

라. 자기 시험성적서 (제3조제3항의 대상기자재에 한한다)

마. 별지 제15호서식에 따른 적합등록기자재의 구성품 확인서

바. 국제전기기기인증기구(IECEE) CB Scheme에 따른 CB인증서(다만, 제3조제2항에 따른 별표 2의 제3호부터 제5호까지, 제6호 라목, 제10호부터 제13호까지에 해당하는 기자재로서 지정시험기관의 장이 국내 적합성평가기준에 적합함을 확인하고 발행한 시험성적서가 있

는 경우에 한함)

4. 외관도 : 제품의 전면·후면 및 타 기기와의 연결부분과 적합성평가표시 사항의 식별이 가능한 사진을 제출하여야 한다.
5. 부품 배치도 또는 사진 : 부품의 번호, 사양 등의 식별이 가능하여야 한다.
6. 회로도 : 다만, 제3조 제2항 및 제3항에 따른 대상기자재 중 제4조제1항 제1호의 공통기준만을 적용한 기자재의 경우에는 회로도 전체를 생략할 수 있으며, 적합성평가를 받은 '무선 송·수신용 부품'을 기자재의 구성품으로 사용하는 경우에는 해당 부분을 생략할 수 있다..(단, 별표2 및 별표3의 단말기기류는 비치서류에 제5조제1항제6호 나목에 따른 회로도를 포함하여 비치한다.)
7. 제8조제2항에 따라 파생모델을 등록한 경우 그 목록과 전기적인 회로·구조·성능 및 부가적인 기능에 관한 서류
8. 제16조제1항제2호의 변경사실을 증명하는 서류

② 원장은 사후관리 수행을 위하여 필요한 경우 제1항 각 호의 관련 서류의 제출을 요구할 수 있다. 이 경우 서류제출을 요구받은 적합등록자는 15일 이내에 해당 서류를 원장에게 제출하여야 한다.

제4장 잠정인증

제11조(잠정인증의 신청)

① 잠정인증을 신청하고자 하는 자는 다음 각 호에 따른 신청서와 첨부서류(전자문서를 포함한다)를 작성하여 원장에게 제출하여야 한다.

1. 별지 제8호서식의 잠정인증신청서
2. 기술설명서(한글본)
   가. 해당 분야 국제 및 국내표준 또는 규격
   나. 국제 및 국내표준 또는 규격이 없는 경우 기술개요 및 기술적 방식 등 기술사양서
   다. 법 제58조의2제7항 각 호의 어느 하나에 해당함을 입증하는 서류
   라. 선행 기술조사 내용(해당하는 경우에 한함)
3. 자체 시험결과 설명서 : 스스로 수행한 시험방법 및 절차와 그 결과에 대한 설명(시험결과는 원장 또는 지정시험기관의 장이 확인한 것이어야 함)
4. 사용자설명서(한글본) : 제품개요, 사양, 구성 및 조작방법 등이 포함 되어야 한다.
5. 외관도 : 제품의 전면·후면 및 타 기기와의 연결부분과 적합성평가표시 사항의 식별이 가능한

사진을 제출하여야 한다.

6. 회로도 : 신청 기자재 전체의 회로도를 제출하여야 한다.
7. 부품 배치도 또는 사진 : 부품의 번호, 사양 등의 식별이 가능하여야 한다.
8. 대리인 지정서 : 제27조에 따른 별지 제4호서식의 대리인 지정(위임)서

② 제1항제1호에 따른 별지 제8호서식의 기기부호 및 형식기호 표시방법에 관한 사항은 원장이 정하여 공고하여야 한다.

제12조(잠정인증의 심사 등)

① 원장은 제11조에 따른 잠정인증 신청을 받은 때에는 서류심사와 제품심사를 하여야 한다. 이 경우 잠정인증심사위원회를 구성하여 심사하여야 한다.

② 서류심사는 다음 각 호의 사항을 심사하여야 한다.

1. 제11조에 따라 제출된 서류의 적정성
2. 해당 기자재가 법 제58조의2제7항에 해당되는지의 여부
3. 법 제9조에 따른 주파수분배의 적합성 여부
4. 사용지역과 신청자의 신청 유효기간의 적정성 여부

③ 제품심사는 다음 각 호의 기준 중에서 적합성평가기준을 정하여 심사할 수 있다.

1. 국제표준기구(ITU, ISO/IEC 등)의 표준
2. 한국방송통신표준 및 한국산업표준
3. 방송통신 관련 표준
4. 기타 해당 제품에 대하여 국제적으로 통용되는 규격
5. 국제적으로 신기술인 경우 신청자가 제안하는 기준

제13조(잠정인증서의 교부 등)

① 원장은 제12조에 따른 심사결과 잠정인증을 허용한 때에는 별지 제9호서식의 잠정인증서를 신청인에게 교부(전자적 방식을 포함한다)하고, 다음 각 호의 사항을 관보에 공고하여야 한다.

1. 인증받은 자의 상호 또는 성명
2. 기자재의 명칭·모델명
3. 인증번호
4. 제조자 및 제조국가
5. 유효기간

6. 기타 허용 조건

② 법 제58조의2제8항에 따른 일정한 기한은 적합성평가기준이 제정되어 시행된 날 또는 잠정인증을 받은 자가 적합성평가가 곤란한 사유가 없어진 것을 알게 된 날로부터 3개월로 한다.

제14조(잠정인증심사위원회의 구성 등)

① 잠정인증심사위원회(이하 '위원회'라 한다)는 위원장 1인과 간사 1인을 포함하여 15인 이내로 하며, 위원장은 해당분야의 전문가 중 원장이 위촉한 자로 한다. 간사는 국립전파연구원 소속 공무원으로 한다.

② 제1항에 따른 위원회 위원은 다음 각 호의 자 중에서 위원장의 추천을 받아 원장이 위촉한다.

1. 4년제 대학에서 5년 이상 연구경력이 있는 전임강사 이상인 자
2. 국·공립 또는 관련분야 연구소에서 5년 이상의 경력이 있는 자
3. 제조업체에서 10년 이상 해당 기술분야에 근무한 자와 관련단체 전문가
4. 특허업무 및 품질보증시스템 평가 전문가
5. 관련 공무원
6. 기타 위와 동등 이상의 자격이 있다고 인정되는 자

③ 위원회는 다음 각 호의 사항을 심의한다.

1. 법 제58조의2제7항 각 호에 관한 사항
2. 제12조제3항에 따라 제품심사에 적용할 적합성평가 기준에 관한 사항
3. 지역 및 유효기간 등 잠정인증에 대한 조건에 관한 사항
4. 신청기기에 대한 잠정인증 허용여부

④ 위원장 및 위원이 회의에 출석한 때에는 예산의 범위 안에서 수당과 여비를 지급할 수 있다. 다만, 공무원인 위원이 그 소관 업무와 관련하여 회의에 출석하는 경우에는 그러하지 아니하다.

⑤ 위원장 및 위원은 잠정인증 신청에 대한 심사와 관련하여 알게 된 모든 정보에 대하여 외부에 공표하거나 누설하여서는 아니 된다.

⑥ 제1항부터 제5항까지에 따른 세부절차 및 운영에 관한 사항은 원장이 정하는 바에 따른다.

제5장 적합성평가 사항의 변경 등

제15조(변경사항의 범위 등)

① 영 제77조의4에 따른 적합성평가기준과 관련된 변경사항은 다음 각 호의 어느 하나와 같다. 이 경

우 제4조에 따른 적합성평가기준은 변경사항과 관련된 해당 적용기준만을 적용할 수 있다.

1. 회로의 변경(인쇄회로 포함)이나, 구성품의 대치, 추가로 인한 변경, 부품소자의 제거, 대치, 추가로 인한 변경 또는 선택적으로 사용할 수 있도록 하는 변경의 경우(형식기호에 영향을 주지 않아야 한다.)
2. 하드웨어 변경 없이 소프트웨어를 이용하여 새로운 기능 등을 구현 또는 추가함으로써 제4조 적합성평가기준의 시험항목이 변경되는 경우(이 경우 형식기호를 변경할 수 있다. 다만, 컴퓨터· 스마트폰·스마트 TV 등과 같이 일반 사용자가 다양한 소프트웨어를 직접 설치하여 운용할 수 있도록 제조된 범용 정보기기는 적합성평가기준과 관련된 변경사항에서 제외한다.)
3. 완제품으로 적합성평가를 받은 기자재가 전파법 제11조 및 제12조에 따른 주파수 할당에 따라 하드웨어 변경 없이 사용주파수 또는 기술방식이 달라지는 경우

② 적합성평가기준과 관련되지 아니한 변경사항으로서 적합성평가를 받은 기자재의 유지·관리에 관한 적합성평가의 변경사항은 다음 각 호와 같다.

1. 파생모델명을 변경하는 경우
2. 제조자 또는 제조국가를 변경하는 경우
3. 적합성평가를 받은 자가 다음 각 목에 따라 상호·성명·주소를 변경하는 경우
   가. 상속 또는 법인(법인 내 사업부서 포함)을 양도·합병·분할하는 경우
   나. 개인사업자가 법인(개인사업자가 법인의 대표자와 동일한 경우)으로 전환하는 경우
   다. 법인 또는 개인사업자에게 양도·양수하는 경우
   라. 기타 상호명·성명·주소를 단순 변경하는 경우

③ 제1항에도 불구하고 제4조제1항제1호의 공통 적용기준만 적용되는 기자재가 다음 각 호에 해당하는 경우에는 적합성평가기준과 관련되지 아니한 변경사항으로 볼 수 있다.

1. 저항(Resistor), 인덕터(Inductor), 캐패시터(Capacitor)를 동일한 종류의 부품소자로 대치하는 경우(단, 부품소자의 전기적 크기나 용량에 관계없이 대치할 수 있다.)
2. 다이오드(발광다이오드 포함)를 동일한 종류의 다이오드로 대치하는 경우
3. 전기적 회로는 동일하고 전력용량(Wattage)을 축소하는 경우
4. 적합성평가를 받은 제품의 구성품을 제거하는 경우
5. 컴퓨터 내장 구성품(별표2 제6호 다목) 중 적합성평가를 받은 동등한 기능의 구성품으로 대치하는 경우

④ 제1항에도 불구하고 하드웨어 변경 없이 소프트웨어를 이용하여 사용 중인 기능을 차단하거나 또는 삭제하는 경우 적합성평가기준과 관련되지 아니한 변경사항으로 볼 수 있다.

제16조(변경사항의 신고)

① 제7조에 따라 적합인증서를 교부받은 자가 적합성평가를 받은 사항을 변경하고자 할 때에는 다음 각 호에 따른 신고서(전자문서를 포함한다)와 첨부서류를 작성하여 원장에게 제출하여야 한다.

1. 별지 제10호서식의 적합성평가 변경신고서
2. 적합성평가 사항의 변경사실을 증명하는 서류

② 제9조에 따라 적합등록필증을 교부받은 자가 적합등록 사항을 변경하고자 할 때에는 별지 제10호서식의 적합성평가 변경신고서와 별지 제6호서식의 적합성평가기준에 부합함을 증명하는 확인서를 제출한다. 다만, 제15조제2항제3호의 사항을 변경하는 경우에는 관련 증명서류를 첨부하여야 한다.

③ 제1항제2호의 적합성평가를 받은 사실의 변경사항을 증명하는 서류는 다음 각 호와 같다.

1. 제15조제1항에 해당하는 경우에는 제5조제1항제3호부터 제6호까지의 서류
2. 제15조제2항제1호 및 제2호에 해당하는 경우에는 적합인증서 또는 적합등록필증
3. 제15조제2항제2호 및 제3호에 해당하는 경우에는 법인등기부등본, 사업자등록증명, 폐업사실증명원 등 변경사실을 증명하는 서류와 적합인증서 또는 적합등록필증. 다만, 「전자정부법」 제36조제1항에 따른 행정정보의 공동이용을 통하여 담당 공무원이 확인하는 것에 동의하는 경우에는 첨부서류의 제출을 생략할 수 있다.

④ 제1항 및 제2항의 규정에도 불구하고 다음 각 호에 해당하는 경우에는 변경신고를 생략할 수 있다.

1. 제5조제2항에 따른 증명서류를 제출한 경우
2. 전기적인 회로는 동일하고 단순 저장용량만이 변경된 기자재

제17조(변경사항의 처리 등)

① 원장은 제16조제1항에 따라 변경신고가 있는 때에는 별지 제11호서식에 따라 변경신고 처리결과를 신고인에게 통보하여야 한다.

② 원장은 제15조제2항 각 호에 해당하는 변경신고 사항이 있는 경우에는 신고인에게 적합인증서 또는 적합등록필증을 재교부하여야 한다.

제6장 적합성평가의 면제 등

제18조(적합성평가 면제의 세부범위 등)

① 영 제77조의6제1항제1호에 따라 적합성평가의 전부가 면제되는 기자재의 범위와 수량은 다음 각

호와 같다.

1. 시험·연구, 기술개발, 전시 등을 위하여 제조하거나 수입하는 경우로 다음 각 목의 어느 하나에 해당하는 기자재
   가. 제품 및 방송통신서비스의 시험·연구 또는 기술개발을 위한 목적의 기자재 : 100대 이하(다만, 원장이 인정하는 경우에는 예외로 한다)
   나. 판매를 목적으로 하지 않고 전시회, 국제경기대회 진행 등 행사에 사용하기 위한 기자재 : 면제확인 수량
   다. 외국의 기술자가 국내산업체 등의 필요에 따라 일정기간 내에 반출하는 조건으로 반입하는 기자재 : 면제확인 수량
   라. 적합성평가를 받은 기자재의 유지·보수를 위하여 제조 또는 수입되는 동일한 구성품 또는 부품 : 면제확인 수량
   마. 군용으로 사용할 목적으로 제조하거나 수입하는 기자재 : 면제확인 수량
   바. 국내에서 사용하지 아니하고 국외에서 사용할 목적으로 제조하거나 수입하는 기자재 : 면제확인 수량
   사. 외국에 납품할 목적으로 주문제작하는 선박에 설치하기 위해 수입되는 기자재와 외국으로부터 도입, 임대, 용선 계약한 선박 또는 항공기에 설치된 기자재등과 또는 이를 대치하기 위한 동일기종의 기자재 : 면제확인 수량
   아. 판매를 목적으로 하지 아니하고 개인이 사용하기 위하여 반입하는 기자재 : 1대
   자. 국가간 상호 인정협정 또는 이에 준하는 협정에 따라 적합성평가를 받은 기자재 : 면제확인 수량
   차. 판매를 목적으로 하지 아니하고 본인 자신이 사용하기 위하여 제작 또는 조립하거나 반입하는 아마추어무선국용 무선설비 : 면제확인 수량
   카. 판매를 목적으로 하지 아니하고 국내 시장조사를 목적으로 수입하는 견본품용 기자재 : 3대 이하
   타. 적합성평가를 받은 컴퓨터 내장구성품(별표2 제6호 다목)으로 조립한 컴퓨터(다만, 별표6의 소비자 안내문을 표시한 것에 한한다.)
2. 국내에서 판매하지 아니하고 수출 전용으로 제조하는 경우로 다음 각 목의 어느 하나에 해당하는 기자재
   가. 국내에서 제조하여 외국에 전량 수출할 목적의 기자재
   나. 외국에 재수출할 목적으로 국내 반입하는 기자재 : 면제확인 수량
   다. 외국에 수출한 제품으로서 수리 또는 보수를 위하여 반출을 조건으로 국내에 반입되는 기

자재 : 면제확인 수량

② 영 제77조의6제1항제2호에 따라 적합성평가의 일부를 면제하는 대상기자재와 범위는 다음 각 호와 같다.

1. 법 제58조의2제7항에 따라 잠정인증을 받을 때와 법 제58조의2제8항에 따라 적합성평가를 받을 때의 적합성평가 적용기준이 일부 같은 기자재 : 법 제58조의2제1항 각 목 어느 하나의 적합성평가기준에 따른 시험
2. 법 제58조의3제1항제4호에 해당하는 것으로서 관계법령에 따라 적합성평가를 받을 때의 적합성평가기준이 법 제47조의3의 전자파적합성기준과 동일한 기자재 : 법 제47조의3의 전자파적합성기준에 따른 시험

제19조(적합성평가의 면제절차)

① 기자재의 적합성평가 면제확인을 받고자 하는 자는 다음 각 호의 서류를 작성하여 원장에게 제출하여야 한다.

1. 별지 제12호서식의 적합성평가 면제 확인(신청)서(전자문서를 포함한다)
2. 면제사실을 증명하는 서류 : 시험연구계획서, 사유서, 수출계약서, 납품계약서 등 제18조제1항 각 호의 해당 사유를 증명하는 서류
3. 수입물품의 품명 및 수량의 확인이 가능한 서류 : 수입계약서, 물품매도확약서, 화물송장(인보이스) 등

② 원장은 제1항에 따른 적합성평가 면제신청이 있는 경우 다음 각 호의 사항을 확인하여야 한다.

1. 제18조에 따른 면제범위에 해당하는지 여부
2. 제1항제2호 서류가 면제신청 내용과 부합하는지 여부
3. 제1항제3호 서류가 면제신청 기자재 내역과 일치하는지 여부

③ 원장은 제2항에 따라 적합성평가 면제대상에 해당된다고 인정되는 경우에는 별지 제12호서식의 적합성평가 면제 확인(신청)서를 발급하여야 한다.

④ 제1항의 규정에도 불구하고 제18조제1항 제1호 아목과 타목 및 제2호가목에 해당하는 기자재는 제1항 내지 제3항의 적합성평가 면제절차를 생략할 수 있다.

⑤ 적합성평가의 일부가 면제되는 기자재에 대하여 제18조제2항 각 호에 따른 해당 시험성적서를 제출한 경우에는 제1항 내지 제3항의 적합성평가 면제절차를 생략한다.

⑥ 원장은 제3항에 따라 적합성평가 면제확인을 받은 기자재에 대하여 면제요건에 부합하게 사용되고 있는지를 사후관리 할 수 있다.

제20조(적합성평가 절차 및 서류의 간소화)

① 무선 송·수신용 부품을 장착한 기자재의 경우, 무선 송·수신용 부품의 적합성평가 당시 적용된 시험항목에 대한 시험성적서 및 첨부서류의 제출을 생략할 수 있다. 다만, 적합성평가기준에 영향을 줄 수 있는 전자파적합성기준 및 전자파흡수율 등에 대한 시험성적서는 제출하여야 한다.

② 영 제77조의4의 적합성평가기준과 관련된 사항의 변경으로 적합성평가 절차를 준용하여 적합성평가를 받는 경우에는 다음 각 호의 사항을 생략할 수 있다.

1. 적합인증의 경우 : 적합인증서의 교부
2. 적합등록의 경우 : 적합등록필증의 교부

제7장 조사 및 조치

제21조(사후관리 등)

① 법 제71조의2에 따라 원장은 적합성평가를 받은 기자재에 대하여 적합성평가를 받은 자로부터 당해 기자재를 제출받거나 또는 유통 중인 기자재를 구입하여 사후관리를 할 수 있다. 다만, 다음 각 호에 해당하는 경우에는 사후관리를 생략할 수 있다.

1. 영 제77조의11제1항제4호에 따라 시험기관에서 표본검사를 실시한 기자재로서 해당 기자재가 적합성평가기준에 만족함을 원장에게 보고한 경우
2. 적합성평가를 받은 자가 해당 기자재에 대하여 지정시험기관에서 시험을 실시하는 등 자체 품질관리 결과를 제출한 경우

② 원장은 제1항에 따른 사후관리 결과 적합성평가기준에 부적합한 기자재에 대하여 시정명령 등 행정조치를 명하는 경우에는 서면으로 그 이유 및 기간을 명시하여야 한다.

③ 제2항에 따라 시정명령 등을 받은 자는 조치 후 지체 없이 그 결과를 서면으로 원장에게 제출하여야 한다.

④ 원장은 적합성평가를 받은 자에게 사후관리 대상기자재의 제출을 요구할 경우에는 다음 각 호의 요구사항을 서면으로 통보하여야 하며 이 경우 반입수량은 3대 이하로 한다.

1. 요구목적
2. 기자재 명칭
3. 모델명
4. 적합성평가(인증, 등록) 번호
5. 수량

6. 제출기한
7. 제출장소

⑤ 제1항에 따라 제출받거나 구매한 기자재는 다음 각 호와 같이 처리한다.
1. 제출받은 기자재는 사후관리결과 통보 시 반환한다.
2. 구매한 기자재는 물품관리법에 따라 처리한다.

⑥ 제1항에 따른 사후관리 조사·조치 시 제시할 증표는 별지 제16호서식과 같다.

제22조(사후관리 시험 등)

① 원장은 제21조에 따라 제출받은 기자재에 대하여 해당 기자재가 법 제58조의2에 따라 적합성평가를 받을 당시의 적합성평가기준에 적합한지 여부를 확인하기 위하여 시험을 실시할 수 있다.

② 적합성평가를 받은 자가 시험에 참여하기를 희망하는 때에는 입회하게 할 수 있다.

③ 원장은 예산의 범위 내에서 제1항에 따른 시험의 전부 또는 일부를 지정시험기관에 위탁할 수 있다.

④ 적합성평가를 받은 자는 원장에게 사후관리 결과(적합성평가기준 부적합에 한함)를 통보 받은 날로부터 14일 이내에 해당 기자재의 다른 제품에 대한 추가 시험요구 등 이의를 제기할 수 있다. 이 경우 추가시험에 소요되는 제반비용(시료구매 및 시험수수료 등)은 이의를 제기한 자가 부담한다.

⑤ 제4항에 따른 부적합 판단기준은 전자파적합성의 경우 제4조제3항에 따른 전자파장해방지 시험방법의 제품군별 시험규격에서 정한 통계적 방법을 적용하여 판단한다. 다만, 유선 및 무선통신 기자재의 경우에는 정보기기의 전자파장해방지 시험방법에서 정한 통계적 방법을 준용할 수 있다.

⑥ 제4항에 따라 이의 제기된 제품의 시험을 지정시험기관이 수행할 수 있으며, 이 경우 담당 공무원이 참관하는 가운데 시험을 실시하여야 한다.

제8장 보 칙

제23조(적합성평가의 표시 등)

법 제58조의2제6항의 적합성평가의 표시기준 및 방법은 별표 5와 같다.

제24조(적합성평가의 해지)

① 적합성평가를 받은 자가 기자재의 제조·판매 또는 수입을 중단하고자 하는 경우에는 적합인증서 또는 적합등록필증을 첨부하여 원장에게 적합성평가의 해지를 신청하여야 한다.

② 원장은 제1항에 따른 적합성평가의 해지 신청을 받은 때에는 그 사실을 관보에 공고하여야 한다.

제25조(인증서의 재발급)

원장은 제7조 및 제9조 또는 제13조에 따라 적합인증서(또는 적합등록필증 및 잠정인증서)를 교부받은 자가 인증서를 분실하거나 손상되어 재발급을 신청한 경우에는 인증서를 재발급할 수 있다.

제26조(처리기간)

① 원장은 적합성평가를 신청 받은 때에는 다음 각 호에서 정한 기일 이내에 이를 처리하여야 한다.

1. 즉시처리
   가. 제5조에 따른 적합성평가 식별부호 신청
   나. 제8조에 따른 적합등록의 신청
   다. 제16조제2항에 따른 적합등록 변경신고(제15조제1항 및 제15조제2항제1호와 제2호에 해당하는 경우)
   라. 제24조에 따른 적합성평가의 해지
   마. 제25조에 따른 인증서의 재발급
   바. 제28조에 따른 수입 기자재의 통관확인
2. 1일 이내 처리 : 제19조에 따른 적합성평가의 면제확인
3. 5일 이내 처리
   가. 제5조에 따른 적합인증 신청
   나. 제16조제1항에 따른 변경신고
   다. 제16조제2항에 따른 적합등록 변경신고(제15조제2항제3호에 해당하는 경우)
4. 60일 이내 처리 : 제11조에 따른 잠정인증 신청

② 제1항제3호가목의 처리기간을 적용함에 있어 제6조제2항에 따른 시험성적서의 유효성 확인을 위하여 소요되는 기간은 처리기간에 산입하지 아니하며, 제1항제4호의 처리기간을 적용함에 있어 전문적인 기술검토 등 특별한 추가절차를 거치기 위하여 1회에 한하여 30일의 기한을 연장할 수 있다. 이 경우 원장은 신청인에게 그 사유 및 예상소요기간 등을 서면으로 사전 통보하여야 한다.

제27조(대리인의 지정)

적합성평가 신청자가 외국에 주소를 둔 제조자인 경우에는 별지 제4호서식의 대리인 지정(위임)서에 따라 국내에 주소를 둔 대리인을 지정하여야 하며, 다음 각 호의 적합성평가 신청을 대행하는 자에 대하여도 별지 제4호서식에 따라 신청대리인을 지정할 수 있다.

1. 제5조에 따른 적합인증의 신청

2. 제8조에 따른 적합등록 신청
3. 제11조에 따른 잠정인증 신청
4. 제16조에 따른 변경사항의 신고
5. 제24조에 따른 적합성평가의 해지
6. 제25조에 따른 인증서의 재발급

제28조(수입 기자재의 통관확인 등)

① 「관세법」 제226조제2항에 따라 통관 시 세관장이 확인하여야 할 기자재를 수입하려는 자는 통관을 위하여 필요한 경우 별지 제13호서식에 따라 기자재의 적합성평가확인 또는 사전통관(적합성평가를 받기 위한 시험신청을 한 경우에 한함) 신청서(전자문서를 포함한다)를 원장에게 제출하여야 한다.

② 원장은 제1항에 의한 기자재의 적합성평가 확인 또는 사전통관 신청이 있는 경우에는 이를 확인하여 별지 제13호서식에 따른 확인서를 교부하여야 한다.

③ 제1항에 따라 사전통관을 신청한 기자재는 확인서를 교부받은 날로부터 60일 이내에 적합성평가를 받아야 한다.

부 칙

제1조(시행일)

이 고시는 2011년 1월 24일부터 시행한다.

제2조(다른 고시와의 관계)

이 고시 시행 당시 다른 고시에서 「방송통신기기 형식검정·형식등록 및 전자파적합등록에 관한 고시」 또는 그 규정을 인용하고 있는 경우 이 규정 중 그에 해당하는 규정이 있는 경우에는 종전의 규정에 갈음하여 이 규정 또는 이 규정의 해당 규정을 인용한 것으로 본다.

제3조(적합성평가표시 적용예)

제23조에 따른 적합성평가의 표시 적용은 이 고시 시행 후 최초로 출고하거나 통관하는 기자재부터 적용한다.

제4조(경과조치)

① 이 고시 시행 당시 종전의 규정에 따라 인증 받은 기자재는 개정규정에 따라 적합성평가를 받은 것으로 본다.

② 이 고시 시행 당시 이미 접수되어 심사 중에 있는 인증신청 건에 대하여는 종전의 규정을 따른다.

③ 제23조에 따른 적합성평가표시는 2011년 6월 30일까지 이 고시 시행 당시 종전의 규정에 따른 적합성평가표시와 함께 사용할 수 있다.

④ 이 고시 시행 이후 새로이 적합성평가 대상으로 편입되는 기자재는 2011년 6월 30일까지 적합성평가를 유예한다.

제5조(다른 고시의 폐지)

'방송통신기기 형식검정·형식등록 및 전자파적합등록에 관한 고시(제2010-51호)'와 '전기통신기자재의 형식승인에 관한 고시(전파연구소 고시 제2009-50호)'는 '방송통신기자재등의 적합성평가에 관한 고시' 시행일부터 폐지한다.

부 칙

이 고시는 고시한 날부터 시행한다.

부 칙

제1조(시행일)

① 이 고시는 고시한 날부터 시행한다. 다만, 개정규정에도 불구하고 전기안전 분야의 적합성평가기준 적용은 2012년 6월 30일까지 종전의 규정을 준용한다.

② 제3조제2항에 따른 별표 2의 제3호부터 제5호까지, 제6호라목, 제10호부터 제13호까지 및 제3조제3항 별표 3의 제7호나목의 개정규정은 2012년 7월 1일 이후 제조되는 기자재부터 적용한다.

제2조(경과조치)

① 이 고시 시행 당시 「산업표준화법」 제15조, 「품질경영 및 공산품안전관리법」에 따라 안전인증을 받은 공산품, 「전기용품안전 관리법」 제3조에 따른 안전인증, 같은 법 제5조에 따른 안전검사, 같은 법 제11조에 따른 자율안전확인대상 전기용품의 신고 등, 같은 법 제12조에 따른 안전검사를

받은 기자재, 제14조의3에 따른 공급자적합성확인 및 같은 법 제15조에 따른 그 밖의 전기용품의 안전인증을 받은 경우에는 전파법 제58조의2에 따라 적합성평가를 받은 것으로 본다.

② 이 고시 시행 당시 「산업표준화법」, 「품질경영 및 공산품안전관리법」, 「전기용품안전 관리법」에 따라 이미 접수되어 심사 중에 있는 인증신청 건에 대하여는 개별 법률에서 정한 규정을 따른다.

③ 제1항 및 제2항에 해당하는 경우에는 제23조의 규정에도 불구하고 종전의 개별 법률에 따른 표시 등을 할 수 있다.

부 칙

제1조(시행일)

① 이 고시는 고시한 날부터 시행한다.

② 국립전파연구원 고시 제2012-9호 부칙 제1조제2항의 본문 중 제3조제3항에 따른 별표 3의 제7호 나목에 해당하는 기자재의 적합성평가는 2013년 7월 1일 이후 제조되는 기자재부터 적용한다.

부 칙

제1조(시행일)

이 고시는 고시한 날부터 시행한다.

제2조(적합성평가표시 적용예)

제23조에 따른 적합성평가의 표시 적용은 이 고시 시행 후 최초로 출고하거나 통관하는 기자재부터 적용한다.

제3조(경과조치)

① 이 고시 시행 당시 종전의 규정에 따라 적합성평가를 받은 기자재는 개정규정에 따라 적합성평가를 받은 것으로 본다.

② 이 고시 시행 당시 이미 접수되어 심사 중에 있는 적합성평가신청 건에 대하여는 종전의 규정을 따른다.

③ 이 고시 시행 당시 종전의 규정에 따라 적합성평가를 받은 기자재는 종전의 규정에 따른 적합성평가표시도 사용할 수 있다.

부 칙

제1조(시행일)

이 고시는 고시한 날부터 시행한다.

부 칙

(간이무선국·우주국·지구국의 무선설비 및 전파탐지용 무선설비 등 그 밖의 업무용 무선설비의 기술기준)

제1조(시행일)

이 고시는 발령한 날부터 시행한다.

제2조에서 제3조까지 생략

제4조(다른 고시의 개정)

「방송통신기자재등의 적합성평가에 관한 고시」 별표 1중 16.간이무선국용 무선설비의 기기란을 다음과 같이 한다.

대상 기자재		적합성평가기준 적용분야			
		전자파적합성	무선	유선	SAR
16. 간이무선국용 무선설비의 기기	가. 일반업무용	○	○		○
	나. 마을 공지사항 안내용	○	○		

부 칙

(간이무선국·우주국·지구국의 무선설비 및 전파탐지용 무선설비 등 그 밖의 업무용 무선설비의 기술기준)

제1조(시행일)

이 고시는 발령한 날부터 시행한다.

제2조에서 제3조까지 생략

제4조(다른 고시의 개정)

「방송통신기자재등의 적합성평가에 관한 고시」 별표 1중 19. 간이무선국·우주국·지구국의 무선설비 및 전파탐지용 무선설비 등 그 밖의 업무용 무선설비의 기술기준 제9조에 따른 무선설비의 기기란을 다음과 같이한다.

대상 기자재	적합성평가기준 적용분야			
	전자파적합성	무선	유선	SAR
19. 간이무선국·우주국·지구국의 무선설비 및 전파탐지용 무선설비 등 그 밖의 업무용 무선설비의 기술기준 제9조, 제15조, 제16조에 따른 무선설비의 기기	○	○		○

부 칙

제1조(시행일)

① 이 고시는 고시한 날부터 시행한다.

제2조(경과조치)

① 이 고시 시행 당시 이미 접수되어 심사 중에 있는 인증신청 건에 대하여는 종전의 규정을 따른다.

[별표 1]

적합인증 대상기자재

(제3조제1항 관련)

대상 기자재			적합성평가기준 적용분야: 전자파적합성	무선	유선	SAR
1. 무선전화경보 자동수신기	가. 무선전화경보신호에 전파를 수신할 때 확성기가 동작하는 것		○	○		
	나. 무선전화경보신호에 전파를 수신할 때 가청경보기가 동작하는 것		○	○		
	다. 무선전화경보신호의 전파를 수신할 때 확성기 및 가청경보기가 동작하는 것		○	○		
2. 무선방위 측정기	가. 의무 비치용	1) 중파무선방위 측정기	○	○		
		2) 중단파무선방위 측정기				
		3) 겸용무선방위 측정기				
	나. 임의 비치용	1) 중파무선방위 측정기	○	○		
		2) 중단파무선방위 측정기				
		3) 겸용무선방위 측정기				
3. 의무항공기국에 시설하는 무선설비의 기기			○	○		
4. 경보자동전화장치			○	○		
5. 단측파대 전파를 사용하는 무선국용 무선전화의 송신장치 및 수신장치의 기기	가. 항공이동업무의 기기		○	○		
	나. 육상이동업무의 기기					
	다. 해상이동업무의 기기					
6. 선박국용 레이다 기기	가. 국제 항해용 레이더	1) 표시면의 유효직경 32㎝이상	○	○		
		2) 표시면의 유효직경 25㎝이상 32㎝미만				
		3) 표시면의 유효직경 18㎝이상 25㎝미만				
	나. 국내항해용 레이더		○	○		
	다. 국내 소형선박용 레이더		○	○		

<table>
<tr><th colspan="2" rowspan="2">대상 기자재</th><th colspan="4">적합성평가기준 적용분야</th></tr>
<tr><th>전자파적합성</th><th>무선</th><th>유선</th><th>SAR</th></tr>
<tr><td colspan="2">7. F3E 및 G3E전파를 사용하는 선박국용 양방향무선전화장치</td><td>○</td><td>○</td><td></td><td></td></tr>
<tr><td rowspan="2">8. 디지털선택호출 장치의 기기</td><td>가. 선박국용</td><td rowspan="2">○</td><td rowspan="2">○</td><td rowspan="2"></td><td rowspan="2"></td></tr>
<tr><td>나. 해안국용</td></tr>
<tr><td colspan="2">9. 협대역직접인쇄전신장치의 기기</td><td>○</td><td>○</td><td></td><td></td></tr>
<tr><td rowspan="2">10. 해상이동업무용 디지털선택호출 장치의 기기</td><td>가. MF·HF송수신장치</td><td rowspan="2">○</td><td rowspan="2">○</td><td rowspan="2"></td><td rowspan="2"></td></tr>
<tr><td>나. VHF송수신장치</td></tr>
<tr><td rowspan="3">11. 디지털선택호출 전용수신기</td><td>가. MF전용수신기</td><td rowspan="3">○</td><td rowspan="3">○</td><td rowspan="3"></td><td rowspan="3"></td></tr>
<tr><td>나. MF·HF전용수신기</td></tr>
<tr><td>다. VHF전용수신기</td></tr>
<tr><td colspan="2">12. 네비텍스수신기</td><td>○</td><td>○</td><td></td><td></td></tr>
<tr><td rowspan="2">13. 수색구조용 위치정보 송신장치의 기기</td><td>가. 수색구조용 레이더트랜스폰더</td><td rowspan="2">○</td><td rowspan="2">○</td><td rowspan="2"></td><td rowspan="2"></td></tr>
<tr><td>나. 선박자동식별기능을 이용하는 송신기</td></tr>
<tr><td rowspan="2">14. 위성비상위치지시용 무선표지설비의 기기</td><td>가. 간이항해자료기록장치 부착형</td><td rowspan="2">○</td><td rowspan="2">○</td><td rowspan="2"></td><td rowspan="2"></td></tr>
<tr><td>나. 간이항해자료기록장치 미부착형</td></tr>
<tr><td rowspan="2">15. 자동 식별장치용 무선설비의 기기</td><td>가. 선박 자동 식별장치</td><td rowspan="2">○</td><td rowspan="2">○</td><td rowspan="2"></td><td rowspan="2"></td></tr>
<tr><td>나. 항로표지용 자동 식별장치</td></tr>
<tr><td rowspan="2">16. 간이무선국용 무선설비의 기기</td><td>가. 일반업무용</td><td>○</td><td>○</td><td></td><td>○</td></tr>
<tr><td>나. 마을 공지사항 안내용</td><td>○</td><td>○</td><td></td><td></td></tr>
<tr><td colspan="2">17. 기상원조용 라디오존데 및 라디오로봇트의 기기</td><td></td><td>○</td><td></td><td></td></tr>
<tr><td colspan="2">18. 라디오부이의 기기</td><td></td><td>○</td><td></td><td></td></tr>
<tr><td colspan="2">19. 간이무선국·우주국·지구국의 무선설비 및 전파탐지용 무선설비 등 그 밖의 업무용 무선설비의 기술기준 제9조, 제15조, 제16조에 따른 무선설비의 기기</td><td>○</td><td>○</td><td></td><td>○</td></tr>
<tr><td colspan="2">20. 고주파전류를 이용하는 의료용설비의 기기</td><td>○</td><td>○</td><td></td><td></td></tr>
<tr><td colspan="2">21. 무선호출국용 무선설비의 기기</td><td>○</td><td>○</td><td></td><td>○</td></tr>
</table>

대상 기자재		적합성평가기준 적용분야			
		전자파적합성	무선	유선	SAR
22. MCA 이동통신용 무선설비의 기기	가. 육상이동국의 송수신장치	○	○		○
	나. 기지국의 송수신장치 및 중계장치	○	○		
	다. 컴퓨터용 무선설비의 기기	○	○		
	라. 핸드오프용 채널변환 장치	○	○		
	마. 기 타	○	○		
23. LTE 이동통신용 무선설비의 기기	가. 육상이동국의 송수신장치	○	○		○
	나. 기지국의 송수신장치 및 중계장치	○	○		
	다. 컴퓨터용 무선설비의 기기	○	○		
	라. 핸드오프용 채널변환 장치	○	○		
	마. 기 타	○	○		
24. 개인휴대통신용 무선설비의 기기	가. 육상이동국의 송수신장치	○	○		○
	나. 기지국의 송수신장치 및 중계장치	○	○		
	다. 컴퓨터용 무선설비의 기기	○	○		
	라. 핸드오프용 채널변환 장치	○	○		
	마. 기 타	○	○		
25. IMT 이동통신용 무선설비의 기기	가. 육상이동국의 송수신장치	○	○		○
	나. 기지국의 송수신 장치 및 중계장치	○	○		
	다. 컴퓨터용 무선설비의 기기	○	○		
	라. 핸드오프용 채널변환 장치	○	○		
	마. 기 타	○	○		
26. 900MHz대의 무선데이타통신용 무선설비의 기기		○	○		○
27. 위성휴대통신무선국용 무선설비의기기		○	○		○
28. 무선탐지업무용 무선설비의 기기		○	○		

대상 기자재		적합성평가기준 적용분야			
		전자파적합성	무선	유선	SAR
29. 주파수공용 무선전화장치	가. 육상용	○	○		○
	나. 해상용	○	○		○
	다. 중계장치 및 이동중계국의 송·수신 기기	○	○		
30. 생활무선국용 무선설비의 기기		○	○		○
31. 해상이동전화용 무선설비의 기기		○	○		
32. 아마추어무선국용 무선설비의 기기	가. HF대 기기	○	○		
	나. VHF/UHF대 기기 등				
33. 가입자회선용 무선설비의 기기	가. 2.3GHz 주파수대를 사용하는 기기	○	○		
	나. 26GHz 주파수대를 사용하는 기기				
34. 긴급무선전화용 무선설비의 기기		○	○		
35. 무선CATV용 무선설비의 기기	가. 2.5GHz 주파수대를 사용하는 기기	○	○		
	나. 25GHz 주파수대를 사용하는 기기				
36. 방송제작 및 공연 지원용 무선설비의 기기		○	○		○
37. 자계유도식 무선기기		○	○		
38. 휴대인터넷용 무선설비의 기기		○	○		○
39. 위치기반서비스용 무선설비의 기기		○	○		
40. 특정소출력 무선기기	가. 무선조정용 무선기기	○	○		
	나. 데이터전송용 무선기기	○	○		
	다. 안전시스템용 무선기기	○	○		
	라. 음성 및 음향신호 전송용 무선기기	○	○		
	마. 무선랜을 포함한 무선접속시스템용 무선기기	○	○		○
	바. 중계용 무선기기	○	○		
	사. 차량 충돌방지용 레이더 무선기기	○	○		
	아. 무선데이터통신시스템용 무선기기	○	○		○
	자. 이동체식별용 무선기기	○	○		
	차. 소형기지국용 무선기기	○	○		

대상 기자재		적합성평가기준 적용분야			
		전자파적합성	무선	유선	SAR
41. RFID/USN용 무선기기	가. 900MHz 대역 사용 기기	○	○		○
	나. 433MHz 대역 사용기기				
	다. 13.56MHz 대역 사용기기				
42. 체내이식 무선 의료기기	400MHz주파수대를 사용하는 기기	○	○		
43. 물체감지센서용 무선기기	가. 24GHz 주파수대를 사용하는 기기	○	○		
	나. 10GHz 주파수대를 사용하는 기기				
44. 코드없는 전화기	가. 1.7GHz 주파수대를 사용하는 기기	○	○	○	○
	나. 2.4GHz 주파수대를 사용하는 기기				
45. UWB 및 용도 미지정기기	가. UWB 기술을 사용하는 기기	○	○		
	나. 57GHz~64GHz 주파수대를 사용하는 기기				
46. 단말기기류	가. 무선 모뎀	○	○	○	
	나. 비상통보기기(화재, 가스, 침입, 장치 고장 등의 통보를 위한 장치 등)	○		○	
	다. 원격검침용 통신기기	○	○	○	
	라. 인터넷멀티미디어방송 가입자단말장치(IPTV 셋톱박스 등)	○		○	
	마. 종합유선방송 가입자 단말장치 (디지털CATV 셋톱박스 등)	○		○	
	바. 수동형 관선로 설비에 접속되는 단말장치(EPON, GPON, 광모뎀 등)	○		○	
	사. 이와 유사한 단말기기류	○		○	
47. 시스템류	가. 전화교환기 (회선감시 및 응답용 콘솔 포함)	○		○	
	나. 데이터교환기	○		○	
	다. 전화/데이터 겸용 교환기 (ISDN교환기 포함)	○		○	
	라. 구내교환기(PBX)	○		○	
	마. ATM교환기	○		○	
	바. 키폰시스템	○		○	
	사. 키폰과 구내교환기(PBX)의 혼합시스템	○		○	
	아. 자동음성처리시스템(카드식 포함)	○		○	
	자. 전자사서함시스템(카드식 포함)	○		○	

대상 기자재		적합성평가기준 적용분야			
		전자파적합성	무선	유선	SAR
	차. 자동착신방식(DID)기능이 있는 멀티미디어 서버	○		○	
	카. 기간통신망에 자가통신설비를 접속하기 위한 인터페이스 설비	○		○	
	타. 방송통신망에 직접 접속되는 호출장치	○		○	
	파. 기타 달리 분류되지 아니한 시스템류	○		○	
48. 회선종단 장치류	가. 채널서비스유닛(CSU)기능을 가진 기기	○		○	
	나. 채널서비스유닛(CSU)이 내장된 디지털 통신장치	○		○	
	다. 채널서비스유닛(CSU)에 접속되는 다중화장치, 채널뱅크 또는 디지털통신장치	○		○	
	라. 원격고장진단 등의 기능을 가진 디지털 서비스용 부속기기	○		○	
	마. 광통신용 회선종단장치	○		○	
	바. 근거리(LAN), 원거리(WAN) 전송장치(통신망에 직접 접속되는 기능이 있는 장치에 한함)	○		○	
	사. PCM단국장치	○		○	
	아. 기타 달리 분류되지 아니한 회선종단장치류	○		○	
49. 종합유선방송국 주전송장치류	가. 진폭변조기	○		○	
	나. 주파수변조기	○		○	
	다. 디지털변조기 (64QAM, 256QAM, QPSK)	○		○	
	라. 텔레비전 신호처리기 (아날로그방식, 디지털방식, 디지털지상파 재전송용 변조기))	○		○	
	마. 기타 달리 분류되지 아니한 종합유선방송국 주전송장치류	○		○	
50. 방송공동수신설비류	가. 증폭기	○		○	
	나. 레벨조정기	○		○	
	다. 광 송신기 및 수신기	○		○	
	라. 광증폭기	○		○	
	마. 디지털 재변조형 주파수변환기	○		○	
	바. 디지털 아날로그 신호변환기(DtoA)	○		○	

대상 기자재		적합성평가기준 적용분야			
		전자파적합성	무선	유선	SAR
	사. 디지털 지상파텔레비전방송 신호처리기	○		○	
	아. 아날로그 지상파텔레비전방송 신호처리기	○		○	
	자. 에프엠라디오방송 신호처리기	○		○	
	차. 기타 달리 분류되지 아니한 방송 공동수신 설비류	○		○	

[별표 2]

지정시험기관 적합등록 대상기자재

(제3조제2항 관련)

대상 기자재		적합성평가기준 적용분야			
		전자파적합성	무선	유선	SAR
1. **산업·과학 또는 의료용 등으로 사용되는 고주파이용 기기류** : 산업·과학·의료 및 가정용으로 고주파에너지를 발생하거나 이를 부분적으로 이용하도록 설계된 장치 및 기기류(「전파법」 제58조의3제1항제4호 바목에 따른 기기와 동법 제58조제1항 각 호에 따른 전파응용설비는 제외)	가. 산업용 고주파 이용 기기류	○			
	나. 과학용 고주파 이용 기기류	○			
	다. 의료용 고주파 이용 기기류	○			
	라. 가정용 고주파 이용 기기류	○			
2. **자동차 및 불꽃점화 엔진구동 기기류** : 전파통신이나 방송수신 등에 방해가 되는 자동차 및 불꽃점화 엔진구동 기기류(「전파법」 제58조의3제1항제4호 라목에 따른 자동차, 이륜자동차, 최고 속도가 매시 25㎞ 이하인 자동차는 제외)	가. 자동차 기기류	○			
	나. 불꽃점화 엔진구동 기기류	○			
	다. 자동차 장착용 디지털 기기류(자동차 전장품)	○			
3. **방송수신기기 및 오디오·비디오 관련 기기류** : 9㎑부터 400㎓까지의 주파	가. 텔레비전수상기	○			
	나. 영상모니터	○			

대상 기자재			적합성평가기준 적용분야			
			전자파적합성	무선	유선	SAR
수 범위 내의 방송 또는 유사정보를 수신하기 위한 음성 및 텔레비전 수신기와 이에 직접 연결되어 음성 또는 시각정보를 생성하거나 재생하기 위한 기기 ※ 기계기구류에 부착되는 특수구조인 것은 제외	다. 비디오테이프 플레이어		○			
	라. 비디오카메라		○			
	마. 튜너		○			
	바. 편집기		○			
	사. 디스크플레이어		○			
	아. 라디오수신기		○			
	자. 앰프	1) 앰프	○			
		2) 앰프내장형스피커				
	차. 리시버		○			
	카. 음성기록계		○			
	타. 음성플레이어		○			
	파. 오디오시스템		○			
	하. 전자악기		○			
	거. 위성방송수신기		○			
	너. 비디오게임기구		○			
	더. 비디오폰		○			
	러. TV영상프로젝터		○			
	머. 음질조절기	1) 음질조절기	○			
		2) 이퀄라이저				
	버. 오디오프로세서		○			
	서. 신호변환장치(AD/DA)		○			
	어. 음성 및 영상분배기		○			
	저. 컴프레서 게이트		○			
	처. 전자시계		○			
	커. CCTV 카메라		○			
	터. 영상전송기		○			
	퍼. 영상수신기 및 변환기		○			
	허. 영상기록계		○			
	고. A/V 신호수신기		○			
	노. 영상프로세서		○			
	도. 오디오 및 비디오 학습기		○			
	로. 턴테이블		○			
	모. 기타 이와 유사한 기기		○			

대상 기자재			적합성평가기준 적용분야			
			전자파적합성	무선	유선	SAR
4. 가정용 전기기기 및 전동기기류 : 가정용 전기기기, 전동공구, 전기가열장치 및 기타 전기기기 ※ 정격입력이 10㎾ 이하인 것만 해당되며, 다음의 어느 하나에 해당하는 경우는 제외 1) 방폭형인 것 2) 전기매트, 전기뜸질기, 안면사우나기, 적외선·자외선방사 피부관리기, 전기마사지기, 전기스팀사우나기기, 반신욕조 및 발욕조 중 「의료기기법」 제2조제1항에 따른 의료기기인 것	가. 전기청소기 (전동기의 정격입력이 2.5㎾ 이하인 것에 한함)	1) 진공청소기·물흡입청소기	○			
		2) 전기바닥청소기				
		3) 전기표면세척기				
		4) 스팀청소기				
	나. 전기다리미 및 전기프레스기	1) 전기건조다리미	○			
		2) 스팀다리미				
		3) 바지 프레스기				
		4) 주름펴기				
		5) 다림질 프레스				
	다. 식기세척기 및 식기건조기(전동기의 정격입력이 1㎾ 이하인 것)	1) 전기식기세척기	○			
		2) 전기식기건조기				
	라. 주방용전열기구	1) 전기레인지	○			
		2) 전기오븐기기				
		3) 전기거치식그릴				
		4) 전기호브				
		5) 전기곤로				
		6) 전기가열기				
		7) 전기토스터				
		8) 전기프라이팬				
		9) 전기휴대형그릴				
		10) 전기고기구이기				
		11) 와플기기				
		12) 핫플레이트				
	마. 전기세탁기 및 탈수기	1) 전기세탁기 (의류, 옷감 세탁용으로 전동기의 정격입력이 1㎾ 이하인 것)	○			
		2) 전기탈수기 (드럼속도 50m/s 이하인 것)				

대상 기자재			적합성평가기준 적용분야			
			전자파적합성	무선	유선	SAR
	바. 모발관리기	1) 모발건조기	○			
		2) 전기머리인두				
		3) 모발말개				
	사. 전기보온기 및 전기온장고	1) 전기보온기	○			
		2) 전기주온기				
		3) 전기온장고				
	아. 주방용 전동기기	1) 주서	○			
		2) 주서믹서기				
		3) 후드믹서				
		4) 전기녹즙기				
		5) 크림거품기				
		6) 계란반죽기				
		7) 혼합기				
		8) 버터제조기				
		9) 압즙기				
		10) 슬라이스기				
		11) 전기칼갈이				
		12) 전기깡통따개				
		13) 전기칼				
		14) 커피분쇄기				
		15) 빙삭기				
		16) 전기고기갈개				
		17) 전기국수제조기				
		18) 전기육절기				
		19) 전기골절기				
		20) 기타 주방용전동기기 (전동기의 정격입력이 1㎾ 이하인 것에 한함)				

대상 기자재			적합성평가기준 적용분야			
			전자파적합성	무선	유선	SAR
	자. 전기액체가열기기	1) 전기밥솥	○			
		2) 전기보온밥솥				
		3) 전기주전자				
		4) 전기냄비				
		5) 전기물끓이기				
		6) 전기약탕기				
		7) 커피메이커				
		8) 전기스팀쿠커				
		9) 달걀조리기				
		10) 우유가열기				
		11) 젖병가열기				
		12) 요구르트제조기				
		13) 증기조리기 등 기타 액체가열기기				
	차. 전기담요 및 매트, 전기침대	1) 전기방석	○			
		2) 전기요				
		3) 전기매트				
		4) 전기카펫				
		5) 전기장판				
		6) 전기침대				
	카. 전기찜질기		○			
	타. 발 보온기	1) 발보온기	○			
		2) 전기손난로				
	파. 전기온수기	1) 전기온수기 (끓는 점 이하의 온도로 유지하는 것)	○			
		2) 순간온수기				
	하. 전기냉장·냉동기기(전동기의 정격입력이 1㎾ 이하인 것)	1) 전기냉장·냉동기기	○			
		2) 제빙기				
		3) 아이스크림프리저				
		4) 전기냉수기				

대상 기자재			적합성평가기준 적용분야			
			전자파적합성	무선	유선	SAR
	거. 전자레인지(300㎒~30㎓ 대역의 전파를 사용하는 것을 말함)		○			
	너. 가정용 전동재봉기		○			
	더. 전기충전기 (출력전압이 50V 이하인 것)		○			
	러. 전기건조기	1) 회전형 전기건조기	○			
		2) 손건조기				
		3) 전기건조기				
	머. 전열기구	1) 전기스토브	○			
		2) 전열보드				
		3) 전기라디에이터				
		4) 전기온풍기				
		5) 축열식전기난방기				
	버. 전기맛사지기		○			
	서. 냉방기 및 제습기 (열교환펌프 또는 에어컨 그 밖의 컴프레서가 내장된 것)	1) 냉방기	○			
		2) 제습기				
	어. 유체펌프 (여과기능이 내장된 펌프를 포함하며, 사용액체의 온도가 90°C 이하이고 정격입력이 1.5㎾ 이하인 것만 해당되며, 진공펌프, 오일펌프, 샌드펌프 및 기계기구에 부착되는 특수구조인 것은 제외)	1) 유체펌프	○			
		2) 전기온수펌프				

대상 기자재			적합성평가기준 적용분야			
			전자파적합성	무선	유선	SAR
	저. 전기가열기기	1) 납땜인두	○			
		2) 납땜제거인두				
		3) 권총형납땜기				
		4) 열가속성도관용접기				
		5) 필름접착기				
		6) 플라스틱절단기				
		7) 페인트제거기				
		8) 가열총				
		9) 전기조각기				
	처. 사우나기기	1) 전기스팀사우나기기	○			
		2) 전기사우나기기				
		3) 사우나기기용 전열기				
		4) 스팀사우나용 전열기				
	커. 관상 및 애완용 전기기기	1) 관상어용·식물용 히터	○			
		2) 동물부화·사육용 히터				
		3) 관상어용 기포 발생기				
		4) 관상용 전기어항				
	터. 기포발생기기		○			
	퍼. 전격살충기 (기계기구에 부착되는 특수구조인 것 제외)		○			
	허. 전기욕조	1) 소용돌이 욕조 (독립적으로 사용가능한 욕조기포 발생기 포함)	○			
		2) 반신(전신)욕조				
		3) 발욕조				
	고. 공기청정기(정격입력이 500W 이하인 것에 한하며, 기계기구에 부착되는 특수 구조인 것 제외)		○			
	노. 자동판매기		○			

<table>
<tr><th rowspan="2" colspan="3">대상 기자재</th><th colspan="4">적합성평가기준 적용분야</th></tr>
<tr><th>전자파적합성</th><th>무선</th><th>유선</th><th>SAR</th></tr>
<tr><td rowspan="27"></td><td rowspan="5">도. 팬, 레인지후드(정격입력이 500W 이하인 것에 한하며 기계기구에 부착되는 특수 구조인 것 제외</td><td>1)선풍기</td><td>○</td><td></td><td></td><td></td></tr>
<tr><td>2) 송풍기</td><td rowspan="4">○</td><td rowspan="4"></td><td rowspan="4"></td><td rowspan="4"></td></tr>
<tr><td>3) 환풍기</td></tr>
<tr><td>4) 레인지후드</td></tr>
<tr><td>5) 전기냉풍기</td></tr>
<tr><td rowspan="3">로. 화장실용 전기기기</td><td>1) 자동세정 건조식 변기</td><td rowspan="3">○</td><td rowspan="3"></td><td rowspan="3"></td><td rowspan="3"></td></tr>
<tr><td>2) 전기변좌</td></tr>
<tr><td>3) 오물흡입기</td></tr>
<tr><td colspan="2">모. 가습기</td><td>○</td><td></td><td></td><td></td></tr>
<tr><td colspan="2">보. 전기분무기</td><td>○</td><td></td><td></td><td></td></tr>
<tr><td colspan="2">소. 전기소독기</td><td>○</td><td></td><td></td><td></td></tr>
<tr><td colspan="2">오. 음식물처리기(음식물처리기 중 음식물 분쇄기의 경우에는 「하수도법」에서 제조·수입·판매 등을 금지하고 있음)</td><td>○</td><td></td><td></td><td></td></tr>
<tr><td rowspan="2">조. 수건 마는 기기 및 포장기기</td><td>1) 물수건포장기</td><td rowspan="2">○</td><td rowspan="2"></td><td rowspan="2"></td><td rowspan="2"></td></tr>
<tr><td>2) 물수건마는기기</td></tr>
<tr><td colspan="2">초. 과일껍질깍기</td><td>○</td><td></td><td></td><td></td></tr>
<tr><td colspan="2">코. 감자탈피기</td><td>○</td><td></td><td></td><td></td></tr>
<tr><td colspan="2">토. 전기정미기</td><td>○</td><td></td><td></td><td></td></tr>
<tr><td colspan="2">포. 전기빵자르개</td><td>○</td><td></td><td></td><td></td></tr>
<tr><td rowspan="3">호. 전기용해기</td><td>1) 왁스용해기</td><td rowspan="3">○</td><td rowspan="3"></td><td rowspan="3"></td><td rowspan="3"></td></tr>
<tr><td>2) 쵸코렛용해기</td></tr>
<tr><td>3) 파라핀용해기</td></tr>
<tr><td colspan="2">구. 애완동물 목욕기</td><td>○</td><td></td><td></td><td></td></tr>
</table>

대상 기자재			적합성평가기준 적용분야 전자파적합성	무선	유선	SAR
	누. 이미용기	1) 전기머리손질기	○			
		2) 두피모발기				
		3) 샴푸기기				
		4) 모발가습기				
		5) 손톱정리기				
		6) 전기면도기				
		7) 전기이발기				
		8) 안면사우나기				
	두. 전기주류숙성기		○			
	루. 전기시계		○			
	무. 적외선·자외선 방사 피부관리기	1) 적외선방사 피부관리기	○			
		2) 자외선방사 피부관리기				
	부. 전기의자 및 전동침대	3) 전기이발용의자	○			
		4) 전동침대				
		5) 전기온열의자				
	수. 컴프레서		○			
	우. 전기온수매트	1) 전기보일러	○			
		2) 전기온수매트 및 전기온수침대				
	주. 구강청결기	3) 전동칫솔	○			
		4) 구강세척기				
	추. 전기분수기		○			
	쿠. 투영기	1) 슬라이드 투영기	○			
		2) 필름스트립 투영기				
		3) OHP				
		4) 필름 투영기				
	투. 해충퇴치기	1) 해충퇴치기	○			
		2) 전기포충기				
	푸. 전기집진기		○			
	후. 착유기		○			

대상 기자재			적합성평가기준 적용분야			
			전자파적합성	무선	유선	SAR
	ㄱ. 서비스기기	1) 전기광택기	○			
		2) 수하물보관기				
		3) 지폐교환기				
		4) 동전교환기				
	ㄴ. 전기에어커튼		○			
	ㄷ. 팬코일유닛(Fan coil unit)		○			
	ㄹ. 폐열 회수 환기장치		○			
	ㅁ. 게임기구	1) 레이저사격기기	○			
		2) 운전시뮬레이션 게임기구				
		3) 인형뽑기				
		4) 다트판				
		5) 농구게임기				
		6) 기타 게임기기				
	ㅂ. 전동형 롤스크린		○			
	ㅅ. 전기훈증기	1) 전기훈증살충기	○			
		2) 전기방향확산기				
	ㅇ. 수도동결방지기		○			
	ㅈ. 보풀제거기		○			
	ㅊ. 산소이온발생기		○			
	ㅋ. 전기정수기	1) 전기정수기	○			
		2) 전기이온수기				
	ㅌ. 초음파세척기	1) 초음파세척기	○			
		2) 과일야채세척기				
	ㅍ. 새싹 및 콩나물 재배기		○			
	ㅎ. 전기작동도어록		○			
	기. 기타 이와 유사한 기기		○			

대상 기자재			적합성평가기준 적용분야			
			전자파적합성	무선	유선	SAR
	나. 전동공구 (정격입력이 1.5㎾ 이하인 것에 한함)	1) 전기드릴	○			
		2) 전기드라이버				
		3) 전기그라인다				
		4) 포리셔				
		5) 전기샌더				
		6) 전기원형톱				
		7) 전기햄머				
		8) 전기금속가위				
		9) 전기테이퍼				
		10) 전기왕복톱				
		11) 전기진동기				
		12) 전기체인톱				
		13) 전기대패				
		14) 전기잔디깍기				
		15) 전기못총				
		16) 트리밍기 등 기타 전동공구				
		17) 기타 이와 유사한 기기				
5. 형광등 등 조명기기류 : 9kHz부터 400GHz까지 주파수대에서의 형광등 및 조명기능을 가지는 기구 또는 장치	가. 일반 조명기구	1) 형광등기구	○			
		2) PLS조명기구				
		3) 백열등기구·전기스탠드				
		4) LED등기구				
		5) 할로겐등기구 (150W 이하의 것)				
		6) 고압방전등기구 (150W 이하의 것)				
		7) 투광조명기구 (150W 이하의 것)				

대상 기자재			적합성평가기준 적용분야			
			전자파적합성	무선	유선	SAR
	나. 안정기 및 램프 제어장치	1) 램프용 자기식안정기 (정격입력이 1000W 이하의 것)	○			
		2) 램프용 전자식안정기 (정격입력이 1000W 이하의 것)				
		3) 네온변압기				
		4) 네온변압기 조명기구용 컨버터 (LED 전원공급장치 포함)				
	다. 안정기내장형램프 (LED용 포함)		○			
	라. 기타 조명기구	1) 크리스마스 츄리용 조명기구	○			
		2) 충전식휴대전등				
		3) LED 모듈(램프)				
6. 정보·사무 기기류 : 제2조제6호에 따른 기기와 사무용으로 사용하는 기기	가. 컴퓨터류		○			
	나. 컴퓨터 주변 기기류	1) 입력장치류 (스캐너, 키보드 등)	○			
		2) 출력장치류 (모니터, 복사기, 프린터, 프로젝터 등)				
		3) 외장형 저장장치류 (외장형 하드디스크드라이브 등)				
		4) 콘트롤러류				
		5) 기타 컴퓨터 주변기기류				
	다. 컴퓨터 내장 구성품류	1) 보드류	○			
		2) 저장장치류				

대상 기자재			적합성평가기준 적용분야			
			전자파적합성	무선	유선	SAR
		3) 전원공급기 및 직류 전원장치 (각 분류의 직류전원 장치 및 휴대전화 배터리 충전기에 사용되는 것 포함)	○			
		4) 콘트롤러류				
		5) 기타 컴퓨터 내장 구성품류				
	라. 사무기기류	1) 무정전 전원장치 (정격용량이 10㎸A 이하인 것)	○			
		2) 코팅기				
		3) 지폐계수기				
		4) 전자저울				
		5) 금전등록기				
		6) 어학실습기				
		7) 문서세단기				
		8) 천공기				
		9) 재단기				
		10) 제본기				
		11) 전자칠판 및 보드				
		12) 동전계수기				
		13) 전동타자기				
		14) 전기소자기				
		15) 교통카드충전기				
		16) 번호표발행기				
	마. 기타 정보·사무 기기류		○			

대상 기자재			적합성평가기준 적용분야: 전자파 적합성	무선	유선	SAR
7. 디지털 장치류 : 제2조제7호에 따른 기기			○			
8. 전선로에 주파수가 9㎑ 이상의 전류가 통하는 통신 설비의 기기 (전파법」 제58조제1항제2호에 따른 전파응용설비는 제외)			○			
9. 미약 전계강도 무선기기			○	○		
10. 전기기기용 스위치 및 개폐기	1) 전자식스위치 (정격전류가 16A 이하인 것)		○			
	2) 리모트콘트롤스위치					
	3) 시간지연스위치					
	4) 조광기					
	5) 전자개폐기 (정격전류가 300A 이하인 것)					
	6) 온도조절기(전자식에 한함)					
	7) 타이머 및 타이머스위치 (전자식에 한함)					
11. 전기설비용 부속품 및 연결부품	케이블릴		○			
12. 전기용품 보호용 부품	누전차단기		○			
13. 절연변압기 ※ 정격용량 5㎸A 이하인 것으로 기계기구에 부착되는 특수구조인 것은 제외	가. 변압기 및 전압조정기	1) 전압조정기	○			
		2) 가정용소형변압기				
		3) 교류어댑터				
	나. 고주파웰더		○			
	다. 전기용접기	1) 전기용접기	○			
		2) 총형아크접착기				
14. 단말기기류	가. 전화기(헤드셋 전화기 포함)		○		○	
	나. 다기능 전화기 (시계, 라디오, TV 또는 도어폰 등 전화기능과 관계없는 기능이 추가된 전화기)		○		○	
	다. 전화기와 함께 사용되는 접속기기 (인터넷전화기, 전화기용커넥터, 회의용 브릿지, 회선어댑터, 번호표시기, 착신표시기, 통화감지기, 통화시간기록기, 자동다이얼기, 장거리자동 전화발신제어기, 착신전환기, 자동응답기 등)		○		○	
	라. 팩시밀리기기 (전화기 부가기능을 가진 기기 포함)		○		○	
	마. 영상전화기		○		○	

대상 기자재		적합성평가기준 적용분야			
		전자파 적합성	무선	유선	SAR
	바. 전화기능을 내장한 복합단말기기 (홈오토메이션, 비디오도어폰 등)	○		○	
	사. 공중전화회선을 이용한 데이터전송 및 검색 단말기	○		○	
	아. 다이얼링 기능이 없는 모뎀(카드식 포함)	○		○	
	자. 다이얼링 기능이 있는 모뎀(카드식 포함)	○		○	
	차. 팩시밀리 모뎀(데이터겸용 카드식 포함)	○		○	
	카. 근거리데이터채널모뎀(원격통신용, LADC)	○		○	
	타. 신용카드조회 단말기기	○		○	
	파. 모뎀을 내장한 특정한 용도의 단말기기 (금융단말기기, 정보검색용 단말기기, 현금자동취급기 등)	○		○	
	하. PC에 장착되는 정보통신 단말기기	○		○	
	거. 영상전송기(사진전송기, 화상회의기기 포함)	○		○	
	너. 코덱	○		○	
	더. 다기능보조기기 (자동텔레마케팅 다이얼링방식 기기)	○		○	
	러. 아날로그 통신망에 사용되는 데이터보호기기	○		○	
	머. 원격제어기기	○	○	○	
	버. 통신설비 유지 보수용 시험기기	○		○	
	서. 회선장애 감시기기	○		○	
	어. 디지털가입자회선설비에 접속되는 단말장치 (ADSL, VDSL 모뎀 등)	○		○	
	저. 사업용 전기통신설비에 접속되는 기타 디지털 단말장치(VoIP 게이트웨이 기능을 내장한 인터넷전화기, 라우터 등)	○		○	
	처. 유선방송설비에 접속되는 데이터통신용 단말장치(케이블모뎀 등)	○		○	
	커. 기타 달리 분류되지 아니한 단말기기류	○		○	
15. 그밖에 제1호부터 제14호에 준하는 기기류		○			

※ 비 고

o 제7호의 기자재 중 다음에 해당하는 기자재는 적합성평가 대상에서 제외한다.

가. 휴대용 전자계산기

나. 능동 전자회로의 증폭기가 없는 헤드폰과 확성기(스피커)

다. 단순 시계기능만을 가진 전자 손목시계

라. 적외선 통신방식의 원격제어기기(예 : TV 리모콘 등)

마. 카메라 렌즈

바. 배터리

[별표 3]

자기시험 적합등록 대상기자재

(제3조제3항관련)

대상 기자재			적합성평가기준 적용분야			
			전자파적합성	무선	유선	SAR
1. 측정·검사를 목적으로 사용되는 기자재류	가. 시험·측정용 계측설비류 (오실로스코프, 전계강도측정기, 스펙트럼분석기, 네트웍분석기 등으로 제2조제1항제6호의 정보기기 정의를 포함하는 것에 한함)		○			
	나. 휴대용 자동차진단기		○			
2. 산업·과학용으로 사용되는 기자재류 ("산업용"이란 제품의 제조 또는 생산 공정 및 빌딩제어 등에 사용되는 기자재를 말한다)	가. 산업용컴퓨터		○			
	나. 산업용컴퓨터의 제어를 받는 산업용 설비		○			
	다. 기타 산업·과학용으로 사용되는 기자재		○			
3. 특정용도로 한정된 공간에서 사용되는 기자재류	가. 전자식 운행기록계		○			
	나. 주차차단 제어장치		○			
4. 망 위해 영향이 적은 기자재류	가. 유선통신단말 및 방송공동수신설비	1) 접속 커넥터			○	
		2) 분기기			○	
		3) 분배기			○	
		4) 동축케이블			○	
		5) 보호기			○	
		6) 가입자보호기 (CATV)			○	
		8) 광분배기			○	
		9) 광케이블			○	
		10) 직렬단자			○	
	나. 유선통신시스템 부속물류	1) 응답 서비스에 사용 되는 집선장치	○		○	
		2) 시스템에 사용되는 부속물 및 구	○		○	

대상 기자재			적합성평가기준 적용분야			
			전자파적합성	무선	유선	SAR
		성품				
	다. 단말기기류	1) 공중전화기	○		○	
		2) ISDN 망종단 기기(NTE)	○		○	
		3) ISDN 단말기기 (ISDN 전화기, 터미널 어댑터, 인터페이스 카드 등)	○		○	
		4) ISDN 다기능기기 (ISDN 영상기기, ISDN 복합단말기기, G4 팩시밀리 ISDN 라우터 등)	○		○	
5. 전기철도기기류 : 전기철도차량, 전원장치, 제어장치 등 전기철도 차량 내 기기, 주행제어를 위한 신호기기 및 전기통신기기, 그 밖의 고정전원시설			○			
6. 고전압설비 및 그 부속기기류			○			
7. 기타 다음 각 호의 기자재 가. 제1호부터 제6호에 준하는 기자재로서 원장이 인정하는 기자재 나. 별표 2의 지정시험기관 적합등록 기자재중 단서규정(정격입력, 출력전압, 정격용량, 소비전력, 정격전류 등) 이외의 기자재 및 특수조건의 기자재			○			

[별표 4]

사용자안내문

기 종 별	사 용 자 안 내 문
A급 기기 (업무용 방송통신기자재)	이 기기는 업무용(A급) 전자파적합기기로서 판매자 또는 사용자는 이 점을 주의하시기 바라며, 가정외의 지역에서 사용하는 것을 목적으로 합니다.
B급 기기 (가정용 방송통신기자재)	이 기기는 가정용(B급) 전자파적합기기로서 주로 가정에서 사용하는 것을 목적으로 하며, 모든 지역에서 사용할 수 있습니다.

[별표 5]

방송통신기자재등의 적합성평가 표시기준 및 방법(제23조 관련)

1. 적합성평가 표시기준

가. 국가통합인증마크의 기본도안 모형

나. 식별부호 표시

다. 도안요령 및 색채

1) 도안 요령 : 적합성평가표시의 가로 및 세로 비율은 아래의 격자눈금에 따른다.

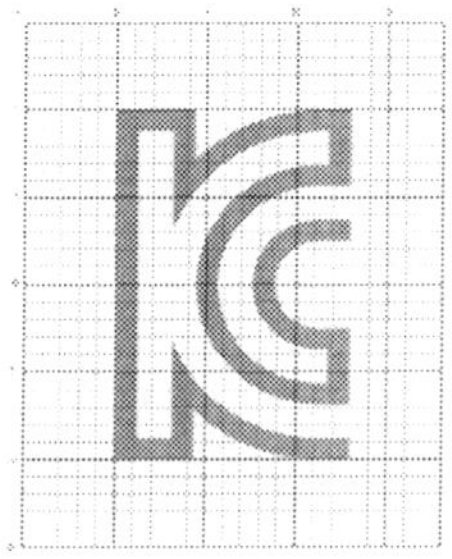

2) 색채

가) 기본모형의 색채는 아래와 같은 남색(KS A 0062에 따른 5PB 2/8 색채)을 권장하며 제품의 바탕색에 따라 사용한다.

	남색(5PB 2/8)

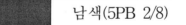

나) 특수한 색채효과가 필요한 경우에는 금색(KS A 0062에 따른 10YR 6/4 색채)과 은색(KS A 0062에 따른 N 7 색채)을 사용할 수 있으며, 남색, 금색 또는 은색을 사용할 수 없는 경우에는 검정색(KS A 0062에 따른 N 2 색채) 색상을 사용할 수 있다.

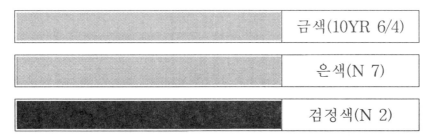

	금색(10YR 6/4)
	은색(N 7)
	검정색(N 2)

※ 비고: 금색과 은색에는 반짝이는 효과를 넣어 사용할 수 있다.

다) 다만 동 규정상의 색상을 사용했을 경우 제품에 표시된 적합성평가표시의 식별이 용이하지 않은 경우 등 부득이 필요하다고 인정되는 경우에는 다른 색채를 사용할 수 있다.

2. 표시방법

가. 전파법 제58조의2제6항에 따른 적합성평가를 받은 사실의 표시는 제1호의 국가통합인증마크 기본도안과 식별부호 및 제2호나목에서 정하는 적합성평가정보를 표시하는 것을 말한다(이하 '적합성평가표시'라 한다).

나. 적합성평가정보는 적합성평가를 받은 자의 상호(또는 상호명), 기자재 명칭(또는 제품명칭), 모델명, 제조시기(제조연월로 표기), 제조자 및 제조국가에 대한 정보를 말한다.

다. 적합성평가표시는 해당 제품의 표면과 포장에 알아보기 쉽도록 인쇄하거나 각인하는 등의 방법으로 매 기기마다 견고하게 부착하여 표시하여야 한다. 다만, 적합성평가정보는 제품이 소형이거나 또는 제품 디자인에 미치는 영향 등을 고려하여 제품과 포장에 표시하는 것이 곤란하다고 판단되는 경우에는 사용자설명서(전자적 방식을 포함한다)에 표시할 수 있다. (포장의 표시방법은 최소 포장 단위로 하며, 하나의 포장에 여러 종류의 제품이 들어있는 경우에는 그 중 주 기능을 가진 제품의 식별부호를 선택하여 기재할 수 있다.)

라. 적합성평가 신청 시 기재한 모델명과 제품의 판매·홍보 시에 사용하는 모델명이 동일한 경우에는 제1호의 국가통합인증마크와 모델명만 기재할 수 있다. 다만, 이 경우 모델명은 식별부호의 위치에 표시하여야 하며, 사용자설명서에는 식별부호와 적합성평가정보를 모두 기재하여야 한다.

마. 판매·대여를 목적으로 인터넷에 게시하는 경우에 적합성평가표시는 해당 제품이 게시된 페이지의 상단 또는 제품가격이 표시된 아래 부분에 표시하여야 하며, 식별부호는 문자(TEXT) 형태로 표시하여야 한다.

바. 소형의 제품으로서 적합성평가표시를 할 수 없는 경우에는 제품의 포장에 적합성평가표시를 부착하거나 제품에 기본도안 또는 식별부호만을 표시할 수 있다.

사. 적합성평가표시의 크기는 제품의 크기에 따라 조정할 수 있으나 세로 높이는 5㎜ 미만으로 할 수 없다. 다만, 저장장치 등의 극소형 제품 또는 검정증인(檢定證印)[압인(押印)·타인(打印)·각인(刻印) 등을 말한다]을 사용하는 제품은 제품의 크기에 따라 식별가능한 크기로 세로 높이를 조정할 수 있다.

아. 적합성평가표시의 크기는 해당 기자재의 크기에 따라 동일비율로 축소 또는 확대할 수 있으며 제품특성에 따라 특수한 색채효과를 적용할 수 있다.

자. 식별부호는 기본도안 하부 또는 제품의 잘 보이는 곳에 표시할 수 있으며, 식별부호가 하나 이상일 경우에는 기본도안 하나에 각각의 식별부호만 나열하여 표시할 수 있다.

차. 체내 이식형 심장박동기 등과 같이 제품의 표면에 적합성평가 표시를 하는 것이 곤란한 경우에는 그 제품의 포장에만 표시할 수 있다.

카. 식별부호 표시방법

<table>
<tr><td>M</td><td>S</td><td>I</td><td>P</td><td>-</td><td>C</td><td>R</td><td>M</td><td>-</td><td>A</td><td>B</td><td>C</td><td>-</td><td>X</td><td>X</td><td>X</td><td>X</td><td>X</td><td>X</td><td>X</td><td>X</td><td>X</td><td>X</td><td>X</td><td>X</td><td>X</td><td>X</td></tr>
<tr><td colspan="4">①</td><td></td><td>②</td><td>③</td><td>④</td><td></td><td colspan="3">⑤</td><td></td><td colspan="14">⑥</td></tr>
<tr><td colspan="4">방송통신기
기식별</td><td></td><td colspan="3">기본인증
정보식별</td><td></td><td colspan="3">신 청 자
정보식별</td><td></td><td colspan="14">제품식별</td></tr>
</table>

①란에는 방송통신기자재등임을 나타내는 'MSIP'를 기재한다.

②란에는 기본 인증정보로서 '인증분야 식별부호'를 기재한다.

인증분야	식별부호
적합인증	C (Certification)
적합등록	R (Registration)
잠정인증	I (Interim)

③란에는 기본 인증정보로서 '시험분야 식별부호'를 기재한다.

시험분야	식별부호
무선분야	R (Radio)
유선분야	T (Telecommunication)
전자파분야	E (Electromagnetic Wave)
무선, 유선, 전자파 복합분야	M (Multi Function)

④란에는 기본 인증정보로서 '신청자의 업종형태 구분 식별부호'를 기재한다.

인증신청자 구분	식별부호
제조자	M (Manufacturer)
수입자	I (Importer)
판매자	S (Seller)
※ 비고 : 제조자와 판매자가 동일한 경우에는 제조자로, 수입자와 판매자가 동일한 경우에는 수입자로 기재한다.	

⑤란에는 제5조에 따라 원장이 부여한 '신청자 식별부호'를 기재한다.

⑥란에는 신청자의 '제품 식별부호(영문, 숫자, 하이픈(-) 혼용 가능,)'를 기재하여야 하며, 14자리 이내에서 신청자가 정할 수 있다.

타. 적합성평가를 받은 무선 송·수신용 부품을 완제품의 구성품으로 사용할 경우에는 무선 송·수신용 부품의 식별부호를 완제품의 잘 보이는 곳에 표시하여야 한다.

[별표 6]

조립컴퓨터 소비자 안내문

(제18조제1항제1호 타목 관련)

1. 소비자 안내문

이 컴퓨터는 전자파 적합성평가(인증)를 받은 내장구성품을 사용하여 조립한 것으로 완성품에 대한 전자파 적합성평가는 받지 않은 제품입니다.

2. 표시방법

가. 소비자 안내문은 조립컴퓨터의 표면과 포장에 알아보기 쉽게 인쇄하거나 각인하는 등의 방법으로 매 기기마다 견고하게 부착하여야 한다.

나. 인터넷에 게시하는 경우 해당 제품이 게시된 페이지의 상단 또는 제품가격이 표시된 아래 부분에 표시하여야 한다.

다. 소비자 안내문은 가로 10㎝ × 세로 2.5㎝ 이상의 크기로 표시하여야 한다. 다만, 제품의 크기가 가로 20㎝ × 세로 20㎝ 미만인 경우에는 소비자가 식별 가능한 범위 내에서 가로와 세로의 크기를 동일비율로 축소하여 표시할 수 있다.

■ 「방송통신기자재등의 적합성평가에 관한 고시」 [별지 제1호서식] <개정 2012.3.19.> 전자민원센터(www.emsip.go.kr)에서도 신청할 수 있습니다. (앞 쪽)

방송통신기자재등의 적합인증 신청서

※ [ ]에는 해당되는 곳에 √표를 합니다.

접수번호	접수일자	처리기간 5일

신청자	상 호 명		식 별 부 호	
	대표자성명		사업자등록번호	
	주 소	(우)		
	업무담당자	성 명 E-mail	전화번호 팩스번호	
	신 청 구 분	[ ] 수입자 [ ] 제조자 [ ] 판매자		
신 청 기자재	기 자 재 명 칭		제 품 식 별 부 호	
	기 기 부 호 (형 식 기 호)		기본모델명	
	파생모델명			
	용 도			
	적합성평가기준 적 용 분 야	[ ] 무선 [ ] 유선 [ ] EMC [ ] SAR		
	사 전 통 관 시 험 신 청	[ ] 예 (시험기관명 : 시험접수번호 :) [ ] 아니오		
	제 조 자		제조국가	
	주 소			
	기 타			

「전파법」 제58조의2제2항에 따라 방송통신기자재등의 적합인증을 신청합니다.

년 월 일

신청인 (서명 또는 인)

국립전파연구원장 귀하

제출서류	1. 시험성적서 1부. 2. 사용자설명서 1부. 3. 외관도 1부. 4. 부품배치도 또는 사진 1부. 5. 회로도 1부. 6. 대리인 지정서(필요한 경우, 별지 제4호서식의 대리인 지정(위임)서) 1부.	수수료 전파법시행령 제97조의2에 의한 해당 수수료

210mm×297mm[백상지(80g/㎡)]

(뒤 쪽)

구비서류 작성방법

1. 시험성적서

- 「전파법」 제58조의8에 따라 지정시험기관의 장 또는 원장이 발행한 시험성적서와 국가간 상호 인정협정을 체결한 국가의 시험기관 중 원장이 인정한 시험기관의 장이 발행한 시험성적서를 말합니다.

2. 사용자설명서

- 기기의 개요·사양·구성·조작방법 등이 포함되어야 합니다.

3. 외관도(사진)

- 제품의 전체 외관도를 말하며 적합성평가표시 사항의 식별이 용이하여야 합니다.

4. 부품배치도 또는 사진

- 회로도에 기입된 표시로서 기술기준과 관련 있는 사항에 변경을 줄 수 있는 부품에 한하며, 전기적 사양을 알 수 있어야 합니다.

5. 회로도

- 전자파적합성기준만을 적용한 기자재의 경우에는 회로도 전체를 생략할 수 있으며, 적합성평가를 받은 "무선 송·수신용 부품"을 기자재의 구성품으로 사용하는 경우에는 해당 부분을 생략할 수 있습니다.

6. 대리인 지정서(제27조에 따른 별지 제4호서식의 대리인 지정(위임)서)

※ 기 타

- o 수입자가 신청하는 때에는 제조자란에 외국제조자의 상호 및 주소를, 신청인란에는 수입자의 인적사항을 각각 기재하십시오.
- o 제조자 또는 제조국이 둘 이상인 경우 추가 기재 가능합니다.

처 리 절 차

이 신청서는 아래와 같이 처리됩니다.

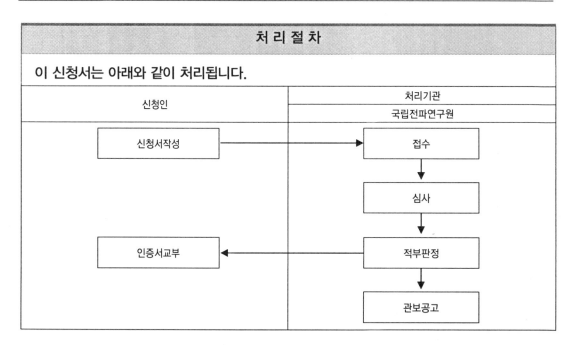

신청인	처리기관
	국립전파연구원

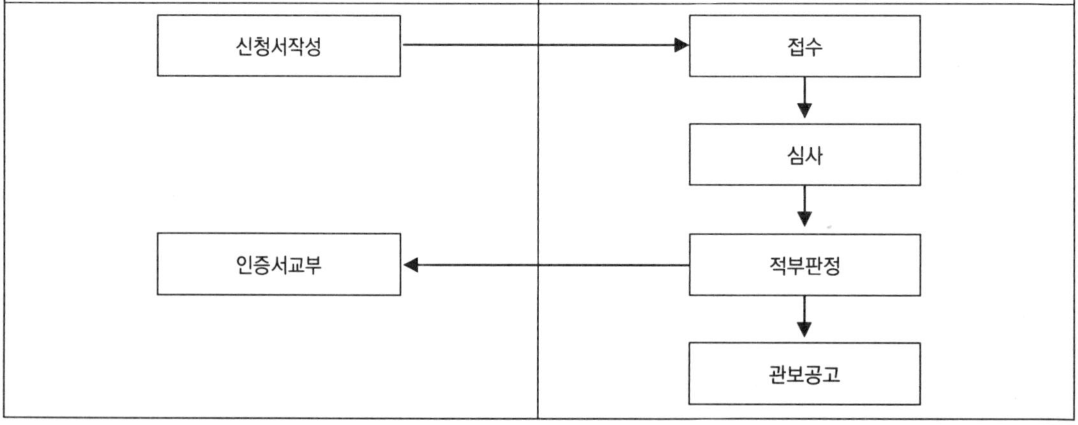

■ 「방송통신기자재등의 적합성평가에 관한 고시」 [별지 제2호서식] <개정 2012.3.19.>

전자민원센터(www.emsip.go.kr)에서도 신청할 수 있습니다.

적합성평가 식별부호 신청서

※ [ ]에는 해당되는 곳에 √표를 합니다.

접수번호	접수일자	처리기간	즉시

신청인	상 호		사업자등록번호	
	대표자성명			
	주 소		(우)	
	연 락 처	담 당 자	담당부서	
		전화번호	휴대전화	
	신 청 구 분	팩스번호	e -mail	

식별부호 신청순위	제 1순 위		제 2순 위	
	제 3순 위		제 4순 위	
	※ 식별부호는 신청순위에 따라 타 업체와 중복되지 않는 것으로 지정합니다.			

「방송통신기자재등의 적합성평가에 관한 고시」 제5조제4항의 규정에 의하여 위와 같이 적합성평가 신청자 식별부호 지정을 신청합니다.

년 월 일

신청인 (서명 또는 인)

국립전파연구원장 귀하

담당공무원 확인사항	1. 사업자등록증명 2. 주민등록등본(개인인 경우) 3. 여권정보(개인인 경우)	수수료 없음

행정정보 공동이용 동의서

본인은 이 건 업무처리와 관련하여 담당 공무원이 「전자정부법」 제36조에 따른 행정정보의 공동이용을 통하여 위의 담당 공무원 확인 사항 제1호 또는 제2호를 확인하는 것에 동의합니다. *동의하지 아니하는 경우에는 신청인이 직접 관련 서류를 제출하여야 합니다.

신고인 성 명 (서명 또는 인)

210㎜×297㎜[백상지(80g/㎡)]

■「방송통신기자재등의 적합성평가에 관한 고시」 [별지 제3호서식] <개정 2012.3.19.>

방송통신기자재등의 적합인증서
Certificate of Broadcasting and Communication Equipments

상호 또는 성명 *Trade Name or Applicant*	
기자재명칭 *Equipment Name*	
기본모델명 *Basic Model Number*	
파생모델명 *Series Model Number*	
인증번호 *Certification No.*	
제조자/제조국가 *Manufacturer/Country of Origin*	
인증연월일 *Date of Certification*	
기타 *Others*	

위 기자재는「전파법」제58조의2제2항에 따라 인증되었음을 증명합니다.
It is verified that foregoing equipment has been certificated under the Clause 2, Article 58-2 of Radio Waves Act.

년(Year) 월(Month) 일(Date)

국립전파연구원장 직인

Director General of National Radio Research Agency

※ 인증 받은 방송통신기자재는 반드시 '적합성평가표시'를 부착하여 유통하여야 합니다. 위반시 과태료 처분 및 인증이 취소될 수 있습니다.

210mm×297mm[백상지(120g/㎡)]

■ 「방송통신기자재등의 적합성평가에 관한 고시」 [별지 제4호서식] <개정 2012.3.19.>

대리인 지정(위임)서

국립전파연구원장 귀하

위임자	상 호 명			
	대표자 또는 인증업무 책임자	(서명 또는 인)		
	주 소	(우)		
	전 화 번 호		팩 스 번 호	
	담 당 자		E-mail	
신 청 기자재	기자재명칭			
	모 델 명			
	제 조 자			
	제조국가			

위 본인은 「방송통신기자재등의 적합성평가에 관한 고시」 제27조에 따라 해당 기자재의 적합성평가 신청에 대한 전반적인 사항에 대하여 책임을 갖는 대리인을 아래와 같이 지정합니다.

확인일자 년 월 일

대리인	상 호 명			
	사업자(법인) 등 록 번 호			
	대 표 자	(서명 또는 인)		
	주 소	(우)		
	전 화 번 호		팩 스 번 호	
	담 당 자		E-mail	

210㎜×297㎜[백상지(80g/㎡)]

■ 「방송통신기자재등의 적합성평가에 관한 고시」 [별지 제5호서식] <개정 2012.3.19.> 전자민원센터(www.emsip.go.kr)에서도 신청할 수 있습니다.

(앞 쪽)

방송통신기자재등의 적합등록 신청서

※ [ ]에는 해당되는 곳에 √표를 합니다.

접수번호	접수일자	처리기간	즉시

신청자	상 호 명		식 별 부 호	
	대표자성명		사업자등록번호	
	주 소	(우)		
	업무담당자	성 명	전화번호	
		E-mail	팩스번호	
	신 청 구 분	[ ] 수입자 [ ] 제조자 [ ] 판매자		

신 청 기자재	기자재명칭		제 품 식 별 부 호	
	기 기 부 호 (형 식 기 호)		기본모델명	
	파생모델명			
	용 도			
	등 록 방 식	[ ] 지정시험기관 적합등록 (시험기관명 :) [ ] 자기시험 적합등록 (시험장소 :) [ ] FTA/MRA에 따른 적합등록 (시험기관명 :)		
	적합성평가기준 적 용 분 야	[ ] 무선 [ ] 유선 [ ] EMC [ ] SAR		
	사 전 통 관 시 험 신 청	[ ] 예 (시험기관명 : 시험접수번호 :) [ ] 아니오		
	제 조 자		제조국가	
	주 소			
	기 타			

「전파법」 제58조의2제3항에 따라 방송통신기자재등의 적합등록을 신청합니다.

년 월 일

신청인 (서명 또는 인)

국립전파연구원장 귀하

제출서류	1. 적합성평가기준에 부합함을 증명하는 확인서(별지 제6호서식) 1부. 2. 대리인 지정서(필요한 경우, 별지 제4호서식의 대리인 지정(위임)서) 1부.	수수료 전파법시행령 제97조의2에 의한 해당 수수료

210mm×297mm[백상지(80g/㎡)]

(뒤 쪽)

적합등록 신청자가 보관하여야 할 서류

1. 적합성기준에 부합함을 증명하는 확인서(별지 제6호서식)

2. 시험성적서

- 제10조제1항제3호 각 목에서 정한 어느 하나의 시험성적서를 말합니다.

3. 사용자설명서

- 기기의 개요·사양·구성·조작방법 등이 포함되어야 합니다.
- 전자파적합기기인 경우에는 별표 4의 사용자안내문을 포함합니다.

4. 외관도(사진)

- 제품의 전체 외관도를 말하며 적합성평가표시 사항의 식별이 용이하여야 합니다.

5. 부품배치도 또는 사진

- 회로도에 기입된 표시로서 기술기준과 관련 있는 사항에 변경을 줄 수 있는 부품에 한하며, 전기적 사양을 알 수 있어야 합니다.

6. 회로도

- 제4조제1항제1호의 공통기준만을 적용한 기자재의 경우에는 회로도 전체를 생략할 수 있으며, 적합성평가를 받은 "무선송·수신용 부품"을 기자재의 구성품으로 사용하는 경우에는 해당 부분을 생략할 수 있습니다.
- 유선분야 기자재인 경우 전원 및 기간통신망과 직접 접속되는 부분의 회로도를 제출합니다.

7. 대리인 지정서(제27조에 따른 별지 제4호서식의 대리인 지정(위임)서)

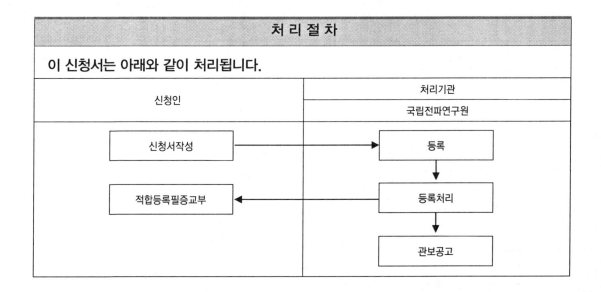

처 리 절 차

이 신청서는 아래와 같이 처리됩니다.

신청인	처리기관 국립전파연구원
신청서작성 →	등록
← 적합등록필증교부	↓ 등록처리
	↓ 관보공고

■「방송통신기자재등의 적합성평가에 관한 고시」[별지 제6호서식] <개정 2012.3.19.>

(앞 쪽)

적합성평가기준에 부합함을 증명하는 확인서

※ [ ]에는 해당되는 곳에 √표를 합니다.

등록기자재 정보	상 호 명		대 표 자 명	
	주 소	(우)		
	업무담당자	성 명 E-mail	전화번호 팩스번호	
	기자재명칭		제 품 식 별 부 호	
	기 기 부 호 (형 식 기 호)		기본모델명	
	파생모델명			
	제 조 자		제조국가	
	시험기관명		기술책임자	

적 합 성 평 가 정 보	적합성평가 적용기준	적합성평가 결 과	보관서류의 구 비 현 황	등록기기 보완유무
			[ ] 예 [ ] 아니오	[ ] 예 [ ] 아니오

상기의 적합등록 신청기자재는 해당 적합성평가기준에 적합함을 확인합니다.

년 월 일

신청인 (서명 또는 인)

국립전파연구원장 귀하

210㎜×297㎜[백상지(80g/㎡)]

구비서류 작성방법

1. 상호명

- 적합등록 신청회사의 상호명을 기재합니다.

2. 대표자명

- 적합등록 신청회사의 대표자 이름을 기재합니다.

3. 주소

- 적합등록 신청회사의 주소와 우편번호를 기재합니다.

4. 업무담당자

- 적합등록 신청기자재를 직접 관리하는 업무담당자의 성명 및 연락처를 기록합니다.

5. 기자재명칭

- 적합등록 신청기자재의 기자재명칭을 기재합니다.(예 : 컴퓨터, 프린터, 모니터)

6. 제품식별부호

- 신청자가 관리하는 제품 관리번호를 말합니다.

7. 기기부호(형식기호)

- "방송통신기자재등의 적합성평가를 위한 기기부호 및 형식기호 표시방법"을 참고합니다.

8. 기본모델명

- 적합등록 신청한 모델명을 기재합니다.

9. 파생모델명

- 적합등록 신청한 기본모델명 이외에 파생모델이 있는 경우 파생모델명을 기재합니다.

10. 제조자/제조국가

- 제2조제1호에 정의된 제조자를 기록하며, 제조국가는 제품이 생산된 국가를 기재합니다.

11. 시험기관명

- 적합성평가기준을 시험한 시험기관 명칭을 기재합니다.

12. 기술책임자

- 시험성적서에 기재한 기술책임자의 이름을 기재합니다.

13. 적합성평가 적용기준

- 적합등록 신청기자재에 적용한 해당규격을 기재합니다.(예 : KN22 전자파방사기준(B급))

14. 적합성평가 결과

- 적합성평가 적용규격(기술기준)의 적합 또는 부적합 여부를 기재합니다.

15. 보관서류의 구비현황

- 제10조제1항에 따라 적합등록신청자가 보관하여야 할 서류의 구비여부를 기재합니다.

16. 등록기기 보완 유무

- 적합등록 신청기자재가 적합성평가기준 확인을 위한 시험과정에서 제품을 수정·보완사항(Debugging)이 있었는지 유무를 기록합니다.

■ 「방송통신기자재등의 적합성평가에 관한 고시」 [별지 제7호서식] <개정 2012.3.19.>

방송통신기자재등의 적합등록 필증
Registration of Broadcasting and Communication Equipments

상호 또는 성명 *Trade Name or Registrant*	
기자재명칭 *Equipment Name*	
기본모델명 *Basic Model Number*	
파생모델명 *Series Model Number*	
등록번호 *Registration No.*	
제조자/제조국가 *Manufacturer/Country of Origin*	
등록연월일 *Date of Registration*	
기타 *Others*	

위 기자재는 「전파법」 제58조의2제3항에 따라 등록되었음을 증명합니다.
It is verified that foregoing equipment has been registered under the Clause 3, Article 58-2 of Radio Waves Act.

년(Year) 월(Month) 일(Date)

국립전파연구원장 직인

Director General of National Radio Research Agency

※ 적합등록 방송통신기자재는 반드시 '적합성평가표시'를 부착하여 유통하여야 합니다. 위반시 과태료 처분 및 등록이 취소될 수 있습니다.

210㎜×297㎜[백상지(120g/㎡)]

■「방송통신기자재등의 적합성평가에 관한 고시」 [별지 제8호서식] <개정 2012.3.19.> 전자민원센터(www.emsip.go.kr)에서도 신청할 수 있습니다.

(앞 쪽)

방송통신기자재등의 잠정인증 신청서

※ [ ]에는 해당되는 곳에 √표를 합니다.

접수번호	접수일자	처리기간 60일

신청자	상 호 명		식 별 부 호	
	대표자성명		사업자등록번호	
	주 소	(우)		
	업무담당자	성 명	전화번호	
		E -mail	팩스번호	
	신 청 구 분	[ ] 수입자 [ ] 제조자 [ ] 판매자		
신 청 기자재	기자재명칭		제 품 식 별 부 호	
	기 기 부 호 (형 식 기 호)		기 본 모 델 명	
	파생모델명			
	용 도			
	적합성평가기준 적 용 분 야	[ ] 무선 [ ] 유선 [ ] EMC [ ] SAR		
	사 전 통 관 시 험 신 청	[ ] 예 (시험기관명 : 시험접수번호 :) [ ] 아니오		
	제 조 자		제 조 국 가	
	주 소	(우)		
	기 타			

「전파법」 제58조의2제7항에 따라 방송통신기자재등의 잠정인증을 신청합니다.

년 월 일

신청인 (서명 또는 인)

국립전파연구원장 귀하

제출서류	1. 기술설명서 1부. 2. 자체 시험결과 설명서 1부. 3. 사용자설명서 1부. 4. 외관도 1부. 5. 부품배치도 또는 사진 1부. 6. 회로도 1부. 7. 대리인 지정서(별지 제4호서식의 대리인 지정(위임)서) 1부.	수수료 전파법시행령 제97조의2에 의한 해당 수수료

210mm×297mm[백상지(80g/㎡)]

■ 「방송통신기자재등의 적합성평가에 관한 고시」 [별지 제9호서식] <개정 2012.3.19.>

방송통신기자재등의 잠정인증서

Interim Certificate of Broadcasting and Communication Equipments

상호 또는 성명 *Trade Name or Applicant*	
기자재명칭 *Equipment Name*	
기본모델명 *Basic Model Number*	
파생모델명 *Series Model Number*	
잠정인증번호 *Interim Certification No.*	
제조자/제조국가 *Manufacturer/Country of Origin*	
인증연월일 *Date of Certification*	
유효기간 Validity	
허용조건 *Permission Conditions*	

위 기자재는 「전파법」 제58조의2제7항에 따라 잠정인증되었음을 증명합니다.
It is verified that foregoing equipment has been interim certificated under the Clause 7, Article 58-2 of Radio Waves Act.

년(Year) 월(Month) 일(Date)

국립전파연구원장 직인

Director General of National Radio Research Agency

※ 인증 받은 방송통신기자재는 반드시 '적합성평가표시'를 부착하여 유통하여야 합니다.
위반시 과태료 처분 및 인증이 취소될 수 있습니다.

210mm×297mm[백상지(120g/㎡)]

■「방송통신기자재등의 적합성평가에 관한 고시」 [별지 제10호서식] <개정 2012.3.19.>

전자민원센터(www.emsip.go.kr)에서도 신청할 수 있습니다.

적합성평가 변경신고서

※ [ ]에는 해당되는 곳에 √표를 합니다.

접수번호	접수일자	처리기간 즉시(또는 5일)

신고인	주 소		
	사업자등록번호		
	업무담당자	성 명	전화번호
		E-mail	팩스번호

적합성 평가사항	적합성평가의 종류	[ ] 적합인증 [ ] 적합등록	인증(등록)번호
	기자재명칭		모델명
	상호또는성명		인증(등록)연월일
	제 조 자		제조국가

변경사항	변경 전	변경 후

「전파법」 제58조의2제5항의 규정에 따라 위와 같이 적합성평가를 받은 기자재의 변경사실을 신고합니다.

년 월 일

신고인 (서명 또는 인)

국립전파연구원장 귀하

제출서류	1. 변경사실을 증명하는 서류 1부. 2. 시험성적서(적합인증 대상기자재 중 적합성평가기준과 관련이 있는 사항을 변경한 경우에 한함) 1부. 3. 적합성평가기준에 부합함을 증명하는 확인서(적합등록 대상기자재 중 적합성평가기준과 관련이 있는 사항을 변경한 경우에 한함) 1부.	수수료 전파법시행령 제97조의2에 의한 해당 수수료
담당공무원 확인사항	1. 법인등기부등본 2. 사업자등록증명 3. 폐업사실증명원	

행정정보 공동이용 동의서

본인은 이 건 업무처리와 관련하여 담당 공무원이 「전자정부법」 제36조에 따른 행정정보의 공동이용을 통하여 위의 담당 공무원 확인 사항 제2호 및 3호를 확인하는 것에 동의합니다. *동의하지 아니하는 경우에는 신청인이 직접 관련 서류를 제출하여야 합니다.

신고인 성 명 (서명 또는 인)

210mm×297mm[백상지(80g/㎡)]

■ 「방송통신기자재등의 적합성평가에 관한 고시」 [별지 제11호서식] <개정 2012.3.19.>

변경신고 처리결과 통보서

전자민원신청번호			접수일자	
대상기기	상호 또는 성명		적합성평가 분야	
	기자재명칭		기본모델명	
	적합성평가번호		적합성평가 연 월 일	

변경 사항	변경 전	변경 후

「방송통신기자재등의 적합성평가에 관한 고시」 제16조에 따른 적합성평가 사항의 변경신고 건에 대하여 위와 같이 변경처리 되었음을 알려드립니다.

년 월 일

국립전파연구원장 직인

210㎜×297㎜[백상지(80g/㎡)]

■ 「방송통신기자재등의 적합성평가에 관한 고시」 [별지 제12호서식] <개정 2012.3.19.> 전자민원센터(www.emsip.go.kr)에서도 신청할 수 있습니다.

(앞 쪽)

적합성평가 면제 확인(신청)서

접수번호	접수일자	처리기간 1일

①수입자	상 호 명		사업자등록번호	
	성 명		연 락 처	전화번호 팩스번호
	주 소	(우)		
②위탁자 (신청인)	상 호 명		사업자등록번호	
	성 명		연 락 처	전화번호 팩스번호
	주 소	(우)		
③신 청 기자재	제 품 명		모 델 명	
	제 조 자		제조국가	
	수 량		금 액	
④ 통 관 세 관 명			⑤면제신청사유 (해당 조문)	
⑥면제확인 번호			⑦사후관리기관	국립전파연구원

「전파법」 제58조의3에 따라 위 방송통신기자재에 대하여 적합성평가 면제를 신청합니다.

년 월 일

신청인 (서명 또는 인)

국립전파연구원장 귀하

귀하가 신청한 위 방송통신기자재는 「전파법」 제58조의3에 따른 적합성평가 면제대상 기자재임을 확인합니다.

년 월 일

국립전파연구원장 직인

제출서류	1. 면제사실을 증명하는 서류 : 시험연구계획서, 사유서, 수출계약서, 납품계약서 등 제19조제1항 각 호의 사유를 증명하는 서류 각 1부. 2. 수입물품의 품명 및 수량의 확인이 가능한 서류 : 수입계약서, 물품매도확약서, 화물송장(인보이스) 등 각 1부.
	※ 비 고 1. 본 확인서에 기재된 수량에 한정하여 적합성평가가 면제됩니다. 2. 이 서식은 세관 제출용으로 사용할 수 있습니다. 3. 면제신청 기자재는 해당 요건에 맞게 사용되고 있는지 사후관리 기관의 조사를 받을 수 있으며, 면제요건의 목적외로 사용 시에는 관계법령에 따라 불이익을 받을 수 있습니다.

210㎜×297㎜[백상지(80g/㎡)]

(뒤 쪽)

구비서류 작성방법

① 수입자 : 위탁자의 의뢰를 받아 기자재를 수입하는 자의 정보를 기재합니다.

② 위탁자(신청인) : 수입된 기자재를 직접 사용하는 자의 정보를 기재합니다.

③ 신청기자재 : 적합성평가 면제대상 신청기자재에 대한 정보를 기재합니다.

④ 통관세관명 : 신청 기자재가 통관되는 세관의 명칭을 기재합니다.

⑤ 면제신청사유 : 제18조에 따른 면제요건 중 해당 면제사유 및 조항을 정확히 기재합니다.

⑥ 면제확인번호 : 면제 확인기관에서 작성하는 사항이므로 기재하지 마십시오.

⑦ 사후관리기관 : 국립전파연구원

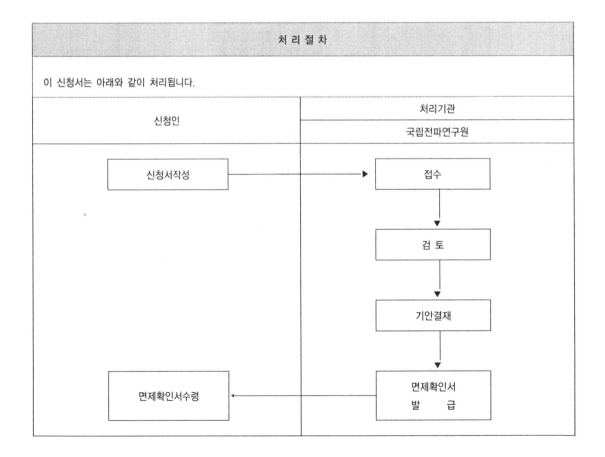

처리 절차

이 신청서는 아래와 같이 처리됩니다.

신청인	처리기관
	국립전파연구원

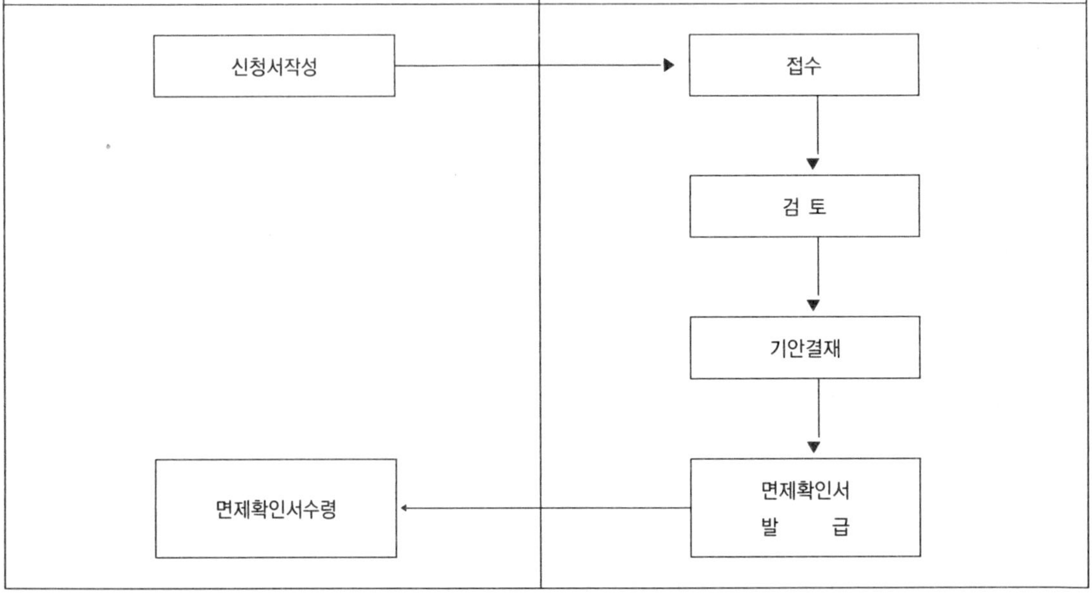

■「방송통신기자재등의 적합성평가에 관한 고시」 [별지 제13호서식] <개정 2012.3.19.> 전자민원센터(www.emsip.go.kr)에서도 신청할 수 있습니다.

방송통신기자재등의 [ ] 적합성평가확인 / [ ] 사전통관 신청(확인)서

접수번호	접수일자	처리기간 즉 시

①요건신청번호		②요건승인번호		③B/L번호	
④수입자	상호(명칭)		사업자등록번호		
	대표자성명		연 락 처	전화번호	
				팩스번호	
	주 소			(우)	
⑤수입화주	상호(명칭)		사업자등록번호		
	대표자성명		연 락 처	전화번호	
				팩스번호	
	주 소			(우)	
⑥ 품 명					
⑦ 기자재명칭 (거래품명)					
⑧ 모 델 명			금 액		
⑨ HS 번 호		⑩ 인 증 번 호 (시험기관/신청번호)		⑪ 수 량	
⑫ 제 조 자			⑬ 제조국가		

위 방송통신기자재는 「방송통신기자재등의 적합성평가에 관한 고시」 제28조에 따라 적합성평가 사실 확인 또는 시험신청을 위한 사전통관 제품임을 확인하여 주시기 바랍니다.

년 월 일

신청인 (서명 또는 인)

국립전파연구원장 귀하

귀하가 신청한 위 방송통신기자재는 「방송통신기자재등의 적합성평가에 관한 고시」 제28조에 의한 적합성평가 사실 확인 또는 시험신청을 위한 사전통관 제품임을 확인합니다.

년 월 일

국립전파연구원장 직인

유의사항

1. 제28조제3항의 규정에 따라 시험신청을 하여 사전통관을 확인받은 기자재는 사전통관 확인서를 교부 받은 날로부터 60일 이내에 적합성평가를 받아야 합니다.
2. 사전통관 한 기자재는 중점 관리대상이므로 사전통관 확인서를 교부 받은 날로부터 60일 이내에 적합성평가를 받지 않는 경우에는 불법 기자재로 분류되어 관계법령에 따라 불이익을 받을 수 있습니다.

210mm×297mm[백상지(80g/㎡)]

[별지 제14호서식] <삭제> <개정 2012. 9.24.>

■ 「방송통신기자재등의 적합성평가에 관한 고시」 [별지 제15호서식] <개정 2012.3.19.>

적합등록 기자재의 구성품 확인서

신 청 인	주 소	(우)		
	사업자등록번호			
	업무담당자	성 명	전화번호	
		E-mail	팩스번호	
적합등록사항	기자재명칭		모 델 명	
	적합등록번호		등록 연월일	
	적합등록자의 상호(또는 성명)			
구성품 확인	기자재명칭		모 델 명	
	시험성적서 발급번호		시험성적서 발행일자	
	확인기관			

위 방송통신기자재는 제8조제4항의 규정에 따라 위와 같이 적합등록을 받은 컴퓨터 내장구성품임을 확인합니다.

년 월 일

지정시험기관의 장 직인

210mm×297mm[백상지(80g/㎡)]

■ 「방송통신기자재등의 적합성평가에 관한 고시」 [별지 제16호서식] <개정 2012.3.19.>

(앞 쪽)

제 호

조사관증

사 진
3㎝ × 4㎝

성 명

국립전파연구원장

54㎜ × 86㎜ (PVC(비닐) 980.4g/㎡)

(뒤 쪽)

조 사 관 증

소 속 :
성 명 :
생년월일 :

위 공무원은 「전파법」 제71조의2제4항에 따라 적합성평가 사항의 조사 또는 시험을 행하는 권한이 있는 자임을 증명합니다.

년 월 일

국립전파연구원장 [직인]

1. 이 증은 다른 사람에게 양도하거나 빌려줄 수 없습니다.
2. 이 증은 관계자의 요구가 있을 때에는 내보여야 합니다.
3. 이 증을 잃어버린 때에는 즉시 국립전파연구원장에게 신고하여야 합니다.

무선설비 규칙

제1장 총 칙

제1조(목적)

이 고시는 「전파법」(이하 "법"이라 한다) 제37조(방송표준방식), 제45조(기술기준), 제47조(안전시설의 설치), 제58조(산업·과학·의료용 전파응용설비 등)에 따라 무선설비의 기술기준을 규정함을 목적으로 한다.

제2조(정의)

① 이 고시에서 사용하는 용어의 뜻은 다음과 같다.

1. "지정주파수"란 무선국에서 사용하는 주파수마다의 중심주파수를 말한다.
2. "특성주파수"란 주어진 발사에서 용이하게 식별되고, 측정할 수 있는 주파수를 말한다.
3. "기준주파수"란 지정주파수에 대하여 특정한 위치에 고정되어 있는 주파수를 말한다. 이 경우 기준주파수가 지정주파수에 대하여 가지는 변위는 특성주파수가 발사에 의하여 점유하는 주파수대의 중심주파수에 대하여 가지는 변위와 동일한 절대치와 동일한 부호를 가지는 것으로 한다.
4. "주파수허용편차"란 발사에 의하여 점유하는 주파수대의 중심주파수와 지정주파수 사이에 허용될 수 있는 최대편차 또는 발사의 특성주파수와 기준주파수 사이에서 허용될 수 있는 최대편차를 말하며 백만분율 또는 헤르츠(이하 "Hz"로 한다)로 표시한다.
5. "필요주파수대폭"이란 주어진 발사종별의 전파에 대하여 특정한 조건하에서 사용되는 통신방식에 필요한 전송속도와 품질로 정보를 전송하는데 충분한 주파수대폭을 말한다.
6. "점유주파수대폭"이란 변조의 결과로 생기는 주파수대폭의 하한주파수 미만의 부분과 상한주파수를 초과하는 부분에서 각각 발사되는 평균전력이 따로 정하는 경우를 제외하고 각각 0.5%와 같은 주파수대폭을 말한다.
7. "불요발사(不撓發射)"란 대역외(帶域外)발사 및 스퓨리어스(Spurious)발사를 말한다.
8. "대역외발사"란 변조과정에서 발생하는 필요주파수대폭의 바로 바깥쪽에 위치한 하나 이상의 주파수에서 발생하는 발사(스퓨리어스발사를 제외한다)를 말한다.

9 "스퓨리어스발사"란 필요주파수대폭 바깥쪽에 위치한 하나 이상의 주파수에서 발생하는 발사(대역외발사를 제외한다)로서 정보전송에 영향을 미치지 아니하고 그 강도를 저감시킬 수 있

는 것으로 고조파발사, 기생발사, 상호변조 및 주파수 변환 등에 의한 발사를 포함한 발사를 말한다.

10. "대역외영역"이란 필요주파수대폭의 바로 바깥쪽의 주파수 범위로서 대역외발사가 우세한 영역을 말한다.
11. "스퓨리어스영역"이란 대역외영역 바깥의 주파수 범위로서 스퓨리어스발사가 우세한 영역을 말한다.
12. "수신장치"란 전파를 받는 장치와 이에 부가하는 장치를 말한다(수신공중선과 급전선을 제외한다. 이하 같다).
13. "급전선"이란 전파에너지를 전송하기 위하여 송신장치나 수신장치와 공중선 사이를 연결하는 선을 말한다.
14. "정격전압"이란 무선설비가 안정적으로 동작하는데 필요한 표준 상태의 전압을 말한다.
15. "평균전력(PY)"이란 정상동작상태에서 송신장치로부터 송신공중선계의 급전선에 공급되는 전력으로서 변조에 사용되는 최저주파수의 1주기와 비교하여 충분히 긴 시간동안에 걸쳐 평균한 것을 말한다.
16. "첨두포락선전력(PX)"이란 정상동작상태에서 송신장치로부터 송신공중선계의 급전선에 공급되는 전력으로서 변조포락선의 첨두에서 무선주파수 1주기 동안에 걸쳐 평균한 것을 말한다.
17. "반송파전력(PZ)"이란 무변조상태에서 송신장치로부터 송신공중선계의 급전선에 공급되는 전력으로서 무선주파수의 1주기 동안에 걸쳐 평균한 것을 말한다.
18. "규격전력(PR)"이란 송신장치의 종단증폭기의 정격출력을 말한다.
19. "공중선이득"이란 주어진 방향의 동일한 거리에서 동일한 전계 또는 전력밀도를 발생시키기 위하여 주어진 공중선과 손실이 없는 기준공중선의 입력단에서 각각 필요로 하는 전력의 비를 말한다. 이 경우 따로 규정한 것이 없는 때에는 최대복사방향에서의 이득을 통상 데시벨(이하"dB"로 한다)로 표시한다.
20. "등가등방복사전력(EIRP)"이란 공중선에 공급되는 전력과 등방성 공중선에 대한 임의의 방향에 있어서의 공중선이득(절대이득 또는 등방이득)의 곱을 말한다.
21. "반송파"란 신호파를 무선으로 운반시키기 위한 지속적인 주파수를 말한다.
22. "전반송파"란 양측파대 수신기에 의해 수신이 가능하도록 반송파를 일정한 레벨로 송출하는 전파를 말한다.
23. "저감반송파"란 수신측에서 국부주파수의 제어 등에 이용할 수 있는 일정 레벨까지 반송파를 저감하여 송출하는 전파를 말한다.
24. "억압반송파"란 수신측에서 복조에 사용하지 아니하는 반송파를 억압하여 송출하는 전파를

말한다.

25. "혼신"이란 다른 무선국의 정상적인 운용을 방해하는 전파의 발사·복사 또는 유도를 말한다.
26. "협대역 시스템"이란 별표 1에 의한 협대역 기준치보다 작은 필요주파수대폭을 사용하는 무선설비를 말한다.
27. "광대역 시스템"이란 별표 1에 의한 광대역 기준치보다 큰 필요주파수대폭을 사용하는 무선설비를 말한다.
28. "모노포닉방송"이란 음성 기타 음향신호만으로 직접 주반송파를 변조하여 행하는 방송을 말한다.
29. "스테레오포닉방송"이란 청취자에게 음성 기타 음향의 입체감을 주기 위하여 1개의 방송국에서 좌측신호 및 우측신호를 1개의 주파수의 전파로 동시에 전송하는 방송을 말한다.
30. "좌(또는 우)측 신호"란 청취자의 좌(또는 우)측에 주세력을 갖는 음성신호를 전송하도록 배치한 단일 또는 조합 마이크로폰의 전기적 출력을 말한다.
31. "음성신호"란 음성 또는 기타 음향을 전송하기 위하여 음성 또는 기타 음향에 따라 발생하는 직접적인 전기적 변화를 말한다.
32. "파이롯트 신호"란 방송의 수신에 보조적 역할을 하도록 전송하는 신호를 말한다.
33. "주채널 신호"란 좌측신호와 우측신호의 합의 신호를 말한다.
34. "부채널 신호"란 좌측신호와 우측신호의 차의 신호로서 부반송파를 진폭변조할 때 생긴 측파대를 말한다.
35. "프리엠파시스"란 정상신호파를 그 주파수대의 한 부분에 대하여 다른 부분보다 특히 강하게 하는 것을 말한다.
36. "디엠파시스"란 프리엠파시스를 행한 신호파를 정상신호파로 환원하는 것을 말한다.
37. "편파"란 평면 전자파가 전계의 진동 방향으로 치우친 특성을 말한다.
38. "영상신호"란 정지 또는 이동하는 사물의 순간적 영상을 전송하기 위하여 주사에 따라 발생되는 직접적인 전기적 변화를 말한다.
39. "동기신호"란 영상을 동기시키기 위하여 전송하는 신호를 말한다.
40. "주사"란 화소의 휘도신호 또는 색신호(색상과 채도를 말한다)를 일정한 방법에 따라 화면에 조사(照査)하는 것을 말한다.
41. "페데스탈레벨"이란 수평과 수직의 귀선을 소거하는 시간중에 삽입되는 신호파의 상단레벨로서 동기신호의 기준레벨이 되는 것을 말한다.
42. "백레벨"이란 텔레비전의 화면이 백색이 되는 전기신호의 레벨을 말한다.
43. "흑레벨"이란 텔레비전의 화면이 흑색이 되는 전기신호로서 전송계 전체를 통하여 보존함으

로써 화면의 평균밝기를 충실하게 전할 수 있는 레벨을 말한다.

44. "필드"란 화상을 구성하기 위해 위에서 아래로 1회 주사하는 것을 말하며 뛰어넘어 주사하는 경우에 한 화면은 2 필드로 구성된다.
45. "텔레비전 음성다중방송"이란 음성신호 채널을 2개 이상으로 하여 방송하는 텔레비전 방송을 말한다.
46. "스테레오포닉 음성다중방송"이란 텔레비전 음성다중방송에서 음향에 입체감을 주기 위한 방송을 말한다.
47. "텔레비전방송 부가서비스"란 텔레비전의 수직귀선소거기간과 기저대역내의 부반송파를 이용하여 디지털이나 아날로그 형태로 데이터 또는 가공된 정보를 전송하는 모든 서비스를 의미한다.
48. "프로그램 채널"이란 영상, 음성, 보조데이터로 구성되는 텔레비전 방송 서비스 채널과 단일 스트림으로 구성되는 데이터 서비스 채널을 말한다.
49. "MPEG(Moving Picture Experts Group)"란 국제 표준화기구(ISO)와 국제전기표준화회의(IEC) 산하의 정보기술 표준화를 위한 합동기술위원회(JTC1)에 소속된 여러 기술분과 중 하나인 ISO/IEC JTC1/SC29/WG11을 말한다.
50. "폐쇄자막(Closed Caption)"이란 텔레비전 프로그램의 음성과 동기하여 제공하는 전사(Transcription) 문자열과 부가 정보 문자열로서 이 기능이 활성화된 경우에만 화면에 표시되는 자막을 말한다.
51. "8-VSB(Vestigial Side Band) 전송 방식"이란 3 비트로 구성된8 레벨의 심볼들을 VSB로 변조하여 전송하는 방식이다.
52. "위성방송"이란 공중이 직접 수신할 수 있도록 할 목적으로 텔레비전, 라디오 및 데이터 등의 방송프로그램 신호를 인공위성의 송신설비를 이용하여 방송하는 것을 말한다.
53. "디지털 위성방송 비디오 서비스"란 디지털 위성방송에서 기본적으로 제공하는 비디오와 비디오에 따른 오디오 또는 그 보조 데이터로 구성되는 서비스를 말한다.
54. "디지털 위성방송 오디오 서비스"란 디지털 위성방송에서 기본적으로 제공하는 오디오 또는 그에 따른 보조 데이터로 구성되는 서비스를 말한다.
55. "디지털 위성방송 데이터 서비스"란 디지털 위성방송의 오디오 서비스 및 비디오 서비스와는 독립적인 정보로 구성되는 모든 서비스를 말한다.
56. "멀티채널 오디오"란 좌측, 우측, 좌측 서라운드, 우측 서라운드, 중앙 및 저대역 효과 채널 등 최대 5.1 채널로 구성되는 오디오 신호를 의미한다.
57. "서비스 정보(SI:Service Information)"란 수신기에서 프로그램 안내정보의 구성과 선택한 프

로그램의 수신을 위한 위성 반송파와 영상, 음성, 데이터 스트림을 찾는데 필요한 정보를 의미한다.

58. "DVB-S (Digital Video Broadcasting-Satellite)"란 디지털 위성방송을 위한 EN 300 421 규격을 말한다.
59. "DVB-S2 (Digital Video Broadcasting-Satellite 2)"란 고효율 오류정정 부호화 및 다중 변조방식을 사용함으로써 DVB-S에 비해 향상된 전송효율을 제공하는 디지털 위성방송용 EN 302 307 규격을 말한다.
60. "역방향호환모드"란 DVB-S와 호환성을 유지하기위한 방식을 말한다. 이때 DVB-S 수신기를 위한 신호는 "상위전송스트림"이라하고, DVB-S2수신기를 위한 신호는 "하위전송스트림"이라 한다.
61. "QPSK(Quadrature Phase Shift Keying)"란 데이터 전송시 전력의 크기를 똑같이 하고 위상을 45도, 135도, 225도, 315도의 4가지로 전송하는 방식을 의미한다.
62. "8PSK (8 Phase Shift Keying)"란 데이터 전송시 전력의 크기를 똑같이 하고 신호점간의 위상차를 45도 간격인 0도, 45도, 90도, 135도, 180도, 225도, 270도, 315도의 8가지로 전송하는 방식을 의미한다.
63. "H-8PSK (Hierarchical 8 Phase Shift Keying)"란 신호점 간 데이터 성능을 계층적으로 차등화하기 위한 목적으로, 데이터 전송 시 전력의 크기를 똑같이 하고 신호점간의 위상차를 계층적으로 차등화하여 8가지로 전송하는 방식을 의미한다.
64. "지상파 디지털멀티미디어방송(DMB)"이란 공중이 직접 수신할 수 있도록 할 목적으로 디지털 오디오, 비디오 및 데이터를 지상의 송신설비를 이용하여 초단파 대역에서 방송하는 것을 말한다.
65. "지상파 디지털멀티미디어방송(DMB) 오디오 서비스"란 지상파 디지털 멀티미디어 방송에서 오디오를 제공하는 서비스를 말하며, 오디오 신호 외에 보조 영상 신호, 보조 데이터 신호 또는 이들의 조합으로 구성할 수 있다.
66. "지상파 디지털멀티미디어방송(DMB) 비디오 서비스"란 지상파 디지털 멀티미디어 방송에서 기본적으로 제공하는 비디오와 비디오에 따른 음성·음향 또는 그 보조데이터로 구성되는 서비스를 말한다.
67. "지상파 디지털멀티미디어방송(DMB) 데이터 서비스"란 지상파 디지털 멀티미디어 방송 오디오 서비스 및 비디오 서비스와는 독립적인 정보로 구성되는 모든 서비스를 말한다.
68. "BSAC(Bit Sliced Arithmetic Coding)"이란 ISO/IEC14496-3에서 정의한 부호화 방식 중 하나로서 채널당 1kbps 단위의 계층적 구조를 가지는 고품질 오디오 압축 부호화 방식을 말한다.

69. "지상파 디지털멀티미디어방송(DMB) 재난경보서비스"란 "지상파 디지털멀티미디어방송(DMB) 데이터 서비스" 중 재난 예보 및 경보를 현재 시청하고 있는 방송의 중단 없이 신속하게 제공하는 서비스를 말한다.
70. "서비스 컴포넌트"란 서비스의 구성단위로서 물리적인 의미를 갖는 디지털 오디오, 비디오 또는 데이터를 말한다.
71. "π/4-DQPSK(Differential QPSK)"란 데이터 전송시 전압의 크기를 동일하게 하고 위상을 바로 전에 전송된 심볼의 위상에 0도, 90도, 180도, 270도의 4가지 중에 해당하는 위상을 더하고 천이위상 45도(π/4)를 추가하여 전송하는 방식을 말한다.
72. "OFDM(Orthogonal Frequency Division Multiplexing)"이란 상호 직교성을 갖는 다수 반송파를 이용하여 신호를 변조하여 다중화하는 전송 방식을 말한다.
73. "전송 프레임"이란 전송의 기본 단위로 동기채널, 고속 정보채널, 주서비스채널로 구성된다.
74. "위성 디지털멀티미디어방송(DMB)"이란 공중이 직접 수신할 수 있도록 할 목적으로 디지털 비디오, 오디오 및 데이터 등의 방송프로그램 신호를 위성 송신설비 및 지상 중계설비를 이용하여 극초단파대역에서 방송하는 것을 말한다.
75. "위성 디지털멀티미디어방송(DMB) 비디오 서비스"란 위성 디지털 멀티미디어 방송에서 기본적으로 제공하는 비디오와 비디오에 따른 오디오 또는 그 보조 데이터로 구성되는 서비스를 말한다.
76. "위성 디지털멀티미디어방송(DMB) 오디오 서비스"란 위성 디지털 멀티미디어 방송에서 오디오를 제공하는 서비스를 말하며, 오디오 신호 외에 보조 영상 신호, 보조 데이터 신호 또는 이들의 조합으로 구성할 수 있다.
77. "위성 디지털멀티미디어방송(DMB) 데이터 서비스"란 위성 디지털 멀티미디어 방송의 비디오 서비스 및 오디오 서비스와는 독립적인 정보로 구성되는 모든 서비스를 말한다.
78. "CDM(Code Division Multiplexing)"이란 상호 직교성을 갖는 코드를 이용하여 주파수 대역을 확산하고 신호를 다중화하는 전송 방식을 말한다.
79. "인접채널 누설전력"이란 변조된 신호의 전파발사로 인하여 기본파의 상하로 인접해 있는 채널의 필요주파수대폭 내에 누설되는 전력을 말한다.
80. "디지털변조(Digital modulation)"란 2진 부호로 표현되는 데이터를 반송파의 진폭, 주파수, 위상 또는 이들의 조합으로 변조하는 것을 말한다.
81. "간섭감지기준(Interference detection threshold)"이란 능동주파수선택의 기술적 조건에서 레이더 신호를 검출하기 위하여 기준으로 사용되는 수신전력을 말한다. 다만, 수신전력은 수신공중선의 절대이득이 0 dBi 일 때를 기준으로 한다.

82. “채널사용가능확인시간(Channel availability check time)”이란 간섭감지기준을 초과하지 않는 사용가능한 채널이 있는지를 확인하는 시간을 말한다.
83. “채널이동시간(Channel move time)”이란 간섭감지기준을 초과하는 채널이 모든 데이터전송을 중지하는 시간을 말한다.
84. “비점유시간(Non occupancy period)”이란 간섭감지기준를 초과하는 채널이 채널이동시간 후 재사용 할 때까지 그 채널을 점유하지 아니하여야 할 시간을 말한다.
85. “간섭회피기술(DAA : Detect And Avoid)”이란 이종 무선시스템의 신호를 감지하여 이종시스템에 간섭을 주지 않거나, 주지 않도록 출력을 경감하거나 회피하는 기술을 말한다.

② 이 고시에서 사용하는 용어의 뜻은 제1항에서 정하는 것을 제외하고는 「전파법 시행령(이하 “영”이라 한다)이 정하는 바에 따른다.

제2장 무선설비 기술기준의 일반적 조건

제3조(주파수허용편차)

① 이 고시의 다른 장에서 따로 정한 경우를 제외하고 송신설비에서 발사되는 전파의 주파수허용편차는 별표 2와 같다.

② 제1항을 적용하기 곤란한 경우에는 국제전기통신연합(ITU)에서 정한 주파수허용편차를 적용한다.

제4조(주파수대폭의 허용치)

① 이 고시의 다른 장에서 따로 정한 경우를 제외하고 송신설비에서 발사되는 전파의 점유주파수대폭의 허용치는 별표 3과 같다.

② 제1항을 적용하기 곤란한 경우에는 국제전기통신연합(ITU)에서 정하는 필요주파수대폭을 적용한다.

제5조(스퓨리어스영역 불요발사의 허용치)

① 이 고시의 다른 장에서 따로 정한 경우를 제외하고 송신설비에서 발사되는 스퓨리어스영역 불요발사의 허용치는 별표 4와 같다.

② 제1항을 적용하기 곤란한 경우에는 국제전기통신연합(ITU)에서 정한 스퓨리어스영역 불요발사의 허용치를 적용한다.

제6조(전력)

① 송신설비의 전력은 공중선전력으로 표시한다. 다만, 다음 각 호의 어느 하나에 해당하는 송신설비의 전력은 규격전력으로 표시한다.

1. 500 ㎒ 이하의 주파수의 전파를 사용하는 송신설비로서 정격출력 1 W 이하의 진공관을 사용하는 것
2. 생존정에 사용되는 비상용의 무선설비와 비상위치지시용 무선표지설비(라디오부이의 송신설비 및 항공이동업무 또는 항공무선항행업무용 무선설비의 송신설비를 제외한다)
3. 아마추어국 및 실험국의 송신설비(방송을 행하는 실험국의 송신설비를 제외한다)
4. 제1호부터 제3호까지 외의 송신설비로서 첨두포락선전력, 평균전력 또는 반송파전력을 측정하기가 곤란하거나 측정할 필요가 없는 송신설비

② 송신설비의 전력에 대하여 전파이용질서의 유지 및 보호를 위하여 필요한 경우에는 제1항에 따른 전력외에 등가등방복사전력 또는 실효복사전력을 함께 표시할 수 있다.

③ 전파형식별 공중선전력의 표시와 환산 비는 별표 5와 같고, 송신설비의 공중선전력 허용편차는 별표 6과 같다.

제7조(변조특성 등)

① 변조신호에 따라 반송파가 진폭변조되는 송신장치는 변조도가 100 %를 초과하지 아니하여야 하고, 반송파가 주파수변조되는 송신장치는 최대주파수편이의 범위를 초과하지 아니하여야 한다.

② 무선설비는 최고통신속도 또는 최고변조주파수에서 안정적으로 동작하여야 한다.

제8조(공중선계)

공중선계는 다음 각 호의 조건을 충족하여야 한다.

1. 공중선은 이득이 높을 것
2. 정합은 신호의 반사손실이 최소화되도록 할 것
3. 지향성은 복사되는 전력이 목표하는 방향을 벗어나지 아니하도록 안정적일 것

제9조(수신설비)

① 이 고시의 다른 장에서 따로 정한 경우를 제외하고 수신 설비로부터 부차적으로 발사되는 전파의 세기는 수신 공중선과 전기적 상수가 같은 의사공중선회로를 사용하여 측정한 경우에 −54 dBmW 이하이어야 한다.

② 수신 설비는 다음 각 호의 조건을 충족하여야 한다.

1. 수신주파수는 운용범위 이내일 것
2. 선택도가 클 것
3. 내부잡음이 적을 것
4. 감도는 낮은 신호입력에서도 양호할 것

제10조(보호장치 및 특수장치)

① 공중선전력 10 W를 초과하는 무선설비에 사용하는 전원회로에는 퓨즈 또는 자동차단기를 갖추어야 한다.

② 원활한 통신소통을 위하여 필요하다고 인정되는 무선국에는 선택호출장치 또는 식별장치 등의 특수 장치를 갖추어야 한다.

제11조(전원)

① 무선설비의 운용을 위한 전원은 전압변동률이 정격전압의 ±10 % 이내로 유지할 수 있어야 한다.

② 의무선박국 및 의무항공기국의 전원은 다음 각 호의 조건을 충족하는 데 필요한 충분한 전력을 공급할 수 있어야 한다.

1. 항행 중 해당 무선국의 무선설비를 동작시킬 것
2. 예비전원용 축전지를 충전할 수 있을 것

③ 비상국의 전원은 다음 각 호의 조건에 적합하여야 한다.

1. 수동발전기, 원동발전기, 무정전전원설비 또는 축전지로서 24 시간 이상 상시 운용할 수 있을 것
2. 즉각 최대성능으로 사용할 수 있을 것

제12조(무선설비 동작안정을 위한 조건)

① 무선설비는 전원이 정격전압의 ±10 % 이내의 범위에서 변동된 경우에도 안정적으로 동작할 수 있어야 한다. 다만, 축전지를 사용하는 무선설비중에서 저전압에 따라 자동으로 전원이 차단되는 기능을 가진 무선설비는 저전압에 따라 무선설비의 전원이 자동으로 차단되는 전압과 해당 무선설비에 사용되는 축전지의 최고 전압의 범위안에서 안정적으로 동작할 수 있어야 한다.

② 무선설비는 사용상태에서 통상 접하는 온도 및 습도의 변화, 진동 또는 충격 등의 경우에도 지장없이 동작할 수 있어야 한다.

③ 무선설비는 외부의 기계적 잡음 등의 방해를 받지 아니하는 안전한 장소에 설치하여야 한다.

제13조(예비전원 및 예비품 등)

① 의무선박국과 의무항공기국은 주 전원설비의 고장시 대체할 수 있는 예비전원시설을 갖추어야 한다.

② 의무항공기국의 예비전원은 항공기의 항행안전을 위하여 필요한 무선설비를 30 분 이상 동작시킬 수 있는 성능을 가져야 한다.

③ 의무선박국은 송신장치의 모든 전력으로 시험할 수 있는 의사공중선을 비치하여야 한다.

④ 의무선박국은 해당 무선설비와 해당 무선설비를 제어하는 장치를 충분히 조명할 수 있는 비상등을 설치하여야 한다. 이 경우 비상등의 전원은 해당 무선설비를 통상 조명하는데 사용되는 전원으로부터 독립되어 있어야 한다.

제3장 업무별 무선설비의 세부 기술기준

제1절 방송표준방식 및 방송업무용 무선설비의 기술기준

제14조(적용범위)

① 이 절에서 정하는 방송표준방식 및 방송업무용 무선설비의 기술기준은 방송을 행하는 방송국의 카메라·마이크로폰 증폭기·데이터방송용 저작장치 또는 저장·재생장치의 출력단자에서 송신공중선까지의 범위(중계용과 연락망용을 제외한다)의 무선설비에 적용한다.

② 방송통신위원회는 방송기술의 고도화를 촉진하기 위해 다음 각 호의 어느 하나에 해당하는 경우 이 절의 기술기준과 다른 방송업무의 수행을 허용할 수 있다.

1. 실험국 운용 등을 통해 기술이 검증된 방송서비스로서 상용화를 앞두고 추가적인 검증이 필요한 경우
2. 새로운 기술을 적용한 부가서비스 검증이 필요한 경우

③ 제2항과 관련하여 방송사업자의 신청이 있을 경우 방송통신위원회는 신청 목적, 방송 내용, 방송기간, 주파수 활용, 설비운용, 송수신 환경 변화, 운용 중인 방송에의 영향 등을 종합적으로 검토하여 허용 여부를 결정한다.

제15조(예비장치)

① 방송국에는 방송중단사고를 예방하고 송신신호를 안정하게 공급하는데 필요한 예비송신장치 및 예비전원장치를 비치하여야 한다. 다만, 공중선전력이 1 ㎾(지상파 디지털 텔레비전방송국은 100 W)미만인 경우는 제외한다.

② 송신장치가 병렬조합방식으로 구성되어 있는 방송국은 제1항에 따른 예비송신장치를 갖춘 것으

로 본다.

제16조(의사공중선)

방송국에는 송신기의 기기조정 및 시험을 하는데 필요한 의사공중선을 구비하여야 한다.

제17조(중파(AM)방송용 무선설비)

① 중파(AM)방송용 무선설비의 기술기준은 다음 각 호와 같다.

1. 변조도
   가. 모노포닉방송을 행하는 송신장치 등은 적어도 95 %까지 직선적으로 변조할 수 있을 것
   나. 스테레오포닉방송을 행하는 송신장치 등은 동일한 좌측신호와 우측신호를 합한 신호에 따라 적어도 95 %까지 직선적으로 변조할 수 있을 것
2. 변조방식
   가. 모노포닉방송을 위한 변조는 진폭변조방식으로 할 것
   나. 스테레오포닉방송을 위한 변조는 모노포닉방송과 양립성을 갖도록 하기 위하여 직교진폭변조방식으로 할 것
      (1) 직교진폭변조는 음성신호의 좌측신호와 우측신호의 합신호로 동위상반송파를 진폭변조한 출력과 좌측신호와 우측신호의 차신호 및 파이롯트 신호와 90 도의 위상차를 갖는 반송파를 직교진폭 변조한 출력을 합성한 후 진폭변조분을 제거하여 위상편이(직교변조 위상각)만을 갖는 반송파를 만들어 재차 합신호에 의해서 진폭 변조하는 방식으로 할 것
      (2) 변조의 방정식은 다음과 같다.

      $E=(1+M)\cos(2\pi f_c t+\theta),\ \ \theta=\tan^{-1}(S+P\sin 2\pi f_p t/1+M)$

      f_c : 반송파의 주파수　f_p : Pilot 신호의 주파수

      M : 합신호(L+R)　S : 차신호(L-R)

      L : 좌측신호,　R : 우측신호

      P : Pilot신호　θ: 직교변조 위상각

      t : 시간

      단 M, S, L, R, P는 반송파 전압에서 정규화된 값
3. 변조주파수
   가. 모노포닉방송을 행하는 경우에 음성신호의 변조주파수는 5,000 Hz 이내로 할 것
   나. 스테레오포닉방송을 행하는 경우에 음성신호의 변조주파수는 7,500 Hz 이내로 할 것

4. 파이롯트 신호
   가. 파이롯트 신호의 주파수는 25 Hz (±)0.1 Hz 이내로 할 것
   나. 파이롯트 신호에 의한 반송파의 최대 위상편이는 (±)0.05 라디안 이내로 할 것
5. (반송파의 위상편이) 좌측신호와 우측신호의 합신호 및 차신호에 의한 반송파의 최대위상편이는 (±)0.785 라디안 이내로 할 것
6. 종합왜율
   가. 모노포닉방송을 행하는 송신장치 등은 100 Hz에서 5,000 Hz까지의 변조주파수에 따라 80 % 변조를 한 때에 왜율의 변화가 5 % 이내일 것
   나. 스테레오포닉방송을 행하는 송신장치 등은 좌측신호와 우측신호에 100 Hz에서 7,500 Hz까지의 변조주파수에 따라 좌측신호와 우측신호의 변조도를 각각 40 % 또는 합한 신호의 변조도를 80 % 변조를 한 때에 왜율의 변화가 5 % 이내일 것
7. 신호대 잡음비
   가. 모노포닉방송을 행하는 송신장치 등은 변조주파수 1,000 Hz로서 80 %의 변조를 하는 경우에 50 dB 이상일 것
   나. 스테레오포닉방송을 행하는 송신장치 등은 변조주파수 1,000 Hz로서 80 %의 변조를 하는 경우에 좌측신호와 우측신호를 합한 신호에 대하여 50 dB 이상이어야 하며 좌측신호와 우측신호를 각각 40 %의 변조를 하는 경우에 42 dB 이상일 것
8. 종합주파수 특성
   가. 모노포닉방송을 행하는 송신장치 등은 변조주파수 1,000 Hz에 의하여 100 Hz에서 5,000 Hz까지 50 % 변조한 경우를 기준으로 하며 그 편차가 (±)2 dB를 초과하지 아니할 것
   나. 스테레오포닉방송을 행하는 송신장치 등의 특성은 변조주파수가 400 Hz인 동일한 좌측신호와 우측신호의 합신호에 의해 50 % 변조를 한 경우를 기준으로 하거나 변조주파수가 400 Hz인 좌측신호 또는 우측신호에 의해 각각 40 % 변조를 한 경우를 기준으로 할 때 100 Hz에서 7,500 Hz까지의 편차는 별표 7의 허용범위 이내일 것
9. (좌·우 출력 레벨차)스테레오포닉방송을 행하는 송신장치 등은 100 Hz에서 7,500 Hz까지의 변조주파수에서 좌측신호와 우측신호의 입력단자에 동일한 신호를 입력하여 40 % 변조를 한 경우에 출력된 우측신호와 좌측신호와의 레벨차는 (±)1.5 dB 이내일 것
10. (좌·우 신호 분리도) 스테레오포닉방송을 행하는 송신장치 등은 좌측신호와 우측신호 중 하나의 신호에 따라 40 %의 변조를 한 경우에 입력단자에 가한 신호의 출력레벨과 그 입력단자에 가하지 않은 신호의 출력레벨과의 비는 100 Hz에서 7,500 Hz까지의 변조주파수에서 20 dB 이상이어야 할 것

11. 반송파의 진폭변동율
   가. 모노포닉방송을 행하는 경우에 변조주파수 1,000 Hz로서 0 %에서 95 %까지 변조할 때, 반송파의 전류진폭의 변동율은 5 % 이내 일 것
   나. 스테레오포닉방송을 행하는 경우에 1,000 Hz의 변조주파수에 의한 동일 좌측신호와 우측신호를 합한 신호에 의하여 0 %에서 95 %까지 진폭변조할 때, 반송파의 전류진폭의 변동율은 5 % 이내일 것
12. (전계강도) 송신공중선으로부터 1 파장(1 ㎞를 표준으로) 이상 떨어진 전방에 장애물이 없는 공간의 지점에서 무지향성 공중선의 경우 45 도 마다 8지점, 지향성 공중선의 경우 30 도 마다 12지점에서 전계강도를 측정하여 값이 허용치 이상일 것
   (1) 0.1 ㎾ 미만 $140\sqrt{P}$
   (2) 0.1 ㎾ 이상 1㎾ 미만 $180\sqrt{P}$
   (3) 1 ㎾ 이상 5 ㎾ 미만 $200\sqrt{P}$
   (4) 5 ㎾ 이상 50 ㎾ 미만 $250\sqrt{P}$
   (5) 50 ㎾ 이상 $300\sqrt{P}$
   (6) P = 공중선전력(㎾)
13. (공중선의 지향특성) 송신공중선으로부터 1 파장(1 ㎞를 표준으로) 이상 떨어진 전방에 장애물이 없는 공간의 지점에서 무지향성 공중선의 경우 30 도 마다 12지점, 지향성 공중선의 경우15 도 마다 24지점에서 전계강도를 측정하였을 때 허가 받은 수평지향특성 일 것

② 중파(AM)방송용 채널은 별표 8과 같다.

제18조(초단파(FM)방송용 무선설비)

① 초단파(FM)방송용 무선설비의 기술기준은 다음 각 호와 같다.
1. (변조도) 송신장치 등은 적어도 100 %까지 직선적으로 변조할 수 있을 것
2. 변조방식
   가. 모노포닉방송을 하는 경우 주파수변조방식으로 하고 주반송파는 음성신호로 변조할 것
   나. 스테레오포닉방송을 하는 경우에는 모노포닉방송의 경우와 양립성을 갖도록 하기 위하여 주파수변조방식으로 할 것
      (1) 주반송파는 주채널 신호와 부채널 신호 및 파이롯트 신호로써 변조할 것
      (2) 부채널 신호는 진폭변조방식으로 하고 변조 후 발생하는 부반송파를 억압하는 것으로 할 것
3. (변조주파수) 음성신호의 변조주파수는 15,000 Hz 이내로 할 것
4. 파이롯트 신호
   가. 파이롯트 주파수는 19 ㎑이고 허용편차는 (±)2 Hz 이내일 것

나. 스테레오포닉방송을 하는 경우 파이롯트 신호에 의한 주파수편이는 제5호가목에 규정하는 최대주파수편이의 8 %에서 10 % 범위 이내일 것

다. (파이롯트 신호와 부반송파의 위상오차) 스테레오포닉방송을 행하는 경우에 부반송파가 시간축과 정(+)의 경사로 교차하는 점과 파이롯트 신호가 그 시간축과 교차하는 점과의 위상오차는 (±)3 도 이상을 벗어나지 아니하여야 하며, 또한 정(+)의 값의 다중신호는 주반송파의 정(+)의 주파수편이를 발생할 것

5. 최대주파수편이

가. 최대주파수편이는 (±)75 ㎑일 것

나. 스테레오포닉방송의 경우 좌측신호 또는 우측신호의 입력단자에 신호를 가하는 경우 주채널 신호에 의한 주반송파의 주파수편이와 부채널 신호에 의한 주반송파의 주파수편이는 동일한 것으로 하며 각각의 최대치는 제5호가목에서 규정한 최대주파수편이의 45 %를 넘지 않도록 할 것

6. (종합왜율) 송신장치 등은 각각의 변조 주파수에 대해 (±)75 ㎑의 주파수편이로 변조한 경우에 아래 표와 같을 것

변조주파수(㎐)	종합왜율(%)
50 부터 100	3.5 이내
100 부터 7,500	2.5 이내
7,500 부터 15,000	3.0 이내

7. (신호 대 잡음비) 1,000 ㎐의 변조주파수에 따라 최대주파수편이로 변조한 송신장치 등은 75 ㎲의 시정수를 가진 임피던스 주파수특성의 회로에 따라 디엠파시스를 행한 경우에 60 ㏈ 이상일 것

8. (종합주파수특성) 송신장치 등은 75 ㎲의 시정수를 가진 임피던스 주파수특성의 회로에 따라 프리엠파시스를 하여야 하며 별표 9에 정한 특성곡선과 같을 것

9. (좌·우 신호레벨차) 송신장치 등은 좌측신호 및 우측신호의 입력단자에 동일한 신호를 가한 경우에 해당 장치의 출력단자에서 디엠파시스를 행한 좌측신호와 우측신호와의 레벨차는 50 ㎐에서 15,000 ㎐까지의 주파수에서 (±)1.5 ㏈ 이내일 것

10. (좌·우 신호분리도) 스테레오포닉방송을 행하는 송신장치 등은 좌측신호와 우측신호 중 하나의 신호에 따라 주반송파에 (±)75 ㎑의 주파수편이로 변조한 경우에 입력단자에 가한 신호의 출력레벨과 그 입력단자에 가하지 않은 신호의 출력레벨과의 비는 50 ㎐에서 15,000 ㎐까지의 주파수에서 30 ㏈ 이상일 것

11. (잔류진폭변조잡음) 송신장치 등의 잔류진폭변조잡음(변조가 없을 때 반송파에 포함되는 진

폭변조잡음을 말한다)은 1,000 ㎐의 변조주파수에 따라 주반송파에 100 %로 주파수변조를 한 경우의 출력레벨과 입력을 가하지 않은 경우의 직선검파 한 출력레벨과의 비가 50 ㏈ 이상 일 것

12. 스테레오포닉방송을 행하는 경우에 부반송파의 잔류분에 의한 주반송파의 편이는 제5호가목에 규정하는 최대주파수편이의 1 %를 넘지 아니 할 것

13. (편파면) 송신공중선은 그 발사전파의 편파면이 원형일 것. 다만, 방송통신위원회가 특히 필요하다고 인정하는 경우에는 그러하지 아니한다.

14. 부반송파를 사용하는 초단파(FM)방송 부가서비스의 조건

가. 초단파(FM)방송 부가서비스의 부반송파에는 어떤 형태의 변조방식도 사용할 수 있을 것

나. 부반송파 기저대역은 다음의 조건에 만족할 것

(1) 모노포닉 프로그램을 방송할 때, 다중 부반송파와 그들의 우세 측파대는 20 ㎑에서 99 ㎑ 사이에 있어야 하며, 주파수 배열은 별표 10과 같을 것

(2) 스테레오포닉 프로그램을 방송할 때, 다중 부반송파와 그들의 우세 측파대는 53 ㎑에서 99 ㎑ 사이에 있어야 하며, 주파수 배열은 별표 11과 같을 것

(3) 방송프로그램이 방송되지 않을 때, 다중 부반송파와 그들의 우세 측파대는 20 ㎑에서 99 ㎑ 사이에 있어야 할 것

다. 부반송파 주파수편이

(1) 모노포닉 프로그램을 방송할 때, 모든 부반송파들의 산술적 합에 의한 주반송파의 주파수편이는 (±)75 ㎑로 규정한 최대주파수편이의 20 %를 넘지 않도록 할 것

(2) 스테레오포닉 프로그램을 방송할 때, 모든 부반송파들의 산술 적합에 의한 주반송파의 주파수편이는 (±)75 ㎑로 규정한 최대주파수 편이의 20 %를 넘지 않도록 할 것

(3) 방송프로그램이 방송되지 않을 때, 모든 부반송파들의 산술적 합에 의한 주반송파의 주파수편이는 (±)75 ㎑로 규정한 최대주파수편이의 20 %를 넘지 않도록 할 것

(4) (1), (2), (3)항에서 기저대역 75 ㎑에서 99 ㎑까지의 모든 부반송파들의 산술적 합에 의한 주반송파의 주파수편이는(±)75 ㎑로 규정한 최대주파수편이의 10 %를 넘지 않도록 할 것

(5) 다중 부반송파에 의하여 부가서비스를 방송할 경우에 모든 반송파의 산술적 합에 의한 주반송파의 주파수편이는 (±)75 ㎑로 규정한 최대주파수편이의 110 %를 넘지 않도록 할 것

라. 다중 부반송파에 의한 스퓨리어스 발사는 억제되어야만 하고, 동일채널 및 인접채널의 초단파(FM)방송 또는 다른 초단파(FM)방송 부가서비스에 유해한 간섭을 일으키지 않아야

할 것

15. 방송 주파수배열

가. 부반송파 신호를 포함한 초단파(FM) 모노포닉방송의 주파수배열은 별표 10과 같을 것

나. 부반송파 신호를 포함한 초단파(FM) 스테레오포닉방송의 주파수배열은 별표 11과 같을 것

다. 초단파(FM) 모노포닉방송의 주파수배열은 별표 12와 같을 것

라. 초단파(FM) 스테레오포닉방송의 주파수배열은 별표 13과 같을 것

16. (실효복사전력 또는 전계강도) 송신공중선으로부터 100 m 이상 떨어진 전방에 장애물이 없는 공간의 지점에서 무지향성 공중선의 경우 45 도 마다 8지점, 지향성 공중선의 경우 15 도 마다 24지점에서 전계강도를 측정하여 산출한 실효복사전력이 허용치 이내일 것

17. (공중선의 지향특성) 송신공중선으로부터 100 m 이상 떨어진 전방에 장애물이 없는 공간의 지점에서 무지향성 공중선의 경우 30 도 마다 12지점, 지향성 공중선의 경우 15 도 마다 24지점에서 전계강도를 측정한 후 허가 받은 지향특성 일 것

② 초단파(FM)방송용 채널은 별표 14와 같다.

제19조(단파방송용 무선설비)

단파방송용 무선설비의 기술기준은 제17조제1항을 준용한다.

제20조(지상파 아날로그 텔레비전방송용 무선설비)

① 지상파 아날로그 텔레비전방송용 무선설비의 기술기준은 다음 각 호와 같다.

1. 변조

가. 영상신호 및 동기신호는 영상신호 반송파를 진폭 변조하는 것으로 할 것

나. 영상신호의 변조는 피사체의 휘도가 증가할 때 복사전력이 감소하는 방식으로 할 것

다. 가호에 따라 진폭 변조되어 송신설비로부터 복사되는 영상전파는 별표 15의 잔류측파대 특성을 가지는 것이어야 할 것

라. 음성신호 반송파는 음성신호에 따라 주파수 변조할 것

마. 영상신호의 변조도는 87.5 % 이내일 것

2. 반송주파수

가. 영상신호 반송파의 주파수는 6,000 ㎑의 주파수대폭의 하한으로부터 1,250 ㎑ 높은 주파수로 할 것

나. 음성신호 반송파의 주파수는 영상신호 반송파의 주파수로부터 4,500 ㎑ 높은 주파수로 하

며 허용편차는 (±)1,000 Hz 이내 일 것

다. 칼라 텔레비전방송을 행하는 경우에 색신호(피사체의 색상 및 채도를 나타내는 신호를 말한다. 이하 같다) 부반송파의 주파수는 3,579.545 KHz로 할 것. 이 경우에 허용편차는 (±)10 Hz 이내 이어야 하고 매초 (±)0.1 Hz를 초과하지 않을 것

3. 주사

가. 하나의 영상 주사선수는 525 줄로 하고, 1 줄씩 비월주사하는 것으로 할 것

나. 영상화면의 가로와 세로의 비는 4 : 3으로 할 것

다. 영상의 주사는 수평방향에 있어서는 좌로부터 우로, 수직방향에 있어서는 위로부터 아래로 일정한 속도로 행하는 것으로 할 것

4. 영상신호

가. 칼라텔레비전 방송을 행하는 경우에 영상신호는 휘도신호(피사체의 휘도를 표시하는 신호를 말한다. 이하 같다)와 색신호로 구성되며 별표 16의 방정식(수상기에 동등이상의 효과를 주는 것을 포함한다)에 적합한 것으로 할 것

나. 페데스탈레벨은 반송파 최고레벨의 75 %이어야 하며 허용편차는 (±)2.5 % 이내 일 것

다. 백레벨은 반송파 최고레벨의 12.5 %이어야 하며 허용편차는 (±)2.5 % 이내 일 것

라. 흑레벨은 페데스탈레벨로부터 페데스탈레벨과 백레벨과의 차이에 대해 7.5 %이어야 하며 허용편차는 (±)2.5 % 이내일 것

마. 연속한 2필드를 보내는 동안에 동기신호 첨두치 변동이 평균치에 대하여 가능한 한 (±)2.5 % 이내일 것

바. 색신호의 진폭은 (±)15 % 이내이고, 색신호의 위상은 (±)8 도 이내로 유지하여야 할 것

5. 동기신호

가. 동기신호는 수직동기펄스, 수평동기펄스, 등화펄스 및 칼라버스트로 구성되며 칼라텔레비전 방송을 행하는 경우에는 별표 17의 제1항 및 제2항의 기준을 따른다. 다만, 수상기에 동등이상의 효과를 주는 경우에는 그러하지 아니할 수 있다.

나. 동기신호는 전원 주파수에 대하여 비동기로 할 것

다. 칼라텔레비전 방송을 행하는 경우에 수평동기펄스의 주파수는 색신호 부반송파 주파수의 2/455로 한다. 다만, 수상기에 동등이상의 효과를 주는 경우에는 그러하지 아니할 수 있다.

라. 칼라텔레비전 방송을 행하는 경우에 수직동기펄스의 주파수는 수평동기펄스의 주파수의 2/525로 할 것

마. 칼라버스트의 주파수는 색신호 부반송파의 주파수와 동일한 정현파로 할 것

6. 영상 송신장치

가. 색신호 부반송파의 주파수로 변조한 경우에 하측파대 강도는 200 KHz의 주파수로 변조한 경우의 하측파대 강도에 대하여 (-)42 dB 이하일 것

나. 4,750 KHz의 주파수로 변조한 경우의 상측파대 강도는 200 KHz의 주파수로 변조한 경우의 상측파대 강도에 대하여 (-)20 dB 이하일 것

다. 1,250 KHz 이상의 단일 주파수로서 변조한 경우의 하측파대 강도는 200 KHz의 주파수로서 변조한 경우의 하측파대 강도에 비하여 (-)20 dB 이하일 것

라. 색신호 부반송파의 주파수의 변조한 출력은 200 KHz의 주파수로 변조한 경우의 출력에 대하여 6(±)2 dB 이내이고, 2,100 KHz 에서 4,180 KHz까지의 변조 주파수 출력은 (±)2 dB 초과하는 변동이 있어서는 아니 될 것

마. 영상송신장치에 있어서 잔류측파대 여파기 후단의 공중선전송로에서 직선검파하여 측정한 송신기의 종합감쇠 특성은 아래의 이상적 특성곡선으로부터 다음 값의 범위 내이어야 할 것

(1) 500 KHz 에서는 -2 dB
(2) 1,250 KHz 에서는 -2 dB
(3) 2,000 KHz 에서는 -3 dB
(4) 3,000 KHz 에서는 -4 dB
(5) 4,000 KHz 에서는 -6 dB

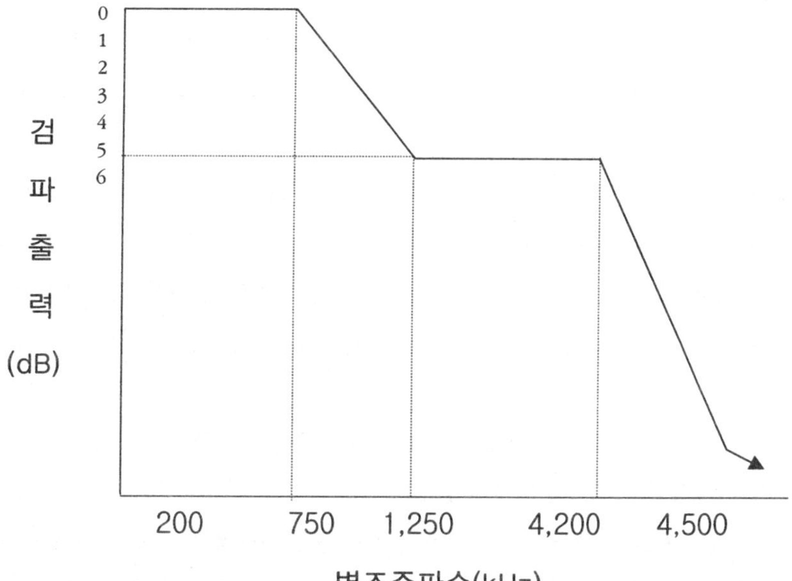

바. 상기 특성 중 750 KHz 에서 1,250 KHz 간을 제외한 각 지점 간의 곡선은 실제적으로 평활 하여야 할 것. 이 경우 송신기 출력단에 순수한 저항성 의사부하를 연결한 상태에서 측정할 것

7. 직선성 왜곡

가. 칼라텔레비전 방송에서 휘도 신호 및 색신호 부반송파를 변조하는 신호는 0.05 ㎲ 이내의 차로 유지하여야 할 것. 이 경우에 이들 신호의 각각의 성분에 대하여도 동일하여야 할 것

나. 영상 송신장치의 포락선 파형의 지연시간 특성은 50 ㎑에서 200 ㎑까지의 지연시간 평균치를 기준으로 한 경우에 3,000 ㎑까지는 0 ㎲이고 3,000 ㎑에서 4,180 ㎑까지는 직선적으로 변화하되 3,580 ㎑에서 (-)0.17 ㎲ 일 것

다. 제7호나목의 경우 포락선 지연시간의 허용편차는 3,580 ㎑에서 (±)0.05 ㎲이고 2,100 ㎑까지 (±)0.1 ㎲가 되도록 직선적으로 증가하며 2,100 ㎑에서 200 ㎑까지는 (±)0.1 ㎲로 유지할 것. 또한 3,580 ㎑에서 4,180 ㎑까지 직선적으로 증가하되 4,180 ㎑에서 (±)0.1 ㎲ 일 것

라. 단시간 파형왜곡은 수직 윤곽 부위를 선명하게 하기 위하여 (±)5 % 이내일 것

마. 라인시간 파형왜곡은 화면의 수평 방향으로 밝기변화와 또는 번짐현상을 양호하게 하기 위해 (±)2 % 이내일 것

바. 직선성 파형왜곡 성분이 K-계수에 영향을 적게 하기 위하여(±)2 % 이내일 것

사. 필드시간 파형왜곡은 필드시간 동안에 기울기는 (±)2 % 이내일 것

8. 비직선성 왜곡

가. 휘도 성분의 크기 변화에 따른 색도 성분의 위상 변화량은 (±)10 도 이내일 것

나. 휘도 성분의 크기 변화에 따른 색도 성분의 진폭변화량은 (±)15 % 이내일 것

다. 휘도성분의 크기 변화에 따른 휘도이득의 변화량은 (±)7 % 이내일 것

9. 음성신호

가. (최대주파수 편이) 음성신호에 의한 주파수 변조의 최대주파수 편이는 (±)25 ㎑로 할 것

나. (종합주파수특성) 50 ㎐에서 15,000 ㎐까지 최대주파수 편이의 50 %로 변조한 송신장치 등은 75 ㎲의 시정수를 가진 임피던스 주파수특성의 회로에 따라 프리엠파시스를 하여야 하며 별표 9에 정한 특성곡선과 같을 것. 다만, 동등한 특성을 가지는 경우에는 그러하지 아니한다.

다. (종합왜율) 50 ㎐에서 15,000 ㎐까지 최대 주파수편이로 변조한 송신장치 등은 75 ㎲의 시정수를 가진 임피던스 주파수특성의 회로에 따라 디엠파시스를 행한 경우에 5 % 이하일 것

라. (신호대 잡음비) 변조주파수 1,000 ㎐에 따라 최대 주파수편이로 변조한 송신장치 등은 75 ㎲의 시정수를 가진 임피던스 주파수특성의 회로에 따라 디엠파시스를 행한 경우에 50 ㏈ 이상일 것

10. 음성다중방송

가. (반송주파수) 제2음성신호 반송파(텔레비전 음성다중방송을 하기 위하여 부가되는 음성

신호 반송파를 말한다. 이하 같다)의 주파수는 제2호가목에서 정한 영상신호 반송파의 주파수보다 제5호다목의 수평동기 펄스 주파수(이하 "수평동기 펄스 주파수"라 한다)의 300.25 배 높은 주파수로 할 것

나. 제어신호

(1) 제어신호(텔레비전 음성다중방송의 수신에 보조적 역할을 하기 위한 신호를 말한다. 이하 같다)의 주파수는 스테레오포닉 음성다중방송일 경우에 수평동기 펄스 주파수의 1/105 배로 하고, 2음성 다중방송일 경우에는 수평동기 펄스주파수의 1/57 배로 할 것

(2) 제어신호 부반송파의 주파수는 수평동기 펄스 주파수의 3.5 배이고 주파수의 허용편차는 (±) 5Hz로 할 것

(3) 제어신호 부반송파는 제어신호에 의하여 진폭변조로 하고, 그 변조도는 50 %로 할 것

다. 변조신호

(1) 제1음성신호 반송파(제2호 나목의 음성신호 반송파를 말한다. 이하 같다)의 변조신호는 스테레오포닉 음성다중방송을 행하는 경우에는 좌측신호와 우측신호의 합신호일 것

(2) 제2음성신호 반송파의 변조신호는 스테레오포닉 음성다중방송을 행하는 경우에는 좌측신호와 우측신호의 차 신호이고 2음성다중방송(스테레오포닉 음성다중방송 이외의 텔레비전 음성다중방송을 말한다. 이하 같다)을 행하는 경우에는 부가되는 음성신호와 제어신호 부반송파일 것

라. 최대주파수편이

(1) 2음성다중방송을 하는 경우에 제1음성신호에 의한 반송파의 최대주파수편이는 (±)25 KHz이고, 제2음성신호의 반송파는 주파수 변조이며 제2음성신호에 의한 최대주파수편이는 (±)25 KHz이며 제어신호 부반송파에 의한 최대주파수편이는 (±)2.5 KHz(허용편차 ±0.5 KHz)일 것

(2) 스테레오포닉 음성다중방송을 하는 경우에 제1음성신호에 따른 반송파의 최대주파수편이는 (±)12.5 KHz이고, 제2음성신호에 따른 최대주파수편이는 (±)12.5 KHz이며 제어신호 부반송파에 따른 최대주파수편이는 (±)2.5 KHz일 것

마. (종합주파수특성곡선) 송신장치 등은 75 ㎲의 시정수를 가진 임피던스 주파수특성의 회로에 의하여 프리엠파시스를 한 경우에 별표 9에 정한 특성곡선과 같을 것

바. (종합왜율) 50 Hz에서 15,000 Hz까지 최대 주파수편이로 변조한 송신장치 등은 75 ㎲의 시정수를 가진 임피던스 주파수 특성의 회로에 의하여 디엠파시스를 행한 경우에 5 % 이하일 것

사. (신호대 잡음비) 변조주파수 1,000 Hz에 의하여 최대 주파수편이로 변조한 송신장치 등은

75 ㎲의 시정수를 가진 임피던스 주파수특성의 회로에 의하여 디엠파시스를 행한 경우에 50 ㏈ 이상일 것

아. (혼변조) 제1음성신호반송파의 주파수와 제2음성신호반송파의 주파수와의 차의 주파수에 따른 혼변조파 발사의 평균전력은 제1음성신호반송파와 제2음성신호 반송파의 무변조시 제1음성신호반송파 주파수보다 224.2 ㎑ 낮은 주파수와 제2음성신호 반송파의 주파수보다 224.2 ㎑ 높은 주파수에서 각각 영상신호 반송파의 전력보다 50 ㏈ 이상 낮은 값이어야 할 것

자. (신호분리도) 송신장치의 제1음성신호 및 제2음성신호에 따라 제1음성신호반송파와 제2음성신호반송파에 규정된 최대주파수 편이를 가한 경우에 각각 50 ㎐ 부터 15,000 ㎐ 범위안의 어떤 주파수에 있어서도 다음의 값 이상이어야 할 것

(1) 스테레오포닉 음성다중방송일 때 30 ㏈

(2) 2음성다중방송일 때 55 ㏈

11. 음성송신설비의 실효복사전력

가. 모노포닉방송의 경우 음성반송파의 실효복사전력은 영상반송파의 영상송신설비의 실효복사전력의 10 % 이상 30 % 이하일 것

나. 제1음성신호반송파 및 제2음성신호반송파의 실효복사전력은 각각 텔레비전 영상신호 반송파 실효복사 전력의 5 %와 1 %로 할 것

12. (편파면) 송신공중선은 그 발사전파의 편파면이 수평일 것. 다만, 방송통신위원회가 특히 필요하다고 인정하는 경우에는 그러하지 아니한다.

13. (실효복사전력 또는 전계강도) 송신공중선으로부터 100 m 이상 떨어진 전방에 장애물이 없는 공간의 지점에서 무지향성 공중선의 경우 45 도 마다 8지점, 지향성 공중선의 경우 30 도마다 12지점에서 전계강도를 측정하여 산출한 실효복사전력이 허용치 이내일 것

14. (공중선의 지향특성) 송신공중선으로부터 100 m 이상 떨어진 전방에 장애물이 없는 공간의 지점에서 무지향성 공중선의 경우 30 도 마다 12지점, 지향성 공중선의 경우 15 도 마다 24지점에서 전계강도를 측정한 후 허가 받은 지향특성 일 것

15. 텔레비전방송 부가서비스의 기술적 조건은 다음 각 목에 적합할 것

가. 텔레비전방송 부가서비스가 제공할 수 있는 서비스는 문자정보, 고스트 제거 기준신호, 프로그램 관련 정보, 자막방송, 인터넷 정보, 컴퓨터 소프트웨어와 데이터 전송을 포함하며 새로운 서비스의 개발에 따라 추가될 수 있다. 텔레비전방송 부가서비스는 서비스 제공자가 선택하여 실시할 수 있다.

나. 주파수대역폭

텔레비전방송 부가서비스에 사용하는 주파수대역폭은 동일 채널의 6 MHz 이내로 할 것

다. 변조

(1) 부가서비스 신호는 모든 방식으로 변조될 수 있을 것

(2) 수직귀선소거기간을 이용하는 경우 신호의 크기는 70 IRE 이내로 할 것

라. 동기신호

(1) 텔레비전영상동기신호는 수직동기 펄스, 수평동기 펄스, 등화 펄스 및 색신호 부반송파로 구성되며 별표 18과 같을 것

(2) 수평동기 펄스 주파수는 제2호다목에서 규정하는 색신호 부반송파 주파수의 2/455인 15,734.264 ± 0.044 Hz로 할 것

(3) 수직동기 펄스 주파수는 수평동기 펄스 주파수의 2/525인 59.94 Hz로 할 것

마. 데이터의 삽입위치

수직귀선소거기간을 이용하는 텔레비전방송 부가서비스에서 데이터를 삽입할 수 있는 라인은 10 H ~ 21 H와 273 H ~ 284 H로 할 것

바. 간섭

(1) 텔레비전방송 부가서비스의 실시로 인하여 동일 채널 또는 인접채널의 텔레비전 영상 또는 음성에 어떠한 품질 저하도 주어서는 아니 될 것

(2) 디지털 데이터 펄스는 정상 주파수대역폭에 에너지가 분포 되도록 정형화되어야 할 것

② 지상파 아날로그 텔레비전 방송용 채널은 별표 19와 같다.

제21조(지상파 디지털 텔레비전방송용 무선설비)

① 지상파 디지털 텔레비전방송용 무선설비의 기술기준은 다음 각 호와 같다.

1. 방송신호는 영상, 음성, 보조데이터로 구성되는 텔레비전 프로그램 신호 또는 데이터 방송을 하는 데이터 신호로 구성될 것

2. 방송신호의 표현 형식

가. 영상은 다음과 같은 신호를 사용하여 부호화 할 것

(1) 영상신호의 표현 형식은 "지상파 디지털 텔레비전방송 송수신 정합표준"에서 규정하는 조건에 적합할 것

(2) 휘도 신호와 색차 신호의 표본당 비트 수는 8로 할 것

(3) 영상 신호의 형식은 휘도 신호(Y) 블록 4 개와 색차 신호(Cb, Cr) 블록 각 한 개씩으로 구성된 4:2:0 형식으로 할 것. 이 경우 블록은 수평x수직으로 8x8 화소로 구성된 매트

릭스를 말하는 것일 것

나. 음성은 다음과 같은 신호를 사용하여 부호화 할 것

(1) 음성 신호의 대역은 3 Hz 이상 20,000 Hz 이하로 할 것. 이 경우 저대역효과(LFE: Low Frequency Enhancement)채널 음성 신호의 대역은 3 Hz 이상 120 Hz 이하로 할 것

(2) 음성의 서비스 유형은 "지상파 디지털 텔레비전방송 송수신 정합 표준"에서 규정하는 조건에 적합할 것

(3) 음성 채널의 수는 5.1 채널이며 이 가운데 한 채널 이상을 선택하여 오디오 채널을 구성할 것

(4) 음성 신호의 표본화 주파수는 48,000 Hz로 할 것

(5) 음성 신호의 표본당 비트 수는 16 이상, 24 이하로 할 것

3. 영상 신호의 조건

가. 프로그램 채널당 영상 부호화 목표 비트율은 최대 19.4 Mbps로 할 것

나. 부호화 기본 알고리즘은 MPEG-2 MP@HL 또는 MPEG-2 MP@ML을 따를 것. 이 경우 부호화 알고리즘의 정의 등은 MPEG-2 국제표준인 ISO/IEC 13818-2를 따를 것

다. 폐쇄자막 데이터는 다음 조건을 만족할 것

(1) 비트율은 9600 bps 이하로 할 것

(2) 데이터 형식은 EIA 708-B 규격을 따를 것

(3) 한글 자막은 완성형(KS X 1001) 한글 코드 또는 유니코드(Unicode 2.0, KS X 1005-1) 한글 코드를 사용할 것. 다만, 유니코드인 경우에는 자막서비스 서술자를 반드시 포함할 것

(4) 한글 코드는 별표 20을 따를 것

(5) 화면비가 16:9인 경우 가로 해상도는 전자 26 자, 반자 52 자이며, 4:3인 경우 전자 20 자, 반자 40 자일 것. 세로 해상도는 화면비와 관계없이 12 줄일 것

4. 음성 신호의 압축 조건

가. 음성 부호화 목표 비트율은 최대 512 kbps로 할 것

나. 음성 부호화 기본 알고리즘으로는 AC-3(돌비 디지털) 방식을 사용할 것

5. 데이터방송 신호는 다음 조건에 만족할 것

가. 데이터방송의 표현 및 전송 방식은 "지상파데이터방송표준"을 따를 것

6. 다중화는 다음 조건에 만족할 것

가. 영상·음성·데이터방송 신호 및 시스템정보 스트림을 하나의 전송스트림으로 다중화하며, 다중화의 기술적 조건은 MPEG-2 국제 표준인 ISO/IEC 13818-1을 따를 것

나. 전송채널(6 MHz대역)은 하나의 HDTV 프로그램 채널 또는 하나 이상의 SDTV 프로그램 채널을 포함하여 구성할 것

7. 프로그램 채널을 구성하는 각 스트림 단위로 제한수신 기능을 부가 할 수 있을 것

8. 오류정정

가. 오류 정정을 위해 리드-솔로몬 부호(Reed-Solomon Code)와 격자 부호변조(Trellis Coded Modulation)방식을 사용할 것

나. 오류 분산 방법은 길쌈 인터리빙(Convolutional Interleaving)방식과 격자 부호 세그먼트 인터리빙 방식으로 할 것

9. 변조 및 송신조건은 다음 조건에 만족할 것

가. 변조방식은 8-VSB 방식으로 할 것

나. 전송 속도는 10.762 M symbols/sec로 할 것

다. 변조된 신호의 채널 당 주파수 대역폭은 6 MHz로 할 것

라. 펄스 정형 필터는 제곱근 레이즈드 여현 필터(root-raised cosine filter)를 사용할 것

마. 데이터신호와 동기신호 심볼에는 직류 레벨의 파일럿 신호를 더할 것

바. VSB 전송 데이터 프레임의 구조

(1) VSB 전송 데이터 프레임은 2개의 데이터 필드로 이루어지며 각각은 데이터 세그먼트로 구성될 것

(2) 데이터 세그먼트와 데이터 필드의 시작점에 세그먼트 동기 신호와 필드 동기 신호를 각각 삽입할 것

(3) 동기신호의 형식은 "지상파 디지털 텔레비전방송 송수신 정합표준"에서 규정하는 조건에 적합할 것

사. 송신장치의 기술적조건

(1) 대역외 발사강도는 다음 조건을 만족할 것

(가) 공중선전력이 10 W를 초과하는 경우, 별표 21와 같이 500 KHz의 분해대역폭(RBW)으로 측정한 경우에 채널경계로부터 ±500 KHz 이하는 기본주파수의 전체 평균전력 보다 -47 dB 이하이고, 채널경계로부터 ±500 KHz 초과 ±6 MHz 미만은 기본주파수의 전체 평균전력 보다 -{11.5(Δf+3.6)} dB 이하이며, 채널경계로부터 ±6 MHz 이상은 -110 dB 이하일 것. 이 경우 Δf는 채널경계로부터의 주파수차(MHz)를 말한다.

(나) 공중선전력이 10 W 이하인 경우, 별표 22와 같이 500 KHz의 분해대역폭(RBW)으로 측정한 경우에 채널경계로부터 ±6 MHz 미만은 기본주파수의 전체 평균전력 보

다 -{46+(Δf2/1.44)} dB 이하이고, 채널경계로부터 ±6 ㎒ 이상은 기본주파수의 전체 평균전력 보다 -71 ㏈ 이하일 것. 이 경우 Δf는 채널경계로부터의 주파수차(㎒)를 말한다.

(2) 신호대 잡음비는 등화를 행하지 아니한 경우에 27 ㏈ 이상일 것

(3) 위상잡음은 20 ㎑에서 Hz당 -104 dBc 이하일 것

(4) 주파수응답특성은 6 ㎒ 대역내에서 ±0.5 ㏈ 이내일 것

(5) 첨두전력대 평균전력비는 별표 23의 허용범위 이내일 것

10. (편파면) 송신공중선은 그 발사전파의 편파면이 수평일 것. 다만, 방송통신위원회가 특히 필요하다고 인정하는 경우에는 그러하지 아니한다.

11. (실효복사전력 또는 전계강도) 송신공중선으로부터 100 m 이상 떨어진 전방에 장애물이 없는 공간의 지점에서 무지향성 공중선의 경우 45 도 마다 8지점, 지향성 공중선의 경우 30 도 마다 12지점에서 전계강도를 측정하여 산출한 실효복사전력이 허용치 이내일 것

12. (공중선의 지향특성) 송신공중선으로부터 100 m 이상 떨어진 전방에 장애물이 없는 공간의 지점에서 무지향성 공중선의 경우 30 도 마다 12지점, 지향성 공중선의 경우 15 도 마다 24지점에서 전계강도를 측정한 후 허가 받은 지향특성 일 것

13. 이 기준에 규정되지 않은 지상파 디지털 텔레비전방송업무에 대한 기술적 특성은 국제전기통신연합에 규정된 조건을 따를 것

② 지상파 디지털 텔레비전방송용 무선설비 중 제29조제6항의 중계용 특정소출력무선기기의 기술기준은 다음 각 호와 같다.

1. 주파수 허용편차는 중심주파수로부터 ±1×10-6 이내일 것

2. 점유주파수대폭은 6 ㎒ 이하일 것

3. 공중선전력 허용편차는 상한 20 % 이하일 것

4. 불요발사의 허용치는 다음 조건에 적합할 것

가. 대역외 발사강도는 별표 22와 같이 500 ㎑의 분해대역폭(RBW)으로 측정한 경우에 채널경계로부터 ±6 ㎒ 미만은 기본주파수의 전체 평균전력 보다 -{46+(Δf2/1.44)} dB 이하이고, 채널경계로부터 ±6 ㎒ 이상은 기본주파수의 전체 평균전력 보다 -71 ㏈ 이하일 것. 이 경우 Δf는 채널경계로부터의 주파수차(㎒)를 말한다.

나. 스퓨리어스영역 불요발사의 허용치는 56+10log(PY) 또는 40 dBc중 덜 엄격한 값을 적용할 것

③ 지상파 디지털 텔레비전 방송용 채널은 제20조제2항을 준용한다.

제22조(디지털 위성방송용 무선설비)

디지털 위성방송용 무선설비의 기술기준은 다음 각 호와 같다.

1. 이 조에서 규정한 기술기준은 11/12 ㎓ 대역의 디지털 위성방송용 무선설비에 대하여 적용할 것
2. 방송신호는 비디오 서비스 신호, 오디오 서비스 신호 또는 데이터서비스 신호로 구성될 것
3. 비디오 신호의 포맷은 다음 각목과 같을 것
   가. 비디오 신호는 SDTV급 또는 HDTV급을 수용할 것. SDTV의 해상도는 화면의 가로×세로가 최대 720×480이고, HDTV의 해상도는 화면의 가로×세로가 최대 1920×1080일 것
   나. 표본화 비트수는 8 비트로 할 것
4. 오디오 신호의 포맷은 다음 각 호와 같을 것
   가. 오디오 신호는 모노, 스테레오 또는 멀티채널 오디오를 수용할 것
   나. 표본화 비트수는 최대 24 비트로 할 것
5. 데이터방송 신호는 다음과 같을 것
   가. 데이터방송의 표현 및 전송 방식은 “위성데이터방송표준”을 따를 것
6. 비디오 신호의 압축조건은 다음과 같을 것
   가. SDTV급 신호는 ISO/IEC 13818-2 | ITU-T 권고 H.262의 MP@ML 또는 ISO/IEC 14496-10 | ITU-T 권고 H.264의 Main Profile Level 3 또는 High Profile Level 3을 따를 것
   나. HDTV급 신호는 ISO/IEC 13818-2 | ITU-T 권고 H.262의 HP@HL 또는 ISO/IEC 14496-10 | ITU-T 권고 H.264의 Main Profile 또는 High Profile에서 Level 4 또는 Level 4.1 또는 Level 4.2를 따를 것
7. 오디오 신호의 압축조건은 ISO/IEC 13818-3, AC-3(ATSC A/52) 또는 ISO/IEC 14496-3의 AAC Profile 또는 High Efficiency AAC Profile을 따를 것
8. 다중화 조건은 다음과 같을 것
   가. 다중화 방식은 ISO/IEC 13818-1 | ITU-T 권고 H.222.0을 따를 것
   나. 서비스 정보의 처리는 DVB SI(EN 300 468)를 따를 것
   다. 제한수신 기능은 ISO/IEC 13818-1 | ITU-T 권고 H.222.0을 따를 것
9. 오류정정부호 및 방식은 다음과 같을 것
   가. DVB-S인 경우
      (1) 오류정정을 위한 방식은 리드-솔로몬 부호와 길쌈 부호를 연결한 연접 부호방식을 사용할 것
      (2) 오류분산 방법은 길쌈 인터리빙 방식을 사용할 것

나. DVB-S2인 경우

(1) 오류정정을 위한 방식은 BCH (Bose Chaudhuri Hocquenghem) 부호와 LDPC (Low Density Parity Check) 부호를 연결한 연접 부호방식을 사용할 것

(2) 오류분산 방법은 비트 인터리빙 방식을 사용할 것

(3) 역방향호환모드를 사용하는 경우, 상위 전송스트림의 오류정정 방식은 리드-솔로몬 부호와 길쌈 부호를 연결한 연접 부호방식을 사용하고, 하위 전송스트림의 오류정정 방식은 BCH 부호와 LDPC 부호를 연결한 연접 부호방식을 사용할 것

10. 변조 및 송신 조건은 다음과 같을 것

가. DVB-S인 경우

(1) 변조방식은 QPSK방식으로 할 것

나. DVB-S2인 경우

(1) 변조방식은 QPSK 또는 8PSK 방식으로 할 것. 단, 역방향호환모드를 사용하는 경우 변조방식은 H-8PSK 방식으로 할 것

(2) 전송 시 변조방식, 오류정정 부호 부호율 및 프레임동기 정보를 포함할 것

다. 펄스정형 필터의 롤-오프 계수는 0.35 이하로 할 것

11. 이 기준에 규정되지 않은 디지털 위성방송의 궤도, 주파수, 전력속밀도 등에 대한 기술적 특성은 국제전기통신연합에 규정된 조건을 따를 것

제23조(지상파 디지털멀티미디어방송용 무선설비)

① 지상파 디지털멀티미디어방송용 무선설비의 기술기준은 다음 각 호와 같다.

1. 방송신호는 오디오 서비스 신호, 비디오 서비스 신호 또는 데이터 서비스 신호로 구성될 것

2. 오디오 서비스 신호의 형식

가. 오디오 신호의 부호화

(1) 오디오 신호의 대역은 20,300 ㎐ 이하로 할 것.

(2) 오디오 신호의 표본화 주파수는 최대 48,000 ㎐로 할 것

(3) 오디오 신호의 표본당 비트 수는 최대 24 이하일 것

나. 부호화 형식 및 조건은 다음과 같을 것

(1) 오디오 압축 부호화 형식이 ISO/IEC 11172-3(MPEG-1 Audio Layer II) 또는 ISO/IEC 13818-3(MPEG-2 Audio Layer II)를 따르는 경우

(가) 오디오 서비스의 최대 비트율은 912 kbps로 할 것

(나) 오디오 부호화기로부터 출력되는 신호의 최소 비트율은 112 kbps로 할 것

(다) 보조 데이터 신호는 "지상파 디지털멀티미디어방송 송수신 정합 표준" 및 "지상파 디지털멀티미디어방송 데이터 송수신 정합 표준"에서 규정하는 형식을 따를 것

(2) 오디오 압축 부호화 형식이 ISO/IEC 14496-3(MPEG-4 BSAC Audio) 방식을 따르는 경우

(가) 오디오 서비스의 최대 비트율은 256 kbps로 할 것

(나) 오디오 부호화기로부터 출력되는 신호의 최소 비트율은 64 kbps로 할 것

(다) 보조 영상 및 보조 데이터 신호의 비트율은 전체 비트율의 40 % 이하일 것

(라) 보조 영상 및 보조 데이터 신호는 "지상파 디지털멀티미디어 방송 송수신 정합 표준" 및 "지상파 디지털멀티미디어방송 비디오 송수신 정합 표준"에서 규정하는 형식을 따를 것. 단, 보조 영상신호는 초당 1 프레임 이하일 것

3. 비디오 서비스 신호의 형식

가. 비디오 신호 및 비디오에 따른 음성·음향 신호는 "지상파 디지털멀티미디어방송 비디오 송수신 정합 표준"에서 규정하는 형식을 따를 것

나. 비디오 보조 데이터 신호는 "지상파 디지털멀티미디어방송 비디오 송수신 정합 표준"에서 규정하는 형식을 따를 것

4. 데이터 서비스 신호의 형식

가. 데이터 서비스 신호는 "지상파 디지털멀티미디어방송 데이터 송수신 정합 표준"에서 규정하는 형식을 따를 것

나. 지상파 디지털멀티미디어방송(DMB) 재난경보서비스 신호는 고속정보채널(Fast Information Channel)을 이용하여 전송되며, 신호의 형식은 "지상파 디지털멀티미디어방송 재난경보서비스 표준"을 따를 것

5. 다중화는 다음 조건에 적합할 것

가. 오디오 서비스 신호, 비디오 서비스 신호, 데이터 서비스 신호 및 시스템 정보를 하나의 전송스트림으로 다중화할 것

나. 다중화 형식은 "지상파 디지털멀티미디어방송 송수신 정합 표준"에서 규정하는 형식을 따를 것

6. 제한수신

가. 서비스 컴포넌트 단위로 제한수신 기능을 부가할 수 있을 것

7. 오류 정정 및 분산

가. 오류 정정 방식은 길쌈부호를 적용하며, 부호화율을 가변할 수 있을 것

나. 오류 분산 방법은 시간 인터리빙(Time Interleaving) 및 주파수 인터리빙(Frequency

Interleaving)을 적용하고, "고속정보채널(Fast Information Channel)"에는 주파수 인터리빙만을 적용할 것

8. 변조 및 송신조건은 다음에 적합할 것
   가. 변조된 신호의 주파수 대역폭은 1.536 ㎒로 할 것
   나. 발사전파의 형식은 G7W일 것
   다. 변조는 π/4-DQPSK 방식이고, 전송은 OFDM 방식으로 할 것
   라. 유효 전송 속도는 0.8 Mbps 이상 1.7 Mbps 이하로 할 것
   마. 전송 프레임의 형식은 "지상파 디지털멀티미디어방송 송수신 정합 표준"에서 규정하는 방식을 따를 것
   바. 송신장치의 기술적 조건
      (1) 대역외 발사강도는 별표 24와 같이 4 ㎑의 분해대역폭(RBW)으로 측정한 경우에 중심주파수로부터 ±0.77 ㎒에서 -26 ㏈ 이하이고, 중심주파수로부터 ±0.97 ㎒에서 -71 ㏈ 이하이며, 중심주파수로부터 ±1.75 ㎒에서 -106 ㏈ 이하일 것. 다만 방송통신위원회가 필요하다고 인정하는 경우 별표 25와 같다.
      (2) 첨두전력 레벨은 평균 전력 레벨의 13 ㏈ 이상을 초과하지 않을 것
      (3) 신호대잡음비는 길쌈부호율 0.5일 때 별표 28을 기준으로 편차가 1 ㏈ 이내일 것
      (4) 반송파의 주파수 허용편차는 중심주파수로부터 ±10 ㎐ 이내일 것. 다만, 다중주파수망(MFN)일 경우 ±100 ㎐ 이내
      (5) 공중선 전력의 허용편차는 상한 12 %, 하한 11 %로 할 것
      (6) 주파수응답특성은 전송대역폭내에서 ±1 ㏈ 이내일 것
9. (편파면) 송신공중선은 그 발사전파의 편파면이 수직일 것. 다만, 방송통신위원회가 필요하다고 인정하는 경우에는 그러하지 아니한다.
10. 실효복사전력 또는 전계강도는 제20조제1항제13호에 따른다.
11. 공중선의 지향특성은 제20조제1항제14호에 따른다.

② 지상파 디지털멀티미디어방송용 무선설비 중 제29조제6항의 중계용 특정소출력 무선기기의 기술기준은 다음 각 호와 같다.

1. 주파수 허용편차는 중심주파수로부터 ±10 ㎐ 이내일 것. 다만, 다중주파수망(MFN)일 경우 ±100 ㎐ 이내
2. 점유주파수대폭은 1.536 ㎒ 이하일 것
3. 공중선 전력의 허용편차는 상한 20 % 이하일 것
4. 불요발사의 허용치는 다음 조건에 적합할 것

가. 대역외 발사강도는 별표 26과 같이 4 ㎑의 분해대역폭(RBW)으로 측정한 경우에 중심주파수로부터 ±0.77 ㎒에서 -26 ㏈ 이하이고, 중심주파수로부터 ±0.97 ㎒에서 -56 ㏈ 이하이며, 중심주파수로부터 ±1.75 ㎒에서 -73 ㏈ 이하일 것. 다만, 별표 29와 같이 연속한 3 개의 채널을 수용한 6 ㎒ 통합 중계용특정소출력무선기기인 경우에는 별표 27과 같다.

나. 스퓨리어스영역 불요발사의 허용치는 56+10log(PY) 또는 40dBc 중 덜 엄격한 값을 적용할 것

③ 지상파 디지털멀티미디어방송(DMB)용 채널은 별표 29와 같다.

제24조(위성 디지털멀티미디어방송용 무선설비)

① 위성 디지털멀티미디어방송(DMB)용 무선설비의 기술기준은 다음 각 호와 같다.

1. 이 기술기준은 2.6 ㎓ 대역의 위성 디지털멀티미디어방송(DMB)용 무선설비에 대하여 적용할 것
2. 방송신호의 구성은 다음과 같을 것

가. 방송신호는 비디오 서비스 신호, 오디오 서비스 신호 또는 데이터 서비스 신호로 구성되며, 각 신호는 보조데이터를 포함할 수 있을 것

나. 그 외 방송신호는 비디오, 오디오, 데이터 등의 여러 조합으로 프로그램 신호를 구성할 수 있을 것

3. 비디오 신호의 포맷은 다음 각 호와 같을 것

가. 비디오 신호의 해상도는 화면의 화소수(가로×세로)가 320×240 이상일 것

나. 비디오 신호의 표본화 비트 수는 6 또는 8로 할 것

4. 오디오 신호의 포맷은 다음 각 호와 같을 것

가. 오디오 신호의 대역은 20,300 ㎐ 이하로 할 것

나. 오디오 신호의 표본화 주파수는 최대 48,000 ㎐로 할 것

다. 오디오 신호의 표본화 비트 수는 24 이하일 것

5. 데이터 신호의 포맷은 다양한 서비스를 수용할 수 있을 것
6. 비디오 신호 및 오디오신호의 압축조건은 다음과 같을 것

가. 비디오 신호의 압축 기본 알고리즘은 ISO/IEC 14496-10 (MPEG-4 Part 10) | ITU-T Rec. H.264 Baseline Profile@L1.3 방식을 따르고, 압축된 비디오 신호의 최대 비트율은 768 kbps로 할 것

나. 오디오 신호의 압축 기본 알고리즘은 ISO/IEC 13818-7 (MPEG-2 AAC)+SBR 방식을 따르며, 부호화 형식 및 조건은 다음과 같을 것

(1) 오디오 서비스의 최대 비트율은 256 kbps로 할 것

(2) 오디오 부호화기로부터 출력되는 신호의 최소 비트율은 32 kbps로 할 것

(3) 보조 영상 및 보조 데이터 신호의 비트율은 전체 비트율의 40 % 이하일 것

(4) 보조 영상 및 보조 데이터 신호는 "위성 디지털멀티미디어방송 송수신 정합 표준"에서 규정하는 형식을 따를 것. 다만, 보조 영상 신호는 초당 1 프레임 이하일 것

7. 다중화 조건은 다음과 같을 것

가. 다중화 방식은 ISO/IEC 13818-1 (MPEG-2 System)을 따를 것

나. 서비스 정보(SI)의 처리는 "위성 디지털 멀티미디어 방송 송수신 정합표준"을 따를 것

8. 오류정정 및 분산 방식은 다음과 같을 것

가. 오류정정 방식은 리드 솔로몬 부호와 길쌈 부호를 연결한 연접 부호방식을 사용할 것

나. 오류분산 방식은 바이트 인터리빙(Byte Interleaving) 및 비트 인터리빙(Bit Interleaving) 방식을 사용하고, 파일롯트 신호에는 바이트 인터리빙 방식만을 사용할 것

9. 변조 및 송신 조건은 다음과 같을 것

가. 변조는 QPSK 및 BPSK 방식으로, 전송은 CDM 방식으로 할 것

나. 변조된 신호의 주파수 대역폭은 25 ㎒로 할 것

다. 펄스정형 필터의 롤-오프계수는 0.22로 할 것

라. 송신장치의 반송파 신호 주파수 허용 편차는 50 ppm으로 할 것

마. 송신장치의 기술적 조건

(1) 대역외 발사강도는 30 ㎑ 분해대역폭(RBW)으로 측정한 경우에 중심주파수로부터 ±13.08 ㎒ 이상의 주파수에서 -56.2 dBm 이하일 것

10. 이 기준에 규정되지 않은 위성 디지털 멀티미디어 방송에 대한 기술적 특성은 국제전기통신 연합에 규정된 조건을 따를 것

② 위성 디지털멀티미디어방송용 무선설비 중 제29조제6항의 중계용 특정소출력무선기기의 기술기준은 다음 각 호와 같다.

1. 주파수허용편차는 중심주파수로부터 ±50×10-6 이내일 것

2. 점유주파수대폭은 25 ㎒ 이하일 것

3. 공중선전력 허용편차는 상한 20 % 이하일 것

4. 불요발사의 허용치는 다음 조건에 적합할 것

가. 대역외 발사강도는 30 ㎑의 분해대역폭(RBW)으로 측정한 경우에 중심주파수로부터 ±13.08 ㎒ 이상의 주파수에서 -56.2 dBm 이하일 것

나. 스퓨리어스영역 불요발사의 허용치는 56+10log(PY) 또는 40 dBc 중 덜 엄격한 값을 적용할 것

제2절 신고하지 아니하고 개설할 수 있는 무선국용 무선설비의 기술기준

제25조(적용범위)

이 절에서 정하는 기술기준은 영 제25조제2호 및 제4호에 따라 신고하지 아니하고 개설할 수 있는 무선국의 무선설비에 대하여 이를 적용한다.

제26조(생활무선국용 무선설비)

① 27 ㎒ 주파수대역의 전파를 사용하는 생활무선국용 무선설비는 다음 각 호의 조건에 적합하여야 한다.

1. 공통조건

가. 기기의 형태는 휴대형, 차량형 또는 고정형 일 것

나. 외부송화기 및 외부수화기를 사용할 경우 연결선의 길이는 2.5 m를 초과하지 아니할 것

다. 통신방식은 단신방식일 것

라. 공중선은 휩형이어야 하며 각 형태에 따른 조건은 다음과 같다.

(1) 휴대형: 휩의 길이는 1 m 이내일 것

(2) 차량형: 휩의 길이는 3 m 이내이며 공중선의 최종높이가 지상으로부터 4.5 m를 초과하지 않을 것

(3) 고정형: 휩의 길이는 6 m 이내일 것

마. 다음과 같은 문구를 잘 보이는 곳에 선명히 표시하여야 하며 이중 "생활무선국" 문구는 기기앞면에 선명히 표시할 것

"이 장치는 보안성이 없으므로 통신보안에 위배되는 사항의 통신을 금지하며 운용 중 기기상호간 혼신 가능성이 있음" 및 "생활무선국"

바. 하나의 캐비닛 안에 수용되어 있어 쉽게 개봉할 수 없을 것

2. 송신장치의 조건

가. 채널별 사용주파수는 별표 30과 같을 것

나. 전파형식은 A3E, H3E, J3E 또는 F3E 전파를 사용할 것

다. 공중선전력은 다음과 같을 것

(1) A3E, F3E 전파를 사용하는 송신장치: 반송파전력 3 W 이하

(2) H3E, J3E 전파를 사용하는 송신장치: 첨두포락선전력 3 W 이하

라. 변조용 주파수를 발진하지 아니할 것

마. 발진방식은 수정발진방식 또는 주파수합성 발진방식일 것

바. 주파수허용편차는 ±600 ㎐ 이하일 것

사. 점유주파수대폭은 다음과 같을 것

(1) A3E 전파를 사용하는 송신장치 : 6 ㎑ 이내

(2) H3E, J3E 전파를 사용하는 송신장치 : 3 ㎑ 이내

(3) F3E 전파를 사용하는 송신장치 : 16 ㎑ 이내

아. 인접채널 누설전력은 다음과 같을 것

(1) A3E, H3E 및 J3E 전파를 사용하는 송신장치 : 2500 ㎐의 변조 주파수로 50 %를 변조하기 위하여 필요한 전압보다 16 ㏈ 높은 입력전압을 가한 경우 반송파의 주파수로부터 5 ㎑ 떨어진 주파수대역에서 복사되는 전력이 반송파전력보다 26 ㏈ 이상 낮은 값이어야 하며, 반송파의 주파수로부터 10 ㎑ 이상 떨어진 주파수대역에서 복사되는 전력이 반송파전력보다 35 ㏈ 이상 낮은 값일 것

(2) F3E 전파를 사용하는 송신장치 : 1250 ㎐의 변조주파수로 1.5 ㎑를 변조하기 위하여 필요한 전압보다 20 ㏈ 높은 입력전압을 가한 경우 반송파의 주파수로부터 6 ㎑ 이상 떨어진 주파수대역에서 복사되는 전력이 반송파전력보다 45 ㏈ 이상 낮은 값일 것

자. 스퓨리어스영역에서의 불요발사는 기본주파수의 평균전력보다 60 ㏈ 이상 낮은 값일 것

② 400 ㎒ 주파수대역의 전파를 사용하는 생활무선국용 무선설비는 다음 각 호의 조건에 적합하여야 한다.

1. 공통조건

가. 기기의 형태는 본체와 송·수화기 및 공중선이 일체형인 휴대형일 것. 다만, 본체와 공중선의 접속형태가 원형나사식인 것을 포함한다.

나. 주파수공용방식을 사용하는 경우에는 호출명칭 기억장치를 갖출 것. 이 경우 호출명칭 기억장치에 사용되는 호출부호의 구성은 한국정보통신기술협회의 생활무선국용 무선설비 표준을 적용한다.

다. 복신방식을 사용하는 경우에는 통화시작 5 분 경과 후에 자동으로 통화를 종료시킬 수 있는 통화시간 제한장치를 갖출 것

라. 통신방식은 단신방식 또는 복신방식일 것

마. 제1항제1호마목 및 바목에 적합할 것

바. 공중선 이득은 2.14 dBi 이하일 것

2. 송신장치의 조건

가. 채널별 사용주파수는 별표 31과 같을 것. 다만, 제어채널용 주파수는 주파수공용방식에 한한다.

나. 전파형식은 F3E 전파를 사용할 것. 다만, 제어채널을 사용하는 경우와 선택호출 신호의 전파형식은 F2D 전파를 사용한다.

다. 공중선전력은 0.5 W 이하이어야 하며, 이 값을 초과하는 것을 방지하는 자동제어장치를 갖출 것

라. 주파수허용편차는 ± 4×10-6 이하일 것

마. 점유주파수대폭은 8.5 ㎑ 이내일 것

바. 최대주파수편이는 무변조시의 반송파의 주파수보다 ±2.5 ㎑ 이하이어야 하며, 이 값을 초과하는 것을 방지하는 자동제어장치를 갖출 것

사. 인접채널 누설전력은 1250 Hz의 변조주파수로 최대주파수편이의 60 %를 변조하기 위하여 필요한 전압보다 10 dB 높은 입력전압을 가한 경우 반송파의 주파수로부터 12.5 ㎑ 떨어진 주파수의 ±4.25 ㎑의 대역 내에서 복사되는 전력이 기본주파수의 평균전력보다 60 dB 이상 낮은 값일 것

아. 스퓨리어스영역에서의 불요발사는 기본주파수의 평균전력보다 60 dB 이상 낮은 값일 것

자. 선택호출 기능을 사용하는 경우에는 선택호출신호(톤 또는 코드)를 연속적으로 송신함으로 인하여 음성통화에 지장을 주지 않을 것. 이 경우 선택호출신호의 구성은 한국정보통신기술협회의 생활무선국용 무선설비 표준을 적용한다.

제27조(미약 전계강도 무선기기)

미약 전계강도 무선기기의 기술기준은 다음 각 호와 같다.

1. 해당 무선기기로부터 3 m의 거리에서 측정한 전계강도는 다음의 조건에 적합하여야 한다.

주파수	전계강도
322 ㎒ 미만	500 ㎶/m 이하. (15 ㎒ 이하에서는 측정값에 6π/λ를 곱하여 적용한다. 이 경우 λ는 측정주파수의 파장임)
322 ㎒ 이상 10 ㎓ 미만	35 ㎶/m 이하
10 ㎓ 이상 150 ㎓ 미만	3.5 f ㎶/m 이하(다만, 500 ㎶/m를 초과하는 경우에는 500 ㎶/m로 한다). 이 경우 f는 ㎓를 단위로 한 주파수로 한다.
150 ㎓ 이상	500 ㎶/m 이하

2. 기본파의 주파수가 별표 32에 명시된 '미약전파무선국으로 운용할 수 없는 주파수대역'에 포함되지 않아야 한다.
3. 불요발사 전계강도는 기본파의 전계강도보다 낮아야 한다.

제28조(자계 유도식 무선기기)

① 루프 안테나를 사용하는 자계 유도식 무선기기로 150 ㎑ 미만의 주파수를 사용하는 것의 기술기

준은 다음 각 호와 같다.

1. 기본파의 자계강도는 다음의 기준값 이하일 것

주파수	자계강도 기준 값	비 고
9 KHz 이상 30 KHz 미만	72 dBμA/m	※ 10m 거리를 기준으로 하며, f는 KHz를 단위로 한 주파수로 한다. ※ 분해대역폭은 200 Hz, 검출모드는 준첨두치 모드를 이용한다.
30 KHz 이상 90 KHz 미만	72-10log(f/30) dBμA/m	
90 KHz 이상 110 KHz 미만	42 dBμA/m	
110 KHz 이상 135 KHz 미만	72-10log(f/30) dBμA/m	
135 KHz 이상 140 KHz 미만	42 dBμA/m	
140 KHz 이상 148 KHz 미만	37.5 dBμA/m	
148 KHz 이상 150 KHz 미만	14.8 dBμA/m	

2. 스퓨리어스 영역에서의 불요발사는 다음의 기준값 이하일 것

주파수	기준값 (운용중)		기준값 (대기중)	비 고
9 KHz ~ 10 MHz	27-10log(f/9) dBμA/m		5.5-10log(f/9) dBμA/m	※ 10m 거리를 기준으로 하며, f는 KHz를 단위로 한 주파수로 한다. ※분해대역폭은 주파수 9~150 KHz에서 200 Hz, 150 KHz~30 MHz에서 9 KHz, 30~1,000 MHz에서 120 KHz를 적용하고, 검출 모드는 준첨두치 모드를 이용한다.
10 ~ 30 MHz	-3.5 dBμA/m		-22 dBμA/m	
30 ~ 230 MHz	주거용	30 dBμV/m	28 dBμV/m	
	산업용	40 dBμV/m주)		
230 ~ 1000 MHz	주거용	37 dBμV/m	28 dBμV/m	
	산업용	47 dBμV/m주)		

주) "가정에서 사용할 경우 타 기기에 전파 간섭을 일으킬 수 있으므로, 업무용으로만 사용할 수 있습니다."라는 문구를 사용자 설명서 또는 기기에 명시할 것

② 루프 안테나를 사용하는 자계 유도식 무선기기로 150 KHz 이상 30 MHz 미만의 주파수를 사용하는 것은 다음 각 호와 같다.

1. 3.155~3.4 MHz의 주파수를 사용하는 것은 10 m 거리 기준으로 기본파의 자계강도 기준값이 13.5 dBμA/m이하이고, 불요발사 기준값은 제1항 제2호에 적합할 것
2. 7.4~8.7 MHz의 주파수를 사용하는 것은 10 m 거리 기준으로 기본파의 자계강도 기준값이 9 dBμA/m이하이고, 불요발사 기준값은 제1항 제2호에 적합할 것
3. 13.552~13.568 MHz의 주파수를 사용하는 RFID용 무선설비의 기술기준은 제30조제3항 규정을 준용할 것

4. 제1호, 제2호 및 제3호를 제외한 해당 주파수는 제27조의 미약 전계강도 무선기기의 기준을 준용할 것

제29조(특정소출력무선국용 무선설비)

① 무선조정용 특정소출력무선국용 무선설비의 기술기준은 다음 각 호와 같다.

1. 용도, 주파수, 전파형식, 전계강도

장치명(용도)	주 파 수(MHz)	전파형식	전계강도
지상 및 수상용	26.995, 27.045, 27.095, 27.145, 27.195, 40.255, 40.275, 40.295, 40.315, 40.335, 40.355, 40.375, 40.395, 40.415, 40.435, 40.455, 40.475, 40.495, 75.630, 75.650, 75.670, 75.690, 75.710, 75.730, 75.750, 75.770, 75.790	A1D, A2D, F1D F2D, G1D, G2D	
상공용	40.715, 40.735, 40.755, 40.775, 40.795, 40.815, 40.835, 40.855, 40.875, 40.895, 40.915, 40.935, 40.955, 40.975, 40.995, 72.630, 72.650, 72.670, 72.690, 72.710, 72.730, 72.750, 72.770, 72.790, 72.810, 72.830, 72.850, 72.870, 72.890, 72.910, 72.930, 72.950, 72.970, 72.990	A1D, A2D, F1D F2D, G1D, G2D	10 mV/m 이하 @ 10m
완구조정기 무선도난경보기 원격조정장치	13.552～13.568 26.958～27.282 40.656～40.704	A1A, A1B, A1D, A2A, A2B, A2D F1A, F1B, F1D F2A, F2B, F2D G1A, G1B, G1D G2A, G2B, G2D	

2. 주파수허용편차는 제3조에 의한 조건에 적합할 것
3. 점유주파수대폭은 다음의 조건에 적합할 것
   가. 26～27 MHz 주파수대역에서는 50 KHz 이하일 것
   나. 40～75 MHz 주파수대역에서는 20 KHz 이하일 것
   다. 완구조정기, 무선도난경보기 및 원격조정장치는 사용주파수대역의 범위 이내일 것
4. 다른 기기의 신호에 의한 오동작을 일으키지 않도록 식별코드를 사용할 것. 다만, 「품질경영 및 공산품안전관리법」에 의거 자율안전확인을 한 완구용 무선조정기는 예외로 한다.

② 데이터전송용 특정소출력무선기기의 기술기준은 다음 각 호와 같다.

1. 용도, 주파수, 전파형식, 실효복사전력, 점유주파수대폭

장치명 (용도)	주파수(㎒)	전파형식	실효복사 전력	점유주파 수 대폭
데이터 전송	173.0250 173.0375 173.0500 173.0625 173.0750 173.0875 173.1000 173.1125 173.1250 173.1375 173.1500 173.1625 173.1750 173.1875 173.2000 173.2125 173.2250 173.2375 173.2500 173.2625 173.2750	A1D, A2D F(G)1D F(G)2D	5 ㎽ 이하	8.5 ㎑이하
	173.6250 173.6375 173.6500 173.6625 173.6750 173.6875 173.7000 173.7125 173.7250 173.7375 173.7500 173.7625 173.7750 173.7875	F(G)1D F(G)2D	10 ㎽ 이하	8.5 ㎑이하
	219.000(224.000)[주1,2)] 219.025(224.025)[주2)] 219.050(224.050)[주2)] 219.075(224.075)[주2)] 219.100(224.100)[주2)] 219.125(224.125)[주2)]	F(G)1D F(G)2D	10 ㎽ 이하	16 ㎑이하
	219.150 219.175 219.200 219.225	F(G)1B(D) F(G)2B(D) F(G)9W	10 ㎽ 이하	16 ㎑이하
	311.0125 311.0250 311.0375 311.0500 311.0625 311.0750 311.0875 311.1000 311.1125 311.1250	A1D, A2D F(G)1D F(G)2D	5 ㎽ 이하	8.5 ㎑이하
	424.7000[주1)] 424.7125 424.7250 424.7375 424.7500 424.7625 424.7750 424.7875 424.8000 424.8125 424.8250 424.8375 424.8500 424.8625 424.8750 424.8875 424.9000 424.9125 424.9250 424.9375 424.9500	F(G)1D F(G)2D	10 ㎽ 이하	8.5 ㎑이하
	433.795 ~ 434.045[주3)]	A1D, A2D F(G)1D F(G)2D	3 ㎽ 이하	250 ㎑이하
	447.6000 447.6125 447.6250 447.6375 447.6500 447.6625 447.6750 447.6875 447.7000 447.7125 447.7250 447.7375 447.7500 447.7625 447.7750 447.7875 447.8000 447.8125 447.8250 447.8375 447.8500	A1D, A2D F(G)1D F(G)2D	5 ㎽ 이하	8.5 ㎑이하
	447.8625 447.8750 447.8875 447.9000 447.9125 447.9250 447.9375 447.9500 447.9625 447.9750 447.9875	F(G)1D F(G)2D	10 ㎽ 이하	8.5 ㎑이하

주1) 219.000(224.000) ㎒ 및 424.7000 ㎒는 채널제어용 주파수이고 나머지 주파수는 통신용 주파수임

주2) 괄호안의 주파수는 복신 또는 반복신인 경우 송신(또는 수신) 주파수에 대응하는 수신(또는 송신) 주파수임.

주3) 자동차의 타이어 공기압 경보 장치, 자동차의 개폐 또는 시동 장치에 한함

2. 주파수허용편차는 지정주파수의 ±7×10-6 이하일 것
3. 스퓨리어스영역에서의 불요발사는 기본주파수의 평균전력보다 40 dB 이상 낮은 값일 것
4. 송신장치의 인접채널 누설전력은 다음과 같을 것
   가. 채널간격이 12.5 KHz 인 것: 지정주파수로부터 ±12.5 KHz 떨어진 주파수의 ±4.25 KHz 대역 내에서 복사되는 평균전력은 기본주파수의 평균전력 보다 40 dB 이상 낮은 값
   나. 채널간격이 25 KHz 인 것: 지정주파수로부터 ±25 KHz 떨어진 주파수의 ±8 KHz 대역 내에서 복사되는 평균전력은 기본주파수의 평균전력보다 40 dB 이상 낮은 값
5. 219~219.125 MHz, 224~224.125 MHz 및 424.7~424.95 MHz 주파수대역을 사용하는 데이터전송용 무선기기는 다음의 조건에 적합할 것
   가. 송신시간제한장치
      (1) 전파를 발사하기 시작한 시간으로부터 40 초 이내에 그 전파의 발사를 정지하고 1초의 휴지시간을 경과한 후가 아니면 다음 송신이 불가능할 것
      (2) 채널제어용 주파수의 송신시간 제한은 전파발사를 시작한 시간으로부터 0.2 초 이내로 할 것
   나. 반송파감지장치를 구비하고, 2 μV 이상의 다른 특정소출력무선국의 전파를 수신한 경우에는 그 무선국의 발사전파와 동일주파수(복신방식 및 반복신방식인 것에 대해서는 수신주파수에 대응하는 송신주파수)의 전파를 발사할 수 없는 것일 것
6. 위의 제3호, 제4호, 제5호에도 불구하고 433.795~434.045 MHz 주파수대역을 사용하는 설비는 다음 조건을 만족할 것
   가. 자동송신의 경우: 연속송신시간은 0.3 초 이내이고 최소휴지시간은 0.01 초 이상이며 규칙적인 최장 주기(T) 동안의 신호 송신시간의 합을 T로 나눈 값이 1 % 이하일 것. (다만 긴급상황 모드에서는 예외로 할 수 있다.)
   나. 수동송신의 경우: 전파발사를 시작하여 10 초 이내에 자동으로 발사를 정지하는 기능을 가질 것
   다. 주파수허용편차는 ±100×10-6 이하일 것
   라. 점유주파수대폭은 허용된 주파수대역 이내에 유지할 것
   마. 허용 주파수대역 바깥에서의 스퓨리어스영역 불요발사는 1 GHz 이하의 주파수에서 -36 dBm/100KHz 이하이고, 1 GHz 초과의 주파수에서 -30 dBm/1MHz 이하일 것
7. 다른 기기의 오동작을 방지하고 다른 기기의 신호에 의한 오동작을 일으키지 않도록 기기별 코드식별기억장치를 갖출 것
8. 공중선계를 제외한 고주파부 및 변조부는 하나의 캐비닛 안에 수용되어 있고 쉽게 개봉할 수

없을 것. (다만, 전원장비·제어장치는 예외로 한다.)

9. 외부급전선을 가지지 아니할 것

③ 안전시스템용 특정소출력무선기기의 기술기준은 다음 각 호와 같다.

1. 용도, 주파수, 전파형식, 실효복사전력, 점유주파수대폭

장치명(용도)		주파수(MHz)	전파형식	실효복사전력	점유주파수 대폭
시각 장애인 유도 신호용	고정장치	235.3000, 235.3125 235.3250, 235.3375	F(G)2D F(G)3E	10 ㎽ 이하	8.5 ㎑ 이하
	휴대장치	358.5000, 358.5125 358.5250, 358.5375	F(G)2D		
도난, 화재경보장치 등의 안전시스템용		447.2625 447.2750 447.2875 447.3000 447.3125 447.3250 447.3375 447.3500 447.3625 447.3750 447.3875 447.4000 447.4125 447.4250 447.4375 447.4500 447.4625 447.4750 447.4875 447.5000 447.5125 447.5250 447.5375 447.5500 447.5625	F(G)1D F(G)2D		

2. 주파수변조용 무선기기의 주파수편이는 무변조시의 반송파의 주파수보다 ±2.5 ㎑ 이내 일 것
3. 주파수허용편차는 지정주파수의 ±7×10-6 이하일 것
4. 스퓨리어스영역에서의 불요발사는 기본주파수의 평균전력보다 40 ㏈ 이상 낮은 값일 것
5. 송신장치의 인접채널 누설전력은 지정주파수로부터 ±12.5 ㎑ 떨어진 주파수의 ±4.25 ㎑의 대역내에 복사된 전력이 반송파전력보다 40 ㏈ 이상 낮은 값일 것
6. 고정 장치 및 휴대장치는 다른 기기의 오동작을 방지하고 다른 기기의 신호에 의한 오동작을 일으키지 않도록 식별코드를 사용할 것
7. 하나의 캐비닛 안에 수용되어 있고 쉽게 개봉할 수 없을 것. 다만, 전원설비 및 제어장치는 예외로 한다.
8. 외부급전선을 가지지 아니할 것

9. 시각장애인 유도신호용 무선기기의 수신부 성능은 다음 표의 조건에 적합할 것

항 목	기 준	조 건
수신주파수 안정도	±500 Hz 이하	
수신 감도	2 ㎶ 이하	1 KHz 변조주파수, 최대주파수편이의 60 % 변조도, SINAD 12 dB
인접채널 선택도	60 dB 이상	

④ 음성 및 음향신호 전송용 특정소출력무선기기의 기술기준은 다음 각 호와 같다.

1. 용도, 주파수, 실효복사전력, 점유주파수대폭

용도구분	주파수(MHz)	전파형식	실효 복사전력	점유주파수대폭
무선호출	219.150 219.175 219.200 219.225	F3E G3E	10 ㎽ 이하	16 KHz 이하
무선마이크 및 음향신호전송용	72.610-73.910 74.000-74.800 75.620-75.790 173.020-173.280 173.300-174.000주) 216.000-217.000주) 217.250-220.110 223.000-225.000 925.000-937.500	F3E G3E F2E G2E F7W G7W F8W G8W F9W G9W		(1) 주파수가 100 MHz 이하의 경우 : 60 KHz 이하 (2) 주파수가 100 MHz 초과의 경우 : 200 KHz 이하

주) 173.300~174.00MHz, 216.000~217.000MHz는 보청기용으로 사용하는 기기에 한하며 기기 본체 또는 사용자 설명서에 "이 기기는 옥내 이용을 목적으로 합니다." 문구를 명시할 것

2. 무선호출용 무선기기는 다음의 조건에 적합할 것
   가. 주파수허용편차는 ±7×10-6 이하일 것
   나. 하나의 캐비닛 안에 수용되어 있고 쉽게 개봉할 수 없을 것. 다만 전원설비 및 제어장치는 예외로 한다.
   다. 외부급전선을 가지지 아니할 것
   라. 송신장치의 인접채널 누설전력은 반송파 주파수로부터 ±25 KHz 떨어진 주파수의 ±8 KHz의 대역 내에 복사된 전력이 반송파전력보다 40 dB 이상 낮을 것
   마. 다른 기기의 오동작을 방지하고 다른 기기의 신호에 의한 오동작을 일으키지 않도록 기기별 코드식별기억장치를 갖출 것
   바. 스퓨리어스영역에서의 불요발사는 제5조의 기준에 적합할 것

3. 무선마이크 및 음향신호전송용 무선기기는 다음의 조건에 적합할 것

가. 주파수 변조용 무선기기의 최대주파수편이는 다음의 지정주파수별로 제시된 허용치 이하일 것

(1) 100 MHz 이하 : ±22 KHz

(2) 100 MHz 초과 : ±75 KHz

나. 주파수허용편차는 반송파주파수의 ±20×10-6 이내일 것

다. 불요발사는 다음과 같을 것

(1) 반송파의 주파수로부터 점유주파수대폭의 1/2 이상 떨어진 주파수에서 300 Hz 분해대역폭으로 측정한 경우 반송파의 평균전력에 비하여 25 dB 이상 낮을 것

(2) 반송파의 주파수로부터 점유주파수대폭 이상 떨어진 주파수에서 300 Hz 분해대역폭으로 측정한 경우 반송파의 평균전력에 비하여 35 dB 이상 낮을 것

(3) 반송파의 주파수로부터 점유주파수대폭의 2.5 배 이상 떨어진 주파수에서 다음의 기준값 이하일 것

주파수	기준값	분해대역폭
1 GHz 미만	- 36 dBm	100 KHz
1 GHz 이상	- 30 dBm	1 MHz

⑤ 무선랜을 포함한 무선접속시스템용(WAS) 특정소출력무선기기의 기술기준은 다음과 같다.

1. 주파수대역, 전력밀도 등

<table>
<tr><th>주파수대역
(MHz)</th><th colspan="2">공중선 전력 또는 전력밀도</th><th>공중선
절대이득</th><th>비고</th></tr>
<tr><td rowspan="3">5150~5250</td><td>점유주파수대폭
0.5 MHz 이상
20 MHz 이하</td><td>2.5 mW/MHz
이하</td><td rowspan="3">6 dBi
이하</td><td rowspan="4">※ 공중선전력 또는 전력밀도는 평균치이며, 공중선 절대이득이 기준치를 초과한 경우에 초과한 값만큼 저감된 것일 것

※ 제7항의 무선데이터통신시스템과 하나의 기기로 제작할 수 있다.

※ 5650 ~ 5725 MHz 주파수대역의 채널탐색을 위한 수신기능을 탑재할 수 있다.

※ 무선기기는 5150~5250 MHz, 5250~5350 MHz, 5470~5650 MHz 및 제7항의 5725~5825 MHz의</td></tr>
<tr><td>점유주파수대폭
20 MHz 초과
40 MHz 이하</td><td>1.25 mW/MHz
이하</td></tr>
<tr><td>점유주파수대폭
40 MHz 초과
80 MHz 이하</td><td>0.625
mW/MHz
이하</td></tr>
<tr><td>5250~5350
5470~5650</td><td>점유주파수대폭
0.5 MHz 이상
20 MHz 이하</td><td>10 mW/MHz
이하</td><td>7 dBi
이하</td></tr>
</table>

	점유주파수대폭 20 ㎒ 초과 40 ㎒ 이하	5 ㎽/㎒ 이하		각 대역에서 최대 80㎒ 대역폭 2개를 묶어 최대 160 ㎒ 점유주파수대폭으로 1개 채널로 사용할 수 있다.
	점유주파수대폭 40 ㎒ 초과 80 ㎒ 이하	2.5 ㎽/㎒ 이하		
17705~17715 17725~17735 19265~19275 19285~19295	점유주파수대폭 10 ㎒ 이하	10 ㎽ 이하	2.15 dBi 이하	무선 LAN 용도에 한함
17700～17740 19260～19300	점유주파수대폭 10 ㎒ 초과 40 ㎒ 이하	1 ㎽/㎒ 이하	23 dBi 이하	고정 점대점 통신에 한함

2. 제1호에 의한 5 ㎓ 주파수대역의 전파를 사용하는 무선기기는 다음의 조건에 적합할 것

가. 주파수허용편차는 ±20×10-6 이하일 것

나. 점유주파수대폭은 다음의 조건에 적합할 것

(1) 5150～5250 ㎒, 5250～5350 ㎒, 5470～5650 ㎒ 및 제7항의 5725～5825 ㎒의 각 주파수대역에서 점유주파수대폭은 80 ㎒ 이하일 것

(2) 5150～5250 ㎒, 5250～5350 ㎒, 5470～5650 ㎒ 및 제7항의 5725～5825 ㎒의 대역에서 복수개의 80 ㎒폭의 주파수를 연속 또는 비연속 대역폭을 합쳐 160 ㎒ 폭을 사용하는 경우 5150～5250 ㎒대역의 전력 밀도는 0.625 ㎽/㎒이하이어야 하며, 그 외의 대역은 1.25 mW/㎒ 이하일 것

다. 불요발사는 다음의 조건에 적합할 것

(1) 불요발사는 제1호에 의한 주파수대역 밖의 주파수에서 공중선 절대이득을 포함한 평균전력이 -27 dBm/㎒ 이하일 것

(2) 5150～5250 ㎒, 5250～5350 ㎒ 주파수대역의 전파를 연속하여 사용하는 무선기기는 5150～5350 ㎒ 주파수대역 밖의 주파수에서 공중선 절대이득을 포함한 평균전력이 -27 dBm/㎒ 이하일 것

라. 변조형식은 디지털변조일 것

마. 5250～5350 ㎒ 및 5470～5650 ㎒ 주파수대역의 전파를 사용하는 무선기기는 다음 송신출력제어(Transmitter Power Control) 및 능동주파수선택(Dynamic Frequency Selection)의 기술적 조건에 적합할 것

(1) 송신출력제어 기능은 공중선 절대이득을 포함한 평균전력이 25 ㎽/㎒를 초과하는 무선기기의 경우에는 최소 12.5 ㎽/㎒ 이하로 저감시킬 수 있을 것

(2) 능동주파수선택

(가) 항목별 기준

항 목	기 준
간섭감지기준	공중선 절대이득을 포함한 평균전력이 10 ㎽/㎒ 미만의 경우 : -62 dBm 공중선 절대이득을 포함한 평균전력이 10 ㎽/㎒ 이상 50 ㎽/㎒ 이하의 경우 : -64 dBm
채널사용가능확인시간	60 초 이상
채널이동시간	10 초 이내
비점유시간	30 분 이상

(나) 무선기기별 적용

구 분	A형[주1)]	B형[주2)]	C형[주3)]	A형[주1)]	B형[주2)]	C형[주3)]
채널사용가능확인시간	적용	-	-	-	-	-
채널이동시간	-	-	-	적용	적용	적용
비점유시간	적용	-	적용	-	-	-
비 고	채널점유 전			채널점유 후		

주1) A형은 능동적으로 채널을 설정하는 무선기기

주2) B형은 수동적으로 채널을 설정하는 무선기기로 레이더 신호의 검출능력이 없는 무선기기

주3) C형은 수동적으로 채널을 설정하는 무선기기로 레이더 신호의 검출능력이 있는 무선기기

3. 제1호에 의한 17 ㎓ 및 19 ㎓ 주파수대역의 전파를 사용하는 무선기기는 다음의 조건에 적합할 것.

가. 공중선은 무선기기의 함체와 일체형일 것

나. 주파수허용편차는 ±50×10-6 이하일 것

다. 스퓨리어스영역에서의 불요발사는 기본주파수의 평균전력보다 40 dB 이상 낮은 값일 것

라. 점유대역폭이 10 ㎒ 이하인 무선기기는 반송파의 주파수로부터 ±20 ㎒ 이격된 주파수에서 ±8.5 ㎒ 대역내에 복사되는 전력이 반송파전력보다 30 dB 이상 낮은 값일 것

마. 점유대역폭이 10 ㎒ 초과 40 ㎒ 이하인 무선기기의 대역외발사는 공중선 절대이득을 포함한 평균전력이 -27 dBm/㎒ 이하일 것

⑥ 중계용 특정소출력무선기기의 기술기준은 다음 각 호와 같다.

1. 주파수, 공중선전력밀도 및 전계강도

용 도		주파수	공중선전력밀도 또는 전계강도	비 고
전기통신역무용		전기통신역무용으로 허가된 것과 동일한 주파수	10 ㎽/㎒ 이하 (단, 점유주파수 대폭이 1 ㎒ 미만인 경우에는 10 ㎽/채널 이하)	「전기통신기본법」 제2조제7호에 의한 전기통신역무의 전파음영지역 해소를 위한 중계를 목적으로 하는 다음의 무선국 가. 지하, 터널, 기내, 선실 또는 건물 내에 설치되는 무선기기(기간통신사업자 외의 자가 설치하는 경우에는 해당 지역 내의 기간통신사업자와 사전에 합의한 것에 한한다.) 나. 기간통신사업자가 가목 이외의 장소에 기지국과 육상이동국간에 설치하는 것으로 육상이동국 방향의 공중선 절대 이득이 6 ㏈ 이하인 것(다만, 설치지역 내에서 기술기준에 적합한 다른 기간통신사업자의 무선기기에 혼신을 유발하지 아니하는 것에 한한다.)
방송중계업무용	디지털멀티미디어방송	동일한 방송구역 내에서 허가된 것과 동일한 주파수	10 ㎽/㎒ 이하	「전파법시행령」 제26조에 의한 방송업무의 전파음영지역 해소를 위한 중계를 목적으로 하는 다음의 무선국 가. 지하, 터널, 기내, 선실 또는 건물 내에 설치되는 무선기기 나. 방송사업자가 가목 이외의 장소에 설치하는 특정소출력 중계용 무선기기의 공중선 절대 이득이 6 ㏈ 이하인 것(다만, 타 무선기기에 혼신을 유발하지 아니하는 것에 한한다.)
	지상파디지털텔레비전방송	동일한 방송구역 내에서 허가된 것과 동일한 주파수	10 ㎽/㎒ 이하	「전파법시행령」 제26조에 의한 방송업무의 전파음영지역 해소를 위한 중계를 목적으로 방송사업자 또는 방송사업자 이외의 자가 설치하는 특정소출력 중계용 무선기기의 공중선 절대 이득이 6㏈ 이하인 무선기기(다만, 타 무선기기에 혼신을 유발하지 아니하는 것에 한하며, 방송사업자 이외의 자가 설치하는 경우에는 해당 지역 내의 방송사업자와 사전에 합의하여야 한다)
주파수공용통신용		주파수공용통신용으로 허가된 것과 동일	10 ㎽/채널 이하	「전기통신기본법」 제2조제5호에 의한 자가전기통신설비로서 주파수공용통신방식을 사용하는 300㎒

	한 주파수		대역 무선설비를 허가받은 시설자가 전파음영지역 해소를 위한 중계를 목적으로 지하, 터널, 기내, 선실 또는 건물 내에 설치하는 무선기기에 한함
시설자가 무선국의 서비스 지역 내에서 단순 중계 목적으로 지하, 터널, 기내, 선실 또는 건물 내에 설치하는 무선설비 (다만, 지상파방송중계업무에 대해서는 허가된 것과 동일한 주파수를 사용할 것)		10 ㎷/m@10m 이하	단향방식 무선기기에 한함
위성방송국 중계용 무선설비			

2. 제1호에서 전기통신역무용 중계기는 전기통신사업용 무선설비의 기술기준에 적합할 것
3. 제1호에서 방송중계업무용 중계기는 방송표준방식 및 방송업무용 무선설비의 기술기준에 적합할 것
4. 제1호에서 전계강도를 제한한 단순 중계용 무선설비 및 위성방송국 중계용 무선설비의 주파수허용편차, 점유주파수대폭, 불요발사의 허용치에 대하여 해당 업무의 기술기준에서 별도로 규정하지 않은 경우에는 각각 제3조부터 제5조까지의 규정을 준용한다.
5. 제1호에서 자가통신용 주파수공용통신 중계기는 그 변조방식에 따라 「간이무선국·우주국·지구국의 무선설비 및 전파탐지용 무선설비 등 그 밖의 업무용 무선설비의 기술기준(신고하지 아니하고 개설할 수 있는 무선국의 무선기기는 제외한다)」에 따른 제13조제1호다목 또는 제2호다목에 적합할 것

⑦ 무선데이터통신시스템용 특정소출력무선기기의 기술기준은 다음 각 호와 같다.

1. 주파수, 전파형식

주파수(㎒)	전파형식	비 고
2400～2483.5 5725～5825	F(G,D)1(2,7)C(D,E,F,W) A2(7,9)F(W) F9W	※ "해당 무선설비는 운용 중 전파혼신 가능성이 있음" 이라는 문구를 동 설비의 잘 보이는 곳에 표시할 것 ※ 제작자 및 설치자는 해당 무선설비가 전파혼신 가능성이 있으므로 인명안전과 관련된 서비스는 할 수 없음을 사용자 설명서 등을 통하여 운용자 및 사용자에게 충분히 알릴 것 ※ 5825 ~ 5850 ㎒ 주파수대역의 채널탐색을 위한 수신기능을 탑재할 수 있다.

2. 직접시퀀스 확산스펙트럼방식(DSSS), 첩 확산스펙트럼방식(CSS)을 사용하는 것(주파수도약 확산스펙트럼방식(FHSS)과 복합적으로 이용하는 것 포함) 또는 직교주파수분할 다중방식(OFDM)을 사용하는 것

가. 점유주파수대폭, 전력밀도, 공중선 절대이득 등

<table>
<tr><th>점유주파수대폭</th><th>전력밀도</th><th>공중선 절대이득</th><th>비고</th></tr>
<tr><td>0.5MHz 이상
26MHz 이하</td><td>10mW/MHz 이하</td><td rowspan="3">6dBi 이하
(다만, 고정형 점대점 통신용 무선설비는 20 dBi 이하일 것[주2])</td><td rowspan="4">※ 전력밀도는 평균치이며, 공중선 절대이득이 기준치를 초과한 경우에 초과한 값만큼 전력밀도가 저감할 것</td></tr>
<tr><td>26MHz 초과
40MHz 이하</td><td>5mW/MHz 이하</td></tr>
<tr><td>40MHz 초과
80MHz 이하</td><td>2.5mW/MHz 이하</td></tr>
<tr><td>40MHz 초과
60MHz 이하[주1]</td><td>0.1mW/MHz 이하</td><td>6dBi 이하</td></tr>
</table>

주1) 2400～2483.5MHz를 사용하는 기기에 한함

주2) 다음의 문구를 기기의 사용자 설명서에 명시할 것

"법에 의해 전방향 전파발사 및 동일한 정보를 동시에 여러 곳으로 송신하는 점-대-다지점 서비스에의 사용은 금지되어 있습니다."

나. 주파수허용편차는 ±50×10-6이하일 것

다. 불요발사는 제1호에 의한 주파수대역 밖의 주파수에서 100KHz 분해대역폭으로 측정하였을 때 -30dBm 이하일 것

라. 5725~5825MHz대역을 무선랜으로 사용하는 경우에는 제5항 제2호에 적합할 것

3. 주파수도약확산스펙트럼방식을 사용하는 것

가. 공중선 절대이득, 주파수허용편차, 불요발사는 제2호 가목, 나목, 다목의 조건에 적합할 것

나. 송신공중선계에 급전선에 공급되는 전력을 주파수호핑 대역(단위는 MHz로 한다)으로 나눈 값이 3 mW 이하일 것

다. 호핑채널당 점유주파수대폭은 5 MHz 이하일 것

라. 호핑채널은 중첩되지 않는 15 개 이상일 것

마. 호핑순서는 의사랜덤이고 전체 호핑채널에 대하여 균등하게 호핑하는 것일 것. 다만, 반송파감지 기능을 부가한 설비로서 반송파감지에 의해 호핑하지 않은 채널에 대하여는 예외로 한다.

바. 하나의 호핑채널에서의 체류시간(Dwell Time)은 0.4 초 이내 일 것

4. 2400～2483.5 ㎒ 주파수대역에서 스펙트럼 확산방식을 사용하지 않는 것
   가. 실효복사전력은 10 ㎽ 이하일 것
   나. 공중선은 무선기기 함체와 일체형일 것
   다. 주파수허용편차는 ±50×10-6 이하일 것
   라. 점유주파수대폭은 26 ㎒ 이하일 것
   마. 불요발사는 주파수대역 밖의 주파수에서 100 ㎑ 분해대역폭으로 측정하였을 때 -30 dBm 이하일 것
   바. 식별 코드를 사용할 것
5. 5725～5825 ㎒ 주파수대역에서 스펙트럼 확산방식을 사용하지 않는 것
   가. 중심주파수는 5775 ㎒일 것
   나. 공중선은 무선기기 함체와 일체형일 것
   다. 주파수허용편차는 ±100×10-6 이하일 것
   라. 점유주파수대폭은 70 ㎒ 이하일 것
   마. 실효복사전력은 10 ㎽ 이하일 것
   바. 스퓨리어스영역에서의 불요발사는 기본주파수의 평균전력보다 43 ㏈ 이상 낮은 값일 것
6. 5795～5815 ㎒ 주파수 대역에서 진폭변조를 사용하는 것
   가. 공통조건
      (1) 중심주파수는 5800 ㎒ 또는 5810 ㎒ 일 것
      (2) 공중선 전력은 10 ㎽이하일 것
      (3) 통신방식은 복신방식·반복신방식 또는 단신방식일 것
      (4) 점유주파수대폭은 8 ㎒이내일 것
      (5) 불요발사는 다음 조건에 적합할 것
         (가) 기본파로부터 10 ㎒ 이격된 주파수에서 8 ㎒ 대역내에 누설되는 전력이 기본파 전력에 비하여 40 ㏈ 이상 낮을 것
         (나) 스퓨리어스영역에서의 불요발사는 1 ㎒(측정하는 주파수가 1 ㎓ 미만인 경우에는 100 ㎑) 분해대역폭으로 측정하였을 때 -26 dBm 이하일 것
      (6) 식별 코드를 사용할 것
   나. 노변장치(RSE : Road Side Equipment)의 조건
      (1) 주파수허용편차는 반송파주파수의 ±20×10-6이내일 것
      (2) 공중선 절대이득은 22 dBi 이하일 것. 다만, 공중선 절대이득이 기준치를 초과한 경우에는 초과한 값만큼 공중선전력을 저감할 것

다. 이동체탑재장치(OBE : On Board Equipment)의 조건

(1) 주파수허용편차는 반송파주파수의 ±100×10-6 이내일 것

(2) 공중선 절대이득은 8 dBi 이하일 것. 다만, 공중선 절대이득이 기준치를 초과한 경우에는 초과한 값만큼 공중선전력을 저감할 것

(3) 노변장치로부터 미리 정하여진 신호를 수신한 경우에 한하여 전파를 발사하는 것일 것

7. 2400~2483.5 MHz 주파수 대역에서 아날로그 변조를 사용하는 것

가. 중심주파수는 2410 MHz, 2430 MHz, 2450 MHz 또는 2470 MHz 일 것

나. 공중선 전력은 10 mW이하일 것

다. 점유주파수대폭은 16 MHz 이하일 것.

라. 주파수허용편차는 ±50×10-6 이하일 것

마. 스퓨리어스영역에서의 불요발사는 기본주파수의 평균전력 보다 40 dB 이상 낮은 값일 것

바. 캐비닛은 쉽게 개봉할 수 없을 것

사. 공중선 절대이득은 6 dBi 이하일 것. 다만, 지향성 공중선을 사용하는 경우에는 20 dBi 이하일 것. 다만, 공중선 절대이득이 기준치를 초과한 경우에는 초과한 값만큼 공중선전력을 저감할 것

⑧ 이동체식별용 특정소출력무선기기의 기술기준은 다음 각 호와 같다.

1. 용도, 주파수, 전파형식, 공중선전력

장치명(용도)	주파수(MHz)	전파형식	공중선전력	비 고
이동체식별	2440(2427~2453)주1) 2450(2434~2465)주1) 2455(2439~2470)주1)	NON A1D AXN	300 mW 이하	

주1) 괄호안의 주파수대역 지정주파수대역임.

2. 하나의 캐비닛 안에 수용되어 있고 쉽게 개봉할 수 없을 것.
(다만, 전원설비·제어장치는 예외로 한다.)

3. 공중선 절대이득은 20 dBi 이하일 것. 다만, 공중선 절대이득이 기준치를 초과한 경우에는 초과한 값만큼 공중선전력을 저감할 것

4. 송·수신장치로부터 독립된 응답을 위한 장치를 가질 것

5. 제4호의 장치는 송신장치가 발사하는 전파에 따라 작동하고, 그 수신전력의 전부 또는 일부를 동일주파수대역의 전파로 발사하는 것일 것

6. 주파수허용편차 및 스퓨리어스영역에서의 불요발사는 제3조 및 제5조에 의한 조건에 적합할 것

⑨ 차량 충돌방지용 레이더 특정소출력무선기기의 기술기준은 다음 각 호와 같다.

1. 주파수, 공중선전력 등

주파수(GHz)	공중선전력	비고
24.25~26.65	-41.3 dBm/MHz	공중선 절대이득을 포함한 평균 전력밀도는 -41.3 dBm/MHz 이하이고 첨두 전력밀도는 -24.44 dBm/3MHz 이하일 것
76~77	10 mW 이하	공중선 절대이득을 포함한 전력이 50 dBm 이하

2. 점유주파수대폭은 제1호의 지정주파수 범위 이내일 것
3. 주파수허용편차는 제2호의 점유주파수대폭 이내일 것
4. 24.25~26.65 GHz 주파수대역의 전파를 사용하는 기기의 불요발사는 1 MHz 분해 대역폭으로 측정한 전력이 다음 조건에 적합할 것

주파수(GHz)	공중선 절대이득을 포함한 평균 전력밀도
10 이상 23.6 미만	-61.3 dBm/MHz.이하
23.6 이상 24 미만	-74 dBm/MHz. 이하
26.65 이상 50 미만	-61.3 dBm/MHz. 이하

5. 76~77 GHz 주파수대역의 전파를 사용하는 기기의 불요발사는 제1호의 주파수대역 밖의 주파수에서 공중선전력이 10 mW 이하일 때 1 MHz(측정하는 주파수가 1 GHz 미만인 경우는 100 KHz) 분해 대역폭으로 측정한 전력이 -26 dBm 이하 이거나 공중선 절대이득을 포함한 전력이 50 dBm 이하일 때 0 dBm 이하일 것

제30조(RFID/USN 등의 무선설비)

① 917~923.5 MHz 주파수대역의 전파를 사용하는 무선설비의 기술기준은 다음 각 호와 같다.

1. 발사하는 전파의 중심주파수는 다음 표에 따를 것

채널	주파수(MHz)	채널	주파수(MHz)	채널	주파수(MHz)	채널	주파수(MHz)
1	917.1	9	918.7	17	920.3	25	921.9
2	917.3	10	918.9	18	920.5	26	922.1
3	917.5	11	919.1	19	920.7	27	922.3
4	917.7	12	919.3	20	920.9	28	922.5
5	917.9	13	919.5	21	921.1	29	922.7
6	918.1	14	919.7	22	921.3	30	922.9
7	918.3	15	919.9	23	921.5	31	923.1
8	918.5	16	920.1	24	921.7	32	923.3

2. 전파형식은 N0N, A1D, A7D, B1D, B7D, F1D, F7D, G1D, G7D 중 1 이상을 사용할 것
3. 주파수허용편차는 중심주파수로부터 $\pm 40 \times 10^{-6}$ 이하일 것. 다만, 수동형 RFID (고주파신호

의 반사파를 태그가 통신에 이용하는 것)의 경우 $\pm 10 \times 10^{-6}$ 이하일 것

4. 공중선절대이득을 포함한 복사전력은 10 mW 이하 (채널 1, 3, 4, 6, 7, 9, 10, 12, 13, 15, 16, 18번에서는 3 mW 이하)일 것. 다만, 수동형 RFID 판독기와 기록기의 경우 채널 2, 5, 8, 11, 14, 17에서 4 W이하, 채널 20부터 32까지는 200 mW 이하일 것
5. 점유주파수대폭은 917~923.5 ㎒ 이내일 것. 다만 수동형 RFID의 판독기와 기록기의 경우에는 200 ㎑ 이하일 것
6. 주파수호핑 방식을 이용하는 경우 16 개 (수동형 RFID 판독기와 기록기의 경우 6 개) 이상의 중첩되지 않는 채널을 사용하고, 채널당 연속 점유 시간이 0.4 초 이내일 것
7. 송신 전 신호감지 (Listen Before Transmission) 방식을 이용하는 경우 송신 전 5 ms 이상 수신하여 그 수신신호의 세기가 -65 dBm 이하인 경우에 한하여 전파를 발사하고, 4 초 이내에 송신을 중단하여 50 ms이상 휴지할 것
8. 제6호와 제7호 이외의 방식을 이용하는 경우에는 특정 채널의 점유시간이 임의의 20초 주기 동안에 2 %이내일 것
9. 지정주파수대 바깥에서의 불요발사는 다음의 기준값 이하일 것

주파수	기준값	분해대역폭
1 ㎓ 미만	- 36 dBm	100 ㎑ ※ 다만, 지정주파수대의 끝으로부터 200 ㎑이내에서는 3 ㎑, 400 ㎑ 이내에서는 30 ㎑를 적용한다.
1 ㎓ 이상	- 30 dBm	1 ㎒

10. 수신 또는 송신 대기 상태의 부차적 전파발사는 다음의 기준 값 이하일 것

주파수	기준값	기준 대역폭
1 ㎓ 미만	- 54 dBm	100 ㎑
1 ㎓ 이상	- 47 dBm	1 ㎒

② 433.67～434.17 ㎒ 주파수대역의 전파를 사용하는 RFID용 무선설비[1]의 기술기준은 다음 각 호와 같다.

1. 전파형식은 F(G)1(2)D(N) 일 것
2. 공중선전력은 첨두전력 5.6 dBm 이하일 것. 다만, 공중선 절대이득이 0 dBi를 초과한 경우에는 그 값만큼 저감시킨 것이어야 하며, 0 dBi 미만인 경우에는 그 값만큼 증가시킬 수 있다.
3. 주파수허용편차는 ± 20×10-6 이하일 것
4. 점유주파수대폭은 질의기(Interrogator: 태그의 정보를 수집하는 장치)의 경우 500 ㎑ 이하이

1) 항만, 내륙 컨테이너집하장, 부두창고 등 컨테이너 집하·관리 장소에 한하여 사용(대한민국 주파수분배표 각주 K90C참조)

고, 태그(Tag)의 경우 200 KHz 이하일 것

5. 불요발사는 433.67~434.17 MHz 주파수대역 밖의 주파수에서 다음 기준치 이하일 것. 다만, 그 주파수대역의 양 끝으로부터 250 KHz 까지는 3 KHz 분해대역폭으로 측정한다.

주파수	1 GHz 미만	1 GHz 이상
기준치	-36 dBm	-30 dBm

6. 송신을 시작한 후 60 초 이내에 송신을 중단하여야 하며, 중단 후 최소 10 초 이상의 휴지시간을 가질 것. 다만, 10 초 이내의 송신시간을 갖는 경우에는 그러하지 아니하다.

③ 13.552~13.568 MHz 주파수대역의 전파를 사용하는 RFID용 무선설비의 기술기준은 다음 각 호와 같다.

1. 주파수허용편차는 ±20×10-6 이하일 것
2. 점유주파수대폭은 지정주파수범위 이내일 것
3. 13.56 MHz RFID의 전계강도는 10 m의 거리에서 93.5 dBμV/m (47.544 mV/m) 이하이고, 주파수별로 다음의 전계강도 보다 작을 것

주파수	분해능(KHz)	전계강도 기준치(dBμV/m)
0.009 MHz 이상 13.111 MHz미만	9	43.5
13.111 MHz 이상 13.410 MHz 미만	9	50
13.410 MHz 이상 13.552 MHz 미만	0.1	60.5
13.552 MHz 이상 13.568 MHz 이하	9	93.5
13.568 MHz 초과 13.710 MHz 이하	0.1	60.5
13.710 MHz 초과 14.010 MHz 이하	9	50
14.010 MHz 초과 30.000 MHz 이하	9	43.5
30.000 MHz 초과 1000.000 MHz 이하	120	43.5

제31조(코드 없는 전화기)

① 1786.750~1791.950 MHz 주파수대역의 전파를 사용하는 디지털방식의 코드없는 전화기의 기술기준은 다음 각 호와 같다.

1. 공중선 절대이득을 포함한 평균전력은 100 mW 이하일 것(단, 점유주파수대폭이 1 MHz 미만은 $100\sqrt{\text{점유주파수대폭}(Hz)}$ [μW] 이하일 것)
2. 변조형식은 디지털변조일 것
3. 점유주파수대폭은 1.728 MHz 이하일 것
4. 주파수허용편차는 ±20×10-6 이하일 것

5. 공중선 절대이득을 포함한 수신 전력이 -60 dBm을 초과하지 않는 경우에 한하여 송신하도록 간섭회피기능(송신전감지 등)을 갖출 것.
6. 스퓨리어스영역 불요발사는 다음 기준치 이하일 것.

주파수	1 GHz 미만	1 GHz 이상
기준치	-36dBm	-30 dBm

7. 다른 장치로부터 오접속, 오과금을 방지하기 위한 식별코드는 40 bit 이상일 것
8. 코드 없는 전화기의 휴대장치는 고정 장치를 통하지 않고는 다른 기기와 직접 통화를 할 수 없을 것
9. 코드 없는 전화기의 고정장치 및 휴대장치에 다음과 같은 문구를 잘 보이는 곳에 선명히 표시할 것

"이 장치는 보안성이 없으며 운용 중 혼신 가능성이 있음"

② 2400~2483.5MHz 주파수대역의 전파를 사용하는 디지털방식의 코드없는 전화기에 대한 기술기준은 다음 각 호와 같다.

1. 기술기준은 제29조 제7항제1호부터 제4호까지의 규정을 준용한다. 다만, 고정형 점대점 통신용 무선설비의 단서 규정은 제외한다.
2. 제1항제7호부터 제9호에 적합할 것

제32조 (UWB 및 용도 미지정 무선기기)

① UWB 기술을 사용하는 무선기기는 다음 각 호의 조건에 적합하여야 한다.

1. 주파수대역, 전력밀도 등

주파수대역 (GHz)	공중선 절대이득을 포함한 전력밀도		비고
	평균전력	첨두전력	
3.1~4.8 7.2~10.2	-41.3 dBm/MHz	0 dBm/50MHz	·전력밀도는 평균전력 및 첨두전력 모두 적합할 것 ·전계강도로 측정후 환산하여 적용가능

2. 일반적 조건 : 항공기, 선박, 위성, 모형비행기에의 적용을 금지함
3. 주파수대폭(1 MHz 분해대역폭으로 측정한 최대 전력밀도보다 10 dB 낮은 대역폭)은 450 MHz 이상일 것
4. 불요발사는 다음 조건에 적합할 것

주파수대역	공중선 절대이득을 포함한 평균 전력밀도
1.6 GHz 미만	-90 dBm/MHz 이하
1.6 GHz 이상 2.7 GHz 미만	-85 dBm/MHz 이하
2.7 GHz 이상 3.1 GHz 미만	-70 dBm/MHz 이하
3.1 GHz 이상 4.8 GHz 미만	-51.3 dBm/MHz 이하
4.8 GHz 이상 7.2 GHz 미만	-70 dBm/MHz 이하
7.2 GHz 이상 10.2 GHz 미만	-51.3 dBm/MHz 이하
10.2 GHz 이상	-70 dBm/MHz 이하

5. 3.1~4.8 GHz 주파수대역의 전파를 사용하는 무선기기는 다음 각목의 간섭회피 또는 간섭경감 기술(LDC등) 중 하나의 조건에 적합할 것

가. 공중선 절대이득을 포함한 평균 전력밀도는 -70 dBm/MHz 이하일 것

나. 연속송신시간은 5 ms 이하이고, 휴지시간은 1 초 이상일 것

다. 운용중에 -61 dBm 이상의 타 무선국 신호를 감지할 경우 2 초 이내에 -70 dBm/MHz 이하로 저감할 수 있을 것

라. 운용중에 -61 dBm 이상의 타 무선국 신호를 감지할 경우 2 초 이내로 회피할 것

6. 부차적 전파발사는 사용주파수대역에서 -54 dBm/MHz 이하이고, 그 외의 주파수대역에서는 제5호에 의한 값을 준용한다.

② 57~64 GHz 주파수대역의 전파를 사용하는 용도 미지정 무선기기는 다음 조건에 적합하여야 한다.

1. 공중선 전력은 500 mW 이하이고 무지향성 안테나를 사용하는 경우 100 mW 이하, 전력밀도는 13 dBm/MHz 이하, 등가등방복사전력은 43 dBm 이하일 것. 다만, 고정형 점대점(Point to Point) 통신용의 경우 등가등방복사전력은 57 dBm 이하일 것
2. 공중선 절대이득은 16 dBi 이하일 것. 다만 공중선 절대이득이 기준치를 초과한 경우에는 초과한 값만큼 공중선 전력을 저감할 것.
3. 점유주파수대폭은 57~64GHz 주파수대역 이내일 것
4. 57~64GHz 주파수대역 밖의 주파수에서 불요발사는 다음의 표에서 정한 것과 같을 것

주파수 범위	불요발사기준(등가등방복사전력)	분해대역폭
1 GHz 이하	-36 dBm	120 KHz
1 GHz 초과 ~ 40 GHz 미만	-30 dBm	1 MHz
40 GHz 이상	-10 dBm	1 MHz

5. 다른 기기의 오동작을 방지하고 다른 기기의 신호에 의한 오동작을 일으키지 않도록 기기별 식별 코드를 사용할 것. 다만, 고정형 점대점 통신용에는 적용하지 아니한다.
6. 57~58 GHz 주파수대역에서, 등가등방복사전력 27 dBm을 초과하는 장비의 경우 사용자 설명서

표지에 다음의 문구를 표기하여야 한다.

"전파천문안테나로부터 반경 300 m 범위이내에 설치하고자 하는 경우에는 천문대와 사전 합의하여야 함"

제33조(체내이식무선의료기기)

402～405 MHz 주파수대역의 전파를 사용하는 체내이식무선의료기기(MICS)의 기술기준은 다음 각 호에 적합할 것

1. 인체 내에 이식되는 무선기기(이하 "이식용 무선기기"라 한다.)는 이를 제어하는 인체 외에 무선기기(이하 "제어용 무선기기"라 한다.)에 의해서만 통신할 것 다만, 환자 또는 기기의 이상을 긴급하게 외부에 알려야 하는 경우는 예외로 한다.
2. 공중선 절대이득을 포함한 전력은 25 ㎼ 이하일 것
3. 주파수대폭(최대 전력보다 20 dB 낮은 대역폭)은 300 KHz 이하일 것
4. 주파수 채널은 중첩되지 않는 9 개 이상일 것
5. 주파수허용편차는 ±100×10-6 이하일 것
6. 스퓨리어스 영역에서의 불요발사는 다음 기준치 이하일 것

주파수	1 GHz 미만	1 GHz 이상
기준치	-36 dBm	-30 dBm

7. 제어용 무선기기는 이식용 무선기기와 통신을 시작하기 전에 통신채널을 설정하기 위하여 다음과 같은 채널선택 기능을 구비할 것

항 목	기 준
간섭감지기준	-10 log B (Hz) - 150 (dBm/Hz) + G (dBi) ·B : 통신상태에서 최대복사대역폭(복사전력 최대값에서 20 dB감쇠되는 주파수대역폭중 최대가 되는 대역폭을 말함) ·G : 제어용 무선기기의 공중선 절대이득
채널당 수신전력 확인시간	10 ms 이상
사용가능채널 확인 및 통신개시시간	5 초 이내

가. 제어용 무선기기는 수신전력이 간섭감지기준 이하인 통신채널과 전파간섭에 대비한 예비채널을 확보한 후 5 초 이내에 통신을 개시할 수 있을 것 단, 모든 채널의 수신 전력이 간섭감지기준을 초과하는 경우, 수신전력이 가장 낮은 채널을 선택하여 통신을 개시할 수 있음

나. 통신 개시 후 5초 이상 데이터 송수신이 없는 경우 통신을 자동으로 정지하는 기능을 갖출 것

8. 403.5~403.8 MHz 대역의 1 개 채널을 이용하고 출력이 100 nW(e.i.r.p.)이하인 이식용 무선기기의 경우 제1호, 제2호, 제4호 및 제7호의 기준을 적용하지 아니 한다.

제34조(물체감지센서용 무선기기)

① 10 GHz대 물체감지센서용 무선기기의 기술기준은 다음 각 호의 조건에 적합할 것

1. 주파수대역, 전력 등

지정주파수대(GHz)	복사전력
10.5~10.55	25 mW(공중선 절대이득 포함)

2. 주파수 허용편차는 지정주파수대 이내일 것
3. 점유주파수대폭은 50 MHz 이하일 것
4. 스퓨리어스 영역에서의 불요발사는 다음의 기준 값 이하일 것

주파수	기준값	기준 대역폭
1 GHz 미만	- 36 dBm	100 KHz
1 GHz 이상	- 30 dBm	1 MHz

5. 수신 또는 송신 대기 상태의 부차적 전파발사는 다음의 기준값 이하일 것

주파수	기준값	기준 대역폭
1 GHz 미만	- 54 dBm	100 KHz
1 GHz 이상	- 47 dBm	1 MHz

6. 기기 본체 또는 사용자 설명서에 "이 기기는 옥내 이용을 목적으로 합니다." 라는 문구를 명시할 것

② 24 GHz대 물체감지센서용 무선기기의 기술기준은 다음 각 호의 조건에 적합할 것

1. 주파수대역, 전력 등

주파수대역(GHz)	복사전력	비고
24.05~24.25	100 mW (공중선 절대이득 포함)	공중선전력은 10 mW 이하일 것

2. 주파수 허용편차는 지정주파수대 이내일 것
3. 점유주파수대폭은 200 MHz 이하일 것
4. 스퓨리어스영역에서의 불요발사는 다음의 기준값 이하일 것

주파수	기준값	기준 대역폭
1 GHz 미만	- 36 dBm	100 KHz
1 GHz 이상	- 30 dBm	1 MHz

5. 수신 또는 송신 대기 상태의 부차적 전파발사는 다음의 기준값 이하일 것

주파수	기준값	기준 대역폭
1 GHz 미만	- 54 dBm	100 KHz
1 GHz 이상	- 47 dBm	1 MHz

6. 해당 기기 또는 사용자 설명서에 "지능형교통시스템(ITS)용"으로 명시한 고정형 차량검지기는 다른 기기의 오동작을 방지하고 다른 기기의 신호에 의한 오동작을 방지할 수 있는 식별코드를 사용할 것

제4장 보칙

제35조(표준시험방법의 권장)

방송통신위원회는 이 고시에서 정한 기준을 효율적으로 시행하기 위하여 무선설비의 기술기준에 관한 표준시험방법을 정하여 권장할 수 있다.

제36조(재검토기한)

「훈령·예규 등의 발령 및 관리에 관한 규정」(대통령훈령 제248호)에 따라 이 고시 발령 후의 법령이나 현실여건의 변화 등을 검토하여 이 고시의 폐지, 개정 등의 조치를 하여야 하는 기한은 2015년 10월 31일까지로 한다.

부칙(제2013-1호)

제1조(시행일)

이 고시는 고시한 날부터 시행한다.

제2조(다른 기준에 의한 적용 예)

① 이 고시에서 특별히 정한사항 외의 법 제47조에 따른 안전시설기준은 영 제123조제1항제1호의3에 따라 국립전파연구원장이 정하는 기준을 따른다.

② 영 제123조제1항제1호의2 각 목에 해당하는 무선설비는 국립전파연구원장이 정하는 세부 기술기준 및 안전시설 기준을 따른다.

제3조(경과조치)

① (위성 디지털멀티미디어방송용 무선설비에 대한 경과조치) 제24조제9호마목에도 불구하고, 2007년 12월 14일 이전에 설치된 무선설비에 한하여 인접 주파수에서 업무를 할당공고 하는 날로부터 2년까지 적용을 유예한다. 또한 방송통신위원회는 유예된 종전 무선설비들에 대해 기술기준 적합여부를 확인하기 위한 검사를 실시할 수 있다.

② (지상파 디지털 텔레비전방송용 무선설비에 대한 경과조치) 이 고시 시행 이전 규정에 따라 2009년 11월 5일 이전에 개설허가를 받아 운용중인 무선설비는 제21조제1항제9호 사목(1)의 규정에도 불구하고 이전의 규정을 적용한다.

③ (UWB 무선기기에 대한 경과조치) 제32조제1항제5호에서 4.2~4.8GHz 주파수대역은 2016년 12월 31일까지 유예한다.

[별표 1]

협·광대역 시스템에 대한 경계기준

(제2조제1항제26호, 제2조제1힝제27호 및 별표 4(주)2)관련)

1. 경계기준

주파수 범위	협대역		광대역	
	기준치	경계기준	기준치	경계기준
9 KHz 〈 f_c ≦ 150 KHz	250 Hz	625 Hz	10 KHz	$1.5B_N$+10 KHz
150 KHz 〈 f_c ≦ 30 MHz	4 KHz	10 KHz	100 KHz	$1.5B_N$+100 KHz
30 MHz 〈 f_c ≦ 1 GHz	25 KHz	62.5 KHz	10 MHz	$1.5B_N$+10 MHz
1 GHz 〈 f_c ≦ 3 GHz	100 KHz	250 KHz	50 MHz	$1.5B_N$+50 MHz
3 GHz 〈 f_c ≦ 10 GHz	100 KHz	250 KHz	100 MHz	$1.5B_N$+100 MHz
10 GHz 〈 f_c ≦ 15 GHz	300 KHz	750 KHz	250 MHz	$1.5B_N$+250 MHz
15 GHz 〈 f_c ≦ 26 GHz	500 KHz	1.25 MHz	500 MHz	$1.5B_N$+500 MHz
26 GHz 〈 f_c	1 MHz	2.5 MHz	500 MHz	$1.5B_N$+500 MHz

2. 특정업무에 대한 협대역 경계기준

업 무 명	주파수 범위		협대역	
			기준치	경계기준
고정업무	14 KHz ~ 1.5 MHz		20 KHz	50 KHz
	1.5 ~ 30 MHz	P_T ≦ 50 W	30 KHz	75 KHz
		P_T 〉 50 W	80 KHz	200 KHz

3. 특정업무에 대한 광대역 경계기준

업 무 명	주파수 범위	광대역	
		기준치	경계기준
고정업무	14 ~ 150 KHz	20 KHz	$1.5B_N$+20 KHz
고정위성업무	3.4 ~ 4.2 GHz	250 MHz	$1.5B_N$+250 MHz
고정위성업무	5.725 ~ 6.725 GHz	500 MHz	$1.5B_N$+500 MHz
고정위성업무	7.25 ~ 7.75 GHz, 7.9 ~ 8.4 GHz	250 MHz	$1.5B_N$+250 MHz
고정위성업무	10.7 ~ 12.75 GHz	500 MHz	$1.5B_N$+500 MHz
위성방송업무	11.7 ~ 12.75 GHz	500 MHz	$1.5B_N$+500 MHz
고정위성업무	12.75 ~ 13.25 GHz	500 MHz	$1.5B_N$+500 MHz
고정위성업무	13.75 ~ 14.8 GHz	500 MHz	$1.5B_N$+500 MHz

㈜ 1) f_c는 발사의 중심주파수, BN은 필요주파수대폭, PT는 공중선전력을 말한다.

2) 시스템의 지정주파수 대역이 두 개의 주파수 범위에 걸쳐 있는 경우 높은 주파수 범위에 해당하는 경계기준을 적용한다.

3) 다중반송파 위성시스템 및 1차레이더에 대한 대역외영역과 스퓨리어스영역의 경계기준은 국제전기통신연합 권고 SM.1541의 최신 버전에 의한다.

[별표 2]

주파수허용편차

(제3조제1항 관련)

주파수대	무선국 종별	허용편차 (Hz를 붙인 것을 제외하고는 백만분율)
9 KHz 초과 535 KHz 이하	1. 고정국	
	가. 9 KHz 초과 50 KHz 이하의 무선설비	100
	나. 50 KHz 초과 535 KHz 이하의 무선설비	50
	2. 육상국	
	가. 해안국	100 [1),2)]
	나. 항공국	100
	3. 이동국	
	가. 선박국	200 [2),3)]
	나. 선박의 비상 송신설비	500 [4)]
	다. 구명이동국	500
	라. 항공기국	100
	4. 무선측위국	100
	5. 표준주파수국	0.005
	6. 방송국	10 Hz
535 KHz 초과 1,606.5 KHz 이하	방송국	10 Hz
1606.5 KHz 초과 4,000 KHz 이하	1. 고정국 및 육상국	
	가. 200 W 이하의 무선설비	100 [1),2),5),6),7),8)]
	나. 200 W 초과의 무선설비	50 [1),2),5),6),7),8)]
	2. 이동국	
	가. 선박국	40Hz [2),3),9)]
	나. 구명이동국	100
	다. 삭제 〈2010.1.12〉	삭제 〈2010.1.12〉
	라. 항공기국	100 [8)]
	마. 육상이동국	50 [10)]
	3. 무선측위국	
	가. 200 W 이하의 무선설비	20 [11)]
	나. 200 W 초과의 무선설비	10 [11)]
	4. 방송국	10 Hz [12)]
	5. 표준주파수국	0.005
	6. 아마추어국	500

주파수대	무선국 종별	허용편차 (Hz를 붙인 것을 제외하고는 백만분율)
4 MHz 초과 29.7 MHz 이하	1. 고정국	
	가. 단측파대 및 독립측파대 발사	
	(1) 500 W 이하의 무선설비	50 Hz
	(2) 500 W 초과의 무선설비	20 Hz
	나. 종별 F1B의 발사	10 Hz
	다. 기타 종별의 발사	
	(1) 500 W 이하의 무선설비	20
	(2) 500 W 초과의 무선설비	10
	2. 육상국	
	가. 해안국	20 Hz [1),2),13)]
	나. 항공국 및 기타 무선국	
	(1) 500 W 이하의 무선설비	100 [5),8)]
	(2) 500 W 초과의 무선설비	50 [5),8)]
	다. 기지국	20 [5)]
	3. 이동국	
	가. 선박국	
	(1) 구명이동국	50
	(2) 종별 A1A의 발사	10
	(3) 종별 A1A외의 발사	50 Hz [2),3),14)]
	나. 항공기국	100 [8)]
	다. 기타의 이동국	40 [15)]
	4. 방송국	10 Hz [12)]
	5. 표준주파수국	0.005
	6. 아마추어국	500
	7. 간이무선국	50
	8. 라디오부이국	50
	9. 우주국	20
	10. 지구국	20
29.7MHz 초과 100MHz 이하	1. 고정국	
	가. 50 W 이하의 무선설비	30
	나. 50 W 초과의 무선설비	20
	2. 육상국	20
	3. 이동국	20 [16)]
	4. 무선측위국	50

주파수대	무선국 종별	허용편차 (Hz를 붙인 것을 제외하고는 백만분율)
	5. 텔레비전방송국	500 Hz [17),18)]
	6. 디지털텔레비전방송국	1
	7. 기타의 방송국	2,000 Hz [19)]
	8. 표준주파수국	0.005
	9. 아마추어국	500
	10. 간이무선국	50
	11. 우주국	20
	12. 지구국	20
100MHz 초과 470MHz 이하	1. 고정국	
	가. 138 MHz ~ 174 MHz의 무선설비	
	(1) 2 W 이하의 무선설비	8
	(2) 2 W 초과의 무선설비	6
	나. 335.4 MHz ~ 470 MHz의 무선설비	
	(1) 2 W 이하의 무선설비	4 [20),21)]
	(2) 2 W 초과의 무선설비	3 [20),21)]
	다. 기타 주파수의 무선설비	
	(1) 50 W 이하의 무선설비	20 [20)]
	(2) 50 W 초과의 무선설비	10
	2. 육상국	
	가. 해안국	10
	나. 항공국	20 [22)]
	다. 기지국	
	(1) 100 MHz ~ 138 MHz의 무선설비	15 [23)]
	(2) 138 MHz ~ 174 MHz의 무선설비	
	(가) 2 W 이하의 무선설비	8
	(나) 2 W 초과의 무선설비	6
	(3) 174 MHz ~ 235 MHz의 무선설비	15 [23)]
	(4) 235 MHz ~ 335.4 MHz의 무선설비	7 [23)]
	(5) 335.4 MHz ~ 470 MHz의 무선설비	
	(가) 2 W 이하의 무선설비	4
	(나) 2 W 초과의 무선설비	3
	3. 이동국	
	가. 선박국 및 생존정의 송신설비	
	(1) 156 MHz ~ 174 MHz의 무선설비	10
	(2) 156 MHz ~ 174 MHz외의 무선설비	50 [24)]

주파수대	무선국 종별	허용편차 (Hz를 붙인 것을 제외하고는 백만분율)
	나. 항공기국	30 [22)]
	다. 육상이동국	
	(1) 100 MHz ~ 138 MHz의 무선설비	15 [23)]
	(2) 138 MHz ~ 174 MHz의 무선설비	
	(가) 2 W 이하의 무선설비	8
	(나) 2 W 초과의 무선설비	6
	(3) 174 MHz ~ 235 MHz의 무선설비	15 [23)]
	(4) 235 MHz ~ 335.4 MHz의 무선설비	7 [23),25)]
	(5) 335.4 MHz ~ 470 MHz의 무선설비	
	(가) 2 W 이하의 무선설비	4
	(나) 2 W 초과의 무선설비	3
	4. 무선측위국	500 [26)]
	5. 텔레비전방송국	500 Hz [17),18)]
	6. 디지털텔레비전방송국	1
	7. 기타 방송국	2,000 Hz [19)]
	8. 표준주파수국	0.005
	9. 간이무선국	
	가. 138 MHz ~ 174 MHz의 무선설비	
	(1) 2 W 이하의 무선설비	8
	(2) 2 W 초과의 무선설비	6
	나. 335.4 MHz ~ 470 MHz의 무선설비	
	(1) 2 W 이하의 무선설비	4
	(2) 2 W 초과의 무선설비	3
	다. 기타 주파수의 무선설비	20
	10. 아마추어국	
	가. 1 W 이하의 무선설비	1,000
	나. 1 W 초과의 무선설비	500
	11. 우주국	20
	12. 지구국	20
	13. 특정소출력무선국	7[27)]
470MHz 초과 2,450MHz 이하	1. 고정국	
	가. 100 W 이하의 것	100
	나. 100 W 초과의 것	50
	2. 육상국	20
	3. 이동국	20

주파수대	무선국 종별	허용편차 (Hz를 붙인 것을 제외하고는 백만분율)
	4. 무선측위국	500 [26)]
	5. 아마추어국	500
	6. 텔레비전방송국(470 MHz 초과 960 MHz 미만)	500 Hz [17),18)]
	7. 디지털텔레비전방송국	1
	8. 기타 방송국	100
	9. 우주국	20
	10. 지구국	20
2,450MHz 초과 10.5GHz 이하	1. 고정국	
	가. 100 W 이하의 것	200
	나. 100 W 초과의 것	50
	2. 육상국	100
	3. 이동국	100
	4. 무선측위국	1,250 [26)]
	5. 아마추어국	500
	6. 우주국	50
	7. 지구국	50
10.5 GHz ~ 40 GHz	1. 고정국	300
	2. 무선측위국	5,000 [26)]
	3. 방송국	100
	4. 우주국	100
	5. 지구국	100

※ 비고

1. 표중 Hz는 전파의 주파수단위로 1 초간의 사이클을, W 및 kW는공중선전력의 크기와 단위를 표시한다.
2. 표중 공중선전력은 단측파대 송신설비의 경우에는 첨두포락선전력(PX)으로, 그밖의 송신설비의 경우에는 평균전력(PY)으로 한다.
3. 동일한 송신장치 및 동일주파수를 2 이상의 업무에 사용하는 경우에는 허용편차가 적은 것에 의한다.

주) 1) 해안국의 인쇄전신 또는 데이터전송의 송신설비에 사용하는 전파의 주파수허용편차는 이 표에 규정한 값에 불구하고 다음과 같이 한다.
가) 협대역 위상편이전건(PSK) 운용에 의한 송신설비 : 5Hz
나) 주파수편이전건(FSK) 운용에 의한 송신설비(1992년 1월 1일 이전에 설치된 장치) : 15Hz
다) 주파수편이전건(FSK) 운용에 의한 송신설비(1992년 1월 2일 이후에 설치되었거나 설치되는 장치) : 10Hz
2) 선박국 또는 해안국의 디지털선택호출용 송신설비에 사용하는 전파의 주파수허용편차는 이 표에 규정한 값에 불구하고 10Hz로 한다.
3) 선박국의 인쇄전신 또는 데이터전송의 송신설비에 사용하는 전파의 주파수허용편차는 이 표에 규정한 값에 불구하고 다음과 같이 한다.
가) 협대역 위상편이전건(PSK) 운용에 의한 송신설비 : 5Hz
나) 주파수편이전건(FSK) 운용에 의한 송신설비(1992년 1월 1일 이전에 설치된 장치) : 40Hz
다) 주파수편이전건(FSK) 운용에 의한 송신설비(1992년 1월 2일 이후에 설치되었거나 설치되는 장치) : 10Hz
4) 선박의 비상송신설비가 주설비의 송신설비에 대한 예비 설비로 사용되는 경우에는 해당 비상송신설비에 대하여 선박국의 주파수허용편차를 적용한다.
5) 단측파대 무선전화 송신설비(해안국 및 항공국의 송신설비를 제외한다)에 사용하는 전파의 주파수허용편차는 이 표에 규정한 값에 불구하고 20Hz로 한다.
6) 주파수편이전건(FSK) 운용에 의한 무선전신 송신설비에 사용하는 전파의 주파수허용편차는 이 표에 규정한 값에 불구하고 10Hz로 한다.
7) 해안국의 단측파대 무선전화 송신설비에 사용하는 전파의 주파수허용편차는 이 표에 규정한 값에 불구하고 20Hz로 한다.
8) 1,606.5KHz 초과 4,000KHz 이하의 대역과 4MHz 초과 29.7MHz 이하의 대역을 사용하는 항공이동(R)업무용 단측파대 무선전화 송신설비에 사용하는 전파의 주파수허용편차는 이 표에 규정한 값에 불구하고 다음과 같이 한다.
가) 항공국 : 10Hz
나) 국제업무를 행하는 항공기국 : 20Hz
다) 국제업무를 행하지 아니하는 항공기국 : 50 Hz(가능한 한 20Hz)
9) A1A의 발사에 대하여는 이 표에 규정한 값에 불구하고 $50(10^{-6})$으로 한다.
10) 단측파대무선전화의 송신설비 또는 주파수편이전건 운용에 의한 무선전신의 송신설비에서 사용하는 전파의 주파수허용편차는 이 표에 규정한 값에 불구하고 40Hz로 한다.
11) 1,606.5KHz 초과 1,800KHz 이하의 주파수의 전파를 사용하는 무선표지용 송신설비에 사용하는 전파의 주파수허용편차는 이 표에 규정한 값에 불구하고 $50(10^{-6})$으로 한다.
12) 반송파 전력이 10kW 이하이고 A3E의 전파를 사용하는 송신설비의 주파수허용편차는 이 표에 규정한 값에 불구하고 다음과 같이 한다.
가) 1,606.5KHz 초과 4,000KHz 이하의 무선설비 : $20(10^{-6})$
나) 4MHz 초과 5.95MHz 이하의 무선설비 : $15(10^{-6})$
다) 5.95MHz 초과 29.7MHz 이하의 무선설비 : $10(10^{-6})$
13) A1A의 발사에 대하여는 이 표에 규정한 값에 불구하고 $10(10^{-6})$으로 한다.
14) 연안 또는 근해에서 운항하는 소형선박에 설치하는 선박국 송신설비로 반송파전력이 5W 이하이고 26,175 KHz 초과

27,500 ㎑ 이하의 주파수대의 F3E와 G3E 전파를 사용하는 경우의 주파수허용편차는 이 표에 규정한 값에 불구하고 $40(10^{-6})$으로 한다.

15) 단측파대 무선전화 송신설비(26,175㎑ 초과 27,500㎑ 이하의 주파수대에서 운용하는 첨두포락선전력이 15W 이하인 송신설비를 제외한다)에 사용하는 전파의 주파수허용 편차는 이 표에서 규정한 값에 불구하고 50㎐로 한다.

16) 이동체에 설치하지 아니한 휴대용 장치에 있어서 평균전력 5W 이하의 송신설비에 사용하는 전파의 주파수허용편차는 이 표에 규정한 값에 불구하고 $40(10^{-6})$으로 한다.

17) 소출력 텔레비전 방송국의 무선설비에 사용하는 전파의 주파수허용편차는 이 표에 규정한 값에 불구하고 다음과 같다.

가) 29.7㎒ 초과 100㎒ 이하 및 100㎒ 초과 960㎒ 이하의 주파수 대역을 사용하고, 그 영상 첨두포락선전력이 각각 50W 이하 및 100W 이하이며, 그 입력을 다른 텔레비전 방송국으로부터 받아 소수의 시청자에게 방송을 행하는 방송국의 무선설비 : 2000㎐

나) 100 ㎒ 초과 470㎒ 이하의 주파수 대역을 사용하고 영상 첨두포락선전력이 1 W 이하인 무선설비 : 5㎑

다) 470 ㎒ 초과 960㎒ 이하의 주파수 대역을 사용하고 영상 첨두포락선전력이 1 W 이하인 무선설비 : 10㎑

18) 주 17)에 해당하지 아니하는 무선설비로 NTSC 신호를 송출하는 무선설비에 사용하는 전파의 주파수허용편차는 이 표에 규정한 값에 불구하고 1,000㎐를 적용한다.

19) 108㎒ 이하의 주파수로 운용하는 평균전력 50W 이하의 송신설비에 사용하는 전파의 주파수허용편차는 이 표에 규정한 값에 불구하고 3,000㎐로 한다.

20) 직접 주파수 변환을 사용하는 다단무선중계방식의 무선설비에 대한 주파수허용편차는 이 표에 규정한 값에 불구하고 $30(10^{-6})$으로 한다.

21) 방송중계를 하는 무선국의 무선설비에 사용하는 전파의 주파수허용편차는 이 표에 규정한 값에 불구하고 다음과 같이 한다.

가) 50W 이하의 무선설비 : $20(10^{-6})$

나) 50W 초과의 무선설비 : $10(10^{-6})$

22) 채널 간격이 50㎑인 경우의 주파수허용편차는 이 표에 규정한 값에 불구하고 $50(10^{-6})$으로 한다.

23) 채널간격이 20㎑ 이상의 경우에 적용한다.

24) 선상통신설비에 사용하는 전파의 주파수허용편차는 이 표에 규정한 값에 불구하고 $5(10^{-6})$으로 한다.

25) 이동체에 설치하지 아니한 휴대용 장치로 평균전력 5 W 이하의 송신설비에 사용하는 전파의 주파수허용편차는 이 표에 규정한 값에 불구하고 $15(10^{-6})$으로 한다.

26) 특정한 주파수가 지정되지 아니한 레이더시스템의 경우 해당 시스템이 발사하는 전파의 점유주파수대폭은 해당 업무에 분배된 대역 내에서 유지되어야 하며, 이 경우 규정된 주파수허용편차는 적용하지 아니한다.

27) 430 ㎒대 특정소출력무선국의 주파수허용편차는 이 표에 규정한 값에 불구하고 $100(10^{-6})$으로 한다.

[별표 3]

점유주파수대폭의 허용치

(제4조제1항 관련)

전파형식	무선설비	점유주파수대폭의 허용치
A1A A1B	1. 100 KHz 이하의 주파수의 전파로 사용하는 무선국의 무선설비	250 Hz
	2. 제1호에 해당되지 아니하는 무선국의 무선설비	500 Hz
A2A A2B	1. 75 MHz 주파수의 전파를 발사하는 무선표지국의 무선설비	6.5 KHz
	2. 400.15 MHz 이상 406 MHz 이하 주파수의 전파를 사용하는 기상원조국의 무선설비	1 MHz
	3. 1,668.4 MHz 이상 1,700 MHz 이하 주파수의 전파를 사용하는 기상원조국의 무선설비	6 MHz
	4. 해상이동업무를 행하는 무선국의 무선설비로서 1,000 Hz를 초과하여 2,200 Hz 이하의 변조주파수를 사용하는 것	5 KHz
	5. 제1호 부터 제4호에 해당되지 아니하는 무선국의 무선설비(생존정의 송신장치를 제외한다)	2.5 KHz
H2A H2B	1. 해상이동업무를 행하는 무선국의 무선설비로서 1,000 Hz를 초과하여 2,200 Hz 이하의 변조주파수로 사용하는 것	3 KHz
	2. 제1호에 해당되지 아니하는 무선국의 무선설비	1.5 KHz
A3E	1. 방송프로그램 전송을 내용으로 하는 국제공중통신무선국의 무선설비	8 KHz
	2. 방송국과 방송중계(일반 공중에 직접 수신시키는 것을 목적으로 하지 아니하는 방송프로그램 중계를 말한다. 이하 같다)를 하는 무선설비	10 KHz
	3. 스테레오포닉방송국과 방송중계를 하는 무선설비	15 KHz
	4. 제1호 부터 제3호에 해당되지 아니하는 무선국의 무선설비	6 KHz
R3E,H3E,J3E	모든 무선국의 무선설비	3 KHz
C3F,C9F,F3E, F8E,G3E,C2W, C7W,G7W	텔레비전방송을 하는 방송국의 무선설비	6 MHz
F1A, F1B, F1D, G1A, G1B, G1D	1. 선박국 및 해안국의 무선설비로서 디지털선택호출·협대역직접인쇄전신·인쇄전신 또는 데이터전송에 사용하는 것	0.5 KHz
	2. 1,644.3 MHz 이상 1,646.5 MHz 이하의 주파수의 전파를 사용하는 위성비상위치지시용 무선표지설비	0.6 KHz
	3. 산란파에 따라 통신을 하는 무선국의 무선설비외의 무선설비	2 KHz
	4. 주파수 138 MHz 이상 174 MHz 이하, 335.4 MHz 이상 470 MHz 이하, 457.5 MHz 이상 467.6 MHz 이하(선상통신국에 한한다)의 전파를 사용하는 무선국의 무선설비(방송중계를 하는 것, 아마추어국 및 해상이동업무를 하는 무선국을 제외한다)	8.5 KHz
	5. 200 MHz대의 주파수의 전파를 사용하는 특정소출력무선국의 무선설비	16 KHz
	6. 406.0 MHz 이상 406.1 MHz 이하 주파수의 전파를 사용하는 위성비상위치지시용 무선표지설비	20 KHz
	7. 제1호 부터 제6호에 해당되지 아니하는 무선국의 무선설비	3 KHz

<table>
<tr><th>전 파
형 식</th><th>무선설비</th><th>점유주파수대
폭의 허용치</th></tr>
<tr><td rowspan="7">F2A,
F2B,
F2D,
F9D,
F9X,
G2A,
G2B,
G2D,
K2A,
K2B</td><td>1. 주파수 138 MHz 이상 174 MHz 이하, 335.4 MHz 이상 470 MHz 이하, 457.5 MHz 이상 467.6 MHz 이하(선상통신국에 한한다)의 전파를 사용하는 무선국의 무선설비(방송중계를 하는 것, 아마추어국 및 해상이동업무를 하는 무선국을 제외한다)</td><td>8.5 KHz</td></tr>
<tr><td>2. 주파수 29 MHz 이상 50 MHz 이하, 72 MHz 이상 76 MHz 이하, 146 MHz 이상 174 MHz 이하, 335.4 MHz 이상 470 MHz 이하의 전파를 사용하는 무선국(아마추어국을 제외한다)의 무선설비
3. 200 MHz대의 주파수의 전파를 사용하는 특정소출력무선국의 무선설비</td><td>16 KHz</td></tr>
<tr><td>4. 주파수 940 MHz에서 960 MHz까지의 전파를 사용하는 무선국의 무선설비</td><td>400 KHz</td></tr>
<tr><td>5. 400.15 MHz 이상 406 MHz 이하 주파수의 전파를 사용하는 기상원조국의 무선설비</td><td>1 MHz</td></tr>
<tr><td>6. 주파수 1668.4 MHz 이상 1,700 MHz 이하의 전파를 사용하는 기상원조국의 무선설비</td><td>6 MHz</td></tr>
<tr><td>7. 제1호 부터 제6호에 해당되지 아니하는 무선국의 무선설비</td><td>3 KHz</td></tr>
<tr><td rowspan="7">F3E,
G3E</td><td>1. 주파수 29.7 MHz 이상 50 MHz 이하, 138 MHz 이상 174 MHz 이하, 335.4 MHz 이상 470 MHz 이하, 457.5 MHz 이상 467.6 MHz 이하(선상통신국에 한한다)의 전파를 사용하는 무선국의 무선설비(방송중계를 하는 것, 아마추어국 및 해상이동업무를 하는 무선국을 제외한다)</td><td>8.5 KHz</td></tr>
<tr><td>2. 주파수 25.11 MHz 이상 27.5 MHz 이하, 29.7 MHz 이상 50 MHz 이하, 72 MHz 이상 76 MHz 이하, 146 MHz 이상 174 MHz 이하(아마추어국, 해상이동업무를 하는 무선국에 한한다), 216 MHz 이상 223 MHz 이하 및 450 MHz 이상 467.58 MHz 이하(선상통신국에 한하며 방송중계를 하는 것은 제외한다)의 주파수의 전파를 사용하는 무선국의 무선설비</td><td>16 KHz</td></tr>
<tr><td>3. 주파수 20 0 MHz 이하의 전파를 사용하는 무선국으로서 제1호 부터 제2호에 해당되지 아니하는 무선국의 무선설비</td><td>40 KHz</td></tr>
<tr><td>4. 초단파 방송국의 무선설비</td><td>180 KHz</td></tr>
<tr><td>5. 주파수 174 MHz에서 585 MHz까지의 전파를 사용하며 방송중계를 하는 이동업무 무선국의 무선설비</td><td>100 KHz</td></tr>
<tr><td>6. 방송국과 주파수 72 MHz에서 585 MHz까지의 전파를 사용하여 방송중계를 하는 고정국의 무선설비</td><td>200 KHz</td></tr>
<tr><td>7. 주파수 942 MHz에서 960 MHz까지의 전파를 사용하는 무선국의 무선설비</td><td>400 KHz</td></tr>
<tr><td>F8E,F9W,
F9E</td><td>초단파 방송국의 무선설비</td><td>260 KHz</td></tr>
<tr><td>F7W,G7W</td><td>800 MHz대의 주파수의 전파를 사용하는 이동가입무선전화통신을 하는 무선국의 무선설비와 1800 MHz대의 주파수의 전파를 사용하는 개인휴대전화용 무선설비</td><td>1.32 MHz</td></tr>
<tr><td>P0N,K2A</td><td>주파수 1,670 MHz 이상 1,690 MHz 이하의 전파를 사용하는 기상원조국의 무선설비</td><td>6 MHz</td></tr>
</table>

[별표 4]

스퓨리어스영역 불요발사의 허용치

(제5조제1항 관련)

구 분	업무 또는 무선설비	공중선전력에 대한 감쇠값(데시벨)
1	우주업무	43+10log(PY) 또는 60 dBc중 덜 엄격한 값
2	무선측위업무	43+10log(PX) 또는 60 dB중 덜 엄격한 값
3	텔레비전방송업무	46+10log(PY) 또는 60 dBc중 덜 엄격한 값이고, VHF 무선국은 평균전력 1 ㎽를 UHF 무선국은 평균전력 12 ㎽를 각각 초과하지 아니할 것
4	초단파방송업무	46+10log(PY) 또는 70 dBc중 덜 엄격한 값이고, 평균전력 1 ㎽를 초과하지 아니할 것
5	중파(MF)/단파(HF) 방송업무	50 dBc이고, 평균전력 50 ㎽를 초과하지 아니할 것
6	단측파대 이동국	첨두포락선전력(PX)보다 43 dB 낮을 것
7	30 ㎒ 대역 미만의 아마추어 업무 (단측파대 통신방식을 포함한다)	43+10log(PX) 또는 50 dB중 덜 엄격한 값
8	30 ㎒ 대역 미만의 업무 (우주업무, 무선측위업무, 방송업무, 단측파대 이동국, 아마추어 업무를 제외한다)	43+10log(X) 또는 60 dBc중 덜 엄격한 값. 이 경우 단측파대 변조방식을 사용하는 경우에는 X를 PX로, 그 외의 변조방식을 사용하는 경우에는 X를 PY로 한다.
9	특정소출력용 무선기기	56+10log(PY) 또는 40dBc중 덜 엄격한 값
10	비상 송신설비	제한 없음
11	그밖의 업무 및 무선설비	43+10log(PY) 또는 70dBc중 덜 엄격한 값

㈜ 1) 스퓨리어스영역 불요발사 허용치 측정방법은 국제전기통신연합권고 SM.329의 최신 버전에 의한다. 다만, 레이더의 경우 국제전기통신연합 권고 M.1177의 최신 버전에 의한다.

2) 대역외영역과 스퓨리어스영역의 경계기준은 필요주파수대폭의 중심주파수로부터 필요주파수대폭의 250 퍼센트만큼 이격된 주파수로 한다. 다만, 협·광대역 시스템에 대한 경계기준은 별표 1을 따른다.

3) 스퓨리어스영역 불요발사 측정기준대역폭은 주파수 9 ㎑~150 ㎑에서 1 ㎑로, 150 ㎑ ~30 ㎒에서 10 ㎑로, 30 ㎒ ~ 1 ㎓에서 100 ㎑로, 1 ㎓ 이상에서 1 ㎒로 한다. 다만, 우주업무는 주파수와 상관없이 4 ㎑로 한다.

4) 기호 dBc는 무변조 반송파 전력을 기준으로 한 dB를 말한다. 다만, 반송파가 없거나 측정할 수 없는 경우에는 평균전력을 기준으로 한 dB를 말한다.

5) 평균전력(PY) 및 첨두포락선전력(PX)의 단위는 W로 한다.

6) 아마추어업무에 사용되는 지구국은 30 ㎒ 대역 미만의 아마추어 업무의 기준을 적용하고, 지구로부터 2×106 km 이상 떨어진 곳에서 우주업무를 하는 우주국은 스퓨리어스영역 불요발사 제한을 적용하지 않는다.

7) 혼신방지 등을 위하여 필요하다고 인정되는 때에는 이 표에 규정된 스퓨리어스영역 불요발사의 허용치보다 엄격한 기준을 적용할 수 있다.

8) "특정소출력용 무선기기"란 「전파법시행령」 제24조제4호에 따른 무선기기를 말한다.

9) "비상송신설비"란 비상위치지시용무선표지설비, 비상위치지시용송신기, 개인위치지시용표지설비, 수색구조용트랜스폰더, 생존정의 송신설비, 비상시 사용하는 육상, 항공, 해상 업무용 송신설비를 말한다.

[별표 5]

전파형식별 공중선전력의 표시와 환산비

(제6조제3항 관련)

1. 전파형식별 공중선전력의 표시

구분	전파형식	전력의 표시
가.	A1A A1B A1D A2A A3C(전반송파를 단속하는 것에 한한다) A8W(전반송파를 단속하는 것에 한한다) A9W(전반송파를 단속하는 것에 한한다) B7W B8C B8E B9B B9W C3F(방송국 설비에 한한다) C9F J2A J2B J3C J3E J8E K1A K2A K3E L1D L2A L3E M2A M3D M3E M7E P0N Q0N R3C R3E R7B V3E	첨두포락선전력(PX)
나.	A3E(방송국 설비에 한한다)	반송파전력(PZ)
다.	가목 및 나목외의 전파형식	평균전력(PY)(방송통신위원장이 별도로 정하여 고시하는 경우에는 예외로 한다)

2. 전파형식별 공중선전력의 환산비

전파 형식	변조특성	환산비 반송파 전력 (PZ)	평균 전력 (PY)	첨두 전력 (PX)	비 고
A1A A1B			0.5	1	
A2A A2B	가. 변조용 가청주파수의 전건운용 나. 변조파의 전건운용	1 1	1.25 0.75	4 4	
A3E		1	1	4	
R3E			0.14	1	1)
B8E			0.075	1	2)
J3E			0.16	1	1)
A3C	가. 주반송파의 단속 나. 기타	1	0.5 1	1 4	
R3C			0.14	1	
J3C			0.16	1	
C3F C9F			1	1.68	방송국에 한함 3)
C2W C7W			1	4	방송국에 한함
R7B			0.14	1	
R7A			0.075	1	
P0N			1	1/d	4)
K1A			0.5	1/d	
K2A K2B	가. 변조용 가청주파수의 전건운용 나. 변조파의 전건운용		1.25 0.75	4/d 4/d	
L2A L2B	가. 변조용 가청주파수의 전건운용 나. 변조파의 전건운용		1 0.5	1/da 1/da	4)
M2A M2B	가. 변조용 가청주파수의 전건운용 나. 변조파의 전건운용		1 0.6	1/da 1/da	
K3E			1	4/da	
L3E			1	1/da	
M3E			1	1/da	

㈜ 1) 저감반송파 또는 억압반송파를 이용하는 단일통신로 송신장치의 첨두포락선전력은 한 변조주파수에 따라 송신전력의 포화레벨로 변조한 경우의 평균전력으로 한다.

2) 저감반송파를 이용하는 송신장치 또는 다중 통신로 송신장치의 첨두포락선전력은 임의의 변조주파수에 따라 변조한 평균전력의 4배로 한다. 이 경우 동일 통신로에 위의 변조주파수와 같은 강도로서 주파수가 다른 임의의 변조주파수를 가한 때에는 송신장치의 고조파 출력에서 제3차 혼변조 신호가 단일변조만을 가한 때보다 25㏈ 내려간 것으로 한다.

3) 방송용 송신장치에서 페데스탈(시험용 영상신호)에 상당하는 영상을 보낸 때의 평균전력을 1로 한다.

4) 표 중 d는 충격계수(펄스폭과 펄스주기와 비를 말한다)를, da는 평균 충격계수를 표시한다.

[별표 6]

공중선전력 허용편차

(제6조제3항 관련)

송신설비	허용편차	
	상한 퍼센트	하한 퍼센트
1. 방송국(초단파방송 또는 텔레비전방송을 행하는 방송국 및 위성방송보조국을 제외한다)의 송신설비	5	10
2. 초단파방송 또는 텔레비전방송을 행하는 방송국의 송신설비	10	20
3. 디지털텔레비전방송국의 송신설비	5	5
4. 해안국, 항공국 또는 선박을 위한 무선표지국의 송신설비로서 25.11MHz 이하의 주파수의 전파를 사용하는 것	10	20
5. 선박국의 송신설비로서 다음 각목에 해당하는 것 가. 의무선박국의 무선설비로서 405 KHz 부터 535 KHz 이하의 주파수의 전파를 사용하는 것 나. 의무선박국의 무선설비로서 1,605 KHz 부터 3,900 KHz 이하의 주파수의 전파를 사용하는 것		
6. 다음 각목의 송신설비 가. 비상위치지시용 무선표지설비 나. 생존정의 송신설비 다. 항공기용 구명무선설비 라. 초단파대 양방향 무선전화	50	20
7. 다음 각목의 송신설비 가. 아마추어국의 송신설비 나. 전기통신역무를 제공하는 무선국의 송신설비 다. 위성방송보조국의 송신설비 라. 신고하지 아니하고 개설할 수 있는 무선국의 송신설비 마. 주파수공용통신(TRS) 무선국의 송신설비	20	-
8. 그 밖의 송신설비	20	50

[별표 7]

스테레오포닉방송의 종합주파수특성 허용범위

(제17조제1항제8호 관련)

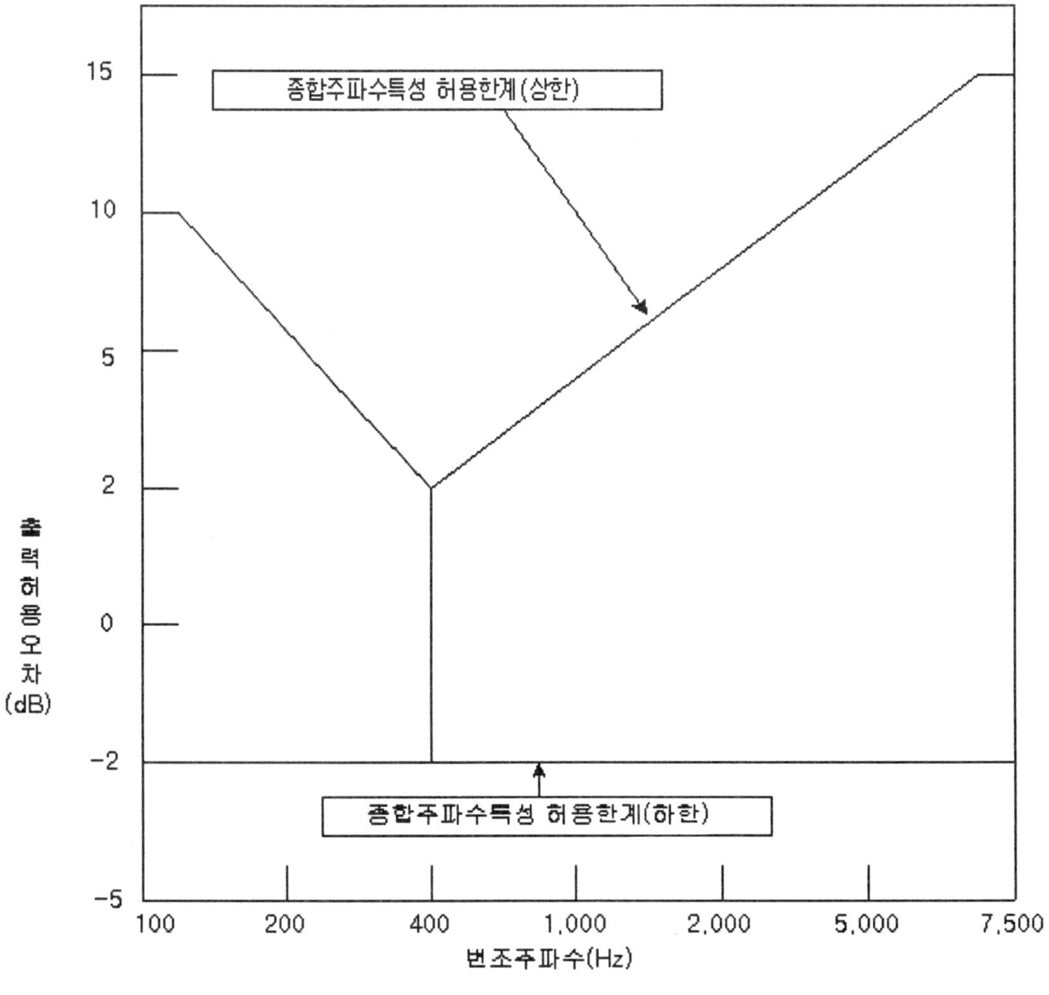

[별표 8]

중파(AM)방송용 채널

(제17조제2항 관련)

채널번호	할당주파수 (KHz)	채널번호	할당주파수 (KHz)	채널번호	할당주파수 (KHz)	채널번호	할당주파수 (KHz)
1	531	31	801	61	1071	91	1341
2	540	32	810	62	1080	92	1350
3	549	33	819	63	1089	93	1359
4	558	34	828	64	1098	94	1368
5	567	35	837	65	1107	95	1377
6	576	36	846	66	1116	96	1386
7	585	37	855	67	1125	97	1395
8	594	38	864	68	1134	98	1404
9	603	39	873	69	1143	99	1413
10	612	40	882	70	1152	100	1422
11	621	41	891	71	1161	101	1431
12	630	42	900	72	1170	102	1440
13	639	43	909	73	1179	103	1449
14	648	44	918	74	1188	104	1458
15	657	45	927	75	1197	105	1467
16	666	46	936	76	1206	106	1476
17	675	47	945	77	1215	107	1485(△)
28	684	48	954	78	1224	108	1494
19	693	49	963	79	1233	109	1503
20	702	50	972	80	1242	110	1512
21	711	51	981	81	1251	111	1521
22	720	52	990	82	1260	112	1530
23	729	53	999	83	1269	113	1539
24	738	54	1008	84	1278	114	1548
25	747	55	1017	85	1287	115	1557
26	756	56	1026	86	1296	116	1566
27	765	57	1035	87	1305	117	1575
28	774	58	1044	88	1314	118	1584(△)
29	783	59	1053	89	1323	119	1593
30	792	60	1062	90	1332	120	1602(△)

주) 1. 할당주파수란의 (△)표는 Low Power Channel임.

[별표 9]

표준프리엠파시스곡선

(제18조제1항제8호, 제20조제1항제9호나목 및 제20조제1항제10호마목 관련)

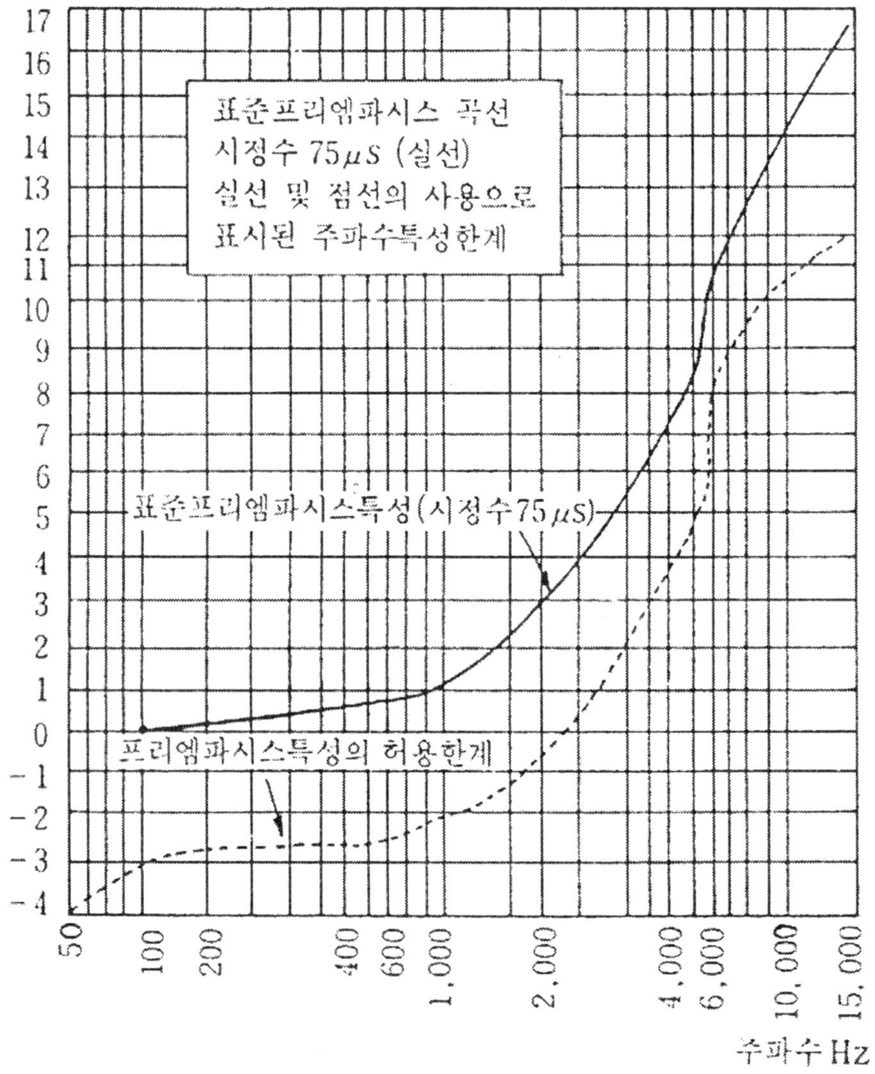

[별표 10]

부반송파 신호를 포함한 초단파(FM) 모노포닉방송의 주파수배열

(제18조제1항제14호나목 및 제1항제15호가목 관련)

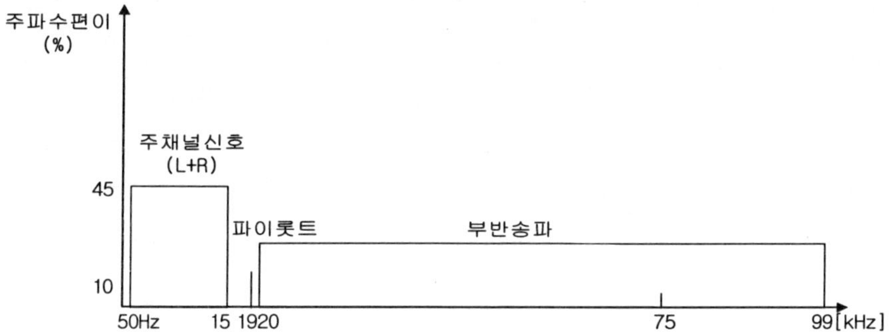

[별표 11]

부반송파 신호를 포함한 초단파(FM) 스테레오포닉방송의 주파수배열

(제18조제1항제14호나목 및 제1항제15호나목 관련)

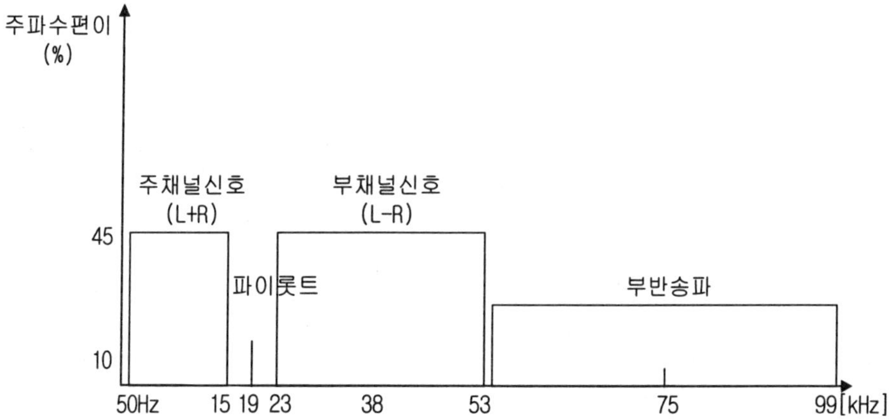

[별표 12]

초단파(FM) 모노포닉방송의 주파수배열

(제18조제1항제15호다목 관련)

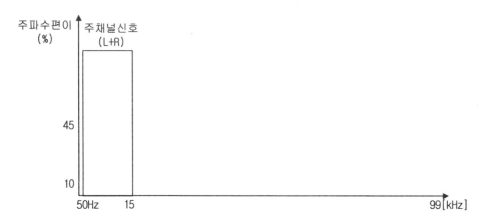

[별표 13]

초단파(FM) 스테레오포닉방송의 주파수배열

(제18조제1항제15호라목 관련)

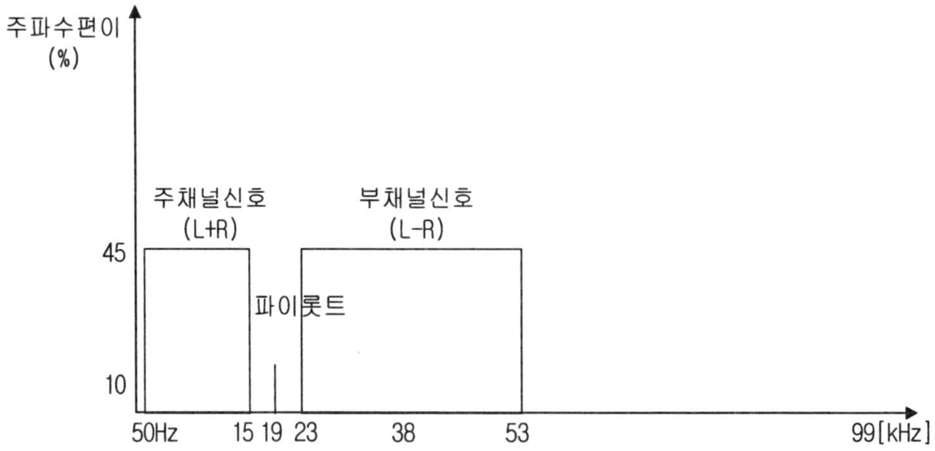

[별표 14]

초단파(FM)방송용 채널

(제18조제2항 관련)

채널번호	할당주파수 (MHz)	채널번호	할당주파수 (MHz)	채널번호	할당주파수 (MHz)	채널번호	할당주파수 (MHz)
1	88.1	26	93.1	51	98.1	76	103.1
2	88.3	27	93.3	52	98.3	77	103.3
3	88.5	28	93.5	53	98.5	78	103.5
4	88.7	29	93.7	54	98.7	79	103.7
5	88.9	30	93.9	55	98.9	80	103.9
6	89.1	31	94.1	56	99.1	81	104.1
7	89.3	32	94.3	57	99.3	82	104.3
8	89.5	33	94.5	58	99.5	83	104.5
9	89.7	34	94.7	59	99.7	84	104.7
10	89.9	35	94.9	60	99.9	85	104.9
11	90.1	36	95.1	61	100.1	86	105.1
12	90.3	37	95.3	62	100.3	87	105.3
13	90.5	38	95.5	63	100.5	88	105.5
14	90.7	39	95.7	64	100.7	89	105.7
15	90.9	40	95.9	65	100.9	90	105.9
16	91.1	41	96.1	66	101.1	91	106.1
17	91.3	42	96.3	67	101.3	92	106.3
18	91.5	43	96.5	68	101.5	93	106.5
19	91.7	44	96.7	69	101.7	94	106.7
20	91.9	45	96.9	70	101.9	95	106.9
21	92.1	46	97.1	71	102.1	96	107.1
22	92.3	47	97.3	72	102.3	97	107.3
23	92.5	48	97.5	73	102.5	98	107.5
24	92.7	49	97.7	74	102.7	99	107.7
25	92.9	50	97.9	75	102.9	100	107.9

[별표 15]

영상전파의 잔류측파대 특성

(제20조제1항제1호다목 관련)

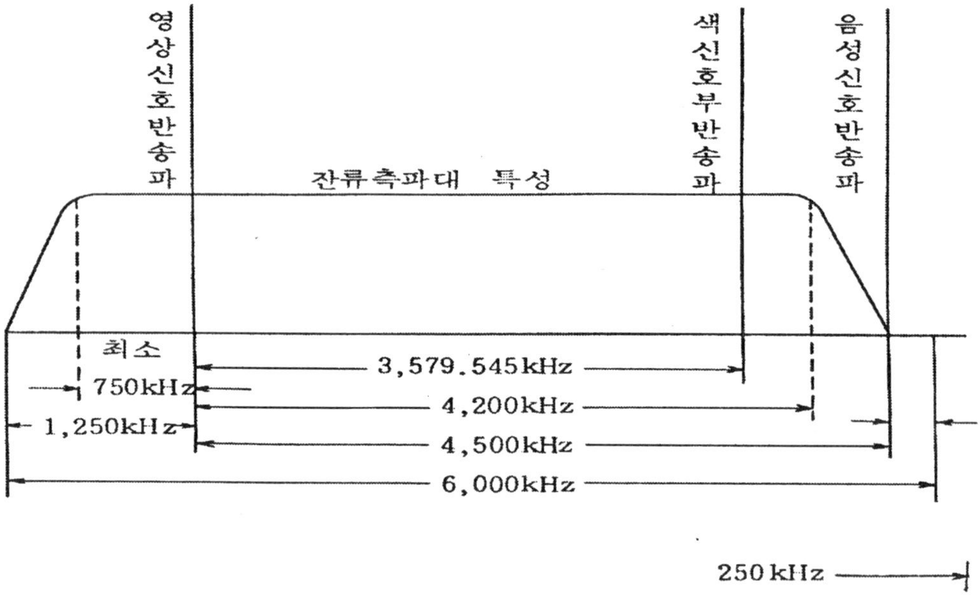

[별표 16]

칼라텔레비전방송을 하는 경우의 영상신호방정식

(제20조제1항제4호가목 관련)

칼라텔레비전방송을 하는 경우의 영상신호방정식

$EM = EY' + \{EQ' + \sin(\omega t + 330) + EI' \cos(\omega t + 330)\}$

$EQ' = 0.41\,(EB' - EY') + 0.48(ER' - EY')$

$EI' = -0.27(EB' - EY') + 0.74(ER' - EY')$

$EY' = 0.30ER' + 0.59EG' + 0.11EB'$

주 1. EM은 영상신호 전압

2. EY'는 휘도신호 전압

3. { }는 색신호 전압

4. ER', EG', EB'는 각각 화소를 주사하였을 때 발생하는 적색, 녹색 및 청색의 각 신호 전압을 "감마" 보정한(수상관의 적색, 녹색 및 청색에 대한 휘도는 "그리드"에 인가되는 각각의 신호 전압의 "감마"승에 비례하므로 피사체의 휘도가 정확히 재현되도록 송신측에서 각각의 신호전압 ER, EG 및 EB를 각각의 치의 "감마" 분지 1승으로 조정하는 것을 말한다) 전압이며 CIE 표색계(국제조명위원회에서 재정한 평면 좌표에 의한 색채의 정략적 표시 방법을 말한다)에서 다음에 게재하는 X 및 Y의 치를 갖는 적색, 녹색 및 청색을 3원색으로 하고 "감마"의 치를 2.2로 하는 수상관에 적합한 것으로 본다.

구 분	X	Y
적 색	0.67	0.33
녹 색	0.21	0.71
청 색	0.14	0.08

5. 색신호 전압은 제4항에 규정한 바에 적합하여야 하며 백색의 피사체에 대하여도 영이 되어야 한다.
6. ω는 색신호 부반송파 주파수의 2π배로 한다.
7. sin(ωt + 00)의 위상은 "칼라바스트"의 위상에 대하여 180 도로 한다.
8. EQ' 및 EI'는 다음에 게기하는 주파수 특성에 따라 대역 제한을 받는 것으로 한다.

EQ' 경우 400 KHz에서 2 dB 미만의 감쇄
500 KHz에서 6 dB 미만의 감쇄
600 KHz에서 6 dB 이상의 감쇄

EI' 경우 1,300 KHz에서 2 dB 미만의 감쇄
3,600 KHz에서 20 dB 이상의 감쇄

[별표 17]

칼라텔레비전방송에 관한 동기신호 파형

(제20조제1항제5호가목 관련)

1. 최초의 「필드」

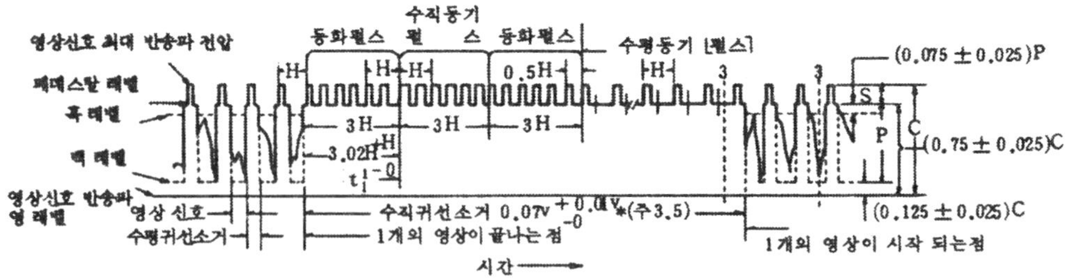

2. 다음의 「필드」

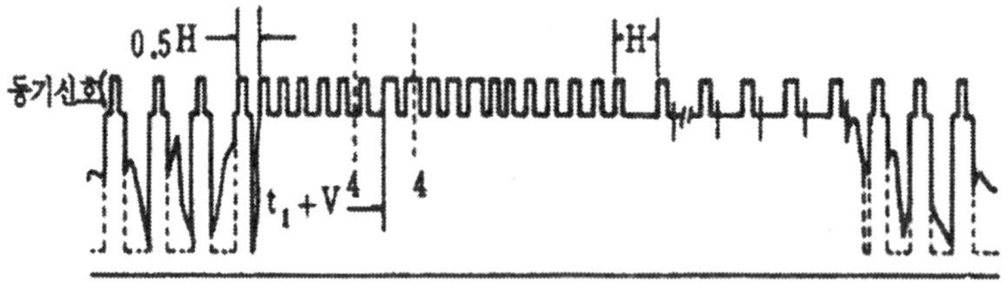

3. 1의 3-3의 상세도

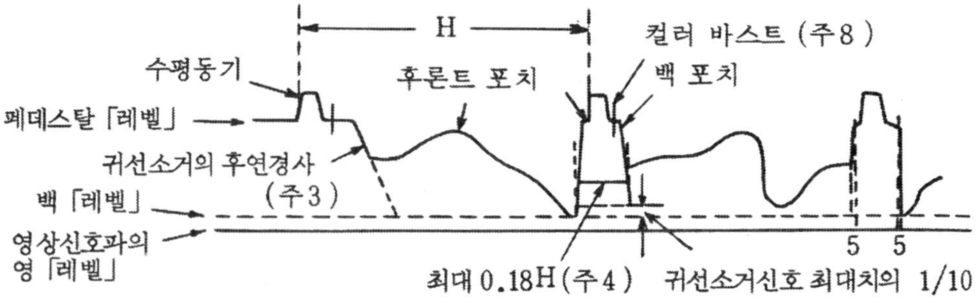

4. 2의 4-4의 상세도

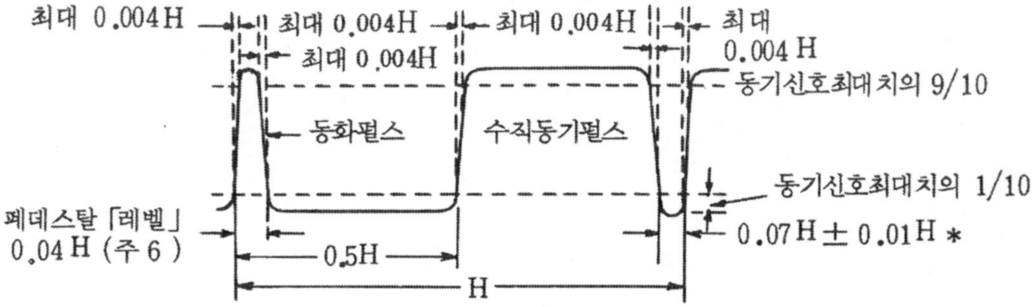

5. 3의 5-5의 상세도

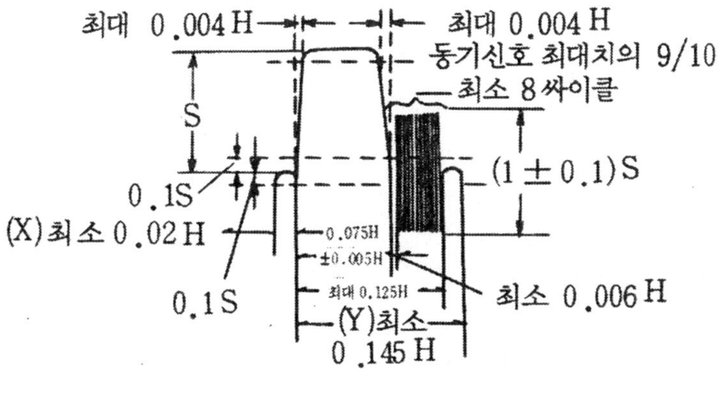

주1. H : 1개의 주사선의 처음으로부터 다음 주사선의 처음까지의 시간

2. V : 1개의 필드의 처음으로부터 다음 필드의 처음까지의 시간
3. 수직귀선소거의 전연과 후연은 0.1H 이내에 완성되어야 한다.
4. 수평귀선소거의 후연은 어떤 화면에 있어서도 최소치 (X + Y)와 최대치(Z)를 유지하기에 충분할 정도로 그 경사가 급하여야 한다.
5. *표의 값은 장시간의 변동에 대한 허용치로서 계속적인 싸이클에 대한 값은 아니다.
6. 동화펄스의 면적은 수평동기 펄스의 면적의 0.45 부터 0.5사이에 있어야 한다.
7. 칼라 바스트는 각 수평동기 펄스의 뒤에 계속해서 전송되어야 하며, 동화펄스 및 수직 동기펄스의 뒤에 전송되어서는 아니된다.
8. 표에 나타난 칼라바스트의 수치는 칼라바스트의 시작하는 시간과 끝나는 시간을 정하는 것으로서 그 위상을 정하는 것은 아니다.

9. P : 영상의 위도 신호의 페데스탈 레벨에서 최대편이를 표시하고 색신호는 표시하지 아니한다.
   S : 페데스탈 레벨에서의 동기신호 진폭을 표시한다.
   C : 영상신호 반송파의 최대 진폭을 표시한다.

[별표 18]

동기신호의 구성

(제20조제1항제15호라목 관련)

가. 최초의 필드

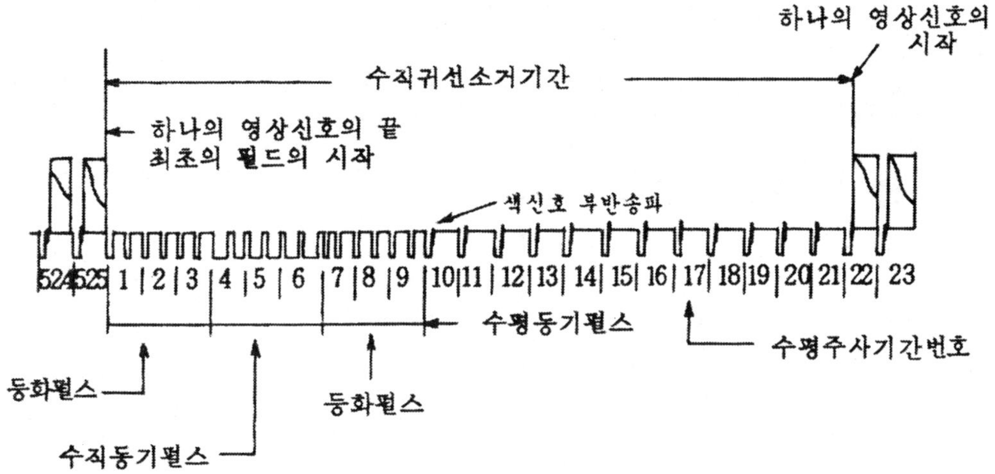

나. 다음의 필드

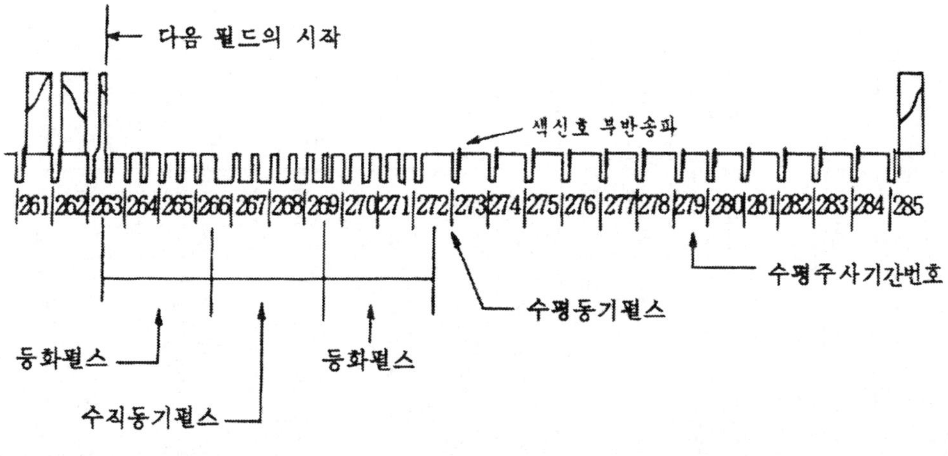

주 : 수평주사기간은 그림처럼 번호를 부여하여 제 nH로 한다.(n은 1에서 525까지임).

[별표 19]

지상파 텔레비전 방송용 채널

(제20조제2항)

채널번호	주파수대 (MHz)	할당 주파수 (MHz)	반송주파수(MHz)		채널번호	주파수대 (MHz)	할당 주파수 (MHz)	반송주파수(MHz)	
			영 상	음 성				영 상	음 성
2	54-60	57	55.25	59.75	36	602-608	605	603.25	607.75
3	60-66	63	61.25	65.75	37	608-614	611	609.25	613.75
4	66-72	69	67.25	71.75	38	614-620	617	615.25	619.75
5	76-82	79	77.25	81.75	39	620-626	623	621.25	625.75
6	82-88	85	83.25	87.75	40	626-632	629	627.25	631.75
7	174-180	177	175.25	179.75	41	632-638	635	633.25	637.75
8	180-186	183	181.25	185.75	42	638-644	641	639.25	643.75
9	186-192	189	187.25	191.75	43	644-650	647	645.25	649.75
10	192-198	195	193.25	197.75	44	650-656	653	651.25	655.75
11	198-204	201	199.25	203.75	45	656-662	659	657.25	661.75
12	204-210	207	205.25	209.75	46	662-668	665	663.25	667.75
13	210-216	213	211.25	215.75	47	668-674	671	669.25	673.75
14	470-476	473	471.25	475.75	48	674-680	677	675.25	679.75
15	476-482	479	477.25	481.75	49	680-686	683	681.25	685.75
16	482-488	485	483.25	487.75	50	686-692	689	687.25	691.75
17	488-494	491	489.25	493.75	51	692-698	695	693.25	697.75
18	494-500	497	495.25	499.75	52	698-704	701	699.25	703.75
19	500-506	503	501.25	505.75	53	704-710	707	705.25	709.75
20	506-512	509	507.25	511.75	54	710-716	713	711.25	715.75
21	512-518	515	513.25	517.75	55	716-722	719	717.25	721.75
22	518-531	521	519.25	523.75	56	722-728	725	723.25	727.75
23	524-530	527	525.25	529.75	57	728-734	731	729.25	733.75
24	530-536	533	531.25	535.75	58	734-740	737	735.25	739.75
25	536-542	539	537.25	541.75	59	740-746	743	741.25	745.75
26	542-548	545	543.25	547.75	60	746-752	749	747.25	751.75
27	548-554	551	549.25	553.75	61	752~758	755	753.25	757.75
28	554-560	557	555.25	559.75	62	758~764	761	759.25	763.75
29	560-566	563	561.25	565.75	63	764~770	767	765.25	769.75
30	566-572	569	567.25	571.75	64	770~776	773	771.25	775.75
31	572-578	575	573.25	577.75	65	776~782	779	777.25	781.75
32	578-584	581	579.25	583.75	66	782~778	785	783.25	787.75
33	584-590	587	585.25	589.75	67	788~794	791	789.25	793.75
34	590-596	593	591.25	595.75	68	794~800	797	795.25	799.75
35	596-602	599	597.25	601.75	69	800~806	803	801.25	805.75

주1) 반송주파수는 아날로그 텔레비전방송에 적용한다.

주2) 채널번호 61에서 69까지는 대한민국 주파수 분배표 주석 K86을 준용한다.

[별표 20]

디지털 지상파 방송에 적용되는 한글 자막 기본 문자표

(제21조제1항제3호다목 관련)

구분	KS X 1005-1(유니코드)		KS X 1001(완성형 코드)	
	블록 이름	범위 (16진수)	블록 이름	범위 (16진수)
영문 (로마문자)	라틴(Basic Latin)(95 자) 라틴 보충-1(Latin-1 Supplement) (96 자)	0020~007E 00A0~00FF	1 바이트 로마 문자 (7 bit) (95 자)	20~7E
한글	한글(Hangul) (11,172 자)	AC00~D7A3	2 바이트 완성형 한글*2) (2,350 자)	B0A1~C8FE
특수문자 (약물)	KS X 1001 완성형 코드의 2바이트 완성형 특수 문자와 동일 문자 집합 (986 자)*1)		2 바이트 완성형 특수문자*2) (986 자)	A1A1~ACFE
한자	7,744 자*3)		4,888 자	

* 1) KS X 1005-1 유니코드의 특수문자(약물)는 여러 블록에 산재되어 있으므로 범위를 별도로 명기하지 않는다.

* 2) KS X 1001 2 바이트 완성형 코드의 경우, 두 번째 바이트의 범위는 16진수 코드 A1 ~ FE이다.

* 3) KS X 1001 및 KS X 1002 규격에서 사용되는 한자만을 사용한다.

[별표 21]

대역외발사강도의 허용범위

(제21조제1항제9호사목 관련)

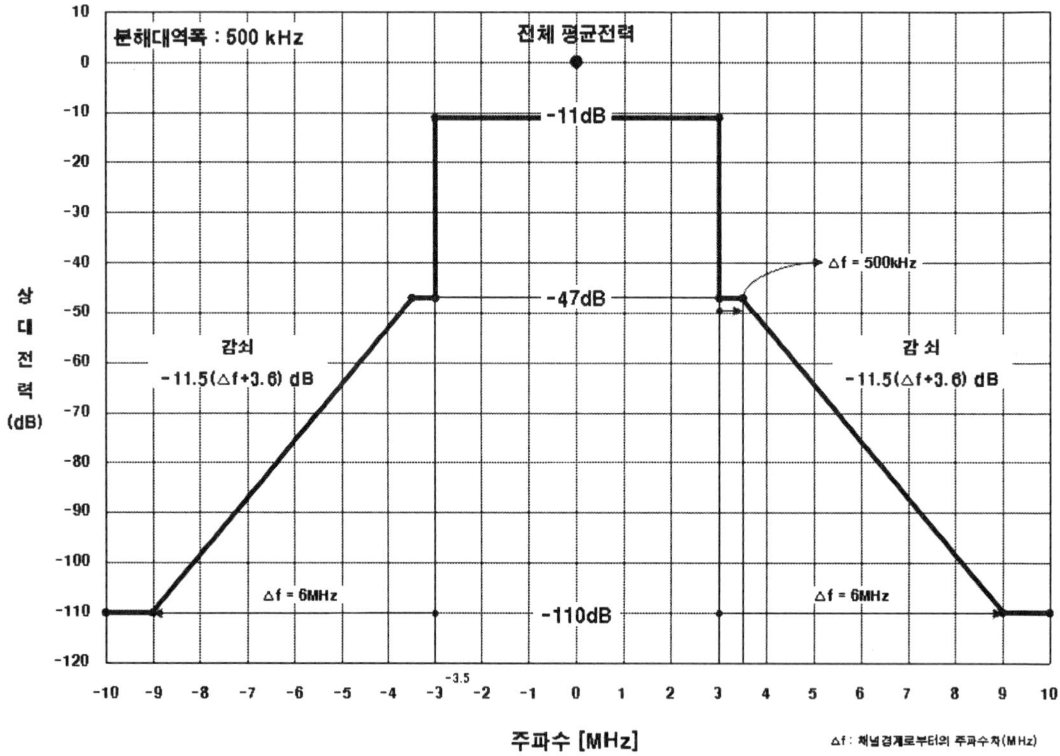

[별표 22]

대역외발사강도의 허용범위

(제21조제1항제9호사목 및 제21조제2항제4호가목 관련)

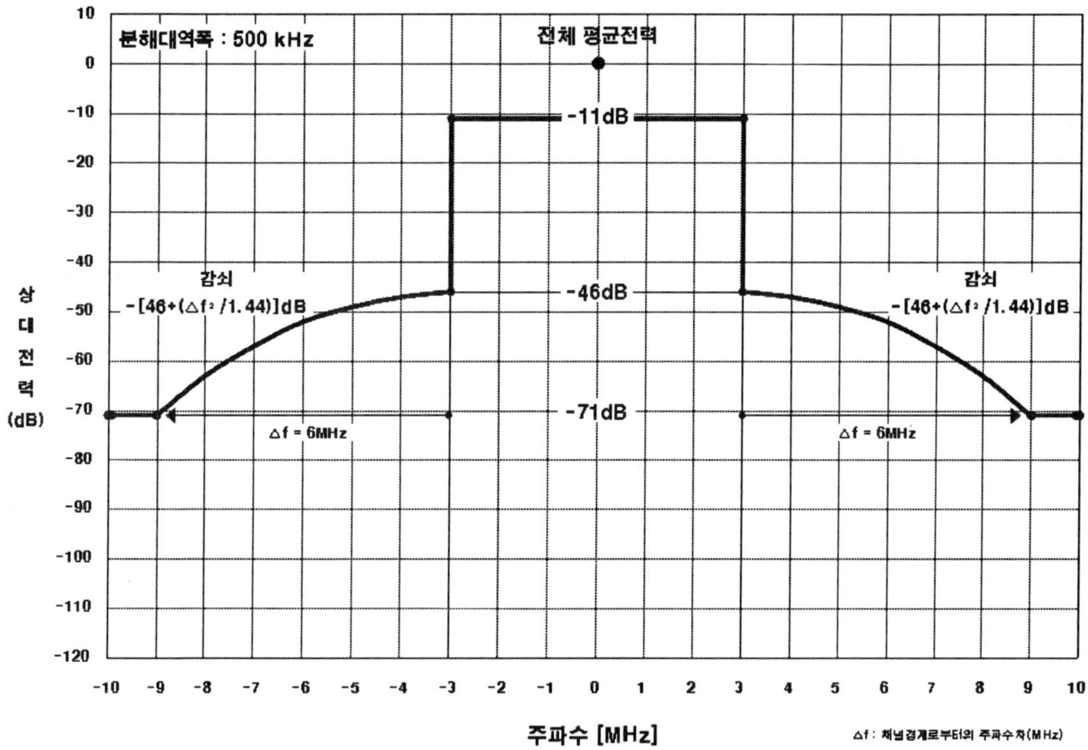

[별표 23]

첨두전력대 평균전력비의 허용범위

(제21조제1항제9호사목 관련)

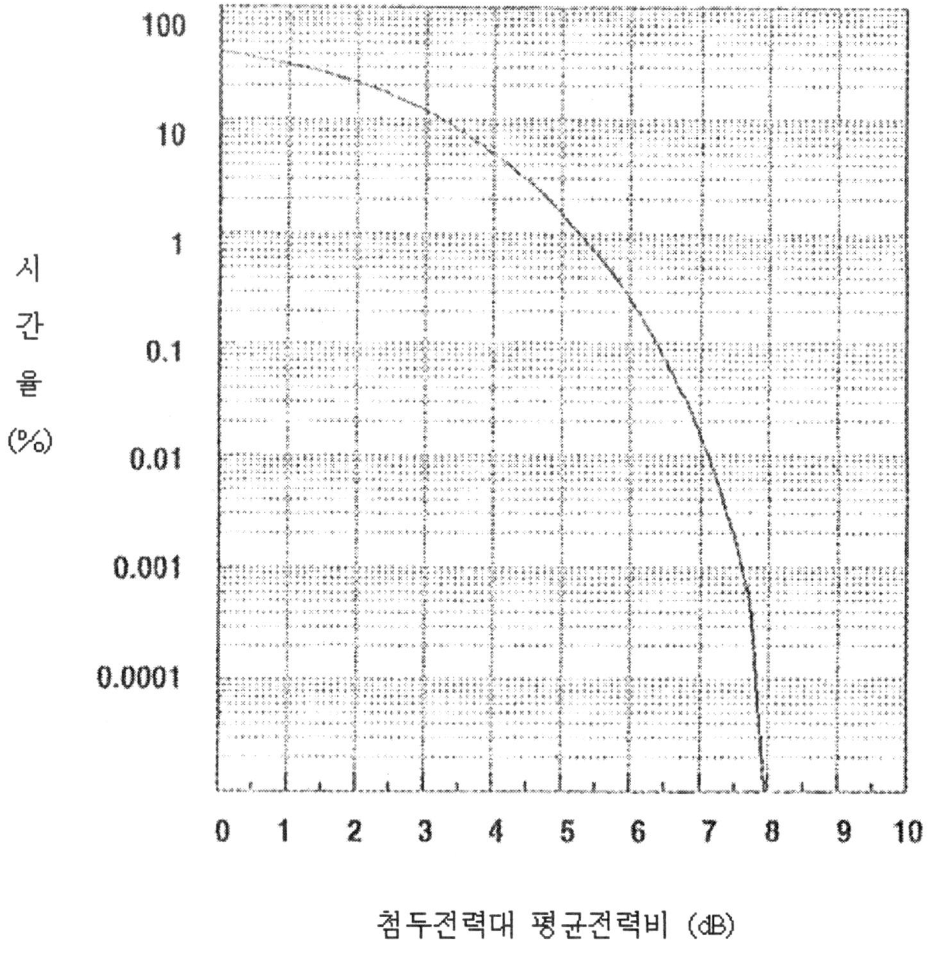

[별표 24]

대역외발사강도의 허용범위(1)

(제23조제1항제8호바목 관련)

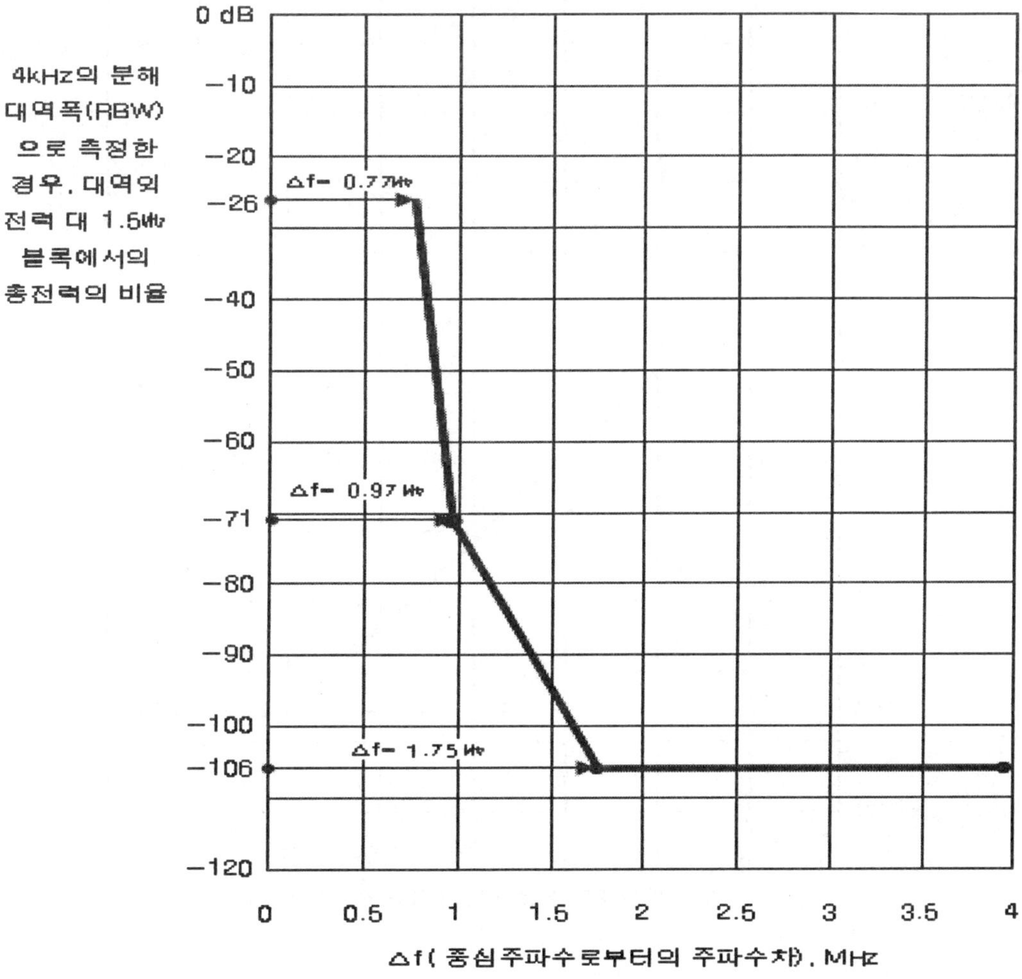

[별표 25]

대역외발사강도의 허용범위(2)

(제23조제1항제8호바목 관련)

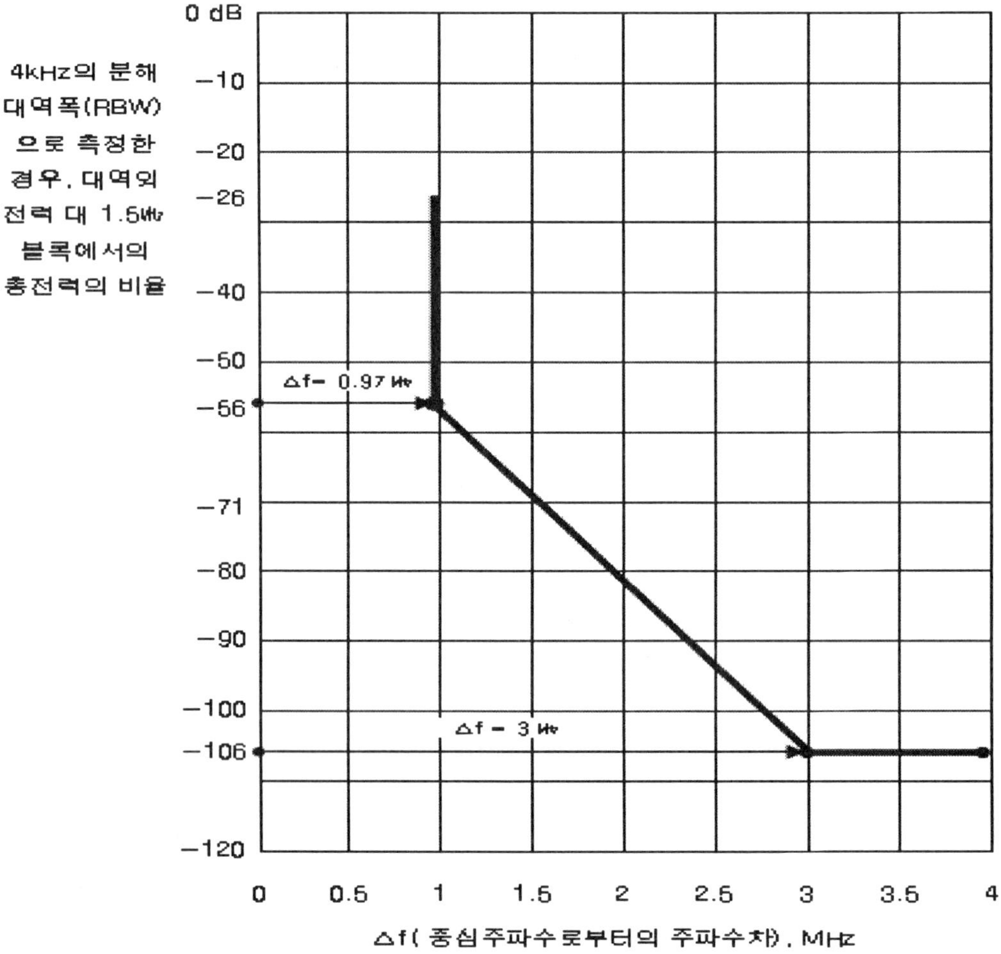

[별표 26]

대역외발사강도의 허용범위(3)

(제23조제2항제4호가목 관련)

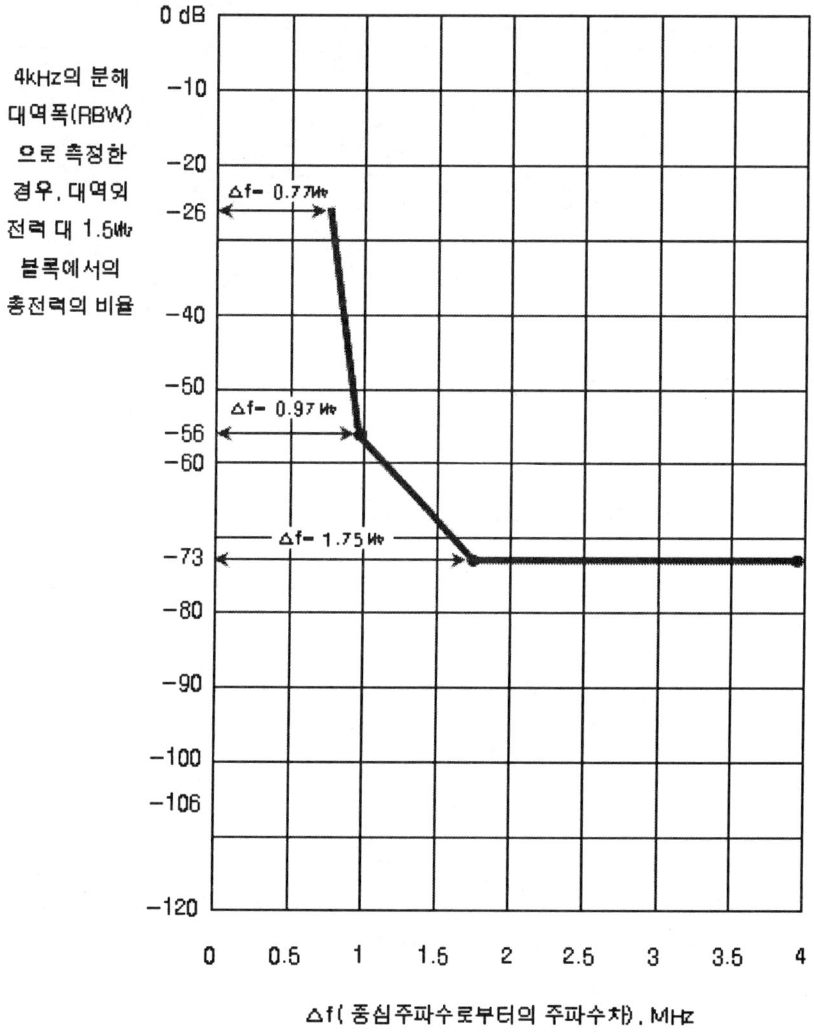

[별표 27]

대역외발사강도의 허용범위(4)

(제23조제2항제4호가목 관련)

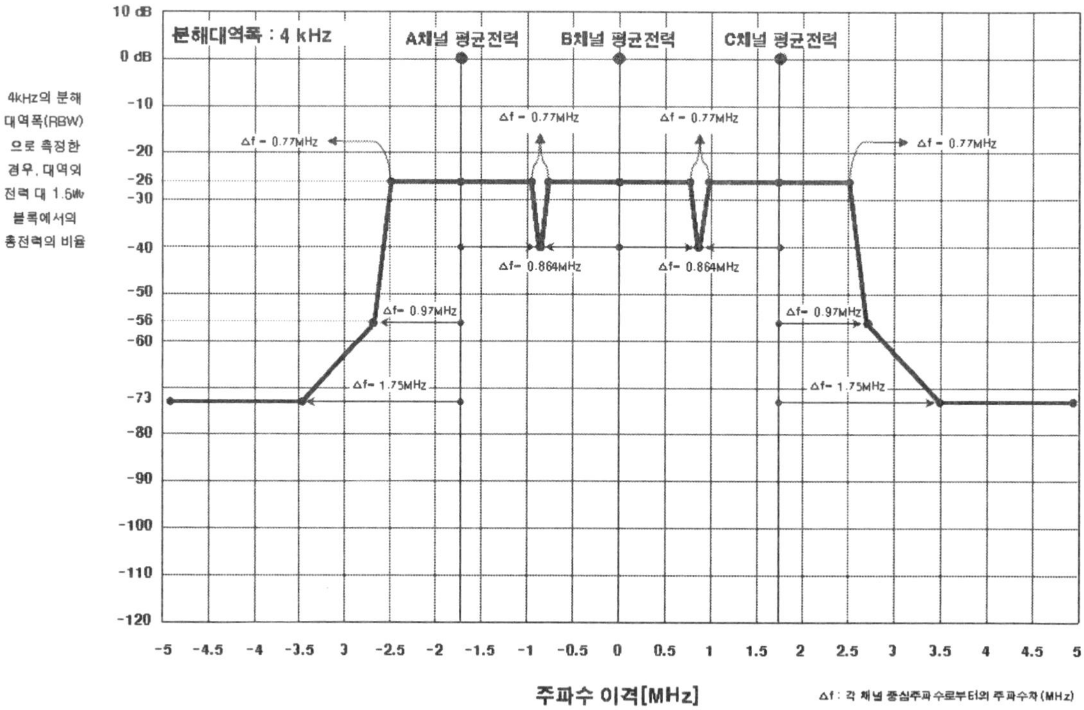

1) A채널의 중심주파수로부터 -1.75 ㎒에서 -73 ㏈ 이하이고, 중심주파수로부터 -0.97 ㎒에서 -56 ㏈ 이하이며, ±0.77 ㎒에서 -26 ㏈ 이하이고, 중심주파수로부터 +0.864 ㎒에서 -40 dB 이하일 것
2) B채널의 중심주파수로부터 ±0.77 ㎒에서 -26 ㏈ 이하이고, 중심주파수로부터 ±0.864 ㎒에서 -40 dB 이하일 것
3) C채널의 중심주파수로부터 -0.864 ㎒에서 -40 dB 이하이고, 중심주파수로부터 ±0.77 ㎒에서 -26 ㏈ 이하이며, 중심주파수로부터 +0.97 ㎒에서 -56 dB 이하이고, 중심주파수로부터 +1.75 ㎒에서 -73 ㏈ 이하일 것

[별표 28]

신호대 잡음비

(제23조제1항제8호바목 관련)

BER	C/N
$1*10^{-2}$	5.0 dB
$3*10^{-3}$	5.4 dB
$1*10^{-3}$	5.8 dB
$3*10^{-4}$	6.2 dB
$1*10^{-4}$	6.6 dB
$3*10^{-5}$	6.9 dB
$1*10^{-5}$	7.2 dB
$3*10^{-6}$	7.5 dB
$1*10^{-6}$	7.8 dB

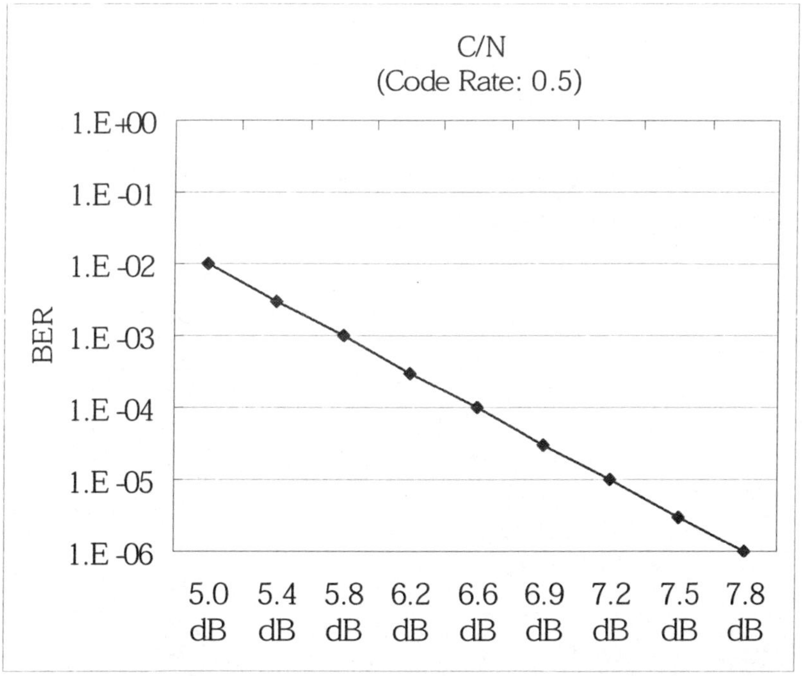

[별표 29]

지상파 디지털멀티미디어방송(DMB)용 채널

(제23조제3항 관련)

채널번호	주파수대(MHz)	할당주파수(MHz)	채널번호	주파수대(MHz)	할당주파수(MHz)
7A	174.512~176.048	175.280	10B	194.240~195.776	195.008
7B	176.240~177.776	177.008	10C	195.968~197.504	196.736
7C	177.968~179.504	178.736	11A	198.512~200.048	199.280
8A	180.512~182.048	181.280	11B	200.240~201.776	201.008
8B	182.240~183.776	183.008	11C	201.968~203.504	202.736
8C	183.968~185.504	184.736	12A	204.512~206.048	205.280
9A	186.512~188.048	187.280	12B	206.240~207.776	207.008
9B	188.240~189.776	189.008	12C	207.968~209.504	208.736
9C	189.968~191.504	190.736	13A	210.512~212.048	211.280
10A	192.512~194.048	193.280	13B	212.240~213.776	213.008
			13C	213.968~215.504	214.736

주) 채널명은 채널번호에 서비스를 조합하여 사용한다.
서비스가 여러개인 경우 서비스 뒤에 숫자를 일련하여 붙인다.
예) 비디오 1개, 오디오 2개, 데이터 1개 : 7A-V1, 7A-A1, 7A-A2, 7A-D1
※서비스 : 비디오 서비스(V), 오디오 서비스(A), 데이터 서비스(D)

[별표 30]

27 MHz대의 주파수를 사용하는 생활무선국의 주파수

(제26조제1항제2호가목 관련)

채널번호	주 파 수(MHz)	채널번호	주 파 수(MHz)
1	26.965	21	27.215
2	26.975	22	27.225
3	26.985	23	27.235
4	27.005	24	27.245
5	27.015	25	27.255
6	27.025	26	27.265
7	27.035	27	27.275
8	27.055	28	27.285
9(주1)	27.065	29	27.295
10	27.075	30	27.305
11	27.085	31	27.315
12	27.105	32	27.325
13	27.115	33	27.335
14	27.125	34	27.345
15	27.135	35	27.355
16	27.155	36	27.365
17	27.165	37	27.375
18	27.175	38	27.385
19(주2)	27.185	39	27.395
20	27.205	40	27.405

* 주1. 비상용주파수 : 범죄, 화재 등의 비상통신용

* 주2. 특수업무용주파수 : 기상, 의료 및 교통안내 등 특수업무통신용

[별표 31]

400 MHz대의 주파수를 사용하는 생활무선국의 주파수

(제26조제2항제2호가목 관련)

채널번호	주파수 및 통신방식	주 파 수(MHz) 단 신	복 신	
제어채널	1	448.7375	424.1375	449.1375
통화채널	1	448.7500	424.1500	449.1500
	2	448.7625	424.1625	449.1625
	3	448.7750	424.1750	449.1750
	4	448.7875	424.1875	449.1875
	5	448.8000	424.2000	449.2000
	6	448.8125	424.2125	449.2125
	7	448.8250	424.2250	449.2250
	8	448.8375	424.2375	449.2375
	9	448.8500	424.2500	449.2500
	10	448.8625	424.2625	449.2625
	11	448.8750		
	12	448.8875		
	13	448.9000		
	14	448.9125		
	15	448.9250		
	16	449.1500		
	17	449.1625		
	18	449.1750		
	19	449.1875		
	20	449.2000		
	21	449.2125		
	22	449.2250		
	23	449.2375		
	24	449.2500		
	25	449.2625		

[별표 32]

미약전파무선국으로 운용할수 없는 주파수대역

(제27조제2호 관련)

주파수대역	주파수분배표 주석 (Footnote)	비 고
KHz		
485 ~ 526.5	- 긴급통신(5.82)	
2089.5 ~ 2092.5	- 조난·긴급·안전(K16)	
2173.5 ~ 2190.5	- 조난·호출(5.108, 5.109, 5.110)	
4177.25 ~ 4177.75	- 국제조난(5.110)	
4207.25 ~ 4207.75	- 국제조난(5.109)	
6267.75 ~ 6268.25	- 국제조난(5.110)	
6311.75 ~ 6312.25	- 국제조난(5.109)	
8376.25 ~ 8386.75	- 국제조난(5.110)	
8414.25 ~ 8414.75	- 국제조난(5.109)	
12519.75 ~ 12520.25	- 국제조난(5.110)	
12576.75 ~ 12577.25	- 국제조난(5.109)	
13360 ~ 13410	- 전파천문(5.149)	
16694.75 ~ 16695.25	- 국제조난(5.110)	
16804.25 ~ 16804.75	- 국제조난(5.109)	
25550~25670	- 전파천문(5.149)	
27819 ~ 27823	- 조난·안전·긴급(K47)	
MHz		
37.5 ~ 38.25	- 전파천문(5.149)	
73.0 ~ 74.6	- 전파천문(5.149)	
74.8 ~ 75.2	- 항공 마카비콘(5.180)	
121.4875 ~ 121.5125	- 수색·구조(5.200)	
123.0875 ~ 123.1125	- 수색·구조(5.200)	
149.9 ~ 150.05	- 무선항행위성(5.223)	
156.4875 ~ 156.5625	- 국제조난·안전(5.226)	
156.7625 ~ 156.8625	- 국제조난·안전(5.226, K63)	
242.95 ~ 243.05	- 수색·구조(5.199, 5.256)	
322 ~ 335.4	- 전파천문(5.149)	
406 ~ 410	- 전파천문(5.149)	
608 ~ 614	- 전파천문(5.149)	

주파수대역	주파수분배표 주석 (Footnote)	비 고
960 ~ 1215	- 항공무선항행(5.328)	
1300 ~ 1427	- 전파천문(5.337,5.340)	
1610.6 ~ 1613.8	- 전파천문(5.149)	
1645.5 ~ 1646.5	- 조난·안전(5.375)	
1660 ~ 1670	- 전파천문(5.149)	
1718.8 ~ 1722.2	- 전파천문(5.149)	
2200 ~ 2300	- 우주(5.392, K116)	
2655 ~ 2900	- 전파천문, 항공무선항행(5.149, 5.337, 5.340)	
3260 ~ 3267	- 전파천문(5.149)	
3332 ~ 3339	- 전파천문(5.149)	
3345.8 ~ 3352.5	- 전파천문(5.149)	
GHz		
4.5 ~ 5.15	- 고정위성(5.441,5.444A)	
4.825 ~ 4.835	- 전파천문(5.149)	
4.95 ~ 5.0	- 전파천문(5.149)	
5.35 ~ 5.46	- 항공무선항행(5.448B)	
6.65 ~ 6.675.2	- 전파천문(5.149)	
9.0 ~ 9.2	- 항공무선항행(5.337)	
10.6 ~ 10.7	- 전파천문, 지구탐사위성(5.149, 5.340)	
13.25 ~ 13.4	- 항공무선항행(5.497)	
14.47 ~ 14.5	- 전파천문(5.149)	
15.35 ~ 15.4	- 지구탐사위성(5.340)	
22.01 ~ 22.5	- 전파천문(5.149)	
22.81 ~ 22.86	- 전파천문(5.149)	
23.07 ~ 23.12	- 전파천문(5.149)	
23.6 ~ 24.0	- 지구탐사위성(5.340)	
31.2 ~ 31.8	- 전파천문, 지구탐사위성(5.149, 5.340)	
36.43 ~ 36.5	- 전파천문(5.149)	
31.5 ~ 31.8	- 전파천문(5.149)	
36.43 ~ 36.5	- 전파천문(5.149)	
42.5 ~ 43.5	- 전파천문(5.149)	
42.77 ~ 42.87	- 전파천문(5.149)	
43.07 ~ 43.17	- 전파천문(5.149)	
43.37 ~ 43.47	- 전파천문(5.149)	

주파수대역	주파수분배표 주석 (Footnote)	비 고
48.94 ~ 49.09	- 전파천문, 지구탐사위성(5.149, 5.340)	
50.2 ~ 50.4	- 지구탐사위성(5.340)	
52.6 ~ 54.25	- 지구탐사위성(5.340)	
76 ~ 94	- 전파천문, 지구탐사위성(5.149, 5.340)	
94.1 ~ 116	- 전파천문, 지구탐사위성(5.149, 5.340)	
128.33 ~ 128.59	- 전파천문(5.149)	
129.23 ~ 129.49	- 전파천문(5.149)	
130 ~ 134	- 전파천문(5.149)	
136 ~ 158.5	- 전파천문, 지구탐사위성(5.149, 5.340)	
164 ~ 167	- 지구탐사위성(5.340)	
168.59 ~ 168.93	- 전파천문(5.149)	
171.11 ~ 171.45	- 전파천문(5.149)	
172.31 ~ 172.65	- 전파천문(5.149)	
173.52 ~ 173.85	- 전파천문(5.149)	
190 ~ 191.8	- 지구탐사위성(5.340)	
195.75 ~ 196.15	- 전파천문(5.149)	
200 ~ 231.5	- 전파천문, 지구탐사위성(5.149, 5.340)	
241 ~ 275	- 전파천문, 지구탐사위성(5.149, 5.340)	

무선설비의 안전시설기준

제1조(목적)

이 고시는 「전파법」 제45조 및 「전파법시행령(이하 "영"이라 한다)」 제123조제1항제1의3호에 따라 무선설비의 안전시설기준을 규정함을 목적으로 한다.

제2조(적용범위)

이 고시에서 정하는 기술기준은 「전파법」 제47조의 규정에 의한 무선설비에 대하여 이를 적용한다.

제3조(정의)

이 고시에서 사용하는 용어의 뜻은 무선설비규칙 등 관련 법령이 정하는 바에 따른다.

제4조(무선설비의 안전시설)

① 무선설비에 전원의 공급을 위하여 고압전기(600V를 초과하는 고주파 및 교류전압과 750V를 초과하는 직류전압을 말한다. 이하 같다)를 발생시키는 발전기나 고압전기가 인입되는 변압기, 정류기 등을 이용할 경우에는 해당 기기들은 외부에서 용이하게 닿지 아니하도록 절연차폐체내 또는 접지된 금속차폐체내에 수용되어 있어야 한다. 다만, 취급자외의 자가 출입하지 못하도록 된 장소에 설치되는 경우에는 그러하지 아니하다.

② 송신설비의 각 단위장치 상호간을 연결하는 전선으로서 고압전기를 통하는 것은 견고한 절연차폐체 또는 접지된 금속차폐체내에 수용하여야 한다. 다만, 취급자외의 자가 출입하지 못하도록 된 장소에 설치하는 경우에는 그러하지 아니하다.

③ 송신설비의 조정판 또는 케이스로부터 노출된 전선이 고압전기를 통하는 경우에는 그 전선이 절연되어 있을 때에도 「전기사업법」 제39조에 따른 전기설비의 안전관리를 위하여 필요한 기술기준에 따라 보호하여야 한다.

④ 송신설비의 공중선·급전선 등 고압전기를 통하는 장치는 사람이 보행하거나 기거하는 평면으로부터 2.5m 이상의 높이에 설치되어야 한다. 다만, 다음 각 호의 어느 하나에 해당하는 경우에는 그러하지 아니하다.

1. 2.5m 미만의 높이의 부분이 인체에 용이하게 닿지 아니하는 위치에 있는 경우
2. 이동국으로서 그 이동체의 구조상 설치가 곤란하고 무선종사자외의 자가 출입하지 아니하는 장소에 있는 경우

제5조(공중선 등의 안전시설)

① 무선설비의 공중선계에는 낙뢰로부터 무선설비를 보호할 수 있도록 하는 낙뢰보호장치(피뢰침은 제외한다) 및 접지시설을 하여야 한다. 다만, 이동국 등의 휴대용 무선설비, 육상이동국, 간이무선국의 공중선계 및 실내에 설치되는 공중선계는 그러하지 아니하다.

② 무선설비의 공중선은 공중선주의 동요에 따라 절단되지 아니하도록 보호되어 있어야 한다.

③ 제1항의 접지시설과 관련한 사항은 한국산업규격 또는 정보통신단체표준을 참조한다.

제6조(준용규정)

제4조의 규정은 영 제75조제1항에 따른 통신설비인 전파응용설비의 안전기준에 관하여 이를 준용한다.

제9조(재검토기한)

「훈령·예규 등의 발령 및 관리에 관한 규정」(대통령훈령 제248호)에 따라 이 고시 발령 후의 법령이나 현실여건의 변화 등을 검토하여 이 고시의 폐지, 개정 등의 조치를 하여야 하는 기한은 2015년 12월 31일까지로 한다.

부 칙

제1조(시행일)

이 고시는 2013년 1월 1일부터 시행한다.

제2조(다른 기준에 의한 적용례)

이 고시에서 특별히 정한 사항외의 기술기준의 일반적 조건은 「무선설비규칙」에서 정한 사항을 준용한다.

제3조(경과조치)

이 고시 시행 당시 종전의 규정에 따라 적합성평가를 받았거나 무선국 개설 허가를 받아 운영 중인 무선설비는 이 고시에 의해 적합한 것으로 본다.

전파응용설비의 기술기준

제1조(목적)

이 고시는 「전파법(이하 "법" 이라 한다)」 제45조(기술기준), 제58조(산업·과학·의료용 전파응용설비 등) 및 전파법시행령(이하 "영"이라 한다)」 제123조제1항제1의2호에 따라 전파응용설비의 기술기준을 규정함을 목적으로 한다.

제2조(적용범위)

이 고시에서 정하는 기술기준은 법 제58조 제1항에 따라 산업·과학·의료·가사, 그 밖에 이와 비슷한 목적에 사용하도록 설계된 설비에 대하여 이를 적용한다.

제3조(전계강도의 허용치)

① 전파법 시행령(이하 "영"이라 한다) 제 74조에 따른 통신설비외의 전파응용설비에서 발사되는 기본파 또는 불요발사에 의한 전계강도의 최대허용치는 다음 각 호와 같다.

1. 산업용 전파응용설비 : 100m 거리(해당 설비가 설치되어 있는 주위의 구역이 시설자의 소유인 경우에는 그 구역의 경계선)에서 100 ㎶/m 이하일 것
2. 의료용 전파응용설비 : 30m 거리(해당 설비가 설치되어 있는 주위의 구역이 시설자의 소유인 경우에는 그 구역의 경계선)에서 100 ㎶/m 이하일 것
3. 기타 전파응용설비
   가. 고주파출력이 500W 이하인 것 : 30m 거리(해당 설비가 설치되어 있는 주위의 구역이 시설자의 소유인 경우에는 그 구역의 경계선)에서 100 ㎶/m 이하일 것
   나. 고주파출력이 500W 초과하는 것 : 100m 거리(해당 설비가 설치되어 있는 주위의 구역이 시설자의 소유인 경우에는 그 구역의 경계선)에서 100 ㎶/m 이하이고, 30m 거리(해당 설비가 설치되어 있는 주위의 구역이 시설자의 소유인 경우에는 그 구역의 경계선)에서 $100 \times \sqrt{P}/500$(P는 고주파출력을 와트(W)로 표시한 수로 한다) ㎶/m 이하일 것

② 제1항에도 불구하고 산업·과학·의료·가사 그 밖에 이와 유사한 목적으로 분배된 주파수를 이용하는 통신설비 외의 전파응용설비에서 발사되는 기본파의 전계강도 허용치는 두지 아니한다.

제4조(주파수허용편차)

영 제75조 제1항 제1호에 따른 전력선통신설비 및 영 제75조 제1항 제2호에 따른 유도식통신설비에

서 발사되는 주파수허용편차는 0.1%로 한다.

제5조(누설전계강도의 허용치)

① 전력선통신설비의 전력선에 통하는 고주파전류의 기본파에 의한 누설전계강도는 그 송신장치로부터 1㎞ 이상 떨어지고, 전력선으로부터의 거리가 기본주파수의 파장을 2π로 나눈 지점에서 500㎶/m 이하이어야 한다.

② 유도식통신설비의 선로에 통하는 고주파전류의 기본파에 의한 누설전계강도는 그 송신장치로부터 1㎞ 이상 떨어지고, 선로로부터의 거리가 기본주파수의 파장을 2π로 나눈 지점에서 200㎶/m 이하이어야 한다. 다만, 탄광의 갱내 등 지형사정으로 인하여 측정이 불가능한 경우에는 그러하지 아니하다.

③ 전력선통신설비 및 유도식통신설비에서 발사되는 고조파·저조파 또는 기생발사강도는 기본파에 대하여 30dB 이하이어야 한다.

제6조(혼신방지)

① 전력선의 반송은 전력선에 통하는 고주파전류에 따라 다른 통신설비에 혼신을 주지 아니하도록 다음 각 호의 조건에 적합하여야 한다.

1. 고주파전류를 통하는 전력선의 분기점에는 전송특성의 필요에 따라 쵸크코일을 넣을 것
2. 고주파전류를 통하는 전력선의 경로는 그 부근에 다른 각종 선로와 무선설비가 적은 곳을 택할 것

② 고주파전류를 통하는 유도식통신설비의 선로는 다른 통신설비에 주는 혼신을 방지하기 위하여 가능한 한 다른 전선로와 결합되지 아니하여야 한다.

제7조(안전시설)

① 영 제74조 제1호에 따른 산업용 전파응용설비는 그 설비의 운용에 따라 인체에 위해를 주거나 물건에 손상을 주지 아니하도록 다음 각 호의 조건에 적합하여야 한다.

1. 고압전기에 의하여 충전되는 기구와 전선은 외부에서 용이하게 닿지 아니하도록 절연차폐체 또는 접지된 금속차폐체내에 수용할 것. 다만, 고주파용접장치·진공관전극·가열용장치 등과 같이 전극을 직접 노출하지 아니하면 사용목적을 달성할 수 없는 것을 제외한다.
2. 설비의 조작에 의하여 설비에 접근하는 인체와 전기적 양도체에 고주파전력을 유발할 우려가 있을 경우에는 그 위험을 방지하기 위하여 필요한 설비를 할 것
3. 인체의 안전을 위하여 접지장치를 설치할 것

② 영 제74조 제2호에 따른 의료용 전파응용설비는 그 설비의 운용에 따라 인체에 위해를 주거나 손상을 주지 아니하도록 다음 각 호의 조건에 적합하여야 한다.

1. 고압전기에 의하여 충전되는 기구와 전선은 외부에서 용이하게 닿지 아니하도록 절연차폐체 또는 접지된 금속차폐체내에 수용할 것.
2. 의료전극 및 그 도선과 발진기·출력회로·전력선 등 사이에서의 절연저항은 500V용 절연저항 시험기에 따라 측정하여 50MΩ 이상일 것
3. 의료전극과 그 도선은 직접 인체에 닿지 아니하도록 양호한 절연체로 덮을 것. 다만, 라디오메스 등으로서 전극을 직접 노출하여 인체에 닿게 하여 사용하는 부분은 예외로 한다.
4. 인체의 안전을 위하여 접지장치를 설치할 것

③ 영 제74조 제3호에 따른 기타 전파응용설비의 안전시설기준에 관하여는 제1항의 규정에 따른다.

제8조(재검토기한)

「훈령·예규 등의 발령 및 관리에 관한 규정」(대통령훈령 제248호)에 따라 이 고시 발령 후의 법령이나 현실여건의 변화 등을 검토하여 이 고시의 폐지, 개정 등의 조치를 하여야 하는 기한은 2015년 12월 31일까지로 한다.

정보통신공사업법

제1장 총칙

제1조(목적)

이 법은 정보통신공사의 조사·설계·시공·감리(監理)·유지관리·기술관리 등에 관한 기본적인 사항과 정보통신공사업의 등록 및 정보통신공사의 도급(都給)등에 필요한 사항을 규정함으로써 정보통신공사의 적절한 시공과 공사업의 건전한 발전을 도모함을 목적으로 한다.

제2조(정의)

이 법에서 사용하는 용어의 뜻은 다음과 같다.

1. "정보통신설비"란 유선, 무선, 관성, 그 밖의 전자적 방식으로 부호·문자·음향 또는 영상 등의 정보를 저장·제어·처리하거나 송수신하기 위한 기계·기구(器具)·선로(線路) 및 그 밖에 필요한 설비를 말한다.
2. "정보통신공사"란 정보통신설비의 설치 및 유지·보수에 관한 공사와 이에 따르는 부대공사(附帶工事)
3. "정보통신공사업"이란 도급이나 그 밖에 명칭이 무엇이든 이 법을 적용받는 정보통신공사(이하 "공사"라 한다.)를 업(業)으로 하는 것을 말한다.
4. "정보통신공사업자"란 이 법에 따른 정보통신공사업(이하 "공사업"이라 한다.)의 등록을 하고 공사업을경영하는 자를 말한다.
5. "용역"이란 다른 사람의 위탁을 받아 공사에 관한 조사, 설계, 감리, 사업관리 및 유지관리 등의 역무를 하는 것을 말한다.
6. "용역업"이란 용역을 영업으로 하는 것을 말한다.
7. "용역업자"란 「엔지니어링산업진흥법」 제21조제1항에 따라 엔지니어링사업자로 신고하거나 「기술사법」 제6조에 따라 기술사사무소의 개설자로 등록한 자로서 통신·전자·정보처리 등 대통령령으로 정하는 정보통신 관련 분야의 자격을 보유하고 용역업을 경영하는 자를 말한다.
8. "설계"란 공사(「건축사법」 제4조에 따른 건축물의 건축등은 제외한다)에 관한 계획서, 설계도면, 시방서(示方書), 공사비명세서, 기술계산서 및 이와 관련된 서류(이하 "설계도서"라 한다.)를 작성하는 행위를 말한다.
9. "감리"란 공사(「건축사법」 제4조에 따른 건축물의 건축등은 제외한다)에 대하여 발주자의 위

탁을 받은 용역업자가 설계도서 및 관련 규정의 내용대로 시공되는지를 감동하고, 품질관리·시공관리 및 안전관리에 대한 지도 등에 관한 발주자의 권한을 대행하는 것을 말한다.

10. "감리원(監理員)"이란 공사(「건축사법」 제4조에 따른 건축물의 건축등은 제외한다.)의 감리에 관한 기술 또는 기능을 가진 사람으로서 제8조에 따라 방송통신위원회의 인정을 받은 사람을 말한다.
11. "발주자"란 공사(용역을 포함한다. 이하 이 조에서 같다)를 공사업자(용역업자를 포함한다. 이하 이 조에서 같다.)에게 도급하는 자를 말한다. 다만, 수급인(受給人)으로서 도급받은 공사를 하도급(下都給)하는 자는 제외한다.
12. "도급"이란 원도급(原都給), 하도급, 위탁, 그 밖에 명칭이 무엇이든 공사를 완공할 것을 약정하고, 발주자가 그 일의 결과에대하여 대가를 지급한 것을 약정하는 계약을 말한다.
13. "하도급"이란 도급받은 공사의 일부에 대하여 수급인이 제3자와 체결하는 계약을 말한다.
14. "수급인"이란 발주자로부터 공사를 도급받은 공사업자를 말한다.
15. "하수급인"이란 수급인으로부터 공사를 하도급 받은 공사업자를 말한다.
16. "정보통신기술자"란 「국가기술자격법」에 따라 정보통신 관련 분야의 기술자격을 취득한 사람과 정보통신설비에 관한 기술 또는 기능을 가진 사람으로서 제39조에 따라 방송통신위원회의 인정을 받은 사람을 말한다.

제3조(공사의 제한)

공사(工事)는 정보통신공사업자(이하 "공사업자"라 한다.)가 아니면 도급받거나 시공할 수 없다. 다만, 다음 각 호의 어느 하나에 해당하면 그러하지 아니하다.

1. 「전기통신사업법」 제5조에 따라 방송통신위원회의 허가를 받은 기간통신사업자가 허가받은 역무를 수행하기 위하여 공사를 시공하는 경우
2. 대통령령으로 정하는 경미한 공사를 도급받거나 시공하는 경우
3. 통신구(通信構) 설비공사 또는 도로공사에 딸려서 그와 동시에 시공되는 정보통신 지하관로(地下管路)의 설비공사를 대통령령으로 정하는 바에 따라 도급받거나 시공하는 경우

제4조(공사업자의 성실의무)

공사업자는 정보통신설비의 품질과 안전이 확보되도록 공사 및 용역에 관한 법령을 준수하고 설계도서 등에 따라 성실하게 업무를 수행하여야 한다.

제5조(외국공사업자에 대한 조치)

방송통신위원회는 외국인 또는 외국법인에 대하여 공사업의 등록을 위하여 필요한 경우에는 공사업에 관한 외국에서의 자격·학력·경력등을 인정할 수 있는 기준을 정할 수 있다.

제2장 공사의 설계·감리

제6조(기술기준의 준수)

① 공사를 설계하는 자는 대통령령으로 정하는 기술기준에 적합하게 설계하여야 한다.

② 감리원은 설계도서 및 관련 규정에 적합하게 공사를 감리하여야 한다.

제7조(설계 등)

① 발주자는 용역업자에게 공사의 설계를 발주하여야 한다.

② 제1항에 따라 설계도서를 작성한 자는 그 설계도서에 서명 또는 기명날인하여야 한다.

③ 제1항 및 제2항에 따른 설계 대상인 공사의 범위, 설계도서의 보관, 그 밖에 필요한 사항은 대통령령으로 정한다.

제8조(감리 등)

① 발주자는 용역업자에게 공사의 감리를 발주하여야 한다.

② 제1항에 따라 공사의 감리를 발주 받은 용역업자는 감리원에게 그 공사에 대하여 감리를 하게 하여야 한다.

③ 감리원으로 인정받으려는 사람은 대통령령으로 정하는 감리원의 자격에 대항하면 감리원으로 인정 하여야 한다.

④ 방송통신위원회는 제3항에 따른 신청인이 대통령령으로 정하는 감리원의 자격에 해당하면 감리원으로 인정 하여야 한다.

⑤ 방송통신위원회는 제3항에 따른 신청인을 감리원으로 인정하는 경우에는 감리원 자격증명서(이하"자격증"이라 한다.)를 그 감리원에게 발급하여야 한다.

⑥ 감리원은 자기의 성명을 사용하여 다른 사람에게 감리업무를 하게 하거나 자격증을 빌려 주어서는 아니 된다.

⑦ 제1항에 따른 감리 대상인 공사의 범위, 제2항에 따른 감리원의 업무범위·배치기준과 그 밖에 감리에 필요한 사항은 대통령령으로 정한다.

제9조(감리원의 공사중지명령 등)

① 감리원은 공사업자가 설계도서 및 관련 규정의 내용에 적합하지 아니하게 해당 공사를 시공하는 경우에는 발주자의 동의를 받아 재시공 또는 공사중지명령이나 그 밖에 필요한 조치를 할 수 있다.

② 제1항에 따라 감리원으로부터 재시공 또는 공사중지명령이나 그 밖에 필요한 조치에 관한 지시를 받은 공사업자는 특별한 사유가 없으면 이에 따라야 한다.

제10조(감리원에 대한 시정조치)

발주자는 감리원이 업무를 성실하게 수행하지 아니하여 공사가 부실하게 될 우려가 있을 때에는 대통령령으로 정하는 바에 따라 그 감리원에 대하여 시정지시 등 필요한 조치를 할 수 있다.

제11조(감리 결과의 통보)

제8조제1항에 따라 공사의 감리를 발주 받은 용역업자는 공사에 대한 감리를 끝냈을 때에는 대통령령으로 정하는 바에 따라 그 감리 결과를 발주자에게 서면으로 알려야 한다.

제12조(공사업자의 감리 제한)

공사업자와 용역업자가 동일인이거나 다음 각 호의 어느 하나의 관계에 해당되면 해당 공사에 관하여 공사와 감리를 함께 할 수 없다.

1. 대통령령으로 정하는 모회사(母會社)와 자회사(子會社)의 관계인 경우
2. 법인과 그 법인의 임직원의 관계인 경우
3. 「민법」 제777조에 따른 친족관계인 경우

제12조의2(용영업의 육성 등)

① 방송통신위원회는 용역에 관한 기술수준의 향상과 용역업의 건전한 발전을 도모하기 위하여 필요하면 교육과학기술부장관 및 관계 중앙행정기관의 장과 협의하여 공사의 특성에 적합한 용역업을 육성·지원하기 위한 시책을 수립·시행할 수 있다.

② 방송통신위원회는 제1항에 따른 시책을 수립하기 위하여 필요하면 교육과학기술부장관 및 관계 중앙행정기관의 장에게 용역업 등의 현황에 관한 자료를 요청할 수 있다.

제3장 공사의 시공

제1절 공사업의 등록 등

제14조(공사업의 등록 등)

① 공사업을 경영하려는 자는 대통령령으로 정하는 바에 따라 특별시장·광역시장·도지사 또는 특별자치도지사(이하"시·도지사"라 한다.)에게 등록하여야 한다.

② 제1항에 따라 공사업을 등록한 자는 제15조에 따른 등록기준에 관한 사항을 3년 이내의 범위에서 대통령령으로 정하는 기간이 끝날 때마다 대통령령으로 정하는 바에 따라 시·도지사에게 신고하여야 한다.

③ 시·도지사는 제1항에 따른 등록을 받았을 때에는 등록증과 등록수첩을 발급한다.

제15조(등록기준)

공사업의 등록기준은 다음 각 호의 사항에 따라 대통령령으로 정한다.

1. 기술능력
2. 자본금(개인인 경우에는 자산평가액)
3. 그 밖에 필요한 사항

제16조(등록의 결격사유)

다음 각 호의 어느 하나에 해당하는 자는 공사업의 등록을 할 수 없다.

1. 금치산자 또는 한정치산자
2. 파산선고를 받고 복권되지 아니한 사람
3. 이 법을 위반하여 금고 이상의 실형을 선고받고 그 집행이 끝나거나(집행이 끝난 것으로 보는 경우를 포함한다.) 집행이 면제된 날부터 3년이 지나지 아니한 사람 또는 그 형의 집행유예를 선고받고 그 유예기간 중에 있는 사람
4. 이 법을 위반하여 벌금형을 선고받고 2년이 지나지 아니한 사람
5. 이 법에 따라 등록이 취소된 후 2년이 지나지 아니한 자
6. 「국가보안법」 또는 「형법」 제2편제1장 또는 제2장에 규정된 죄를 범하여 금고 이상의 실형을 선고받고 그 집행이 끝나거나(집행이 끝난 것으로 보는 경우를 포함한다.) 그집행이 면제된 날부터 3년이 지나지 아니한 사람 또는 그 형의 집행유예를 선고받고 그 유예기간 중에 있는 사람
7. 임원 중에 제1호부터 제6호까지의 어느 하나에 해당하는 사람이 있는 법인

제17조(공사업의 양도 등)

① 공사업자는 다음 각 호의 어느 하나에 해당하면 대통령령으로 정하는 바에 따라 시·도지사에게 신고를 하여야 한다.

1. 공사업을 양도하려는(공사업자인 법인이 분할 또는 분할 합병되어 설립되거나 존속하는 법인에 공사업을 양도하는 경우를 포함한다. 이하 같다.) 경우
2. 공사업자인 법인 간에 합병하려는 경우 또는 공사업자인 법인과 공사업자가 아닌 법인이 합병하려는 경우

② 제1항에 따른 공사업 양도의 신고가 있을 때에는 공사업을 양수한 자는 공사업을 양도한 자의 공사업자로서의 지위를 승계하며, 법인의 합병신고가 있을 때에는 합병으로 설립되거나 존속하는 법인이 합병으로 소멸되는 법인의 공사업자로서의 지위를 승계한다.

③ 제1항에 따른 신고에 관하여는 제15조 및 제16조를 준용한다.

제19조(공사업 양도의 내용 등)

① 공사업을 양도하려는 자는 공사업에 관한 다음 각 호의 권리·의무를 모두 양도하여야 한다.

1. 시공 중인 공사의 도급에 관한 권리·의무
2. 완광된 공사로서 그에 관한 하자담보책임기간 중인 경우에는 그 하자보수에 관한 권리·의무

② 제1항의 경우 시공 중인 공사가 있을 때에는 그 공사 발주자의 동의를 받거나 그 공사의 도급을 해지(解止)한 후가 아니면 공사업을 양도할 수 없다.

제21조(공사업의 상속)

공사업자가 사망한 때에는 그 상속인은 이 법에 따른 공사업자의 모든 권리·의무를 승계한다.

제22조(등록이 취소된 공사업자 등의 계속공사)

① 제66조에 따른 영업정지 또는 등록 취소 처분을 받은 공사업자와 그 포괄승계인(包括承繼人)은 그 처분을 받기 전에 도급을 체결하였거나 관계 법령에 따라 허가·인가 등을 받아 착공한 공사는 계속하여 시공할 수 있다.

② 제66조에 따른 영업정지 또는 등록 취소의 처분을 받은 공사업자와 그 포괄승계인은 그 처분의 내용을 지체 없이 해당 공사의 발주자에게 알려야 한다.

③ 공사업자가 공사업의 등록이 취소된 후라도 제1항에 따라 공사를 계속하는 경우에는 그 공사를 완공할 때까지는 그를 공사업자로 본다.

④ 발주자는 특별한 사유가 있는 경우를 제외하고는 해당 공사업자로부터 제2항에 따른 통지를 받거나 그 처분 사실을 안 날부터 30일 이내에만 도급을 해지할 수 있다.

제23조(공사업자의 신고의무)

① 공사업자는 상호, 명칭 또는 그 밖에 대통령령으로 정하는 사항을 변경한 경우에는 대통령령으로 정하는 바에 따라 이를 시·도지사에게 신고(「정보통신망 이용촉진 및 정보보호 등에 관한 법률」 제2조제1항제1호에 따른 정보통신망을 이용한 신고를 포함한다. 이하 제2항에서 같다.)하여야 한다.

② 다음 각 호의 어느 하나에 해당하는 사람은 시·지사에게 공사업의 폐업을 신고하여야 한다.

1. 공사업자가 파산한 경우에는 그 파산관재인(破産管財人)
2. 법인이 합병 또는 파산 외의 사유로 해산(解散)한 경우에는 그 청산인(淸算人)
3. 공사업자가 사망하였으나 상속인이 그 공사업을 상속하지 아니하는 경우에는 그 상속인
4. 제1호부터 제3호까지의 사유 외의 사유로 공사업을 폐업한 경우에는 그 공사업자였던 개인 또는 법인의 대표 자

제24조(공사업등록증 등의 대여 금지)

공사업자는 타인에게 자기의 성명 또는 상호를 사용하여 공사를 수급 또는 시공하게 하거나 그 등록증 또는 등록수첩을 빌려 주어서는 아니 된다.

제24조의2(공사업의 육성시책의 수립 등)

① 방송통신위원회는 공사업의 건전한 발전을 위하여 필요하면 이에 필요한 육성시책을 수립·시행할 수 있다.

② 방송통신위원회는 공사업의 균형적 육성을 위하여 필요하다고 인정하면 공사를 발주하는 국가, 지방자치단체 및 「공공기관의 운영에 관한 법률」 제4조에 따른 공공기관으로 하여금 중소 공사업자의 참여 기회를 확대하거나 그 밖에 필요한 조치를 할 것을 요청할 수 있다. 이 경우 국가, 지방자치단체 및 공공기관은 특별한 사유가 없으면 이에 적극 협조하여야 한다.

제4장 도급 및 하도급

제25조(도급의 분리)

공사는 「건설산업기본법」에 따른 건설공사 또는 「전기공사업법」에 따른 전기공사 등 다른 공사와

분리하여 도급하여야 한다. 다만, 공사의 성질상 또는 기술관리상 분리하여 도급하는 것이 곤란한 경우로서 대통령령으로 정하는 경우에는 그러하지 아니 하다.

제26조(공사도급의 원칙 등)

① 공사도급의 당사자는 각기 대등한 입장에서 합의에 따라 공정하게 계약을 체결하고, 신의에 따라 성실하게 계약을 이행하여야 한다.

② 공사도급의 당사자는 그 계약을 체결할 때 도급금액, 공사기간, 그 밖에 대통령령으로 정하는 사항을 계약서에 명시하여야 하며, 서명·날인한 계약서를 서로 내주고 보관하여야 한다.

③ 수급인은 하수급인에게 하도급공사의 시공과 관련하여 자재구입처의 지정 등 하수급인에게 불리하다고 인정되는 행위를 강요하여서는 아니 된다.

④ 하도급에 관하여 이 법에서 규정하는 것을 제외하고는 「하도급거래 공정화에 관한 법률」의 해당 규정을 준용한다.

제27조(공사업에 관한 정보관리 등)

① 방송통신위원회는 공사에 필요한 자재·인력의 수급 사황 등 공사업에 관한 정보와 공사업자의 공사 종류별 실적, 자본금, 기술력 등에 관한 정보를 종합관리하여야 한다.

② 방송통신위원회는 공사업자의 신청을 받으면 대통령령으로 정하는 바에 따라 그 공사업자의 공사실적·자본금·기술력 및 공사품질의 신뢰도와 품질관리수준 등에 따라 시공능력을 평가하여 공시(公示)하여야 한다.

③ 제2항에 따른 시공능력평가를 신청하는 공사업자는 대통령령으로 정하는 바에 따라 공사실적, 자본금, 그 밖에 대통령령으로 정하는 사항에 관한 서류를 방송통신위원회에 제출하어야 한다.

④ 방송통신위원회는 발주자 등이 제1항에 따라 종합관리하고 있는 정보의 제공을 요청하면 이에 대한 정보를 제공할 수 있다.

⑤ 제4항에 따라 제공할 수 있는 정보의 내용, 제공방법, 절차, 그 밖에 필요한 사항은 대통령령으로 정한다.

제29조(공사의 도급)

발주자는 공사를 공사업자에게 도급하여야 한다. 다만, 제3조 각 호의 어느 하나에 해당하는 경우에는 그러하지 아니하다.

제30조(수급자격의 추가제한 금지)

국가, 지방자치단체 또는 「공공기고나의 운영에 관한 법률」 제4조에 따른 공공기관은 다른 법률에 특별한 규정이 있는 경우를 제외하고는 공사업자에 대하여 이 법에 규정된 것 외에 수급자격에 관한 등록을 하게 하거나 수급에 관한 제한을 하여서는 이나 된다.

제31조(하도급의 제한 등)

① 공사업자는 도급받은 공사의 100분의 50을 초과하여 다른 공사업자에게 하도급을 하여서는 이니 된다. 다만, 다음 각 호의 어느 하나에 해당하는 경우에는 그러하지 아니하다.

1. 발주자가 공사의 품질이나 시공상의 능력을 높이기 위하여 필요하다고 인정하는 경우
2. 공사에 사용되는 자재를 납품하는 공사업자가 그 납품한 자재를 설치하기 위하여 공사하는 경우

② 하수급인은 하도급받은 공사를 다른 공사업자에게 다시 하도급을 하여서는 아니 된다.
하도급금액의 100분의 50 미만에 해당하는 부분을 대통령령으로 정하는 범위에서 다시 하도급하는 경우에는 그러하지 아니하다.

③ 공사업자가 도급받은 공사 중 그 일부를 다른 공사업자에게 하도급하거나 하수급인이 하도급받은 공사 중 그 일부를 다른 공사업자에게 다시 하도급하려면 그 공사의 발주자로부터 서면으로 승낙을 받아야 한다.

④ 제1항에 따라 공사업자가 하도급할 수 있는 공사의 내용 및 범위 등은 대통령령으로 정한다.

제31조의2(하수급인 등의 지위)

① 하수급인은 하도급받은 공사를 시공할 경우 발주자에 대하여 수급인과 같은 의무를 진다.

② 제1항은 수급인과 하수급인 간의 법률관계에 영향을 미치지 아니한다.

제31조의3(하수급인의 의견청취)

수급인은 도급받은 공사를 시공할 때 하수급인이 있으면 하도급한 그 공사의 시공에 관한 공법·공정과 그 밖에 필요하다고 인정되는 사항에 관하여 미리 하수급인의 의견을 들어야 한다.

제31조의4(하도급대금의 지급 등)

① 수급인은 발주자로부터 도급받은 공사에 대한 준공금(竣工金)을 받은 경우에는 하도급 대금의 전부를, 기성금(旣成金)을 받은 경우에는 하수급인이 시공한 부분에 상당한 금액을 각각 지급받은 날(수급인이 발주자로부터 공사대금을 어음으로 받은 경우에는 그 어음만기일을 말한다.)부터

15일 이내에 하수급인에게 하도급대금을 현금으로 지급하여야 한다.

② 수급인은 발주자로부터 선급금을 받은 경우에는 하수급인이 자재의 구입, 현장근로자의 고용, 그 밖에 하도급공사를 시작할 수 있도록 그가 받은 선급금의 내용과 비율에 따라 하수급인에게 선급금을 지급하여야 한다. 이 경우 수급인은 하수급인이 선급금을 반환하여야 할 경우에 대비하여 하수급인에게 보증을 요구할 수 있다.

③ 수급인은 하도급을 한 후 설계변경 또는 물가변동 등의 사정으로 도급금액이 조정되는 경우에는 조정된 공사 금액과 비율에 따라 하수급인에게 하도급금액을 증액 또는 감액하여 지급할 수 있다.

제31조의5(하도급대금의 직접 지급)

① 발주자는 다음 각 호의 어느 하나에 해당하는 경우에는 하수급인이 시공한 부분에 해당하는 하도급대금을 하수급인에게 직접 지급할 수 있다. 이 경우 발주자가 수급인에게 대금을 지급할 채무는 하수급인에게 지급한 하도급대금의 한도에서 소멸한 것으로 본다.

1. 발주자와 수급인 간에 하도급대금을 하수급인에게 직접 지급할 수 있다는 뜻과 그 지급의 방법·절차를 명백히 하여 합의한 경우
2. 하수급인이 수급인을 상대로 그가 시공한 부분에 대한 하도급대금의 지급을 명하는 확정판결을 받은 경우
3. 수급인이 지급정지·파산 등으로 인하여 수급인이 하도급대금을 지급할 수 없는 명백한 사유가 있다고 발주자가 인정하는 경우

② 수급인은 제1항제3호에 해당하는 경우로서 하수급인에게 책임이 있는 사유로 자신이 피해를 입을 우려가 있다고 인정되는 경우에는 그 사유를 명시하여 발주자에게 하도급 대금의 직접 지급을 중지할 것을 요청할 수 있다.

③ 제1항제3호 따라 하도급대금을 직접 지급하는 경우의 지급방법과 그 절차는 대통령령으로 정한다.

제32조(하수급인의 변경요구)

① 발주자는 하수급인이 그 공사를 시공하면서 관계 법령을 위반하여 시공하거나 설계도서 대로 시공하지 아니한다고 인정될 때에는 대통령령으로 정하는 바에 따라 그 사유를 명시하여 수급인에게 하수급인의 변경을 요구할 수 있다.

② 발주자는 수급인이 정당한 이유 없이 제1항의 요구에 따르지 아니하여 공사 결과에 중대한 영향을 미칠 우려가 있다고 인정하는 경우에는 공사에 관한 도급을 해지할 수 있다.

제5장 공사의 시공관리 및 사용전검사(사용전검사)

제33조(정보통신기술자의 배치)

① 공사업자는 공사의 시공관리와 그 밖의 기술상의 관리를 하기 위하여 대통령령으로 정하는 바에 따라 공사 현장에 정보통신기술자 1명 이상을 배치하고, 이를 그 공사의 발주자에게 알려야 한다.

② 제1항에 따라 배치된 정보통신기술자는 해당 공사의 발주자의 승낙을 받지 아니하고는 정당한 사유 없이 그 공사 현장을 이탈하여서는 아니 된다.

③ 발주자는 제1항에 따라 배치된 정보통신기술자가 업무수행의 능력이 현저히 부족하다고 인정되는 경우에는 수급인에게 정보통신기술자의 교체를 요청할 수 있다. 이 경우 수급인은 정당한 사유가 없으면 이에 따라야 한다.

제35조(공사업자의 손해배상책임)

① 공사업자는 고의 또는 과실로 인하여 공사의 시공관리를 부실하게 하여 타인에게 손해를 입힌 경우에는 그 손해를 배상할 책임이 있다.

② 공사업자는 제1항에 따른 손해가 발주자의 고의 또는 중대한 과실에 의하여 발생한 것일 때에는 발주자에 대하여 구상권(求償權)을 행사할 수 있다.

③ 수급인은 하수급인이 고의 또는 과실로 인하여 하도급받은 공사의 시공관리를 부실하게 하여 타인에게 손해를 입힌 경우에는 하수급인과 연대하여 그 손해를 배상할 책임이 있다.

④ 수급인은 제3항에 따라 손해를 배상한 경우에는 배상할 책임이 있는 하수급인에 대하여 구상권을 행사할 수 있다.

제36조(공사의 사용전검사 등)

① 대통령령으로 정하는 공사를 발주한 자(자신의 공사를 스스로 시공한 공사업자 및 제3조제2호에 따라 자신의 공사를 스스로 시공한 자를 포함한다.)는 해당 공사를 시작하기 전에 설계도를 특별자치도지사 시장·군수·구청장(자치구의 구청장을 말한다. 이하 같다)에게 제출하여 제6조에 따른 기술기준에 적합한지를 확인받아야 하며, 그 공사를 끝냈을 때에는 특별자치도지사·시장·군수·구청장의 사용전검사를 받고 정보통신설비를 사용하여야 한다.

② 제1항에 따른 착공 전 확인과 사용전검사의 절차 등은 대통령령으로 정한다.

제37조(공사의 하자담보책임)

① 수급인은 발주자에 대하여 공사의 완공일부터 5년 이내의 범위에서 공사의 종류별로 대통령령으

로 정하는 기간 내에 발생한 하자(瑕疵)에 대하여 담보책임이 있다.

② 수급인은 다음 각 호의 어느 하나의 사유로 발생한 하자에 대하여는 제1항에도 불구하고 담보책임이 없다. 다만, 수급인이 그 재료 또는 지시의 부적당함을 알고 발주자에게 고지(告知)하지 아니한 경우에는 담보책임이 있다.

1. 발주자가 제공한 재료의 품질이나 규격 등의 기준미달로 인한 경우
2. 발주자의 지시에 따라 시공한 경우

③ 공사에 관한 하자담보책임에 관하여 다른 법률(「민법」 제670조 및 제671조는 제외한다.)에 특별한 규정이 있는 경우에는 그 법률에서 정한 바에 따른다.

제6장 정보통신기술자

제38조(정보통신기술인력의 양성 및 교육 등)

① 방송통신위원회는 정보통신기술자 등 정보통신기술인력의 효율적 활용 및 자질향상을 위하여 정보통신기술인력의 양성 및 인정교육훈련을 실시할 수 있다.

② 방송통신위원회는 정보통신기술인력을 안정적으로 공급하기 위하여 정보통신기술인력의 양성기관을 지정하고, 이에 드는 비용을 「정보통신산업 진흥법」 제41조에 따른 정보통신진흥기금 등에서 지원할 수 있다.

③ 정보통신기술인력의 양성 및 교육 등에 필요한 사항은 대통령령으로 정한다.

제39조(정보통신기술자의 인정 등)

① 정보통신기술자로 인정을 받으려는 사람은 대통령령으로 정하는 바에 따라 방송통신위원회에 자격 인정을 신청하여야 한다.

② 방송통신위원회는 제1항에 따른 신청인이 대통령령으로 정하는 정보통신기술자의 자격에 해당하는 경우에는 정보통신기술자로 인정하여야 한다.

③ 방송통신위원회는 제1항에 따른 신청인을 정보통신시술자로 인정하면 정보통신기술자로서의 등급 및 경력등에 관한 증명서(이하"경력수첩"이라 한다.)를 그 정보통신기술자에게 발급하여야 한다.

④ 제3항에 따른 경력수첩의 발급 및 관리에 필요한 사항은 대통령령으로 정한다.

제40조(정보통신기술자의 겸직 등의 금지)

① 정보통신기술자는 동시에 두 곳 이상의 공사업체에 종사할 수 없다.

② 정보통신기술자는 다른 사람에게 자기의 성명을 사용하여 용역 또는 공사를 하게 하거나 경력수첩을 빌려주어서는 아니 된다.

제7장 공사 관련 단체

제41조(정보통신공사협회의 설립)

①공사업자는 품위 유지, 기술 향상, 공사시공방법 개량, 그 밖에 공사업의 건전한 발전을 위하여 방송통신위원회의 인가를 받아 정보통신공사협회(이하"협회"라 한다.)를 설립할 수 있다.

② 협회는 법인으로 한다.

③ 협회의 설립 및 감독 등에 필요한 사항은 대통령령으로 정한다.

제42조(회원의 자격)

제14조제1항에 따라 공사업의 등록을 한 자는 협회에 가입할 수 있다.

제43조(건의)

협회는 공사의 적절한 시공과 공사업의 건전한 발전을 위하여 공사업에 관한 사항을 방송통신위원회에 건의할 수 있다.

제44조(「민법」의 준용)

협회에 관하여 이 법에 규정된 사항을 제외하고는 「민법」 중 사단법인에 관한 규정을 준용한다.

제45조(정보통신공제조합의 설립)

① 공사업자는 공사업자 간의 협동조직을 통하여 자율적인 경제활동을 도모하고, 공사업의 경영에 필요한 각종 보증과 자금융자 등을 하기 위하여 방송통신위원회의 인가를 받아 정보통신공제조합(이하"조합"이라 한다.)을 설립할 수 있다.

② 조합은 법인으로 한다.

③ 조합의 설립 및 감독 등에 필요한 사항은 대통령령으로 정한다.

제46조(조합의 사업)

조합의 사업은 정관으로 정한다.

제47조(대리인의 선임)

조합은 임원 또는 직원 중에서 조합의 업무에 관한 재판상 또는 재판 외의 모든 행위를 할 수 있는 대리인을 선임(選任)할 수 있다.

제48조(지분의 양도 등)

① 현재 조합원이거나 조합원이었던 자는 정관으로 정하는 바에 따라 그 지분을 다른 조합원이나 조합원이 되려는 자에게 양도할 수 있다.

② 제1항에 따라 지분을 양수한 자는 그 지분에 관한 양도인의 권리·의무를 승계한다.

③ 지분의 양도 및 질권설정(조합에 대한 채무의 담보로 제공되는 경우만 해당한다.)은 「상법」에 따른 기명주식(記名株式)의 양도 및 질권설정의 방법에 따른다.

④ 민사집행절차나 국세의 체납처분절차 등에 따른 지분의 가압류 또는 압류는 「민사집행법」에 따른 지시채권(指示債券)의 가압류 또는 압류 방법에 따른다.

제49조(조합의 지분 취득 등)

① 조합은 다음 각 호의 어느 하나에 해당하는 사유가 있으면 조합원이거나 조합원이었던 자의 지분을 취득할 수 있다. 다만, 제1호 또는 제3호에 해당하는 경우에는 반드시 그 지분을 취득하여야 한다.

1. 출자금을 감소하려는 경우
2. 조합원에 대하여 가지는 담보권을 행사하기 위하여 필요한 경우
3. 탈퇴하는 조합원이 자기 출자액을 회수하기 위하여 조합에 지분의 양수를 요구한 경우
4. 조합원이 탈퇴한 후 2년이 지난 경우
5. 준비금 출자전입(出資轉入) 시 단좌(端坐)가 발생한 경우

② 조합은 제1항제1호에 따라 지분을 취득하였을 때에는 지체 없이 출자금의 감소절차를 밟아야 하며, 같은 항 제2호부터 제5호까지의 어느 하나에 해당하는 이유로 지분을 취득하였을 때에는 지체 없이 지분을 처분하여야 한다.

③ 조합은 제1항에 따라 지분을 취득하면 현재 조합원이거나 조합원이었던 자에게 지급하여야 할 금액을 지체 없이 지급하여야 한다.

④ 제1항에 따라 조합의 지분취득에 따라 조합원이거나 조합원이었던 자가 가지는 청산금 청구권은 그 지분을 취득한 날부터 5년간 행사하지 아니하면 시효(時效)로 소멸한다.

제50조(조합의 책임)

① 조합은 그가 보증한 사항에 관하여 법령이나 그 밖의 계약서 등으로 정하는 바에 따라 보증금을

지급할 사유가 발생하면 그 보증금을 보증채권자에게 지급하여야 한다.

② 제1항에 따라 보증채권자가 조합에 대하여 가지는 보증금에 관한 권리는 보증기간 만료일부터 5년가 행사하지 아니하면 시효로 소멸한다.

제51조(다른 법률의 준용)

조합에 관하여 이 법에 규정된 것을 제외하고는 「민법」 중 사단법인에 관한 규정 및 「상법」 중 주식회사의 계산에 관한 규정을 준용한다.

제8장 감독

제63조(공사업자의 지도·감독 등)

① 시·도지사는 등록기준에 적합한지, 하도급이 적절한지, 성실하게 시공하는지 등을 판단하기 위하여 필요하다고 인정하면 공사업자에게 그 업무 및 시공 상황에 관하여 보고하게 하거나 자료의 제출을 명할 수 있으며, 소속 공무원으로 하여금 공사업자의 경영실태를 조사하게 하거나 공사자재 또는 시설을 검사하게 할 수 있다.

② 제1항에 따른 조사 또는 검사를 하는 공무원은 그 권한을 표시하는 증표를 지니고 이를 관계인에게 내보여야 한다.

③ 시·지사는 필요하다고 인정하면 정보통신공사의 발주자, 감리원, 그 밖에 정보통신공사 관계 기관에 정보통신공사의 시공 상황에 관한 자료의 제출을 요구할 수 있다.

제64조(감리원의 업무정지)

방송통신위원회는 감리원이 제8조제6항을 위반하여 다른 사람에게 자기의 성명을 사용하여 감리업무를 수행하게 하거나 자격증을 빌려 준 경우에는 1년 이내의 기간을 정하여 그 업무의 정지를 명할 수 있다.

제64조의2(감리원의 인정취소)

방송통신위원회는 다음 각 호의 어느 하나에 해당하는 사람에 대하여는 감리원의 인정을 취소하여야 한다.

1. 거짓이나 그 밖의 부정한 방법으로 제8조제4항에 따른 감리원자격을 인정받은 사람
2. 「국가기술자격법」 제16조제1항에 따라 해당 국가기술자격이 취소된 사람

제65조(시정명령 등)

시·도지사는 공사업자가 다음 각 호의 어느 하나에 해당하면 기간을 정하여 그 시정을 명하거나 그 밖에 필요한 지시를 할 수 있다.

1. 제12조를 위반하여 공사를 한 경우
2. 제31조를 위반하여 하도급을 한 경우
3. 제31조의4를 위반하여 하수급인에게 대금을 지급하지 아니한 경우
4. 제33조제1항에 따른 정보통신기술자를 배치하지 아니한 경우
5. 「전기통신기본법」 등 관계 법령을 위반하여 시공함으로써 공사를 부실하게 할 우려가 있는 경우
6. 정당한 사유 없이 도급받은 공사를 이행하지 아니한 경우

제66조(영업정지와 등록취소)

시·도지사는 공사업자가 다음 각 호의 어느 하나에 해당하게 되면 1년 이내의 기간을 정하여 영업정지를 명하거나 등록취소를 할 수 있다. 다만, 제1호·제2호·제5호·제7호 또는 제13호에 해당하는 경우에는 등록취소를 하여야 한다.

1. 부정한 방법으로 제14조제1항에 따른 공사업의 등록을 한 경우
2. 제14제2항에 따른 등록기준에 관한 사항을 거짓으로 신고한 경우
3. 제14조제2항에 따른 등록기준에 관한 사항을 대통령령으로 정하는 기간 이내에 신고하지 아니한 경우
4. 제15조에 따른 등록기준에 미달하게 된 경우
5. 공사업자가 제16조 각 호의 어느 하나에 해당하게 된 경우, 다만, 같은 조 제7호에 해당하는 법인의 경우에는 그 사유가 있음을 안 날부터 3개월 이내에 그 임원을 바꾸어 선임한 경우와 제[21조제1항에 따른 상속인이 상속을 받은 날부터 3개월 이내에 해당 공사업을 타인에게 양도한 경우에는 그러하지 아니하다.
6. 제23조에 따른 신고 또는 폐업신고를 하지 아니하거나 거짓으로 신고한 경우
7. 제24조를 위반하여 타인에게 등록증이나 등록수첩을 빌려 주거나 타인의 등록증이나 등록수첩을 빌려서 사용한 경우
8. 제27조제3항을 위반하여 공사실적, 자본금, 그 밖에 대통령령으로 정하는 사항에 관한 서류를 거짓으로 제출한 경우
9. 제31조를 위반하여 하도급을 한 경우
10. 제33조제1항에 따른 정보통신시술자를 공사 현장에 배치하지 아니한 경우

11. 제65조에 따른 시정명령 또는 지시를 위반한 경우
12. 「전기통신기본법」등 관계 법령을 위반하여 부실하게 공사를 시공한 경우
13. 영업정지처분을 위반하거나 최근 5년간 3회 이상 영업정지처분을 받은 경우
14. 다른 법령에 따라 국가 또는 지방자치단체가 영업정지와 등록취소를 요구한 경우
15. 이 법 또는 이 법에 따른 명령을 위반한 경우

제67조(이해관계인에 의한 제재의 요구)

공사업자에게 제65조 및 제66조에 해당하는 사항이 있을 때 이해관계인은 시도·도지사에게 그 사유를 신고하고, 공사업자에 대하여 적절한 조치를 할 것을 요구할 수 있다.

제68조(정보통신기술자의 업무정지)

방송통신위원회는 정보통신기술자가 다음 각 호의 어느 하나에 해당하게 되면 1년 이내의 기간을 정하여 그 업무의 정지를 명할 수 있다.

1. 제40조제1항을 위반하여 동시에 두 곳 이상의 공사업체에 종사한 경우
2. 제40조제2항을 위반하여 다른 사람에게 자기의 성명을 사용하여 용역 또는 공사를 하게 하거나 경력수첩을 빌려 준 경우

제68조의2(정보통신기술자의 인정취소)

방송통신위원회는 다음 각 호의 어느 하나에 해당하는 사람에 대하여는 정보통신기술자의 인정을 취소하여야 한다.

1. 거짓이나 그 밖의 부정한 방법으로 제39조제2항에 따른 정보통신기술자의 자격을 인정받은 사람
2. 「국가기술자격법」 제16조제1항에 따라 해당 국가기술자격이 취소된 사람

제68조의3(청문)

방송통신위원회 또는 시·도지사는 다음 각 호의 어느 하나에 해당하는 처분을 하려면 청문을 하여야 한다.

1. 제64조의2에 따른 감리원의 인정 취소
2. 제66조에 따른 등록의 취소
3. 제68조의2에 따른 정보통신기술자의 인정취소

제9장 보칙

제69조(권한의 위임 및 위탁)

① 이 법에 따른 방송통신위원회의 권한은 그 일부를 대통령령으로 정하는 바에 따라 그 소속 기관의 장 또는 체신청장에게 위임·위탁할 수 있다.

② 방송통신위원회 또는 시·도지사는 이 법에 따른 다음 각 호의 업무를 대통령령으로 정하는 바에 따라 협회에 위탁할 수 있다.

1. 제8조제3항부터 제5항까지의 규정에 따른 감리원의 인정신청접수·인정 및 자격증 발급·관리에 관한 업무
2. 제23조제1항에 따른 신고에 관한 업무
3. 제27조에 따른 정보의 종합관리, 시공능력평가 및 공시, 정보의 제공에 관한 의무
4. 제39조제1항부터 제3항까지의 규정에 따른 정보통신기술자의 인정신청접수·인정 및 경력수첩의 발급·관리에 관한 업무
5. 제64조의2에 따른 감리원의 인정취소에 관한 업무
6. 제68조의2에 따른 정보통신기술자의 인정취소에 관한 업무
7. 제68조의3제1호 및 제3호에 따른 청문에 관한 업무

③ 방송통신위원회는 제38조제1항에 따른 정보통신기술인력의 양성 및 인정교육훈련에 관한 업무를 협회 또는 방송통신위원회가 지정·고시하는 정보통신기술인력의 양성기관에 위탁할 수 있다.

제70조(비밀준수의 의무)

다음 각 호의 어느 하나에 해당하는 사람은 특별한 사유가 없으면 직무상 알게 된 용역업자 및 공사업자의 재산 및 업무 상황을 누설하여서는 아니 된다.

1. 이 법에 따른 등록·신고 또는 감독사무에 종사하는 공무원 또는 공무원이었던 사람
2. 제69조제2항 및 제3항에 따른 위탁사무에 종사하는 사람 또는 종사하였던 사람

제71조(벌칙 적용에서의 공무원 의제)

제69조제2항 및 제3항에 따른 위탁사무에 종사하는 사람은 「형법」 제129조부터 제132조까지를 적용할 때에는 공무원으로 본다.

제71조의2(등록 등의 공고)

① 공사업자가 도급받은 공사의 도급금액 중 그 공사(하도급한 공사를 포함한다.)의 근로자에게 지

급하여야 할 노임에 상당하는 금액에 대하여는 압류할 수 없다.
② 제1항에 따른 노임에 상당하는 금액의 범위와 산정방법은 대통령령으로 정한다.

제72조(등록 등의 공고)

시·도지사는 다음 각 호의 어느 하나에 해당하는 경우에는 대통령령으로 정하는 바에 따라 그 내용을 공고하여야 한다.

1. 공사업의 등록을 한 경우
2. 공사업의 양도 및 법인합병의 신고를 받은 경우
3. 공사업의 상속으로 대표자가 변경된 경우
4. 공사업의 등록을 취소하거나 영업의 정지처분을 한 경우

제72조의2(공사업 현황 등의 보고)

① 방송통신위원회는 시·도지사에게 제63조에 따른 지도·감독의 결과에 대한 보고를 요구할 수 있다.
② 시·도지사는 대통령령으로 정하는 바에 따라 제14조에 따른 공사업의 등록 현황을 방송통신위원회에 보고하여야 한다.
③ 특별자치도지사·시장·군수·구청장은 대통령령으로 정하는 바에 따라 제36조에 따른 사용전검사의 현황을 방송통신위원회에 보고하여야 한다.

제73조(수수료)

다음 각 호의 어느 하나에 해당하는 자는 대통령령으로 정하는 바에 따라 수수료를 납부하여야 한다.

1. 제8조제3항에 따른 감리원의 인정을 받으려는 사람
2. 제14조제1항에 따라 공사업의 등록을 신청하는 자
3. 제14조제3항에 따른 등록증 및 등록수첩의 재발급을 신청하는 자
4. 제27조제2항에 따라 시공능력의 평가를 받으려는 자와 같은 조 제4항에 따라 정보의 제공을 받으려는 자
5. 제36조제1항에 따라 공사의 사용전검사를 신청하는 자
6. 제39조제1항에 따른 정보통신기술자의 인정을 받으려는 사람

제10장 벌칙

제74조(벌칙)

다음 각 호의 어느 하나에 해당하는 자는 3년 이하의 징역 또는 2천만원 이하의 벌금에 처한다.
1. 제12조를 위반하여 공사와 감리를 함께 한 자
2. 제14조제1항에 따른 등록을 하지 아니하거나 부정한 방법으로 등록을 하고 공사업을 경영한 자
3. 제17조제1항에 따른 신고를 하지 아니하거나 부정한 방법으로 신고를 하고 공사업을 경영한 자
4. 제24조를 위반하여 타인에게 등록증이나 등록수첩을 빌려 준 자 또는 타인의 등록증이나 등록수첩을 빌려서 사용한 자
5. 제66조에 따른 영업정지처분을 받고 그 영업정지기간 중에 영업을 한 자

제75조(벌칙)

다음 각 호의 어느 하나에 해당하는 자는 1년 이하의 징역 또는 1천만원 이하의 벌금에 처한다.
1. 제8조제2항에 따른 감리원이 아닌 사람에게 감리를 하게 한 자
2. 제8조제6항을 위반하여 다른 사람에게 자기의 성명을 사용하여 감리업무를 수행하게 하거나 자격증을 빌려준 사람 또는 다른 사람의 성명을 사용하여 감리업무를 하거나 다른 사람의 자격증을 빌려서 사용한 사람
3. 제31조제1항 또는 제2항을 위반하여 하도급을 한 자
4. 제36조제1항에 따른 착공 전 확인을 받지 아니하고 공사를 시작하거나 사용전검사를 받지 아니하고 정보통신설비를 사용한 자
5. 제40조제2항을 위반하여 경력수첩을 빌려 준 사람 또는 다른 사람의 경력수첩을 빌려서 사용한 사람

제76조(벌칙)

다음 각 호의 어느 하나에 해당하는 자는 500만원 이하의 벌금에 처한다.
1. 제6조에 따른 기술기준을 위반하여 설계 또는 감리를 한 자
2. 제7조제1항을 위반하여 발주한 자
3. 제8조제1항을 위반하여 발주한 자
4. 제25조를 위반하여 분리하여 도급하지 아니한 자
5. 제29조를 위반하여 공사업자가 아닌 자에게 도급한 자
6. 제33조제1항에 따른 정보통신기술자를 공사현장에 배치하지 아니한 자

제77조(양벌규정)

법인의 대표자나 법인 또는 개인의 대리인, 사용인, 그 밖의 종업원이 그 법인 또는 개인의 업무에 관

하여 제74조부터 제76조까지의 어느 하나에 해당하는 위반행위를 하면 그 행위자를 벌하는 외에 그 법인 또는 개인에게도 해당 조문의 벌금형을 과(科)한다. 다만, 법인 또는 개인이 그 위반행위를 방지하기 위하여 해당 업무에 관하여 상당한 주의와 감독을 게을리하지 아니한 경우에는 그러하지 아니하다.

제78조(과태료)

① 다음 각 호의 어느 하나에 해당하는 자에게는 300만원 이하의 과태료를 부과한다.

1. 제7조제2항을 위반하여 설계도서에 서명 또는 기명날인하지 아니한 자
2. 거짓이나 그 밖의 부정한 방법으로 제8조제5항에 따른 감리원의 자격증을 발급받은 사람
3. 제11조에 따른 감리 결과의 통보를 하지 아니한 자
4. 제23조에 따른 신고 또는 폐업신고를 하지 아니하거나 거짓으로 신고한 자
5. 제27조제3항을 위반하여 공사실적, 자본금, 그 밖에 대통령령으로 정하는 사항에 관한 서류를 거짓으로 제출한 자
6. 제33조제2항을 위반하여 정당한 사유 없이 그 공사의 현장을 이탈한 사람
7. 거짓이나 그 밖의 부정한 방법으로 제39조제3항에 따른 정보통신기술자의 경력수첩을 발급받은 사람
8. 제40조제1항을 위반하여 동시에 두 곳 이상의 공사업체에 종사한 사람
9. 제63조제1항에 따른 조사 또는 검사를 거부·방해 또는 기피하거나 자료제출 또는 보고를 거짓으로 한 자

② 제1항 및 제2항에 따른 과태료는 대통령령으로 정하는 바에 따라 방송통신위원회 또는 시·도지사가 부과·징수 한다.

2010년 무선설비 산업기사 〈1회〉

71 **다음 중 의무항공기국은 주 전원설비의 고장 시 예비 전원은 항공기의 항행안전을 위하여 무선설비를 몇 분 이상 동작시킬 수 있어야 하는가?**

① 10분 ② 20분
③ 30분 ④ 40분

72 **다음 중 무선설비의 공중선전력은 ( )와트 초과 시 전원회로에 퓨즈 또는 자동차단기를 갖추어야 하는가?**

① 50 ② 30 ③ 20 ④ 10

73 **다음 중 전파사용료 부과를 면제할 수 있는 대상에 해당하지 않는 무선국은?**

① 실험만을 위한 무선국
② 국가가 개설한 무선국
③ 지방자치단체가 개설한 무선국
④ 방송을 목적으로 하는 무선국 중 영리를 목적으로 하지 아니하는 무선국

해설

방송통신위원회는 시설자(수신전용의 무선국을 개설한 자를 제외한다)에 대하여 당해 무선국이 사용하는 전파에 대한 사용료(이하 "전파사용료"라 한다)를 부과·징수 할 수 있다. 다만, 제①호에 해당하는 무선국의 시설자에 대하여는 이를 면제하고, 제③호 내지 제⑤호에 해당하는 무선국의 시설자에 대하여는 대통령령이 정하는 바에 의하여 이의 전부 또는 일부를 감면할 수 있다.
① 국가 또는 지방자치단체가 개설한 무선국
② 방송국 중 영리를 목적으로 하지 아니하는 방송국과 방송발전기금을 납부하는 지상파 방송 사업자의 방송국
③ 방송발전기금을 납부하는 위성방송사업자 및 종합유선방송사업자의 방송국
④ 할당받은 주파수를 이용하여 전기통신역무를 제공하는 무선국
⑤ 영리를 목적으로 하지 아니하거나 공공복리를 증진시키기 위하여 개설한 무선국 중 대통령령이 정하는 무선국

74 **주파수할당을 받은 자가 주파수이용기간이 만료되어 주파수재할당을 받으려면 주파수 이용기간 만료 몇 개월 전에 재할당 신청을 하여야 하는가?**

① 1개월 ② 2개월
③ 3개월 ④ 4개월

75 **다음 중 무선국 개설의 결격사유가 아닌 것은?**

① 대한민국 국적을 가지지 아니한 자
② 전파법을 위반하여 금고 이상의 실형을 선고 받고 그 집행이 끝나거나 집행을

Answer 71.③ 72.④ 73.① 74.③ 75.②

받지 아니하기로 확정된 날부터 2년이 경과한 자

③ 외국 정부 또는 그 대표자

④ 금고 이상의 형의 집행유예를 선고 박고 그 유예기간 중에 있는 자

해설

다음 각 호의 어느 하나에 해당하는 자는 무선국 개설할 수 없다.

① 대한민국의 국적을 가지지 아니한 자

② 외국정부 또는 그 대표자

③ 외국의 법인 또는 단체

④ 이 법에 규정한 죄를 범하여 금고 이상의 실형의 선고를 받고 그 집행이 종료되거나 집행을 받지 아니하기로 확정된 날부터 2년을 경과하지 아니한 자

⑤ 이 법에 규정한 죄를 범하여 금고 이상의 형의 집행유예 선고를 받고 그 유예기간 중에 있는 자

⑥ 「형법」중 내란의 죄·외환의 죄, 「군형법」중 이적의 죄 및 「국가보안법」 위반의 죄를 범하여 실형의 선고를 받고 그 형의 집행이 종료되거나 집행을 받지 아니하기로 확정된 날부터 2년을 경과하지 아니한 자

76 다음 ( ) 안에 들어갈 내용으로 적합한 것은?

"정격전압"이라 함은 기기의 정상적인 동작에 필요한 전원전압으로서 신청된 설계 전압의 ( )% 이내의 전압을 말한다.

① ±2 ② ±4
③ ±6 ④ ±8

77 다음 중 "방송통신기기 형식 검정·형식등록 및 전자파적합등록"에서 규정하고 있는 방송통신기기가 아닌 것은?

① 방송에 사용하는 기기
② 무선설비의 기기
③ 전자파장해기기
④ 정보통신설비의 기기

78 다음 중 무선설비산업기사의 기술운용 범위로 틀린 것은?

① 공중선전력 3킬로와트 이하의 무선전신 및 팩시밀리
② 공중선전력 1.5킬로와트 이하의 무선전화
③ 레이더
④ 공중선전력 500와트 이하의 다중무선설비

해설

무선설비산업기사의 기술운용 범위는 다음과 같다.

① 다음에 게기한 무선설비의 기술조작
㉠ 공중선전력 3[kW] 이하의 무선전신 및 팩시밀리
㉡ 공중선전력 1.5[kW] 이하의 무선전화
㉢ 레이더
㉣ "㉠"내지 "㉢"에 게기한 무선설비 이외의 무선설비로서 공중선전력 1.5[kW] 이하의 것

② 제①호에 게기한 운용 이외의 운용중 무선설비기사의 운용범위에 속하는 운용으로서 무선설비기사의 지휘 하에 하는 것

③ 제①호에 게기한 무선설비의 공사와 무선설비기사의 공사범위에 속하는 공사로서 무선설비기사의 지휘 하에 하는 것

Answer 76.① 77.④ 78.④

79 다음 중 무선국 개설허가의 유효 기간으로 틀린 것은?

① 기지국 : 5년
② 실험국 : 1년
③ 소출력방송국(초단파,1W미만) : 1년
④ 항공기국 : 1년

해설

무선국 개설허가의 유효기간은 다음과 같다.

유효 기간	무선국의 종별
1년	실험국, 실용화시험국, 소출력 방송국(초단파, 1[W] 미만)
3년	방송국 기타 무선국
5년	이동국, 육상국, 육상이동국, 기지국, 이동중계국, 선박국(의무선박국을 제외한다), 선상통신국, 무선표지국, 무선측위국, 우주국, 일반지구국, 해안지구국, 항공지구국, 육상지구국, 이동지구국, 기지지구국, 육상이동지구국, 아마추어국, 간이무선국 및 항공국
무기한	의무선박국, 의무항공기국

80 다음 중 무선국 시설자는 통신보안용 약호를 정한 후 누구의 승인을 얻은 후 사용 하여야 하는가?

① 방송통신위원장
② 전파연구소장
③ 중앙전파관리소장
④ 한국전파진흥원

2010년 무선설비 산업기사 〈2회〉

72 다음 중 형식등록을 하여야 하는 무선설비의 기기로 틀린 것은?

① 이동가입무선전화장치
② 개인휴대통신용 무선설비의 기기
③ 위성휴대통신무선국용 무선설비의 기기
④ 네비텍스 수신기

73 다음 중 전기통신역무를 제공하는 무선국 송신설비의 공중선 전력 허용 편차로 맞는 것은?

① 상한 50%, 하한 20%
② 상한 10%, 하한 20%
③ 상한 20%, 하한 없음
④ 상한 20%, 하한 5%

송신설비	허용편차	
	상한 퍼센트	하한 퍼센트
초단파방송 또는 텔레비전방송을 행하는 방송국의 송신설비	10	20
디지털텔레비전방송국의 송신설비	5	5
전기통신역무를 제공하는 무선국의 송신설비	20	–

74 다음 중 전파법은?

① 방송통신위원회 훈령이다.
② 대통령령이다.
③ 법률이다.
④ 무선통신사업자의 약관이다.

Answer 79.④ 80.③ | 72.④ 73.③ 74.③

75 **다음 중 심사에 의한 주파수할당 시 고려할 사항이 아닌 것은?**

① 전파자원 이용의 효율성
② 신청자의 주파수 이용 실적
③ 신청자의 기술적 능력
④ 할당하려는 주파수의 특성

해설

방송통신위원회는 공고된 주파수에 대하여 주파수할당을 하지 아니하는 경우에는 다음 각 호의 사항을 심사하여 주파수할당을 한다.
① 전파자원 이용의 효율성
② 전파자원 이용의 공평성
③ 신청자의 당해 주파수에 대한 필요성
④ 신청자의 기술적·재정적 능력

76 **다음 중 공중선과 함께 형식검정을 신청한 기기에 대한 공중선 특성 확인 방법으로 틀린 것은?**

① 공중선과 수신 장치 사이에는 증폭기 등 수동회로가 부가되지 아니한 것일 것.
② 공중선의 종류 및 형태
③ 공중선의 이득 및 지향특성
④ 공중선의 편파특성

77 **다음 중 방송통신기기 지정시험기관이 행하는 시험분야로 틀린 것은?**

① 유선 시험분야
② 무선 시험분야
③ 전자파내성 시험분야
④ 전류흡수율 시험분야

해설

방송통신기기 지정시험기관이 행하는 시험분야로는 다음과 같은 것들이 있다.
① 유선 시험분야
② 무선 시험분야
③ 전자파 장해 시험 분야
④ 전자파내성 시험분야
⑤ 전기안전 시험분야

78 **다음 중 선박에 설치하는 무선 항행을 위한 레이더의 형식기호로 틀린 것은?**

① 제2종 레이더 : RB
② 제3종 레이더 : RC
③ 제4종 레이더 : RD
④ 자동레이더푸롯팅 기능을 가진 제1종 레이더 : RA

제1종 레이더	표시면의 유효직경 34[cm]이상	RAL
	표시면의 유효직경 25[cm]이상 34[cm]미만	RAM
	표시면의 유효직경 18[cm]이상 25[cm]미만	RAS
자동레이더푸롯팅 기능을 가진 제1종 레이더		RAA
제2종 레이더		RB
제3종 레이더		RC
제4종 레이더		RD
선박에 설치하는 무선항행을 위한 레이더에 부가하는 자동레이더 푸롯팅 장치		RP

79 **다음 중 방송용 주파수 대역으로 틀린 사항은?**

① 중파방송 : 300[㎑]~3[㎒]
② 단파방송 : 3[㎒]~30[㎒]
③ 초단파방송 : 30[㎒]~300[㎒]
④ 극초단파방송 : 300[㎒]~3000[㎓]

Answer 75.② 76.① 77.④ 78.④ 79.④

80 다음은 의료용 전파응용설비의 안전시설기준이다. 괄호에 들어갈 내용으로 적합한 것은?

의료전극 및 그 도선과 발진기·출력회로·전력선 등 사이에서의 절연저항은 500[V]용 절연저항시험기에 따라 측정하여 ( )[MΩ] 이상일 것

① 10 ② 30 ③ 50 ④ 70

해설

의료용 전파응용설비는 그 설비의 운용에 의하여 인체에 위해를 주거나 손상을 주지 아니하도록 다음 각 호의 조건에 적합하여야 한다.

① 고압전기에 의하여 충전되는 기구와 전선은 외부에서 용이하게 닿지 아니하도록 절연차폐체 또는 접지된 금속차폐체내에 수용 할 것

② 의료전극 및 그 도선과 발진기·출력회로·전력선 등 사이에서의 절연저항은 500[V] 용 절연 저항시험기에 의하여 측정하여 50[MΩ] 이상일 것

③ 의료전극과 그 도선은 직접 인체에 닿지 아니하도록 양호한 절연체로 덮을 것. 다만 라디오메스 등으로서 전극을 직접 노출하여 인체에 닿게 하여 사용하는 부분은 예외로 한다.

④ 인체에 안전을 위하여 접지장치를 설치할 것

2010년 무선설비 산업기사 〈4회〉

72 "전자파 장해"라 함은 전자파를 발생시키는 기기로부터 전자파가 ( ) 또는 ( )되어 다른 기기의 성능에 장해를 주는 것을 말한다. 괄호 내에 들어갈 말로 적합한 것은?

① 방사, 간섭 ② 방사, 흡수
③ 흡수, 전도 ④ 방사, 전도

73 다음 중 주파수 할당에 관한 용어로 옳게 설명된 것은?

① 특정한 주파수를 이용할 수 있는 권리를 특정인에게 부여 하는 것을 말한다.

② 무선국을 허가함에 있어 당해 무선국이 이용할 특정한 주파수를 지정하는 것을 말한다.

③ 무선국을 운용할 때 불요파 발사를 억제하기 위한 주파수를 지정하는 것을 말한다.

④ 설치된 무선설비가 반응할 수 있도록 필요한 주파수를 지정하는 것을 말한다.

주파수 분배	특정한 주파수의 용도를 정하는 것을 말한다.
주파수 할당	특정한 주파수를 이용할 수 있는 권리를 특정인에게 부여하는 것을 말한다.
주파수 지정	무선국의 개설을 허가함에 있어서 당해 무선국이 이용할 특정한 주파수를 지정하는 것을 말한다.

74 다음의 열거한 내용 중에서 무선국의 고시사항이 아닌 것은?

① 무선국의 명칭 및 종별과 무선설비의 설치장소

② 무선설비의 시공자의 성명 또는 명칭

③ 허가 년·월일 및 허가번호

④ 주파수·전파의 형식·점유주파수대폭 및 공중선전력

해설

무선국의 고시사항은 다음과 같다.

Answer 80.③ 72.④ 73.④ 74.②

① 허가연월일과 허가번호
② 시설자의 성명 또는 명칭
③ 무선국의 명칭 종별과 그 설치장소
④ 호출부호 또는 호출명칭
⑤ 전파의 형식, 점유주파수대폭 및 주파수와 공중선전력
⑥ 기타 필요한 사항

75 무선국의 정기 검사 유효 기간이 3년인 무선국은 허가유효기간 만료일 전후 얼마 이내에 정기 검사를 받도록 되어 있는가?

① 1개월 ② 2개월
③ 3개월 ④ 6개월

76 다음 중 전파의 효율적 관리 및 진흥을 위한 사업과 정부로부터 위탁받은 업무를 수행도록하기 위하여 설립한 기관은?

① 한국전파진흥협회
② 한국전파진흥원
③ 한국인터넷진흥원
④ 전파연구소

77 다음 중 전파사용료를 부과하기 위해 산정하는 기준으로 틀린 것은?

① 사용주파수 대역
② 사용 전파의 폭
③ 공중선 전력
④ 무선국의 소비전력

78 의무항공기국 무선설비의 기능 확인은 몇 시간 사용할 때마다 1회 이상 그 성능의 유지 여부를 확인하여야 하는가?

① 200시간 ② 300시간
③ 500시간 ④ 1,000시간

79 다음 중 전자파적합등록을 해야 하는 기기는?

① 디지털선택호출전용수신기
② 간이무선국용 무선설비의 기기
③ 자동차 및 불꽃점화 엔진구동기기 류
④ 생화무선국용 무선설비의 기기

해설

전자파적합등록을 하여야 하는 기기
① 가정용 전기기기 및 전동기기류: 가정용 전기기기, 휴대용 전동공구, 전기가열장치 및 기타 전기기기
② 자동차 및 불꽃점화 엔진구동기기류: 전파통신이나 방송수신 등에 방해가 되는 기기
③ 고전압설비 및 그 부속기기류

80 지정 공중선전력을 500[W]로 하고, 허용편차가 상한 5[%], 하한 10[%]인 방송국이 실제로 전파를 발사하는 경우에 허용될 수 있는 공중선의 전력은?

① 450~550[W] ② 450~525[W]
③ 475~550[W] ④ 475~525[W]

Answer 75.③ 76.② 77.④ 78.④ 79.③ 80.②

2011년 무선설비 산업기사 〈1회〉

71 허가나 신고로 개설하는 무선국에서 이용할 특정한 주파수를 지정하는 것을 무엇이라 하는가?

① 주파수 할당 ② 주파수 분배
③ 주파수 지정 ④ 주파수용도

해설
① 주파수할당 : 특정한 주파수를 이용할 수 있는 권리를 특정인에게 부여하는 것을 말한다.
② 주파수분배 : 특정한 주파수의 용도를 정하는 것을 말한다.
③ 주파수 지정 : 허가 또는 신고에 의하여 개설하는 무선국이 이용할 특정한 주파수를 지정하는 것을 말한다.
④ 주파수재배치 : 주파수 회수를 하고 이를 대체하여 주파수 할당, 주파수 지정, 또는 주파수 사용승인을 하는 것을 말한다.

72 주파수의 이용현황의 조사·확인은 얼마의 기간마다 실시하는가?

① 매년 ② 2년 ③ 3년 ④ 5년

73 방송통신위원회가 전파자원의 공평하고 효율적인 이용을 촉진하기 위하여 시행하여야 할 사항과 다른 것은?

① 주파수 분배의 변경
② 이용실적이 저조한 주파수의 활용촉구
③ 새로운 기술방식으로의 전환
④ 주파수의 공동사용

해설
방송통신위원회는 전파자원의 공평하고 효율적인 이용을 촉진하기 위하여 필요한 경우에는 다음 각호의 사항을 시행하여야한다.
① 주파수분배의 변경
② 주파수회수 또는 주파수재배치
③ 새로운 기술방식으로의 전환
④ 주파수의 공동사용

74 무선국 허가신청시의 심사기준과 틀린 것은?

① 무선설비가 기술기준에 적합할 것
② 주파수 분배 및 할당의 회수 또는 재배치가 가능할 것
③ 무선종사자의 배치계획이 자격·정원배치 기준에 적합할 것
④ 무선국 개설조건에 적합할 것

해설
무선국 허가신청시의 심사기준(심사사항)은 다음과 같다.
① 주파수지정이 가능한지의 여부
② 설치하거나 운용할 무선설비가 기술기준에 적합한지의 여부
③ 무선종사자의 배치계획이 자격·정원 배치기준에 적합한지의 여부
④ 무선국의 개설조건에 적합한지의 여부

75 다음 중 전자파 인체보호기군에 관한 용어의 정의가 틀린 것은?

① "전자기장"이라 함은 전기장과 자기장의 총칭을 말한다.
② "전기장"이라 함은 전하에 의해 변화된 그 주위의 공간 상태를 말한다.
③ "전기장강도"라 함은 전기장 내의 한 점에 있는 단위 음전하에 작용하는 힘을

Answer 71.③ 72.① 73.② 74.② 75.③

말한다.

④ "전력밀도"라 함은 전자파의 진행방향에 수직인 단위면적을 통과하는 전력을 말한다.

해설

"전기장강도"라 함은 전기장 내의 한 점에 있는 단위 양전하에 작용하는 힘을 말한다.

76 한국방송통신전파진흥원은 국가기술자격시험 종료 후, 며칠 이내에 합격자에게 통지 하여야 하는가?

① 7일 ② 10일 ③ 15일 ④ 30일

77 무선설비의 적합성평가 처리 방법 중 연속동작시험 조건으로 틀린 것은?

① 통상의 사용조건으로 8시간 동작시켰을 때
② 통상의 사용조건으로 24시간 동작시켰을 때
③ 통상의 사용조건으로 48시간 동작시켰을 때
④ 통상의 사용조건으로 500시간 동작시켰을 때

78 다음 중 경보 자동 전화 장치에서 무선전화 경보신호를 구성하는 음의 주파수 편차와 음의 길이 오차는 얼마 이내 이어야 하는가? (음의 주파수 편차, 음의 길이 오차)

① ±1[%]이내, ±0.5초 이내
② ±1.5[%]이내, ±0.5초 이내
③ ±1.5[%]이내, ±0.05초 이내
④ ±2[%]이내, ±0.5초 이내

79 디지털 TV방송국 송신설비의 공중선전력 허용편차는?

① 상한 5[%], 하한 5[%]
② 상한 5[%], 하한 10[%]
③ 상한 10[%], 하한 20[%]
④ 상한 10[%], 하한 15[%]

80 전파형식이 C_3F, C_9F 등인 텔레비전 방송을 하는 방송국의 무선설비의 점유주파수 대폭 허용치는?

① 6[MHz] ② 60[Hz]
③ 10[MHz] ④ 100[Hz]

2011년 무선설비 산업기사 〈2회〉

71 다음 중 공중선계의 충족조건으로 틀린 것은?

① 공중선은 이득이 높을 것
② 정합은 신호의 반사손실이 최소화되도록 할 것
③ 지향성은 복사되는 전력이 목표하는 방향을 벗어나지 아니하도록 안정적일 것
④ 고조파 및 기생발사가 적을 것

72 초단파방송 또는 텔레비전방송을 행하는 방송국의 송신설비의 공중선 전력 허용편차는 상한 ( ), 하한( ) 퍼센트인가?

① 5, 10 ② 10, 20

Answer 76.④ 77.③ 78.③ 79.① 80.① | 71.④ 72.②

③ 5, 5 ④ 20, 50

73 다음 중 전파진흥 기본계획에 포함되지 않는 것은?

① 전파방송 산업육성의 기본방향
② 중·장기 주파수 이용계획
③ 새로운 전파자원의 개발
④ 국제적인 주파수 사용동향

해설
전파진흥기본계획에 포함되어야 하는 사항은 다음과 같다.
① 전파산업육성의 기본방향
② 새로운 전파자원의 개발
③ 전파이용기술 및 시설의 고도화와 지원
④ 전파매체의 개발 및 보급
⑤ 우주통신의 개발
⑥ 전파이용질서의 확립
⑦ 전파전문인력의 양성
⑧ 전파관련 표준화에 관한 사항
⑨ 전파환경의 개선
⑩ 기타 전파진흥에 필요한 사항

74 무선국의 정기검사에서 성능검사에 해당되지 않는 것은?

① 점유주파수대폭
② 혼신 및 잡음대역폭
③ 주파수허용편차
④ 공중선전력

해설
정기검사는 다음 각호와 같이 구분하여 실시한다.
① 성능검사: 공중선전력·주파수허용편차·불요발사(不要發射)·점유주파수대폭·등가등방복사전력(價等方輻射電力)·실효복사전력(實效輻射電力)·변조도 등 무선설비의 성능에 대하여 행하는 검사
② 대조검사 : 시설자·무선설비·설치장소 및 무선종사자의 배치 등이 무선국허가·신고사항 등과 일치하는지 여부를 대조·확인하는 검사

75 다음 중 수신 설비의 충족조건으로 틀린 것은?

① 수신주파수는 운용범위 이내일 것
② 안테나의 이득이 높을 것
③ 내부 잡음이 적을 것
④ 감도는 낮은 신호입력에서도 양호할 것

해설
수신설비는 다음 각 호의 조건을 충족하여야 한다.
① 수신주파수는 운용범위 이내일 것
② 선택도가 클 것
③ 내부잡음이 적을 것
④ 감도는 낮은 신호입력에서도 양호할 것

76 고압전기의 정의로 옳은 것은?

① 교류전압 600[V] 또는 직류전압 750[V]를 초과하는 직류전압을 말한다.
② 교류전압 500[V] 또는 직류전압 650[V]를 초과하는 직류전압을 말한다.
③ 교류전압 500[V] 또는 직류전압 750[V]를 초과하는 직류전압을 말한다.
④ 교류전압 600[V] 또는 직류전압 650[V]를 초과하는 직류전압을 말한다.

77 다음 중 무선국의 개설허가의 유효기간이 1년인 무선국은?

① 실험국 ② 기지국

Answer 73.④ 74.② 75.② 76.① 77.①

③ 간이무선국　　④ 선상통신국

유효 기간	무선국의 종별
1년	실험국, 실용화시험국, 소출력 방송국(초단파, 1[W] 미만)
3년	방송국 기타 무선국
5년	이동국, 육상국, 육상이동국, 기지국, 이동중계국, 선박국(의무선박국을 제외한다), 선상통신국, 무선표지국, 무선측위국, 우주국, 일반지구국, 해안지구국, 항공지구국, 육상지구국, 이동지구국, 기지지구국, 육상이동지구국, 아마추어국, 간이무선국 및 항공국
무기한	의무선박국, 의무항공기국

78 다음 중 적합성평가를 받아야 하는 기기는?

① 전파환경 및 방송통신망 등에 위해를 줄 우려가 있는 기자재
② 의료기기법에 의한 품목허가를 받은 의료기기
③ 자동차관리법에 따라 자기인증을 한 자동차
④ 「산업표준화법」 제15조에 따라 인증을 받은 품목

79 다음 중 무선국 검사의 종류가 아닌 것은?

① 준공검사　　② 정기검사
③ 임시검사　　④ 사용 전 검사

80 전파법규에서 R_3E, H_3E, J_3E의 전파 형식을 사용하는 모든 무선국의 무선설비에서 점유주파수대폭의 허용치는 얼마인가?

① 2.5[㎑]　　② 1.5[㎑]
③ 6[㎑]　　④ 3[㎑]

2011년 무선설비 산업기사 〈4회〉

71 다음 중 전파법은?

① 방송통신위원회 훈령이다.
② 대통령령이다.
③ 법률이다.
④ 무선통신사업자의 약관이다.

72 전파법의 용어 중 틀리게 설명된 것은?

① 주파수분배라 함은 특정한 주파수의 용도를 정하는 것을 말한다.
② 우주국이라 함은 인공위성에 개설한 무선국을 말한다.
③ 무선국이라 함은 방송 수신만을 목적으로 하는 것도 포함된다.
④ 위성궤도라 함은 우주국의 위치 또는 궤적을 말한다.

해설

무선국이라 함은 무선설비와 무선설비를 조작하는 자의 총체를 말한다. 다만 방송수신만을 목적으로 하는 것을 제외한다.

73 다음 중 준공검사를 받지 아니하고 운용할 수 있는 무선국으로 틀린 것은?

① 30와트 미만의 무선설비를 시설하는 어선의 선박국
② 국가안보 또는 대통령 경호를 위하여 개

Answer 78.① 79.④ 80.④ | 71.③ 72.③ 73.④

설하는 무선국

③ 공해 또는 극 지역에 개설한 무선국

④ 정부 또는 기간통신사업자가 관련법에 의하여 비상통신을 위하여 개설한 무선국으로서 상시 사용하는 무선국

해설

준공검사를 받지 아니하고 운용할 수 있는 무선국은 다음과 같다.

① 30[W] 미만의 무선설비를 시설하는 어선의 선박국

② 아마추어국

③ 국가안보 또는 대통령 경호를 위하여 개설하는 무선국

④ 정부 또는 극 지역에 개설한 무선국

⑤ 외국에서 운용할 목적으로 개설한 육상이동 지구국

74 **40톤 이상의 어선인 의무선박국의 정기검사 시기는 유효기간 만료일 전후 몇 개월 이내에 실시하여야 하는가?**

① 1개월 ② 2개월 ③ 3개월 ④ 6개월

75 **무선국 운용 시 직접 통신보안에 관한 사항을 준수하여야 하는 자로 볼수 없는 것은?**

① 무선국 허가 자

② 무선국 시설 자

③ 무선통신업무에 종사하는 자

④ 무선설비를 이용하는 자

76 **방송통신위원회가 수행하는 전파 감시의 목적으로 볼 수 없는 것은?**

① 전파의 효율적 이용 촉진을 위하여

② 혼신의 신속한 제거를 위하여

③ 전파 이용 질서의 유지 및 보호를 위하여

④ 주파수에 대한 사용료를 부과, 징수하기 위하여

해설

방송통신위원회가 수행하는 전파감시 업무는 다음 각 호와 같다.

① 무선국에서 사용하고 있는 주파수의 편차·대역폭 등 전파의 품질측정

② 혼신을 일으키는 전파의 탐지

③ 허가받지 아니한 무선국에서 발사한 전파의 탐지

④ 허가받지 아니한 무선국에서 발사한 전파, 혼신에 관하여 조사를 의뢰받은 전파 등의 방향탐지

⑤ 기타 전파이용질서의 유지 및 보호를 위하여 대통령령이 정하는 사항

77 **인증이 면제되는 방송통신기자재에서 적합성평가의 전부가 면제되는 기자재에 해당되지 않는 것은?**

① 판매를 목적으로 하지 않고 전시회, 국제경기대회 진행 등 행사에 사용하기 위한 기자재

② 국내에서 사용하지 아니하고 국외에서 사용할 목적으로 제조하거나 수입하는 기자재

③ 전시회, 국제경기대회 등 행사에 사용하기 위한 것으로서 판매를 목적으로 하는 정보통신기기

④ 외국의 기술자가 국내산업체등의 필요에 의하여 일정기간 내에 반출하는 조건으로 반입하는 기자재

Answer 74.② 75.① 76.④ 77.③

해설

인증의 모두가 면제되는 기기는 다음과 같다.

① 시험, 연구를 위하여 제조(제작을 포함한다. 이하 같다)하거나 수입하는 기기
② 국내에서 판매하지 아니하고 수출전용으로 제조하는 기기
③ 전시회, 경기대회 등 행사에 사용하기 위한 것으로서 판매를 목적으로 하지 아니하는 기기
④ 외국의 기술자가 국내 산업체 등의 필요에 따라 기간 내에 반출하는 조건으로 반입하는 기기
⑤ 외국으로부터 도입(임대차 또는 용선계약에 의한 경우를 포함한다)하는 선박 또는 항공기에 설치된 기기 또는 이를 대체하기 위한 동일 기종의 기기

78 다음 중 적합성평가를 받아야 하는 선박국용 양방향 무선전화장치의 전파형식 기호로 맞는 것은?

① F_3E 및 G_3E ② R_3E 및 J_3E
③ A_3E 및 R_3E ④ G_3E 및 A_3E

해설

전파의 형식표기는 다음에 따른다.

① 첫째 기호는 주반송파의 변조형식을 나타낸다. A는 양측파대를 R은 단측파대의 저감 또는 가변 레벨 반송파를, J는 단측파대의 억압 반송파를 나타낸다. F는 주파수 변조를, G는 위상변조를 나타낸다.
A,R,J는 주반송파가 진폭변조된 발사이고, F와 G는 주반송파의 각이 변조된 발사전파이다. 주반송파의 각이 변조된 발사전파의 경우 적합성 평가를 받아야 하는 선박국용 양방향 무선장치의 전파형식에 해당한다.
② 둘째 기호는 주반송파를 변조시키는 신호의 특성을 나타낸다. 3은 아날로그 정보를 포함하는 단일채널을 나타낸다.
③ 셋째 기호는 송신할 정보의 형태를 나타낸다. E는 전화(음성방송을 포함한다)를 나타낸다.

79 무선 설비를 보호하기 위한 보호 장치로서 전원 회로의 퓨즈 또는 차단기는 공중선 전력이 얼마 이상일 때 갖추어야 하는가?

① 5와트 이상 ② 7.5와트 이상
③ 10와트 이상 ④ 12.5와트 이상

80 무선국의 시설 자는 통신상 보안을 요하는 사항에 대하여 통신보안용 약호를 정한 후 누구의 승인을 얻어 사용하여야 하는가?

① 전파진흥협회장
② 국립전파연구원장
③ 중앙전파관리소장
④ 한국방송통신전파진흥원장

2012년 무선설비 산업기사 〈1회〉

71 방송통신위원회가 전파자원의 공평하고 효율적인 이용을 촉진하기 위하여 시행하여야 할 사항과 다른 것은?

① 주파수분배의 변경
② 이용실적이 저조한 주파수의 활용촉구
③ 새로운 기술방식으로의 전환
④ 주파수의 공동사용

해설

방송통신위원회는 전파자원의 공평하고 효율적

Answer 78.① 79.③ 80.③ | 71.②

인 이용을 촉진하기 위하여 필요한 경우에는 다음 각 호의 사항을 시행하여야 한다.
① 주파수분배의 변경
② 주파수회수 또는 주파수재배치
③ 새로운 기술방식으로의 전환
④ 주파수의 공동사용

72 방송통신위원회가 무선설비 등에서 발생하는 전자파가 인체에 미치는 영향을 고려하여 고시하는 기준이 아닌 것은?

① 전자파 인체 보호기준
② 전자파강도 측정기준
③ 전자파 흡수율 측정기준
④ 전자파 자원 개발기준

해설
방송통신위원회는 무선설비 등에서 발생하는 전자파가 인체에 미치는 영향을 고려하여 전자파 인체 보호기준, 전자파강도 측정기준, 전자파 흡수율 측정기준 및 측정대상기기와 측정방법 등을 정하여 고시하여야 한다.

73 주파수 2.4[kHz]를 필요주파수대폭의 표시방법으로 바르게 표시한 것은?

① K240 ② 2K40
③ 240K ④ 20K4

해설
필요주파수대폭은 3개의 숫자와 1개의 문자로 표시하여야 하며, 문자는 소수점 자리에 두어 필요주파수대폭 단위를 표시한다. 0(영) 또는 K,M 혹은 G의 문자는 필요주파수대 표시 첫머리에 둘 수 없다.

74 무선국의 정기검사에서 성능검사 항목에 해당되지 않는 것은?

① 점유주파수대폭
② 혼신 및 잡음대역폭
③ 주파수
④ 공중선전력

해설
성능검사는 공중선전력, 주파수 불요발사, 점유주파수대폭, 등가등방복사전력, 실효복사전력, 변조도 등 무선설비의 성능에 대하여 행하는 검사이다.

75 다음 중 무선설비산업기사의 기술운용 범위로 틀린 것은?

① 공중선전력 3킬로와트 이하의 무선전신 및 팩시밀리
② 공중선전력 1.5킬로와트 이하의 무선전화
③ 레이더
④ 공중선전력 3킬로와트 이하의 다중무선설비

해설
무선설비산업기사의 기술운용 범위는 다음과 같다.
① 다음에 제기한 무선설비의 기술조작
㉠ 공중선전력 3[kW]이하의 무선전신 및 팩시밀리
㉡ 공중선전력 1.5[kW]이하의 무선전화
㉢ 레이더
㉣ "㉠"내지 "㉢"에 게기한 무선설비 이외의 무선설비로서 공중선전력 1.5[kW] 이하의 것
② 제①호에 게기한 운용 이외의 운용중 무선설비기사의 운용범위에 속하는 운용으로서 무선설비기사의 지휘하에 하는 것

Answer 72.④ 73.② 74.② 75.④

③ 제①호에 게기한 무선설비의 공사와 무선설비 기사의 공사범위에 속하는 공사로서 무선설비 기사의 지휘 하에 하는 것

76 다음 중 무선통신업무에 종사하는 자는 ( )년마다 1회의 통신보안교육을 받아야 하는가?

① 3년 ② 4년 ③ 5년 ④ 6년

77 중파방송을 하는 방송국의 경우 공중선전력은 원칙적으로 얼마 이하이어야 하는가?

① 20킬로와트 ② 30킬로와트
③ 50킬로와트 ④ 100킬로와트

78 다음 중 전파환경측정의 종류에 해당되지 않는 것은?

① 전파환경의 조사
② 전파응용설비의 측정
③ 전자파 차폐성능 측정
④ 전자파 흡수율 측정

해설

전파환경의 보호를 위한 전파환경측정의 종류는 다음 각 호와 같다.

① 전파환경 조사
② 전자파 차폐성능 측정
③ 시험장 적합성 측정
④ 전자파 흡수율 측정

79 다음 중 전자파적합기기로서 주로 가정에서 사용하는 것을 목적으로 하는 기종은?

① A급 기기 ② B급 기기
③ C급 기기 ④ D급 기기

해설

① A급 기기 : 사무용 기기
② B급 기기 : 가정용 기기

80 다음 중 무선설비 공중선 등의 안전시설기준으로 잘못된 것은?

① 공중선계에 피뢰기 및 접지장치를 설치하여야 한다.
② 송신설비의 공중선 등 고압전기를 통하는 장치는 사람이 보행하거나 기거하는 평면으로부터 2[m] 이상의 높이에 설치하여야 한다.
③ 간이무선국의 공중선계에는 피뢰기를 설치하지 않아도 된다.
④ 공중선은 공중선주의 동요에 따라 절단되지 아니하도록 설치하여야 한다.

해설

송신설비의 공중선·급전선 등 고압전기를 통하는 장치는 사람이 보행하거나 기거하는 평면으로부터 2.5[m] 이상의 높이에 설치되어야 한다.

2012년 무선설비 산업기사 〈2회〉

71 다음 중 전력선의 고주파 전류로 인한 인접 통신설비에 혼신을 방지하기 위한 조건으로 맞는 것은?

① 고주파 전류를 통하는 전력선의 분기점에는 전송특성의 필요에 따라 초크코일을 넣을 것
② 고주파 전류를 통하는 전력선의 경로는

Answer 76.③ 77.③ 78.② 79.② 80.② | 71.①

그 부근에 다른 각종 선로와 무선설비가 많은 곳을 택할 것

③ 고주파 전류를 통하는 유도식 통신설비의 선로는 가능한 한 다른 전선로와 결합되어야 한다.

④ 고주파 전류를 통하는 전력선의 경로를 통신선로 설비와 가능한 평행되게 설치되어야 한다.

해설

① 고주파 전류를 통하는 전력선의 분기점에는 전송특성의 필요에 따라 초크코일을 넣을 것

② 고주파 전류를 통하는 전력선의 경로는 그 부근에 다른 각종 선로와 무선설비가 적은 곳을 택할 것

③ 고주파 전류를 통하는 유도식 통신설비의 선로는 가능한 한 다른 전선로와 결합되지 않아야 한다.

④ 고주파 전류를 통하는 전력선의 경로를 통신선로 설비와 가능한 직각이 되게 설치되어야 한다.

72 무선설비의 안전시설기준에서 고압전기란?

① 600볼트를 초과하는 고주파 및 교류전압과 750볼트를 초과하는 직류전압

② 650볼트를 초과하는 고주파 및 교류전압과 750볼트를 초과하는 직류전압

③ 750볼트를 초과하는 고주파 및 교류전압과 750볼트를 초과하는 직류전압

④ 750볼트를 초과하는 고주파 및 교류전압과 600볼트를 초과하는 직류전압

73 "무선설비의 효율적 이용"에 관한 규정을 설명한 것으로 잘못된 것은?

① 타인에게 임대할 수 있다.

② 타인에게 위탁 운용할 수 있다.

③ 타인과 공동 사용할 수 있다.

④ 타인에게 판매할 수 있다.

해설

무선설비의 효율적 이용을 위해 무선설비를 타인에게 임대·위탁 운용하거나 타인과 공동사용할 수 있다.

74 방송통신위원회가 전파이용기술의 표준화를 추진하는 목적으로 볼 수 없는 것은?

① 전파의 효율적인 이용촉진

② 전파이용질서의 유지

③ 전파 이용자 보호

④ 전파 이용 중·장기 계획수립

해설

방송통신위원회는 전파의 효율적인 이용촉진, 전파이용질서의 유지 및 이용자 보호 등을 취하여 전파이용기술의 표준화에 관한 다음 각 호의 사항을 추진하여야 한다.

① 전파 관련 표준의 제정 및 보급

② 전파 관련 표준에의 적합인증

③ 기타 표준화에 관하여 필요한 사항

(전파이용기술 표준화의 추진에 관하여 필요한 사항은 대통령령으로 정한다)

75 지정 공중선 전력을 500[W]로 하고, 허용편차가 상한5[%] 하한 10[%]인 방송국이 실제로 전파를 발사하는 경우에 허용될 수 있는 공중선의 전력은?

① 450~500[W] ② 450~525[W]

③ 475~550[W] ④ 475~525[W]

Answer 72.① 73.④ 74.④ 75.②

76 산업용 전파응용설비의 전계강도 최대 허용치로서 맞는 것은?

① 100[m]거리에서 100[μV/m]이하일 것
② 30[m]거리에서 100[μV/m]이하일 것
③ 50[m]거리에서 100[μV/m]이하일 것
④ 100[m]거리에서 50[μV/m]이하일 것

해설
전계강도의 허용치는 다음과 같다.
① 산업용 전파응용설비의 경우 : 100[m]거리에서 매 미터 100[μV] 이하일 것
② 의료용 전파응용설비의 경우 : 30[m]거리에서 매 미터 100[μV]이하일 것

77 "다른 무선국의 정상적인 운용을 방해하는 전파의 발사·복사 또는 유도"를 무엇이라 말하는가?

① 잡음 ② 간섭
③ 혼신 ④ 전파장애

78 무선국이 하는 업무와 무선국의 분류는 다음 중 무엇으로 정하는가?

① 방송통신위원회 고시
② 대통령령
③ 국토해양부령
④ 국립전파연구원장

79 다음 중 무선국의 개설허가의 유효기간이 1년인 무선국은?

① 실험국 ② 기지국
③ 간이무선국 ④ 선상통신국

80 공중선 전력이 몇 와트를 초과하는 무선설비에 사용하는 전원회로에는 퓨즈 또는 자동차단기를 갖추어야 하는가?

① 70[W] ② 50[W]
③ 30[W] ④ 10[W]

2012년 무선설비 산업기사 〈4회〉

71 다음 중 산업용 전파응용설비의 안전시설 설치 조건으로 틀린 것은?

① 충전되는 기구와 전선은 외부에서 닿지 아니하도록 절연 차폐체 또는 접지된 금속 차폐체내에 수용할 것
② 설비의 조작 시 인체와 전기적 양도체에 고주파전력을 유발할 우려가 있는 경우에는 그 위험을 방지하기 위하여 필요한 설비를 할 것
③ 인체의 안전을 위하여 접지장치를 설치할 것
④ 설비와 대지 간 접지저항 값을 무한대로 설치할 것

해설
산업용 전파응용설비는 그 설비의 운용에 따라 인체에 위해를 주거나 물건에 손상을 주지 아니하도록 다음 각 호의 조건에 적합하여야 한다.
① 고압전기에 의하여 충전되는 기구와 전선은 외부에서 용이하게 닿지 아니하도록 절연차폐체 또는 접지된 금속차폐체내에 수용할 것. 다만, 고주파용접장치·진공관전극·가열용장치 등과 같이 전극을 직접 노출하지 아니하면 사용목적을 달성할 수 없는 것을 제외한다.

Answer 76.① 77.③ 78.② 79.① 80.④ | 71.④

② 설비의 조작에 의하여 설비에 접근하는 인체와 전기적 양도체에 고주파전력을 유발할 우려가 있을 경우에는 그 위험을 방지하기 위하여 필요한 설비를 할 것
③ 인체의 안전을 위하여 접지장치를 설치할 것

72 **다음 중 적합성평가를 받아야 하는 선박국용 양방향 무선전화장치의 전파형식 기호로 맞는 것은?**

① F_3E 및 G_3E ② R_3E 및 J_3E
③ A_3E 및 R_3E ④ G_3E 및 A_3E

해설

전파의 형식표기는 다음에 따른다.

① 첫째 기호는 주반송파의 변조형식을 나타낸다. A는 양측파대를 R은 단측파대의 저감 또는 가변 레벨 반송파를, J는 단측파대의 억압 반송파를 나타낸다. F는 주파수 변조를, G는 위상변조를 나타낸다. A,R,J는 주반송파가 진폭변조된 발사이고, F와 G는 주반송파의 각이 변조된 발사전파이다. 주반송파의 각이 변조된 발사전파의 경우 적합성 평가를 받아야 하는 선박국용 양방향 무선 장치의 전파형식에 해당한다.
② 둘째 기호는 주반송파를 변조시키는 신호의 특성을 나타낸다. 3은 아날로그 정보를 포함하는 단일채널을 나타낸다.
③ 셋째 기호는 송신할 정보의 형태를 나타낸다. E는 전화(음성방송을 포함한다)를 나타낸다.

73 **전파의 반송파전력을 나타낸 표시는 어느 것인가?**

① P_Z ② P_R ③ P_X ④ P_Y

해설

기호	용 어
P_Y	평균전력
P_X	첨두포락선 전력
P_Z	반송파전력
P_R	규격전력

74 **공중선계가 충족하여야 하는 조건이 아닌 것은?**

① 공중선은 이득이 높을 것
② 정합은 신호의 반사손실이 최소화되도록 할 것
③ 지향성은 복사되는 전력이 목표하는 방향을 벗어나지 아니하도록 할 것
④ 급전선에 공급되는 전력을 규격전력 이상이 되도록 할 것

75 **디지털 텔레비전 방송국의 송신설비에서 공중선전력의 허용편차는 상한과 하한에서 각각 몇 [%]씩 허용되는가?**

① 상한 5[%], 하한 10[%]
② 상한 10[%], 하한 20[%]
③ 상한 5[%], 하한 5[%]
④ 상한 20[%], 하한 10[%]

76 **다음 중 전파사용료를 부과하기 위해 산정하는 기준으로 틀린 것은?**

① 사용주파수 대역 ② 사용 전파의 폭
③ 공중선 전력 ④ 무선국의 소비전력

해설

전파사용료를 부과하기 위해 산정하는 기준은 다음과 같다.

Answer 72.① 73.①④ 74.③ 75.③ 76.④

① 사용주파수 대역
② 사용 전파의 폭
③ 공중선 전력
④ 전파의 이용형태

77 다음 중 무선국 검사의 종류가 아닌 것은?
① 준공검사 ② 정기검사
③ 임시검사 ④ 사용전검사

78 다음 중 송신설비의 공중선·급전선 등 고압 전기를 통하는 장치는 사람이 보행하거나 기거하는 평면으로부터 몇 [m] 이상의 높이에 설치되어야 하는가?
① 2.5[m] 이상 ② 3[m] 이상
③ 3.5[m] 이상 ④ 4[m] 이상

79 단측파대(SSB) 통신에서 전파형식이 J_3E, R_3E, 및 H_3E인 경우 점유주파수대폭의 허용치는?
① 3[kHz] ② 5[kHz]
③ 1[kHz] ④ 6[kHz]

80 다음 중 공중선계에 접지장치를 설치하지 않아도 되는 무선국은?
① 육상이동국 ② 기지국
③ 방송국 ④ 고정국

해설
무선설비의 공중선계에는 피뢰기 및 접지장치를 설치하여야 하고, 피뢰기에는 별도의 접지장치를 설치하여야 한다. 다만 이동국 등의 휴대형 무선설비, 육상이동국 및 간이무선국의 공중선계는 그러하지 아니하다.

2013년 무선설비 산업기사 〈1회〉

71 무선국의 공중선계에 낙뢰 보호장치 및 접지시설을 하여야 하는 무선국은?
① 휴대용 무선설비 ② 육상 이동국
③ 간이 무선국 ④ 이동 중계국

72 다음 중 방송통신기기 지정시험기관이 행하는 시험분야로 틀린 것은?
① 유선 시험분야
② 무선 시험분야
③ 전자파내성 시험분야
④ 전류흡수율 시험분야

73 다음 중 주파수 할당을 하려는 때에 공고할 사항으로 잘못된 것은?
① 할당대상 주파수 및 대역폭
② 주파수할당 대가의 산출기준
③ 주파수용도 및 기술방식
④ 무선국 개설허가의 유효기간

74 단측파대(SSB)통신에서 전파형식이 J_3E, R_3E 및 H_3E인 경우 점유 주파수 대폭의 허용치는?
① 3[kHz] ② 5[kHz]
③ 1[MHz] ④ 6[MHz]

75 "지정시험기관 적합등록" 대상 기자재가 아닌 것은?
① 자동차 및 불꽃점화 엔진구동기기류

Answer
77.④ 78.① 79.① 80.① | 71.④ 72.④ 73.④ 74.① 75.④

② 가정용 전자기기 및 전동기기류
③ 고전압설비 및 그 부속 기기류
④ 정보기기의 전원 및 공중선기기류

76 **다음 ( )안에 들어갈 내용으로 적합한 것은?**
"정격전압"이라 함은 기기의 정상적인 동작에 필요한 전원전압으로서 신청된 설계전압의 ( )% 이내의 전압을 말한다.
① ±2 ② ±4 ③ ±6 ④ ±8

77 **다음 중 무선국 개설 조건으로 틀린 것은?**
① 무선설비는 인명 · 재산 및 항공의 안전에 지장을 주지 아니하는 장소에 설치할 것
② 개설목적 · 통신사항 및 통신상대방의 선정이 법령에 위반되지 아니할 것
③ 개설목적의 달성에 필요한 최소한의 주파수 및 공중선 전력을 사용할 것
④ 이미 개설되어 있는 다른 무선국의 주파수를 공용할 수 있을 것

78 **방송통신위원회가 전파 산업 등의 기술개발의 촉진을 위하여 추진하여야 할 사항이 아닌 것은?**
① 기술 수준의 조사 · 연구개발 및 개발기술의 평가 · 활용
② 기술의 협력 · 지도 및 이전
③ 국제기술표준과의 연계 공유개발
④ 기술정보의 원활한 유통

79 **다음 중 주파수 분배 시 고려하여야 할 사항이 아닌 것은?**
① 전파이용 기술의 발전추세
② 국내외 주파수 사용 동향
③ 주파수의 이용현황 등 국내의 주파수 이용여건
④ 전파를 이용하는 서비스에 대한 수요

80 **다음 사항 중 통신보안에 대한 정의로 알맞은 것은?**
① 통신 중 도청당한 정보의 분석 지연책을 강구하는 것
② 무선 통신망은 풍부한 정보의 원천이므로 사용을 최소화하는 방책
③ 통신수단에 의한 국가기밀, 산업정보 및 개인비밀 통화를 최소화 하거나 약호화 하는 방책
④ 통신수단에 의하여 비밀이 직간접적으로 누설되는 것을 방지하거나 지연시키는 방책

2013년 무선설비 산업기사 〈2회〉

71 **다음 중 미래창조과학부에서 주파수 할당을 취소할 수 있는 경우가 아닌 것은?**
① 기간통신사업의 허가가 취소된 경우
② 종합유선방송사업의 허가가 취소된 경우
③ 전송망사업의 등록이 취소된 경우
④ 정보통신공사업의 등록이 취소된 경우

Answer 76.① 77.④ 78.③ 79.② 80.④ | 71.④

72 **미래창조과학부장관이 주파수 할당을 하고자 하는 경우, 주파수 할당을 하는 날로부터 얼마 전까지 할당관련 공고를 하여야 하는가?**

① 15일전 ② 1개월 전
③ 3개월 전 ④ 6개월 전

73 **다음 중 전파자원을 확보하기 위하여 수립 시행하는 사항이 아닌 것은?**

① 새로운 주파수의 이용기술 개발
② 이용 중인 주파수의 이용효율 향상
③ 주파수의 국제등록
④ 국가 간 전파의 잡음을 없애고 방지하기 위한 협의 · 조정

74 **아마추어국의 개설조건 중 이동하는 아마추어의 경우 공중선 전력은 몇 와트 이하이어야 하는가?**

① 500와트 ② 300와트
③ 100와트 ④ 50와트

75 **통신보안의 교육에 관한 필요한 사항을 지정하고 있는 것은?**

① 전파법
② 전파법시행령
③ 미래창조과학부 고시
④ 무선설비규칙

76 **미래창조과학부가 수행하는 전파 감시의 목적으로 볼 수 없는 것은?**

① 전파의 효율적 이용 촉진을 위하여
② 혼신의 신속한 제거를 위하여
③ 전파 이용 질서의 유지 및 보호를 위하여
④ 주파수에 대한 사용료를 부과, 징수하기 위하여

77 **다음 중 국립전파연구원장의 지정시험기관 검사 시 확인 사항으로 틀린 것은?**

① 조직 및 인력 현황
② 품질관리규정의 이행 여부
③ 시험환경 및 시험 시설의 적합성 유지 여부
④ ISO14001요건에 따른 적합성 여부

78 **다음 중 통신 보안 책임자의 수행 업무로 틀린 것은?**

① 무선국 운영에 따른 통신보안업무 활동계획 수립 · 시행
② 무선통신을 이용하여 발신하고자 하는 통신 분에 대한 보안성 검토
③ 불필요한 내용의 무선통신 사용 억제
④ 암호와 평문의 혼합사용

79 **무선설비의 적합성 평가 처리 방법 중 연속동작시험 조건으로 틀린 것은?**

① 통상의 사용조건으로 8시간 동작시켰을 때
② 통상의 사용조건으로 24시간 동작시켰을 때
③ 통상의 사용조건으로 48시간 동작시켰을 때
④ 통상의 사용조건으로 500시간 동작시켰을 때

Answer 72.② 73.④ 74.④ 75.③ 76.④ 77.④ 78.④ 79.③

80 **무선국의 시설 자는 통신상 보안을 요하는 사항에 대하여 통신보안용 약호를 정한 후 누구의 승인을 얻어 사용하여야 하는가?**

① 전파진흥협회장
② 국립전파연구원장
③ 중앙전파관리소장
④ 한국방송통신전파진흥원장

2013년 무선설비 산업기사 〈4회〉

71 **적합성평가를 받은 사실을 표시하지 않고 판매·대여한 자나 판매·대여할 목적으로 진열·보관 또는 운송하거나 무선국·방송통신망에 설치한 경우로서 1차 위반한 경우 과태료 부과기준은 얼마인가?**

① 100만원 ② 200만원
③ 300만원 ④ 500만원

72 **다음 중 전파법에서 정의한 '주파수 할당'을 옳게 설명한 것은?**

① 특정한 주파수를 이용할 수 있는 권리를 특정인에게 부여하는 것을 말한다.
② 무선국을 허가함에 있어 당해 무선국이 이용할 특정한 주파수를 지정하는 것을 말한다.
③ 무선국을 운용할 때 필요파 발사를 억제하기 위한 주파수를 지정하는 것을 말한다.
④ 설치한 무선설비가 반응할 수 있도록 필요한 주파수를 지정하는 것을 말한다.

73 **다음 중 무선국을 고시하는 경우 고시하는 사항이 아닌 것은?**

① 무선국의 명칭 및 종별과 무선설비의 설치장소
② 무선설비의 발주자의 성명 또는 명칭
③ 허가 년·월·일 및 허가번호
④ 주파수, 전파의 형식, 점유 주파수대폭 및 공중선 전력

74 **다음 중 '방송통신기자재 등의 적합성 평가 관한 고시'에서 규정하는 용어의 정의로 적합하지 않는 것은?**

① '사후관리'라 함은 적합성 평가를 받은 기자재가 적합성평가 기준대로 제조·수입 또는 판매되고 있는지 관련법에 따라 조사 또는 시험하는 것을 말한다.
② '기본모델'이란 방송통신기기 내부의 전기적인 회로·구조·성능이 동일하고 기능이 유사한 제품군 중 표본이 되는 기기를 말한다.
③ '파생모델'이란 기본모델과 전기적인 회로·구조·성능만 다르고 그 부가적인 기능은 동일한 기기를 말한다.
④ '무선 송·수신용 부품'이란 차폐된 함체 또는 칩에 내장된 무선 주파수의 발진, 변조 또는 복조, 증폭부 등과 안테나로 구성된 것으로 시스템에 하나의 부품으로 내장 되거나 장착될 수 있는 것을 말한다.

Answer 80.③ 71.① 72.① 73.② 74.③

75 다음 중 지정시험기관 적합등록을 해야 하는 기기는?

① 디지털 선택호출전용 수신기
② 간이 무선국용 무선설비의 기기
③ 자동차 및 불꽃점화 엔진구동기기류
④ 생활무선국용 무선설비의 기기

76 방송국에 지정된 공중선 전력이 500[W]인 경우 허용 편차가 상한 5[%], 하한 10[%] 이라면 실제로 전파를 발사할 때 서용될 수 있는 공중선의 전력은?

① 450 ~ 550[W] ② 450 ~ 525[W]
③ 475 ~ 550[W] ④ 475 ~ 525[W]

77 다음 중 적합성 평가를 받아야 하는 기기는?

① 전파환경 및 방송통신망 등에 위해를 줄 우려가 있는 기자재
② 의료기기법에 의한 품목허가를 받은 의료기기
③ 자동차 관리법에 따라 자기 인증을 한 자동차
④ 「산업표준화법」 제15조에 따라 인증을 받은 품목

78 다음 중 무선설비의 기술기준 적합성 평가절차에서 "본 기자재는 고정된 시설에만 설치·사용할 수 있습니다."라는 문구를 명시한 경우 생략할 수 있는 시험 항목은?

① 온도 및 습도 ② 진동 및 충격
③ 낙하 및 진동 ④ 연속동작 및 수밀

79 다음 중 공중선계에 접지장치를 설치하지 않아도 되는 무선국은?

① 육상 이동국 ② 기지국
③ 방송국 ④ 고정국

80 무선설비의 시설물별 표준시방서를 기본으로 모든 공정을 대상으로 하여 특정한 공사의 시공 또는 공사시방서의 작성에 활용하기 위한 종합적인 시공기준을 무엇이라고 하는가?

① 일반 시방서 ② 전문 시방서
③ 특별 시방서 ④ 표준 시방서

2014년 무선설비 산업기사 〈1회〉

71 다음 중 '허가 받은 것으로 보는 무선국'은 어느 것인가?

① 생활 무선국용 무선기기를 사용하는 무선국
② 수신전용 무선기기를 사용하는 무선국
③ 미래창조과학부가 할당한 주파수를 이용하는 휴대용 무선국
④ 국방부장관이 관리 운용하는 무선국

72 다음 중 미래창조과학부가 주파수 재배치를 할 때 관보, 인터넷 홈페이지 또는 일간신문 등을 통하여 공고하여야 하는 사항이 아닌 것은?

Answer
75.③ 76.② 77.① 78.② 79.① 80.② | 71.③ 72.③

① 주파수 재배치의 목적
② 주파수 재배치의 대상
③ 주파수 재배치의 사유
④ 손실 보상금의 산정기준

73 **다음은 미래창조과학부가 주파수 이용기간 만료 후 당시의 주파수 이용자에게 재 할당을 할 수 없는 조건이다. 잘못된 것은?**

① 주파수 이용자가 재 할당을 원하지 아니하는 경우
② 당해 주파수를 국방 · 치안 및 조난구조용으로 사용할 필요가 있는 경우
③ 국제전기통신연합이 해당 주파수를 다른 업무 또는 용도로 분배한 경우
④ 해당 주파수를 이용하여 다른 업무의 유효기간에 있는 경우

74 **실험국의 정기검사 시기는 유효기간 만료일 전후 몇 개월 이내에 실시하여야 하는가?**

① 1개월 ② 2개월
③ 3개월 ④ 6개월

75 **무선국 정기검사시의 성능검사 항목이 아닌 것은?**

① 점유 주파수 대역폭
② 무선 종사자 정원
③ 주파수
④ 공중선 전력

76 **'주파수 할당'에 관한 정의로 맞는 것은?**

① 특정인에게 특정한 주파수를 이용할 수 있는 권리를 부여하는 것을 말한다.
② 특정인에게 특정한 주파수의 용도를 지정하는 것을 말한다.
③ 개설하는 무선국이 이용할 특정한 주파수를 지정하는 것을 말한다.
④ 무선설비를 조작하고자 하는 무선 종사자에게 주파수 사용을 승인하는 것을 말한다.

77 **다음 중 미래창조과학부에서 전파지원의 공평하고 효율적인 이용을 촉진하기 위하여 시행하여야 할 사항이라 볼 수 없는 것은?**

① 주파수 회수
② 주파수 재배치
③ 주파수 공동 사용
④ 주파수 국제 등록

78 **'무선국의 개설 허가 등의 절차'에 따른 심사기준으로 잘못된 것은?**

① 무선설비가 기술기준에 적합할 것
② 주파수 분배 및 할당의 회수 또는 재배치가 가능할 것
③ 무선 종사자의 배치 계획이 자격 · 정원배치기준에 적합할 것
④ 무선국 개설조건에 적합할 것

79 **다음 중 법령에서 정하는 무선국 검사의 종류가 아닌 것은?**

① 준공검사 ② 정기검사
③ 임시검사 ④ 사용전 검사

Answer 73.④ 74.② 75.② 76.① 77.④ 78.② 79.④

80 다음 중 방송통신기자재 등의 적합인증 신청 시 구비서류가 아닌 것은?

① 사용자 설명서 ② 외관도
③ 회로도 ④ 주요부품명세서

2014년 무선설비 산업기사 〈2회〉

71 다음 중 주파수 분배 시 미래창조과학부장관이 고려하여야 할 사항이 아닌 것은?

① 주파수의 이용현황 등 국내의 주파수 이용여건
② 전파를 이용하는 서비스에 대한 수요
③ 국제적인 주파수 사용동향
④ 혼신 · 혼선 등 주파수의 조사 · 분석

72 무선설비규칙에서 규정한 변조특성의 경우 변조신호에 따라 반송파가 진폭 변조되는 송신장치는 변조도가 몇 퍼센트를 초과하지 말아야 하는가?

① 80[%] ② 85[%]
③ 90[%] ④ 100[%]

73 다음 중 방송통신기자재 시험기관 지정 시 서류심사 사항으로 틀린 것은?

① 구비서류의 적정성
② 조직 및 인력의 적정성
③ 시험설비 및 시험환경의 적정성
④ 시험원의 시험수행 능력

74 송신설비의 공중선 · 급전선 등 고압전기를 통하는 장치는 사람이 보행하거나 기거하는 평면으로부터 얼마 이상의 높이에 설치되어야 하는가?

① 1.5미터 ② 2.5미터
③ 3.5미터 ④ 4.5미터

75 다음 중 기술기준 적합성 평가시험 전 확인 사항으로 틀린 것은?

① 사용전류 ② 사용 주파수
③ 전파형식 ④ 점유주파수대폭

76 다음 중 국립전파연구원장이 통신기기 인증서를 신청인에게 교부 후 관보에 고시할 내용으로 틀린 것은?

① 인증번호
② 인증 받은 자의 상호 또는 성명
③ 기기의 명칭 · 모델명
④ 유효기간

77 다음 중 전파환경측정의 종류에 해당되지 않는 것은?

① 전파환경의 조사
② 전파응용설비의 측정
③ 전자파 차폐 성능 측정
④ 전자파 흡수율 측정

78 다음 중 전파사용료 부과를 전부 면제할 수 있는 대상에 해당하지 않는 무선국은?

① 전기통신역무를 제공하기 위한 무선국
② 국가가 개설한 무선국

Answer 80.④ 71.③ 72.④ 73.④ 74.② 75.① 76.④ 77.② 78.①

③ 지방자치단체가 개설한 무선국
④ 방송국 중 영리를 목적으로 하지 아니하는 방송국

79 **다음 문장의 괄호 안에 들어갈 용어로 적합한 것은?**

'전자파 장해'란 전자파를 발생시키는 기자재로부터 전자파가 (　) 또는 (　)되어 다른 기자재의 성능에 장해를 주는 것을 말한다.

① 방사, 간섭　② 방사, 흡수
③ 흡수, 전도　④ 방사, 전도

80 **무선설비 공사가 품질확보 상 미흡 또는 중대한 위해를 발생시킬 수 있다고 판단될 때 공사 중지를 지시 할 수 있으며, 공사 중지에는 부분중지와 전면중지로 구분되는데 다음 중 부분중지에 해당되는 경우는?**

① 재시공 지시가 이행되지 않은 상태에서는 다음 단계의 공정이 진행됨으로써 하자발생이 될 수 있다고 판단될 경우
② 시공자가 고의로 정보통신 시설 설비 및 구축 공사의 추진을 심히 지연시킬 경우
③ 정보통신공사의 부실 발생우려가 농후한 상황에서 적절히 조치를 취하지 않은 채 공사를 계속 진행할 경우
④ 천재지변 등 불가항력적인 사태가 발생하여 공사를 계속 할 수 없다고 판단될 경우

2014년 무선설비 산업기사 〈4회〉

71 **다음 중 방송통신기자재로서 적합성 평가가 면제되는 경우가 아닌 것은?**

① 제품 및 방송통신서비스의 시험 · 연구 또는 기술개발을 위한 목적의 기자재 (100대 이하)
② 국내에서 판매하기 위하여 수입전용으로 제조하는 기기
③ 판매를 목적으로 하지 않고 전시회, 국제경기대회 진행 등 행사에 사용하기 위한 기자재
④ 외국의 기술자가 국내 산업체 등의 필요에 따라 일정기간 내에 반출하는 조건으로 반입하는 기자재

72 **다음 중 산업용 전파응용설비의 안전시설 설치 조건으로 틀린 것은?**

① 충전되는 기구와 전선은 외부에서 닿지 않도록 절연 차폐체 또는 접지된 금속차폐체내에 수용할 것
② 설비의 조작 시 인체와 전기적 양도체에 고주파 전력을 유발할 우려가 있는 경우에는 그 위함을 방지하기 위하여 필요한 설비를 할 것
③ 인체의 안전을 위하여 접지장치를 설치할 것
④ 설비와 대지 간 접지저항 값을 무한대로 설치할 것

Answer 79.④ 80.① | 71.② 72.④

73 다음 중 전파법의 목적으로 옳지 않은 것은?

① 공공복리의 증진에 이바지
② 전파의 진흥을 위한 기술전수
③ 전파이용 및 전파에 관한기술개발을 촉진
④ 전파의 효율적인 이용에 관한 사항을 정함

74 다음 중 적합인증을 받아야 하는 대상기자재가 아닌 것은?

① 가정용 전기기기 및 전동기기류
② 무선전화 경보자동 수신기
③ 국내 항해용 레이더
④ 네비텍스 수신기

75 다음 중 적합성 평가 시험기관의 지정 취소가 되는 경우가 아닌 것은?

① 정당한 사유는 있으나 시험업무를 수행하지 아니한 경우
② 거짓이나 그 밖의 부정한 방법으로 지정을 받은 경우
③ 업무 정지명령을 받은 후 그 업무정지 기간에 시험업무를 수행한 경우
④ 2회 이상 업무정지 명령을 받은 지정시험기관이 다시 같은 항을 위반하여 업무정지 사유에 해당하는 경우

76 고압전기의 정의로 옳은 것은?

① 600[V]를 초과하는 고주파 및 교류 전압과 750[V]를 초과하는 직류전압을 말한다.
② 650[V]를 초과하는 고주파 및 교류 전압과 750[V]를 초과하는 직류전압을 말한다.
③ 750[V]를 초과하는 고주파 및 교류 전압과 600[V]를 초과하는 직류전압을 말한다.
④ 750[V]를 초과하는 고주파 및 교류 전압과 650[V]를 초과하는 직류전압을 말한다.

77 미래창조과학부장관은 주파수 이용 실적이 낮은 경우 해당 주파수 회수 또는 주파수 재배치를 할 수 있다. 다음 중 주파수 이용 실적의 판단 기준으로 해당되지 않는 것은?

① 해당 주파수의 이용현황 및 수요 전망
② 전파이용기술의 발전 추세
③ 국제적인 주파수의 사용동향
④ 주파수의 양도와 임대 실태

78 다음 중 실험국의 개설조건으로 틀린 것은?

① 과학지식의 보급에 공헌할 합리적인 가능성이 있을 것
② 신청인이 그 실험을 수행할 인적자원이 풍부할 것
③ 실험의 목적과 내용이 공공복리를 해하지 아니할 것
④ 합리적인 실험의 계획과 이를 실행하기 위한 적당한 설비를 갖추고 있을 것

79 다음 중 전파사용료를 부과하기 위해 산정하는 기준이 아닌 것은?

① 사용 주파수 대역
② 사용 전파의 폭
③ 공중선 전력
④ 무선국의 소비전력

Answer 73.② 74.① 75.① 76.① 77.③ 78.② 79.④

80 다음 중 무선설비의 기술기준에서 요구하는 변조특성 및 공중선계의 조건으로 옳지 않은 것은?

① 반송파가 주파수 변조되는 송신장치는 최대 주파수 편이의 범위를 초과하지 아니할 것

② 공중선은 이득이 높을 것

③ 정합은 신호의 반사손실이 최대가 되도록 할 것

④ 지향성은 복사되는 전력이 목표하는 방향을 벗어나지 아니하도록 안정적일 것

Answer 80.③

전자계산기 일반

제 2 편

제1장
전자계산기의 기본 구조와 기능

1. 컴퓨터의 개요

[1] 컴퓨터의 이해

(1) 전자계산기

입력된 데이터(Data)를 정해진 프로그램(Program)순서에 의해 산술 및 논리 연산, 비교, 판단, 기억 등을 수행함으로써 원하는 결과를 신속, 정확하게 처리하여 출력해내는 시스템을 말한다.

※ (EDPS : Electronic Data Processing System) : 전자 데이터 처리 시스템

(2) 전자계산기의 특징

① 자동성 : 컴퓨터에 프로그램과 데이터가 주어지면 그 목적에 따라 자동적으로 처리한다.

② 고속성(신속성) : 많은 양의 업무도 빨리 처리한다.

③ 정확성 : 처리결과가 정확하다.

④ 대용량성 : 대량의 자료를 기억하고 처리할 수 있다.

⑤ 범용성 : 수치자료만이 아니라 문자처리 등 다양한 분야에서 널리 사용한다.

⑥ 호환성 : 같은 소프트웨어를 컴퓨터 제조회사의 기종과 관계없이 사용한다.

⑦ 신뢰성 : 핵심 장치는 반영구적이고, 회로 적으로 안정된 반도체로 구성되어 신뢰도가 높다.

⑧ 응용성 : 특정 분야에 사용되는 컴퓨터도 있지만, 대부분의 컴퓨터는 다양한 분야에 응용된다.

[실전문제] 컴퓨터의 특징과 그에 대한 설명으로 옳지 않은 것은?

가. 자동처리 : 프로그램 내장 방식에 의한 순서적 처리가 가능하다.
나. 대용량성 : 대량의 자료를 저장하며 저장된 내용의 즉시 재생이 가능하다.
다. 신속, 정확성 : 처리에 소요되는 시간이 다른 기계와 비교할 수 없을 정도로 신속, 정확하다.
라. 동시 사용, 호환성 : 다른 장비와 결합하여 사용할 수 있다.

답 라

(3) 전자계산기 발달 과정

① 전자계산기의 역사

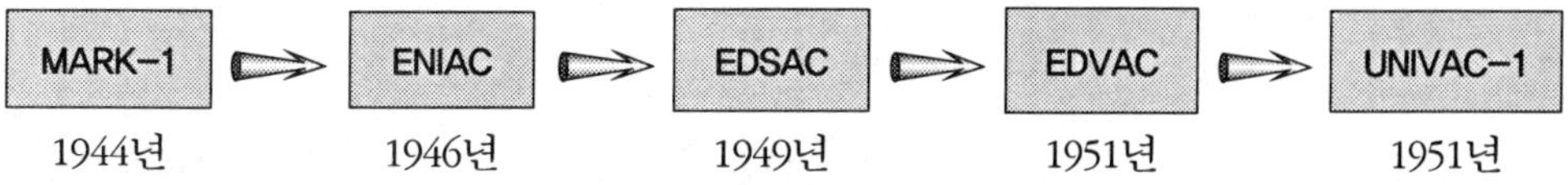

[그림 1-1] 컴퓨터의 진화

㉠ MARK-1(마크-1) : 세계 최초의 전기 기계식 자동계산기

㉡ ENIAC(에니악) : 진공관을 사용한 최초의 전자식 계산기

㉢ EDSAC(에드삭) : 프로그램 내장방식을 채용한 최초의 컴퓨터

> **참고**
>
> 프로그램 내장 방식(폰 노이만 방식) : 계산에 필요한 명령을 컴퓨터 내부에 미리 기억시켜 두고, 자료만 입력하면 기억된 명령에 의해 자동으로 처리하는 방식

㉣ EDVAC(에드박) : 에니악을 프로그램 내장방식으로 개조한 최초로 컴퓨터(2진법을 적용)

㉤ UNIVAC-1 : 최초의 상업용 컴퓨터(2진 연산방식을 채택)

② 전자계산기의 세대별 구분

[표 1-1] 컴퓨터의 발전과정

내용 / 세대	기억소자	주 기억 장치	처리 속도	특 징	사용언어
제 1 세대 (1946년~1959년)	진공관 (Tube)	자기드럼	ms (10^{-3})	•하드웨어 중심 / 대형화 •높은 전력소모 신뢰성이 낮음 •과학계산 및 통계 처리용으로 사용	저급 언어 (기계어, 어셈블리)
제 2 세대 (1959년~1963년)	트랜지스터 (Tr)	자기코어	μs (10^{-6})	•소프트웨어 중심 •운영체제개발 •전력소모 감소 •일괄처리 •신뢰도 향상, 소형화 •다중프로그래밍 (Multiprograming)기법	고급 언어 (FORTRAN, ALGOL, COBOL)
제 3 세대 (1963년~1975년)	집적회로 (IC)	반도체 기억소자	ns (10^{-9})	•기억용량 증대 •시분할 처리 •다중처리 방식 •온라인 처리 •OCR, OMR, MICR를 사용 •마이크로프로세서 탄생	고급 언어 (LISP, PASCAL, BASIC, PL/I)
제 4 세대 (1975년 이후)	고밀도 집적회로(LSI)	LSI	ps (10^{-12})	•전문가 시스템 •종합정보 통신망 •마이크로 컴퓨터	문제지향적 언어
제 5 세대 (1980년 중반~)	초고밀도 집적회로 (VLSI)	VLSI	fs (10^{-15})	•문제해결 방법추론 •데이터 관리 기능 향상 •음성, 그래픽, 영상, 문서를 통한 입·출력 •자연언어 처리 •인공 지능(AI)	인공지능, 객체 지향언어, 자연어(Prolog)

[실전문제] 사용소자에 따라 컴퓨터의 세대를 구분한다면 집적회로를 채용한 세대는?

가. 제 3세대 나. 제 4세대 다. 제 1세대 라. 제 2세대

답 가

[실전문제] 전자계산기의 구성 재료로서 세대를 구분할 때 제4세대에 해당하는 것은?

가. 트랜지스터(TR) 나. 집적화 회로(IC)
다. 고집적화 회로(LSI) 라. 진공관(VT)

답 다

[실전문제] Computer에서의 세대라는 말은 제작 년대가 아닌 변화된 Computer의 주 구성요소가 분류의 기준이 된다. 이러한 Computer의 주 구성요소가 발달한 순서대로 정리된 항을 고르시오.

가. Transistor - 진공관 - 집적회로 나. 집적회로 - 진공관 - Transistor
다. 진공관 - Transistor - 집적회로 라. 진공관 - 집적회로 - Transistor

답 다

[실전문제] H/W 중심에서 S/W로 옮겨지고 컴파일 언어가 개발된 단계는 어느 세대인가?

가. 제1세대 나. 제2세대 다. 제3세대 라. 제4세대

답 나

[2] 컴퓨터의 분류

(1) 데이터 처리 방식에 따른 분류

① 디지털(Digital)컴퓨터: 코드화된 숫자나 문자를 처리하는 컴퓨터로서, 현재는 음성과 동영상 등 코드화되지 않은 다양한 정보도 처리할 수 있다.

② 아날로그(Analog) 컴퓨터 : 계측 기기로부터 전압, 전류, 길이, 온도, 습도, 압력 등과 같이 연속적인 물리량을 그대로 입력시켜 처리하고, 그 결과도 아날로그 형태로 출력하는 컴퓨터이다.

③ 하이브리드(Hybrid) 컴퓨터 : 디지털 컴퓨터와 아날로그 컴퓨터의 기능을 혼합한 컴퓨터로서, 아날로그 데이터를 입력하여 디지털 방식의 처리를 하고자 할 때에 매우 유용한 컴퓨터이다.

[표 1-2] 디지털 컴퓨터와 아날로그 컴퓨터의 비교

구분 \ 분류	디지털 컴퓨터	아날로그 컴퓨터
입 력	이산 데이터(문자, 숫자 등)	연속 데이터(전압, 전류, 온도 등)
출 력	숫자, 문자, 부호	곡선, 그래프
연산형식	사칙연산, 논리연산 등	미·적분연산
회 로	논리회로	증폭회로
처리대상	이산 데이터	연속 데이터
연산속도	고속이다	저속이다
기억기능	있다	없다
정 밀 도	필요한 한도까지 가능	제한적이다.
가 격	비교적 고가	비교적 저가

(2) 사용 목적에 따른 분류

① 특수용 컴퓨터 : 특수 분야의 일을 수행하기 위해 제작된 컴퓨터로서, 특수 분야(공장 자동화, 우주 탐험, 미사일 궤도 추적용 등)에 적합한 프로그램이 계속하여 컴퓨터 내에 존재한다.

② 범용 컴퓨터 : 과학 기술이나 사무 처리 등 광범위한 분야에 적용할 수 있는 다목적 컴퓨터이다.

③ 개인용 컴퓨터 : 가정이나 학교, 사무실 등에서 개인의 사무 처리나 교육, 오락 등으로 사용되는 컴퓨터이다.

(3) 처리 능력에 따른 분류

① 슈퍼컴퓨터 : 복잡한 계산을 초고속으로 처리하는 초대형 컴퓨터로 대용량의 컴퓨터로 원자력 개발, 항공우주, 기상예측, 환경공해문제, 예측시뮬레이션, 자원탐색, 유체해석, 구조해석, 계량경제모델, 화상처리, 에너지 관리, 핵분열, 암호해독 등에 사용

② 대형 컴퓨터 : 용량이 큰 컴퓨터로 대기업, 은행 등에서 사용

③ 소형 컴퓨터 : 다중 사용자 시스템으로 기업체, 학교, 연구소 등에서 많이 사용

④ 마이크로컴퓨터 : 일반 PC를 의미하는 것으로 한개의 칩(chip)으로된 마이크로프로세서를 CPU로 사용하는 컴퓨터이다.

참고

※ 컴퓨터의 처리속도 단위

ms(밀리/초 : milli second) : 10^{-3}
μs(마이크로/초 : micro second) : 10^{-6}
ns(나노/초 : nano second) : 10^{-9}
ps(피코/초 : pico second) : 10^{-12}
fs(펨토/초 : femto second) : 10^{-15}
as(아토/초 : atto second) : 10^{-18}

※ 기억용량단위

1 Bit : 정보표현의 최소단위(0,1)
1 Byte(8 Bit) : 문자표현의 최소단위
KB(Kilo Byte) : 2^{10} = 1024byte
MB(Mega Byte) : 2^{20} = 1048576byte
GB(Giga Byte) : 2^{30} = 1073741824byte
TB(Tera Byte) : 2^{40} = 1099511627776byte

[실전문제] 컴퓨터에서 사이클 타임 등에 사용되는 나노(nano)의 단위는?

가. 10^{-6} 나. 10^{-9} 다. 10^{-12} 라. 10^{-15} 답 나

[3] 컴퓨터의 기본구조

전자계산기 (하드웨어)	중앙처리장치	주변장치
	제어장치, 연산장치, 주기억장치	입력장치, 출력장치, 보조기억장치

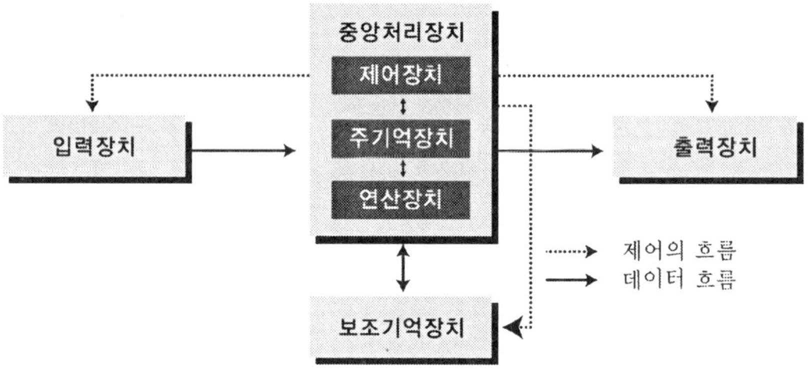

[그림 1-2] 컴퓨터의 구성도

① 입·출력장치 : 각종 자료들을 컴퓨터 내부로 읽어 들이거나 작업한 결과를 화면이나 그 밖의 장치를 통해 표시해준다.

[실전문제] 컴퓨터에서 처리하는데 필요한 데이터를 읽어 들이는 장치를 무엇이라 하는가?

가. 기억 장치 나. 연산장치 다. 입력장치 라. 출력장치 답 다

② 중앙처리장치(CPU : Central Process Unit)

인간의 두뇌에 해당하며 제어장치와 연산장치, 주기억장치를 중앙처리장치(CPU)의 3대요소라고 하며, 각종 프로그램을 해독한 내용에 따라 명령(연산)을 수행하고 컴퓨터 내의 각 장치들을 삭제, 지시, 감독하는 기능을 수행한다.

③ 보조 기억장치 : 주 기억장치의 한정된 기억용량을 보조하기 위해 사용하는 것이며 전원이 차단되어도 기억된 내용이 상실되지 않는다.

참고

※ 컴퓨터의 5대 기본요소

① 기억 장치　② 연산 장치　③ 제어 장치　④ 입력 장치　⑤출력 장치

[실전문제] 다음은 컴퓨터의 하드웨어 구성표이다. 잘못 채워진 것은?

가. ① 중앙처리장치
나. ② 신호장치
다. ③ 제어장치
라. ④ 보조기억장치

답 나

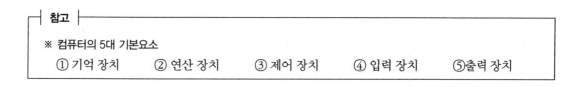

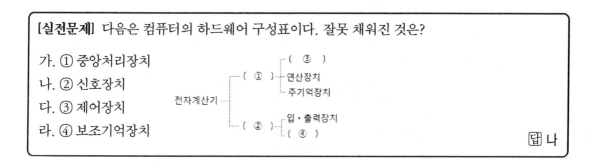

2. 중앙처리장치의 구성 요소와 특징

[1] 중앙처리장치(CPU : Central Process Unit)

인간의 두뇌와 같은 역할을 담당하는 컴퓨터의 핵심 장치이며 프로그램을 해독하여 실제연산 및 논리적인 판단을 수행하고, 컴퓨터의 각 장치들을 지시·감독한다.

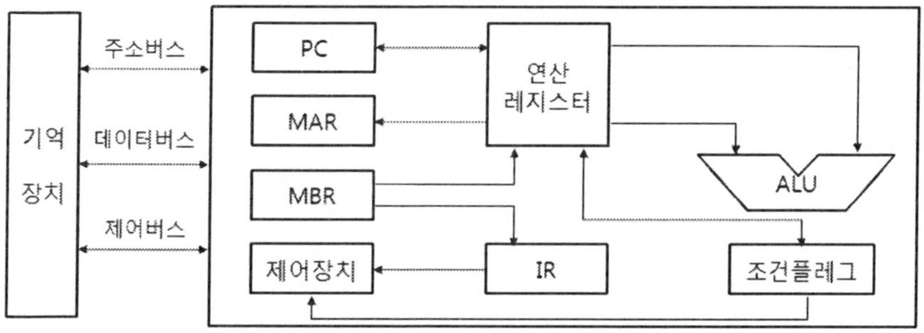

[그림 1-3] 중앙처리장치의 구성요소

(1) 제어장치(Control Unit)

컴퓨터를 구성하는 모든 장치가 효율적으로 운영되도록 통제하는 장치이며, 주기억 장치에 저장되어 있는 프로그램의 명령들을 차례대로 수행하기 위하여 기억장치와 연산장치 또는 입력장치, 출력장치에 제어 신호를 보내거나 이들 장치로부터 신호를 받아서 다음에 수행할 동작을 결정하는 장치이다.

가) 제어장치의 기능

① 주기억 장치에 기억되어 있는 프로그램의 명령들을 해독한다.

② 해독된 명령에 따라 각 장치(입출력, 기억, 연산)들에 신호를 보내어 유기적으로 결합시켜 데이터를 처리한다.

③ 처리된 결과를 기억장치에 기억시키고, 내용을 출력한다.

④ 프로그램을 실행하는 도중 사고가 발생하면 동작을 잠시 중단하고 사고가 치료되면 다시 계속 프로그램을 수행한다.

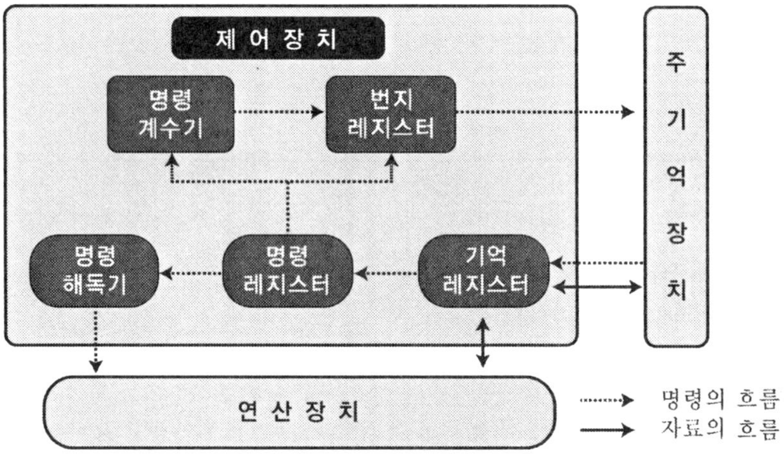

[그림 1-4] 제어장치의 구성

나) 각 장치의 역할

① 명령 계수기 (IC:instruction counter)

다음에 수행할 명령이 기억되어 있는 주기억 장치 내의 주소를 계산하여 번지 레지스터에 제공한다. 한 개의 명령이 실행될 때마다 번지 값이 1씩 증가되어 다음에 실행해야 할 명령이 기억된 번지를 지정한다.

② 번지 레지스터 (MAR:memory address register)

주기억 장치 내의 명령이나 자료가 기억되어 있는 주소를 보관한다.

③ 기억 레지스터 (MBR:memory buffer register)

번지 레지스터가 보관하고 있는 주기억 장치 내의 주소에 기억된 명령이나 자료를 읽어 들여 보관한다.

④ 명령 레지스터 (IR:instruction register)

실행할 명령을 기억 레지스터로부터 받아 임시 보관하며, 명령부에는 실행할 명령 코드가 기억되어 있고 이 명령 코드는 명령 해독기로 보내져 해독되며, 처리할 데이터의 번지가 기억되어 있는 번지부의 번지는 번지 해독기로 보내져 데이터가 보관되어 있는 번지가 해독된다.

⑤ 명령 해독기 (ID:instruction decoder)

명령 레지스터의 명령부에 보관되어 있는 명령을 해독하며 필요한 장치에 신호를 보내어 동작하도록 한다.

[실전문제] 전자계산기의 기능 중 프로그램을 해독하고 필요한 장치에 보내며, 검사, 통제 역할을 하는 기능은?

가. 기억기능 나. 제어기능 다. 연산기능 라. 출력기능 답 나

(2) **연산장치**(ALU : Arithmetic Logical Unit)

컴퓨터가 처리하는 모든 연산활동을 수행하는 장치이며, 제어장치의 지시에 따라 산술연산, 논리연산, 자리 이동 및 크기의 비교 등을 수행하는 장치이다.

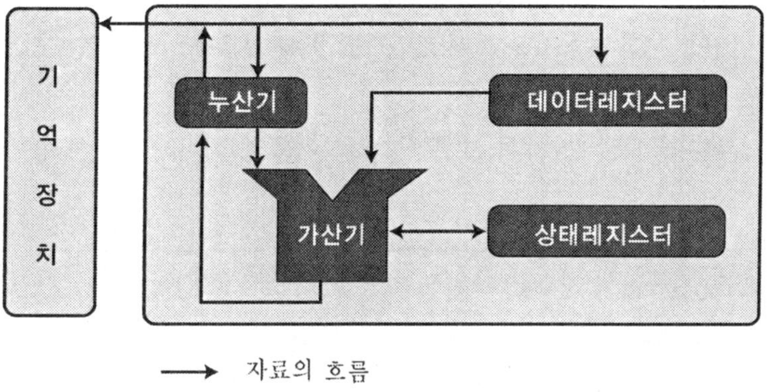

[그림 1-5] 연산장치의 구성

① 누산기(accumulator)

연산장치에서 가장 중요한 부분이며 산술 연산 및 논리 연산의 결과를 일시적으로 보관한다.

② 데이터 레지스터(data register)

연산해야 할 자료를 보관한다.

③ 가산기(adder)

누산기와 데이터 레지스터에 보관된 자료를 더하여 그 결과를 누산기에 보관한다.

④ 상태 레지스터(status register)

컴퓨터의 연산결과를 나타내는데 사용되는 레지스터이며 부호, 자리올림, 오버 플로어 등의

발생여부와 인터럽트 신호 등을 기억한다.

※ 오버 플로어(over flow) : 연산의 결과가 지정된 자릿수보다 큰 상태

※ 인터럽트(interrupt) : 긴급한 상황에서 수행중인 작업을 강제로 중단시키는 현상

⑤ 프로그램 카운터(program counter : PC)

CPU가 다음에 처리해야 할 명령이나 데이터의 메모리 주소를 지시한다.

⑥ 메모리 어드레스 레지스터(memory address register : MAR)

어드레스를 가진 기억 장치를 중앙 처리 장치가 이용할 때 원하는 정보의 어드레스를 넣어 두는 레지스터이다.

⑦ 메모리 버퍼 레지스터(memory buffer register : MBR)

기억 장치로부터 불러낸 정보나 또는 저장할 정보를 넣어 두는 레지스터이다.

⑧ 명령 레지스터(instruction register : IR)

메모리에서 인출된 내용 중 명령어를 해석하기 위해 명령어만 보관하는 레지스터이다.

⑨ 스택 포인터(stack pointer : SP)

레지스터의 내용이나 프로그램 카운터의 내용을 일시 기억시키는 곳을 스택이라 하며 이 영역의 최상위 번지를 지정하는 것을 스택 포인터라 한다.

⑨ 누산기(accumulator : ACC)

ALU에서 처리한 결과를 저장하며, 또한 처리하고자 하는 데이터를 일시적으로 기억 하는 레지스터이다.

[실전문제] 다음은 컴퓨터의 기능을 나열하였다. 이 중 중앙처리장치에 들어가는 것만을 묶어 놓은 것은?

가. 입력 기능, 기억 기능, 연산 기능　　나. 제어 기능, 연산 기능, 기억 기능

다. 입력 기능, 기억 기능, 출력 기능　　라. 제어 기능, 연산 기능, 출력 기능

답 나

[실전문제] 다음 그림과 같이 A, B 레지스터에 있는 2개의 자료에 대해 ALU에 의한 OR 연산이 이루어졌을 때 그 결과가 출력되는 C레지스터는?

가. 11111110
나. 11101110
다. 100000000
라. 10110111

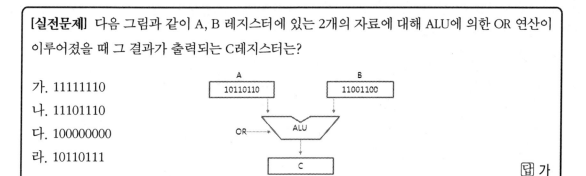

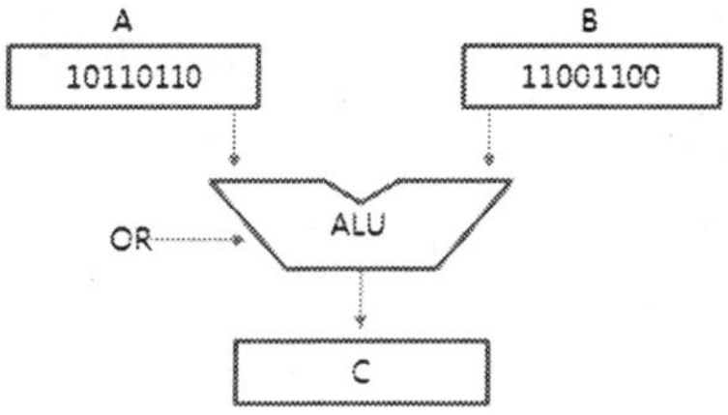

답 가

(3) 주기억장치(Main Memory Unit)

수행되고 있는 프로그램과 이의 수행에 필요한 데이터를 기억하는 장치로, 데이터를 저장하고 인출하는 데 드는 시간이 빨라야 하며, 보조기억장치보다 기억용량 대비 비용이 비싸다. ROM(read only memory)과 RAM(random access memory)이 주기억장치에 속한다.

[실전문제] 중앙처리장치의 기능으로 적당하지 못한 것은?

가. 정보의 산술 및 논리연산　　나. 데이터의 기억
다. 컴퓨터의 각 장치의 동작을 제어　　라. 조작원과의 대화

답 라

3. 기억장치의 종류와 특징

[1] 주 기억장치

컴퓨터 내부에 존재하여 작업 수행에 필요한 운영체제, 처리할 프로그램과 데이터 및 연산 결과를 기억하는 장치이며 종류에는 자성체와 반도체가 있는데 지금은 거의 반도체를 널리 사용하고 있다. 종류로 크게 ROM과 RAM으로 나뉜다.

(1) 롬(ROM : Read Only Memory)

가) 주로 시스템이 필요한 내용(ROM BIOS)을 제조 단계에서 기억시킨 후 사용자는 오직 기억된 내용을 읽기만 하는 장치(변경이나 수정 불가)이다.

나) 전원 공급이 중단되어도 기억된 내용을 그대로 유지하는 비휘발성 메모리이다.

다) 롬의 종류

① Masked ROM

제조 단계에서 한번 기록시킨 내용을 사용자가 임의로 변경시킬 수 없으며 단지 읽기만 할 수 있는 ROM이다.

② PROM(Programmable ROM)

단 한 번에 한해 사용자가 임의로 기록할 수 있는 ROM이다.

③ EPROM(Erasable PROM)

자외선을 이용해 기억된 내용을 여러 번 임의로 지우고 쓸 수 있는 메모리이다.

④ EEPROM(Electrical EPROM)

전기적으로 기록된 내용을 삭제하여 여러 번 기록할 수 있다.

[실전문제] 여러 번 읽고 쓰기가 가능한 ROM을 전기적인 방법으로 수정과 삭제가 가능하여 현재 플래시 메모리에 응용되고 있는 ROM은 무엇인가?

가. PROM 나. EPROM 다. EEPROM 라. MASK ROM

답 다

(2) 램(RAM : Random Access Memory)

가) 일반적인 PC의 메모리로 현재 사용중인 프로그램이나 데이터를 기억한다.

나) 전원 공급이 끊기면 기억된 내용을 잃어버리는 휘발성 메모리이다.

다) 각종 프로그램이나 운영체제 및 사용자가 작성한 문서 등을 불러와 작업할 수 있는 공간으로 주기억 장치로 사용되는 DRAM(dynamic RAM)과 캐시 메로리로 사용되는 SRAM(static RAM)의 두 종류가 있다.

[표 1-3] DRAM과 SRAM의 비교

구 분	동적 램 (DRAM : Dynamic RAM)	정적 램 (SRAM : Static RAM)
구 성	대체로 간단 (MOS1개+Capacitor1개로 구성)	대체로 복잡 (플립프롭(flip-flop)으로 구성)
기억용량	대용량	소용량
특 징	• 기억한 내용을 유지하기 위해 주기적인 재충전(Refresh)이 필요한 메모리 • 소비전력이 적음 • SRAM보다 집적도가 크기 때문에 대용량 메모리로 사용되나 속도가 느림	• DRAM보다 집적도가 작음 • 재충전(Refresh)이 필요없는 메모리 • DRAM보다 속도가 빨라 주로 고속의 캐시 메모리에 이용됨

[실전문제] 플래시 메모리(flash memory)에 대한 설명으로 옳지 않은 것은?

가. 데이터의 읽고 쓰기가 자유롭다.
나. DRAM과 같은 재생(refresh) 회로가 필요하다.
다. 전원을 꺼도 데이터가 지워지지 않는 비휘발성 메모리이다.
라. 소형 하드 디스크처럼 휴대용 기기의 저장 매체로 널리 사용된다.

답 나

[실전문제] 다음 ROM(Read Only Memory)에 대한 설명 중 옳지 않은 것은?

가. Mask ROM: 사용자에 의해 기록된 데이터의 수정이 가능하다.
나. PROM: 사용자에 의해 기록된 데이터의 1회 수정이 가능하다.
다. EPROM: 자외선을 이용하여 기록된 데이터를 여러 번 수정할 수 있다.
라. EEPROM: 전기적인 방법으로 기록된 데이터를 여러 번 수정할 수 있다.

답 가

[실전문제] DRAM과 SRAM을 비교할 때 SRAM의 장점은?

가. 회로구조가 복잡하다.
나. 가격이 비싸다.
다. 칩의 크기가 크다.
라. 동작속도가 빠르다.

답 라

[실전문제] 다음 기억장치 중 주기적으로 재충전(refresh)하여 기억된 내용을 유지시키는 것은?

가. programmable ROM
나. static RAM
다. dynamic RAM
라. mask ROM

답 다

[2] 보조 기억 장치

주기억장치를 보조해주는 기억장치로 대량의 데이터를 저장할 수 있으며 주기억장치에 비해 처리속도는 느리지만 반영구적으로 저장이 가능하다.

(1) 순차접근 기억장치

기록 매체의 앞부분에서부터 뒤쪽으로 차례차례 접근하여 찾으려는 위치까지 접근해가는 장치로서, 데이터가 기억된 위치에 따라 접근되는 시간이 달라진다.

① 자기 테이프(magnetic tape)

기억된 데이터의 순서에 따라 내용을 읽는 순차적 접근만 가능하며 속도가 느려 데이터 백업용으로 사용, 가격이 저렴하여 보관할 데이터가 많은 대형 컴퓨터의 보조기억장치에 주로 사용된다.

[실전문제] 자기테이프에서의 기록밀도를 나타내는 것은?

가. Second per inch
나. Block per second
다. Bits per inch
라. Bits per second

답 다

② 카세트 테이프(cassette tape)

일반적으로는 휴대용 카세트를 가리킨다. 3.81mm의 자기 테이프와 두 개의 릴을 하나의 카트리지에 넣은 것.

③ 카트리지 테이프(cartridge tape)

자기 테이프를 소형으로 만들어 카세트테이프와 같이 고정된 집에 넣어서 만든 것.

[실전문제] 다음에 열거한 장치 중에서 순차처리(sequential access)만 가능한 것은?

가. 자기 드럼
나. 자기 테이프
다. 자기 디스크
라. 자기 코어

답 나

(2) 직접 접근 기억장치

물리적인 위치에 영향을 받지 않으므로 순차적 접근 장치보다 빨리 데이터를 처리한다.

① 자기 디스크(magnetic disk)

데이터의 순차접근과 직접 접근이 모두 가능하며, 다른 보조기억장치에 비해 비교적 속도가 빠르므로 보조기억장치로 널리 사용된다.

② 하드 디스크(hard disk)

컴퓨터의 외부 기억장치로 사용되며 세라믹이나 알루미늄 등과 같이 강성의 재료로 된 원통에 자기재료를 바른 자기기억장치이다. 직접 접근 기억 장치로 기억 용량은 비교적 크고 간편하지만, 디스크 팩을 교환할 수 없어 해당 디스크의 기억 용량 범위에서만 사용해야 한다.

③ 플로피 디스크(floppy disk)

자성 물질로 입혀진 얇고 유연한 원판으로 개인용 컴퓨터의 가장 대표적인 보조기억 장치로서 적은 비용과 휴대가 간편하여 널리 사용된다.

④ CD-ROM(compact disk read only memory)

오디오 데이터를 디지털로 기록하는 광디스크(optical disk)의 하나로 알루미늄이나 동판으로 만든 원판에 레이저 광선을 사용하여 데이터를 기록하거나 기억된 내용을 읽어내는 것.

⑤ 자기 드럼(magnetic drum)

자성재료로 피막된 원통형의 기억매체로 이 원통을 자기헤드와 조합하여 자기기록을 하는 자기 드럼 기억장치를 구성함.

드럼이 한 바퀴 회전하는 동안에 원하는 데이터를 찾을 수 있는 속도가 매우 빠른 기억장치로 제1세대 컴퓨터의 주기억장치로 사용하였으나, 기억 용량이 적은 것이 단점이다.

[실전문제] 다음 중 자료 처리를 가장 고속으로 할 수 있는 장치는?

가. 자기 테이프 나. 종이테이프 다. 자기디스크 라. 천공카드 답 다

(3) 메모리의 구조

① 캐시 기억장치(cache Memory)

캐시 메모리는 CPU와 주기억장치 사이에 위치하여 두 장치의 속도 차이를 극복하기 위해 CPU에서 가장 빈번하게 사용되는 데이터나 명령어를 저장하여 사용되는 메모리로 주로 SRAM을 사용한다.

[실전문제] 다음 기억소자 중 가장 빠른 호출 시간을 갖는 것은?

가. 가상 메모리 나. 버퍼 메모리 다. 캐시 메모리 라. 보조 메모리 답 다

② 가상 기억장치(virtual memory)

하드디스크와 같은 보조기억장치의 일부분을 마치 주기억장치처럼 사용하는 공간을 말한다.

③ 연관 기억장치(associative Memory)

검색된 자료의 내용 일부를 이용하여 자료에 직접 접근할 수 있는 기억장치이다.

4. 입·출력장치

[1] 입·출력장치

(1) 입력 장치

① 화면이용 입력 장치

㉠ 키보드(Keyboard) : 컴퓨터에 가장 많이 사용하는 입력 장치이다.

ⓛ 마우스(Mouse) : 흔히 사용되는 볼 마우스나 휠 마우스 이외에 광학 마우스, 트랙볼 마우스 등이 있으며 키보드처럼 컴퓨터에서 반드시 필요한 입력 장치이다.

ⓒ 스캐너 : 사진이나 그림을 컴퓨터로 읽어 들이는 입력장치이며 포토샵과 같은 그래픽 프로그램이 컴퓨터 내에 있어야 사용가능하다.

ⓔ 디지털 카메라 : 렌즈를 통하여 들어온 빛을 CCD라는 반도체를 이용하여 전기적 신호로 바꾸어 메모리에 저장하는 장치

ⓜ 라이트 펜(Light Pen) : 펜에 달린 센서에 의해 좌표의 선을 그리거나, 점을 찍어 그림을 그리는 등의 컴퓨터를 이용한 그래픽 작업에 주로 이용하는 입력 장치.

ⓑ 터치스크린(touch screen) : 말 그대로 스크린 즉 모니터를 접촉함으로써 컴퓨터와 교신할 수 있는 방법으로 터치스크린은 사람이 컴퓨터와 상호 대화하는 가장 단순하고 가장 직접적인 방식이다. 터치스크린은 누구나 어떠한 훈련을 받지 않더라도 컴퓨터를 사용할 수 있고, 사용자가 명확히 한정된 메뉴에서 선정하므로 사용자의 오류를 제거한다는 장점이 있다.

② 광학적 입력장치

ⓖ 카드 판독기(Card Reader) : 카드 천공기로 천공된 카드는 입력시킬 카드를 쌓아 놓는 곳(호퍼 : hopper)에서 판독기를 거쳐 판독이 끝난 카드가 보내지는 곳 (스태커 : staker)에 모여지면서 천공된 숫자나 문자를 판독하는 장치이다.

ⓛ 광학 마크 판독기(OMR : Optical Mark Reader) : 특수한 재료가 포함된 잉크나 연필로 표시한 데이터를 광학적으로 판독하는 장치이다.

ⓒ 광학 문자 판독기(OCR : Optical Character Reader) : 특정한 모양의 글자를 종이에 인쇄하여, 그 인쇄된 글자를 광학적으로 판독하는 장치이다.

ⓔ 디지타이저(Digitizer) : 그림, 챠트, 도표, 설계도면 등의 아날로그 측정값을 읽어 들여 이를 디지털 화하여 컴퓨터에 입력시키는 장치이다.

ⓜ 바코드 판독기(Bar Code Reader) : 슈퍼마켓이나 서적 등에서 볼 수 있는 입력 장치로 상품에 인쇄된 바코드를 광학적으로 읽어 들여, 신뢰성 높은 자료의 입력을 가능하게 한다.

③ 자기 입력장치

ⓖ 자기 디스크(Magneticdisk) : 데이터의 순차접근과 직접 접근이 모두 가능하며, 다른 보조기억장치에 비해 비교적 속도가 빠르므로 보조기억장치로 널리 사용된다.

ⓛ 자기 테이프(Magnetic tape) : 기억된 데이터의 순서에 따라 내용을 읽는 순차적 접근만 가능하며 속도가 느려 데이터 백업용으로 사용, 가격이 저렴하여 보관할 데이터가 많은 대형 컴퓨터의 보조기억장치에 주로 사용된다.

ⓒ 자기 잉크 문자 판독기(MICR: Magnetic Ink Character Reader) : 자성을 띤 특수한 잉크로

기록된 숫자나 기호를 직접 판독하는 장치.

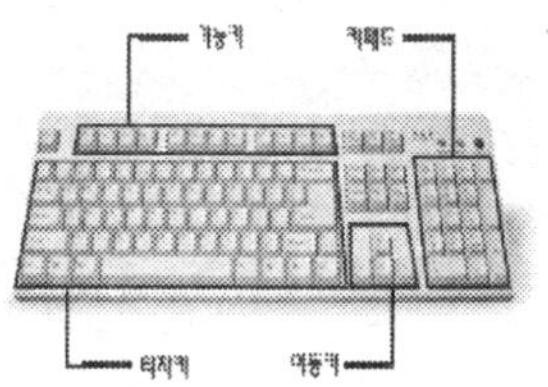
키 보 드

마 우 스

디지털 카메라

스 캐 너

트 랙 볼

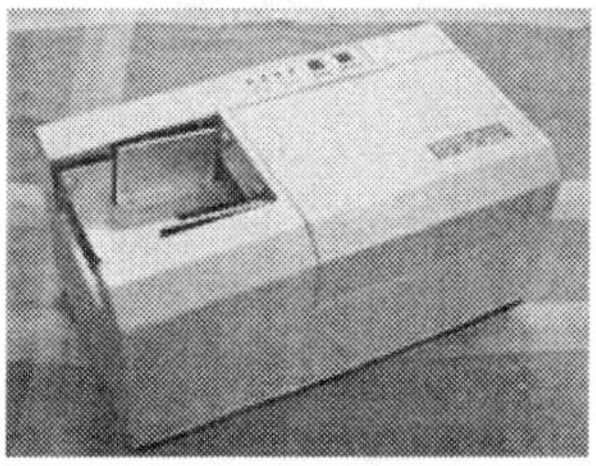
바코드 판독기

[그림 1–6] 입력장치의 예

(2) 출력 장치

① 모니터 : 주기억장치의 자료를 모니터 화면에 문자나 숫자, 도형 등으로 나타내 주는 장치로서 음극선관(CRT:cathode ray tube), 액정 화면(LCD:liquid crystal display), 플라즈마 디스플레이(PDP:plasma display panel) 방식등이 있다.

② 프린터 : 컴퓨터에서 처리된 결과를 용지에 활자로 인쇄하여 보여주는 장치이며 도트 매트릭스 프린터, 잉크젯 프린터, 레이저 프린터 등이 있다.

③ 스피커 : 사운드 카드를 통해 소리를 들을 수 있도록 해 주는 장치

④ 빔 프로젝터 : 컴퓨터 화면의 내용을 스크린으로 비추어 표시해 주는 장치

⑤ 플로터(plotter) : 장치에 붙어있는 펜이 X축 Y축 즉, 상하좌우로 이동해서 용지에 도형이나 그래프를 그려주는 장치로 CAD의 표준 출력장치로 이용된다.

모 니 터

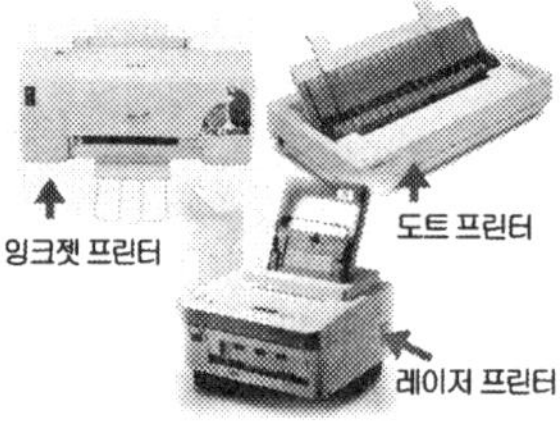

프 린 터

스 피 커

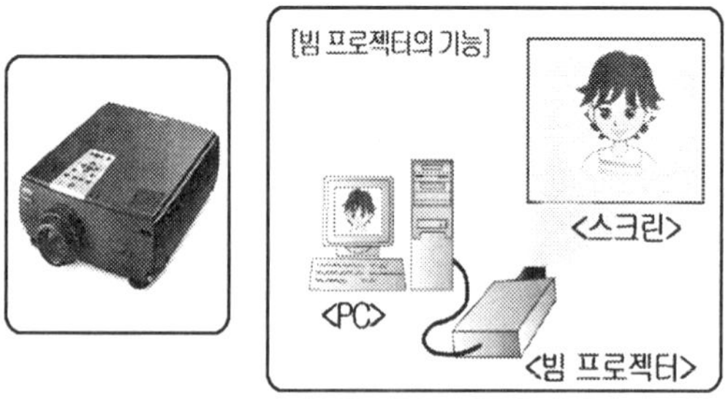

빔 프로젝터

플로터

[그림 1-7] 출력장치의 예

(3) 입·출력 병용장치

① 콘솔(consol) : 모니터와 키보드로 이루어져 있으며, 대형 컴퓨터에서 업무의 시작이나 일의 일시 중단 및 컴퓨터의 모든 상황을 조정 통제하는 제어 터미널을 말한다.

[실전문제] 입력장치와 출력장치로 올바르게 짝지은 것은?

가. 입력장치: Scanner, 출력장치: OCR
나. 입력장치: Printer, 출력장치: X-Y Plotter
다. 입력장치: OCR, 출력장치: X-Y Plotter
라. 입력장치: 디지타이저, 출력장치: Scanner

답 다

[실전문제] 출력장치에 해당되지 않는 것은?

가. 카드리더 나. 모니터 다. 라인프린터 라. X-Y 플로터 답 가

[2] 인터페이스

2개 이상의 장치나 소프트웨어 사이에서 정보나 신호를 주고받을 때 그 사이를 연결하는 연결 장치나 소프트웨어를 말한다.

[3] 입·출력 제어방식

(1) 중앙처리장치(CPU)에 의한 입·출력

중앙처리장치가 입·출력 과정을 명령하여 수행하게 한다.

① 프로그램에 의한 입·출력 제어(폴링 : polling)

② 인터럽트에 의한 입·출력 제어(인터럽트 방식)

(2) 직접기억장치 접근(DMA : Direct Memory Access)에 의한 입·출력

데이터의 입·출력 전송이 중앙처리장치(CPU)를 거치지 않고 직접 기억장치와 입·출력장치 사이에서 이루어진다.

(3) 채널 제어기에 의한 입·출력

제2장
자료 표현 및 연산

1. 자료의 구성과 표현 방식

[1] 자료의 표현

(1) 자료

컴퓨터에서 취급하는 정보 및 데이터를 의미하며 모든 자료는 2진 코드로 표현한다.

(2) 자료의 구성

① 비트(Bit) : 0과 1로 표현되는 데이터(정보)의 최소단위이다.

참고

※ 니블(Nibble)

4개의 비트를 묶어 하나의 단위로 나타낸 것으로 보통 16진수 표현 단위로 사용된다.

② 바이트(Byte) : 8bit로 구성되며 1개의 문자나 수를 기억하는 단위

[실전문제] 1Byte는 몇 bit로 이루어지는가?

가. 2개 나. 4개 다. 8개 라. 16개 답 다

③ 워드(Word) : 몇 개의 데이터가 모인 단위

㉠ 반 워드(Half Word) : 2Byte로 구성

㉡ 전 워드(Full Word) : 4Byte로 구성

㉢ 배 워드(Double Word) : 8Byte로 구성

[실전문제] 주기억 장치에서 번지(address)를 부여하는 최소단위는?

가. nibble 나. word 다. byte 라. bit 답 다

④ 필드(Field) : 특정문자의 의미를 나타내는 논리적 데이터의 최소단위

⑤ 레코드(Record) : 관련성 있는 필드들의 집합

⑥ 파일(File) : 레코드들의 집합

⑦ 데이터베이스(Database) : 상호 관련성이 있는 파일들의 집합

> **참고**
>
> ※ 정보의 단위 비교
>
> 비트 < 바이트 < 워드 < 필드 < 레코드 < 파일 < 데이터베이스

> **[실전문제]** 다음 bit에 관한 설명 중 틀린 것은?
>
> 가. 10진수의 한 자릿수를 말한다. 나. 2진수를 나타내는 둘 중의 하나이다.
> 다. 정보량을 표현하는 것 중 최소단위이다. 라. binary digit의 약자이다.
>
> 답 다

> **[실전문제]** 일반적인 정보 단위의 구성에 nibble은 몇 bit인가?
>
> 가. 2 나. 4 다. 8 라. 16
>
> 답 나

(3) 자료의 구조

자료	선형 리스트 (데이터가 연속하여 순서적인 선형으로 구성)	스택(Stack)
		큐(Queue)
		데큐(Deque)
	비선형 리스트	트리(Tree)
		그래프(Graph)

① 스택(Stack) : 기억장치에 데이터를 일시적으로 겹쳐 쌓아 두었다가 필요시에 꺼내서 사용할 수 있게 주기억장치 또는 레지스터의 일부를 할당하여 사용하는 일시기억 장치로, 데이터는 위(top)라고 불리는 한쪽 끝에서만 새로운 항목이 삽입(push)될 수 있고 삭제(pop)되는 후입선출(LIFO : last in first out)의 자료구조이다.

② 큐(queue) : 뒷부분(rear)에 해당되는 한쪽 끝에서는 항목이 삽입되고 다른 한쪽 끝(front)에서는 삭제가 가능토록 제한된 구조로, 먼저 입력된 데이터가 먼저 삭제되는 선입선출(FIFO : first-in first-out)의 자료 구조이다.

③ 데큐(deque) : 선형 리스트의 가장 일반적인 형태로 스택과 큐의 동작을 복합한 방식으로 수행되는 자료구조이다.

④ 트리(tree) : 계층적으로 구성된 데이터의 논리적 구조를 표시하고, 항목들이 가지(branch)로 연관되어서 데이터를 구성하는 자료 구조이다.

⑤ 그래프(graph) : 원으로 표시되는 정점과 정점을 잇는 선분으로 표시되는 간선으로 구성되며, 정점과 정점을 연결해 놓은 것을 말한다.

[2] 자료의 외부표현

(1) 문자의 표현

가) 영문자, 숫자, 특수 문자의 코드

① 표준 2진화 10진 코드(BCD:binary coded decimal) : 문자코드를 2진수로 나타내기 위해서 BCD(binary coded decimal)코드에다 2개의 비트를 더 할당하여 정보의 형태를 구분하는 존(zone)비트와 정보를 나타내는 디지트(digit)비트로 표현된다.

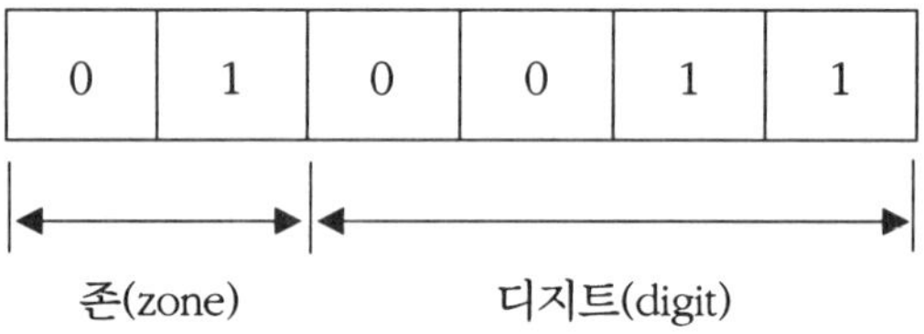

② 아스키 코드(ASCII:American Standard Code for Information Interchange) : 미국 문자 표준 코드로서 존(zone) 3비트와 디지트(digit)비트 4비트로 구성되어 총 7비트로 표현되는 코드이다. 단, 데이터 전송시에는 오류를 검사할 수 있도록 오류 검사용 패리티 비트(parity bit) 1비트를 추가하게 되면 총 8비트 코드화가 된다. 현재, PC(personal computer)나 마이크로(Micro) 컴퓨터에 가장 많이 쓰이는 코드이다.

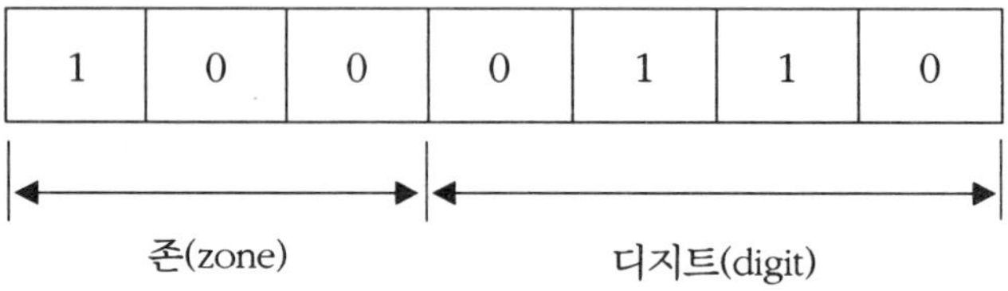

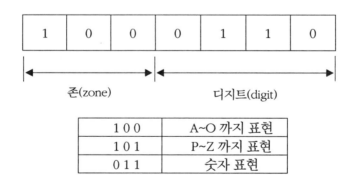

1 0 0	A~O 까지 표현
1 0 1	P~Z 까지 표현
0 1 1	숫자 표현

③ 확장 2진화 10진 코드(EBCDIC:extended binary coded decimal interchange code) : 2개의 존 비트(총 4비트)와 디지트(digit)비트 4비트로 구성되어 총 8비트로 표현되는 코드이다. 단, 데이터 전송시에는 오류를 검사할 수 있도록 오류 검사용 패리티 비트(parity bit) 1비트를 추가하게 되면 총 9비트 코드화가 된다. 현재, 대형 컴퓨터에 이용된다.

1	1	1	1	0	1	0	1

제1 존(zone) 제2 존(zone) 디지트(digit)

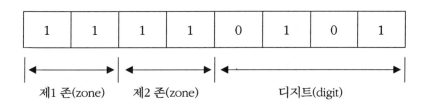

제1 존(zone)	제2 존(zone)
1 1 : 영문자의 대문자와 숫자 1 0 : 영문자의 소문자 0 1 : 특수문자	0 0 : A~I 까지 표현 0 1 : J~R 까지 표현 1 0 : S~Z 까지 표현 1 1 : 숫자 표현

[실전문제] 하나의 문자를 표시함에 체크 비트 1개와 데이터 비트 8개를 사용하는 코드는?

가. BCD CODE 나. EBCDIC CODE 다. ASCII CODE 라. Hamming CODE

답 나

[실전문제] 컴퓨터 및 데이터 통신에 널리 쓰이는 ASCII 코드는 몇 Bit로 구성되는가? (단, 패리티 비트 제외)

가. 4 나. 7 다. 8 라. 9

답 나

나) 한글 코드

한글은 자음과 모음의 조합으로 구성되어 있으며, 초성 19자, 중성 21자, 종성 27자를 가지고 11,172자의 한글을 만들어 낸다. 대표적 한글 데이터 코드에는 완성형, 조합형, 유니 코드 등이 있다.

① 완성형 한글 코드 : 완성된 글자 하나하나에 2바이트(16비트)를 사용하여 순서대로 고유의 코드를 부여한 것이 2바이트 완성형 한글 코드이다. 그러나, 모든 문자를 표현할 수 없다는 단점이 있다. 예) 똠, 쌻 등

② 조합형 한글 코드 : 완성형 한글 코드의 단점인 한글의 모든 문자를 표현할 수 없다는 문제점을 해결한 코드이며, 현재 많이 사용되고 있는 코드이다. 2바이트 조합형 코드는 한글을 초성, 중성, 종성으로 나누어 각각 5비트씩 배정하여 코드를 부여하고, 이를 조합하여 만든 코드이다. 그러나 조합형 한글 코드는 모든 한글 표현은 가능하나 국제 통신 코드와 중복가

능성이 있으므로 주로 내부 처리용으로 사용되고 있다.

③ 유니코드 : 유니코드는 2바이트를 사용하여 전세계 모든 언어와 문자의 완전 코드화와 코드 체계의 단일화, 코드의 등가성, 코드 간 호환성 등을 목적으로 하고 있는 세계 통합 코드 체계이다. 즉, 영어, 숫자, 특수문자 등은 1바이트로 표현될 수 있으나, 한글, 한자, 일어 등은 2바이트를 조합해야 표현할 수 있다.

2. 수의 체계 및 진법 변환

[1] 수의 체계

① 10진법(decimal number system) : 10진법은 0~9까지 10개의 숫자를 사용하여 모든 수를 표현하며, 밑수는 10으로 표현하되 생략 가능하다.

② 2진법(binary number system) : 2진법은 0과 1의 2개의 숫자를 사용하여 모든 수를 표현하며, 밑수는 2로 표현(생략 불가)한다.

③ 8진법(octal number system) : 8진법은 0~7까지 8개의 숫자를 사용하여 모든 수를 표현하며, 밑수는 8로 표현(생략 불가)한다.

④ 16진법(hexadecimal number system) : 0~15까지 16개의 숫자를 사용하여 모든 수를 표현하며, 밑수는 16로 표현(생략 불가)한다. 단, 16개의 숫자 중에서 0~9까지는 그대로 사용하되 나머지 6개인 10~15까지는 다른 진법의 수와 혼동을 피하기 위하여 A(=10), B(=11), C(=12), D(=13), E(=14), F(=15)로 각각 표현한다.

[표 2-1] 진수 표현법

10진법	2진법	8진법	16진법	10진법	2진법	8진법	16진법
0	0000	0	0	8	1000	10	8
1	0001	1	1	9	1001	11	9
2	0010	2	2	10	1010	12	A
3	0011	3	3	11	1011	13	B
4	0100	4	4	12	1100	14	C
5	0101	5	5	13	1101	15	D
6	0110	6	6	14	1110	16	E
7	0111	7	7	15	1111	17	F

[2] 진법 변환

㉠ 진수 변환

ⓐ 10진수를 2진수로 변환

[예제] 10진수 27을 2진수로 변환하면 다음과 같다.

```
2)  27
2)  13 ···> 1   ↑
2)   6 ···> 1   |  ⇨  (27)10 = (11011)2
2)   3 ···> 0   |
     1 ···> 1   |
  몫   나머지
```

ⓑ $(0.1875)_{10}$를 2진수로 변환하면

[예제] 10진수 0.625을 2진수로 변환하면 다음과 같다.

```
0.625×2 = ①.25 ···> 1   |
 0.25×2 = ⓪.5  ···> 0   |   ⇨ (0.625)10 = (0.101)2
  0.5×2 = ①.0  ···> 1   ↓
```

0.1875	0.3750	0.7500	0.5000
× 2	× 2	× 2	× 2
0.3750	0.7500	1.5000	1.0000
↓	↓	↓	↓
0	0	1	0

$(0.1875)_{10} = (0.0011)_2$이 된다.

참고

※ 소수 부분의 변환법

① 10진수의 소수 부분만을 변환하려는 진수의 밑수로 소수점 이하자리가 0이 될 때까지 계속 곱한다. (단, 진수의 밑수로 계속 곱하여도 나머지가 0이 안될 경우에는 근사값을 구한다.)

② 발생되는 정수만을 순서대로 정리하여 해당하는 진수표현법에 맞게 표현한다.

ⓒ 10진수를 8진수로 변환

예) $(49)_{10}$를 8진수로 변환하면

$$\begin{array}{r|l} 8 & 49 \\ \hline 8 & 6 \rightarrow 1 \uparrow \\ \hline & 0 \rightarrow 6 \end{array}$$

$$(49)_{10} = (61)_8$$

ⓓ 10진수를 16진수로 변환

[예제] 10진수 123을 16진수로 변환하면 다음과 같다.

16) 123

7 ⇢ 11(B) ⇨ $(123)_{10} = (7B)_{16}$

몫 나머지

예) $(248)_{10}$을 16진수로 변환하면

$$\begin{array}{r|l} 16 & 248 \rightarrow 8 \uparrow \\ \hline & 15 \rightarrow F \end{array}$$

15는 16진수에서 F이므로 $(248)_{10} = (F8)_{16}$이 된다.

ⓔ 2진수, 8진수, 16진수에서 각각 10진수로의 변환

- 변환하는 수의 밑수와 각 자리에 해당하는 가중치를 곱하여 이를 더하면 된다.

[예제] $(10101)_2 = 1\times2^4+0\times2^3+1\times2^2+0\times2^1+1\times2^0$

$= 16+0+4+0+1$

$= (21)_{10}$

$(163)_8 = 1\times8^2+6\times8^1+3\times8^0$

$= 64+48+3$

$= (115)_{10}$

$(1F)_{16} = 1\times16^1+15\times16^0$

$= 16+15$

$= (31)_{10}$

ⓕ 2진수에서 8진수, 16진수로 변환

- 2진수에서 8진수로 변환 : 소숫점을 중심으로 정수부는 왼쪽으로 세 자리씩 묶어서 8진수 한 자리로 표시하고, 소수부는 오른쪽으로 세 자리씩 묶어서 8진수 한 자리로 표시한다.
 (단, 세 자리가 부족할 때는 0으로 채워서 묶는다.)
- 2진수에서 16진수로 변환 : 소숫점을 중심으로 정수부는 왼쪽으로 네 자리씩 묶어서 16진수 한 자리로 표시하고, 소수부는 오른쪽으로 네 자리씩 묶어서 16진수 한 자리로 표시한다.
 (단, 네 자리가 부족할 때는 0으로 채워서 묶는다.)

[예제] $(1101100.0011)_2$을 8진수로 변환하면 다음과 같다.

$(1101100.0011)_2$ ⇒ 001 101 100 . 001 100 ⇒ $(154.14)_8$

1 5 4 . 1 4

[예제] $(1101100.0011)_2$을 16진수로 변환하면 다음과 같다.

$(1101100.0011)_2$ ⇒ 0110 1100 . 0011 ⇒ $(6C.3)_{16}$

6 C . 3

[실전문제] 2진법 10100101을 16진법으로 고치면?

가. A4　　나. B4　　다. A5　　라. B5　　답 다

ⓖ 8진수, 16진수에서 2진수로 변환

- 8진수에서 2진수로 변환 : 소숫점을 중심으로 정수부는 왼쪽으로 8진수 한 자리를 2진수 세 자리로 표시하고, 소수부는 오른쪽으로 8진수 한 자리를 2진수 세 자리로 표시한다.
- 16진수에서 2진수로 변환 : 소숫점을 중심으로 정수부는 왼쪽으로 16진수 한 자리를 2진수 네 자리로 표시하고, 소수부는 오른쪽으로 16진수 한 자리를 2진수 네 자리로 표시한다.

[예제] $(154.14)_8$을 2진수로 변환하면 다음과 같다.

$(154.14)_8$ ⇒ 1 5 4 . 1 4 ⇒ $(1101100.0011)_2$

001 101 100 . 001 100

[예제] $(6C.3)_{16}$을 2진수로 변환하면 다음과 같다.

$(6C.3)_{16}$ ⇒ 6 C . 3 ⇒ $(1101100.0011)_2$

0110 1100 . 0011

② 2진수의 연산

0+0=0	1+0=1
0+1=1	1+1=10(자리올림)
0-0=0	1-0=1
1-1=0	10-1=1(자리빌림)
0×0=0	1×0=1
0×1=0	1×1=1
0÷0=불능	1÷0=불능
0÷1=0	1÷1=1

[3] 수치 데이터의 표현 방법

(1) 고정 소수점 데이터 형식

① 컴퓨터 내부에서 소수점이 없는 정수를 표현할 때 사용하는 형식으로 2바이트(16비트)와 4바이트(32비트) 형식이 있다.

② 가장 왼쪽 비트는 부호(sign) 비트로서 양수(+)이면 0으로, 음수(-)이면 1로 표시한다.

③ 부호 비트 이외의 나머지는 정수부로서 2진수로 표현하며, 소수점은 가장 오른쪽에 고정된 것으로 가정한다.

④ 음수의 표현 방법은 컴퓨터 기종에 따라 다르며, 부호화 절대값 표현법과 1의 보수 표현법, 2의 보수 표현법이 있다. 일반적으로 2의 보수 표현법이 연산을 쉽게 할 수 있어 가장 많이 이용되고 있다.

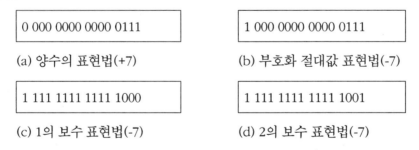

0 000 0000 0000 0111

(a) 양수의 표현법(+7)

1 000 0000 0000 0111

(b) 부호화 절대값 표현법(-7)

1 111 1111 1111 1000

(c) 1의 보수 표현법(-7)

1 111 1111 1111 1001

(d) 2의 보수 표현법(-7)

[그림 2-1] 고정 소수점 데이터 형식의 양수와 음수 표현

(2) 부동 소수점 데이터 형식

부동소수점 수는 소수점위치를 변경시킴으로서 극히 작은 수에서 큰 수를 표현하는 방법이다.

① 일반 부동 소수점 표현 방법

0	1 ~ 7	8 ~ 31
부호	지수	가수(소수)

- 컴퓨터 내부에서 소수점이 있는 실수를 표현할 때 사용하는 형식으로 4바이트(32비트)와 8바이트(64비트) 형식이 있다.
- 가장 왼쪽 비트는 부호(sign) 비트로서 양수(+)이면 0으로, 음수(-)이면 1로 표시한다.
- 다음 7비트는 지수부로서 지수를 2진수로 표현한다.(단, 기준값(64)+지수 값을 표현한다.)
- 나머지 비트는 가수부로서 소숫점 아래 10진 유효숫자를 16진수로 변환하여 표기한다.

② IEEE754 표준 부동 소수점 표현 방법

0	1 ~ 8	9 ~ 31
부호	지수	가수(소수)

- 가장 왼쪽 비트는 부호(sign) 비트로서 양수(+)이면 0으로, 음수(-)이면 1로 표시한다.
- 다음 8비트는 지수부로서 지수를 2진수로 표현한다.(단, 기준값(127)+지수 값을 표현한다.)
- 나머지 비트는 가수부(23bit)로서 소숫점 아래 10진 유효숫자를 2진수로 변환하여 표기한다.

③ 정규화

정규화를 하는 이유는 유효숫자를 늘리기 위해서이다.

(3) 10진 데이터 표현 방법

고정 소수점 데이터를 표현하는 방법 중의 하나로 10진수를 2진수로 변환하지 않고 10진수 상태로 표현하는 것이다. 10진 데이터 형식에는 팩 10진 데이터 형식과 언팩 10진 데이터 형식 그리고 2진화 10진 코드(BCD: binary coded decimal) 형식이 있다.

① 팩 10진 데이터 형식 : 10진수 한 자리수를 4개의 비트로 표현하는 방법으로 맨 오른쪽 4개의 비트는 부호 비트로 사용한다.(단, 양수이면 C(1100)로, 음수이면 D(1101)로 나타낸다.)

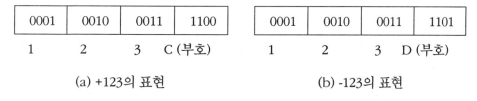

0001	0010	0011	1100
1	2	3	C (부호)

(a) +123의 표현

0001	0010	0011	1101
1	2	3	D (부호)

(b) -123의 표현

[그림 2-2] +123과 −123의 팩 10진 데이터 형식

② 언팩 10진 데이터 형식 : 10진수 한 자리수를 8개의 비트로 표현하는 방법으로 8비트 중에서 왼쪽 4개의 비트는 존(zone), 나머지 4비트는 숫자(digit)로 사용한다. 이 때, 맨 마지막 존(zone)

비트는 부호 비트로 사용하며, 양수이면 C(1100)로, 음수이면 D(1101)로 나타낸다.

1111	0001	1111	0010	1100	0011
존	1	존	2	C (부호)	3

(a) +123의 표현

1111	0001	1111	0010	1101	0011
존	1	존	2	D (부호)	3

(b) -123의 표현

[그림 2-3] +123과 -123의 언팩 10진 데이터 형식

4. 코드의 표현 형식

[1] 숫자의 코드화(Numeric Code)

① 2진화 10진수(BCD : Binary Coded Decimal)

10진수 1자리의 수를 2진수 4비트로 표시하는 것으로, 각 비트는 고유한 값 8, 4, 2, 1의 고정 값을 갖는다. 그래서 8421코드라고도 한다.

10진수	2진화 10진 코드	10진수	2진화 10진 코드
0	0000	5	0101
1	0001	6	0110
2	0010	7	0111
3	0011	8	1000
4	0100	9	1001

[표 2-2] 2진화 10진 코드

② 3초과 코드(Excess-3Code)

BCD 코드에 $3(11_{(2)})$을 더하여 만든 코드로, 자기보수 코드(self complement code)라고도 한다. 3초과 코드는 비트마다 일정한 값을 갖지 않으며, 연산동작이 쉽게 이루어지는 특징이 있는 코드이다.

[실전문제] 10진수 9를 3-초과 코드(Excess-3 code)로 표현한 것 중 옳은 것은?

가. 0011 나. 1111 다. 1100 라. 1010 답 다

③ 그레이 코드(Gray Code)

1비트 변화를 주어 아날로그 데이터를 디지털 데이터로 변환하는 데 사용하는 코드이다.

예) $1001_{(2)}$를 그래이 코드로 변환하면

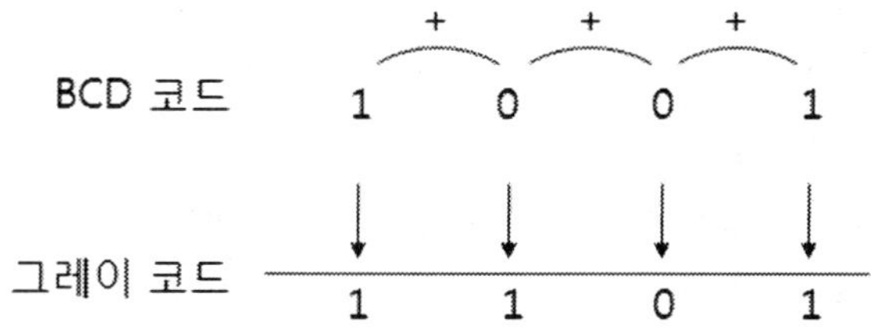

예) 그레이 코드 1101을 2진수로 변환하면

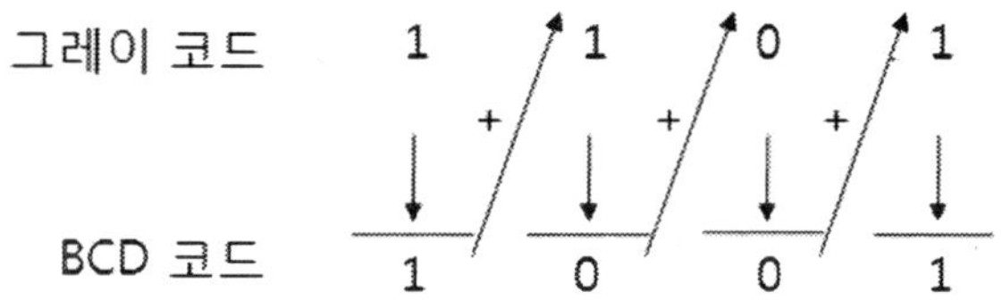

[실전문제] 다음 중 가중치를 갖지 않는 코드는?

가. BCD 코드　　나. 8421 코드　　다. 5421 코드　　라. Gray 코드　　답 다

[2] 에러 검출 및 정정 코드

① 패리티 체크(Parity Check)

패리티 비트는 패리티 검사 방식에서 에러를 검출하기 위해 추가되는 비트로 전송되는 각 문자에 한 비트를 더하여 전송하고 수신측에서는 송신측에서 추가하여 보내진 패리티 비트를 이용하여 에러를 검출하게 된다. 이러한 패리티 비트는 정보 전달과정에서 일어나는 전송 에러를 검사하기 위해 사용되며 1의 개수를 짝수개로 만드는 짝수 패리티 비트와 "1"의 개수를 홀수 개로 만드는 홀수 패리티 비트가 있다.

㉠ 우수 패리티 체크(even parity check : 짝수 패리티)

전송되는 각 문자를 나타내는 데이터 비트들 중에서 "1"인 비트의 총수가 항상 짝수개가 되도록 잉여분의 한 비트를 부가하는 것으로 정보의 내용에서 "1"인 비트의 총수를 점검하여

에러를 검출 하게 된다.

㉡ 기수 패리티 체크(odd parity check : 홀수 패리티)

전송되는 각 문자를 나타내는 데이터 비트들 중에서 "1"인 비트의 총수가 항상 홀수개가 되도록 잉여분의 한 비트를 부가하는 것으로 정보의 내용에서 "1"인 비트의 총수를 점검하여 에러를 검출 하게 된다.

② 해밍 코드(Hamming Code)

해밍코드는 R.W Hamming에 의해서 개발된 코드로서 에러 검출 방식 중 비트수가 적고 가장 단순한 형태의 parity bit를 여러 개 이용하여 수신측에서 에러의 체크는 물론 에러가 발생한 비트를 수정까지 할 수 있는 에러 정정코드이다.

③ 순환 잉여 검사 코드(CRC : Cyclic Redundancy check Code)

CRC방식은 데이터 통신과정에서 전송되는 데이터의 신뢰성을 높이기 위한 에러 검출 방식의 일종으로 CRC검사 방식은 높은 신뢰성을 가지며 에러 검출에 의한 오버헤드가 적고 랜덤 에러나 집단적 에러를 모두 검출할 수 있어 매우 좋은 성능을 가지는 에러 검출 방식이다. 이 방식은 이진수를 기본으로 해서 모든 연산 동작이 이루어지며 전송할 데이터 비트와 CRC다항식을 나눗셈 하여 나온 나머지를 보낼 데이터의 에러 검출의 잉여 비트로 덧붙여 보내고 수신 측에서는 수신된 데이터와 함께 온 잉여분의 비트를 나누어서 나머지가 "0"이 되는지를 검사해서 에러를 검출하는 방식이다.

5. 논리적 연산(비수치적 연산) 및 수치적 연산

[1] 논리적 연산(비수치적 연산)

① 보수(complement)

대부분의 컴퓨터에서는 보수를 이용한 덧셈만으로 뺄셈을 처리하는 방법을 사용하는데 2진수의 보수에는 1의 보수와 2의 보수가 있다.

㉠ 1의 보수

어떤 수의 1의 보수는 주어진 2진수를 모두 부정을 취하면 된다. 즉 1은 0으로, 0은 1로 바꾸면 된다.

예) 1001을 1의 보수로 바꾸면

1	0	0	1
↓	↓	↓	↓
0	1	1	0

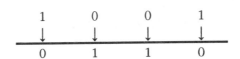

1001의 1의 보수는 01100이 된다.

ⓛ 2의 보수

2의 보수는 주어진 2진수를 모두 부정을 위하여 1의 보수로 바꾼다. 1의 보수에 1을 더하면 2의 보수가 된다. 즉 2의 보수는 1의 보수보다 1이 크다.

예) 001을 2의 보수로 바꾸면

1	0	0	1		
↓	↓	↓	↓		
0	1	1	0	+	1
0	1	1	1		

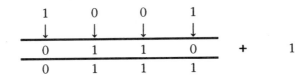

1001의 2의 보수는 0111이 된다.

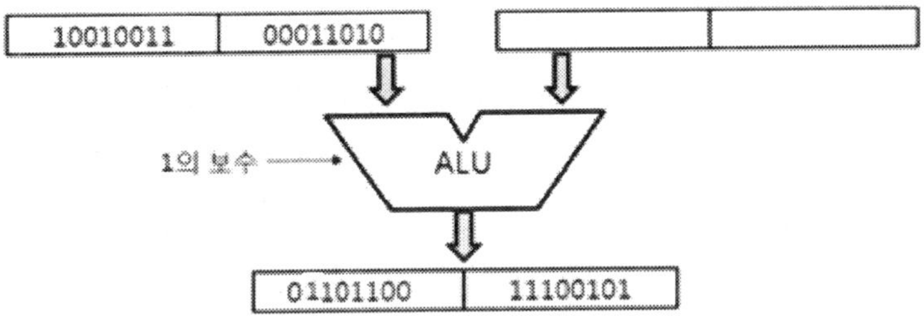

[그림 2-4] 1의 보수 연산

② AND(논리곱) : 비트, 문자 삭제

데이터 중 일부의 불필요 비트 및 문자를 삭제하고, 나머지 비트를 데이터로 사용하기 위해 사용되는 연산이다.

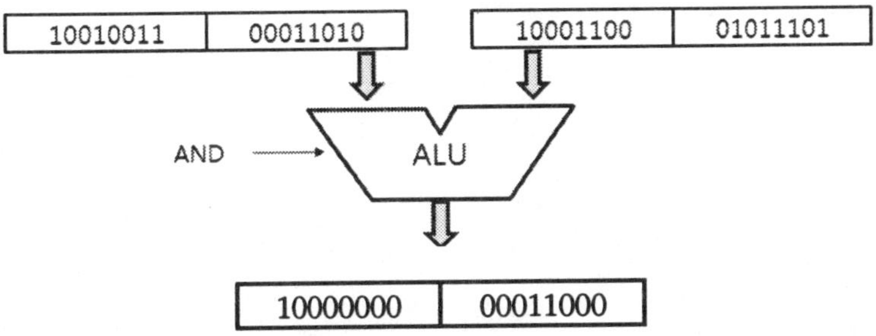

[그림 2-5] AND 연산

③ OR(논리합) : 비트, 문자 삽입

2개의 데이터를 논리합하여 비트나 문자의 삽입에 사용하는 연산이다.

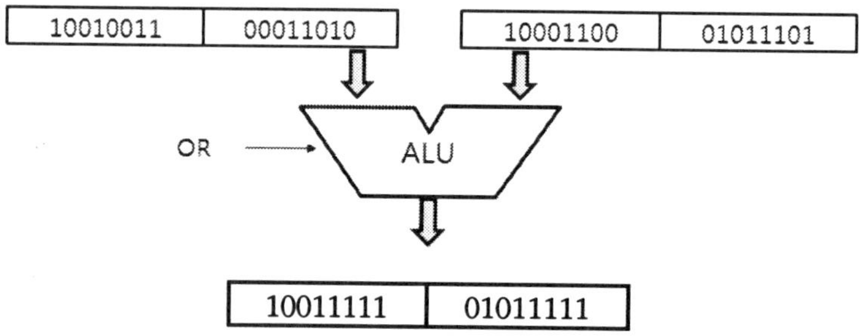

[그림 2-6] OR 연산

④ 시프트(Shift) : 데이터의 모든 비트를 좌측 또는 우측으로 자리를 이동

㉠ 우 시프트(Right Shift) : 오른쪽 끝의 비트(LSB : Least Significant Bit)의 데이터는 밀려서 나가고, 왼쪽 끝의 비트(MSB : Most Significant Bit)에 새로운 데이터가 들어온다.

㉡ 좌 시프트(Left Shift) : 왼쪽 끝의 비트(MSB : Most Significant Bit)의 데이터는 밀려서 나가고, 오른쪽 끝의 비트(LSB : Least Significant Bit)에 새로운 데이터 들어온다.

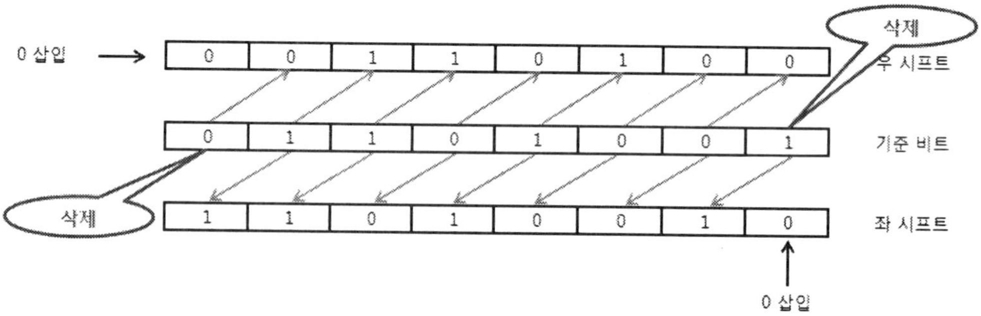

⑤ 로테이트(Rotate) : 데이터의 위치 변환에 사용되는 것으로, 한쪽 끝에서 밀려서 나가는 데이터가 반대편의 데이터로 들어오는 것을 말한다.

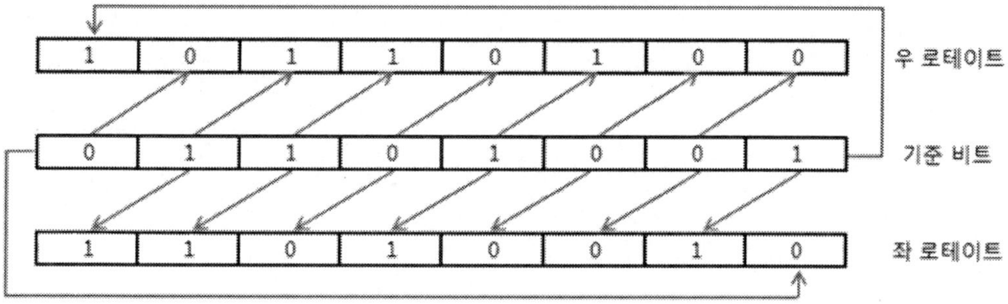

[2] 수치적 연산

(1) 고정 소수점 연산

① 부호와 절대치 연산

- 부호가 같은 경우 덧셈은 가산기로 연산한 후 같은 부호를 취한다.
- 부호가 다른 경우 덧셈은 두 수를 비교하여 큰 수에서 작은 수를 감산기로 연산한 후 큰 수에 대한 부호를 취한다.

② 1의 보수 연산

- 덧셈기만으로 덧셈과 뺄셈이 가능하다.
- 뺄셈인 경우에는 감수를 1의 보수를 취한 뒤 두 수를 더하여 Carry(올림수)가 발생하는 경우에는 1을 결과에 더해 주어야 한다.
- 뺄셈인 경우에는 감수를 1의 보수를 취한 뒤 두 수를 더하여 Carry(올림수)가 발생하지 않았을 경우에는 1의 보수를 한 번 더 취해주며 부호는 음수가 된다.

③ 2의 보수 연산

- 덧셈기만으로 덧셈과 뺄셈이 가능하다.
- 뺄셈인 경우에는 감수를 2의 보수를 취한 뒤 두 수를 더하여 Carry(올림수)가 발생하는 경우에는 올림수를 버린다.
- 뺄셈인 경우에는 감수를 2의 보수를 취한 뒤 두 수를 더하여 Carry(올림수)가 발생하지 않았을 경우에는 2의 보수를 한 번 더 취해주며 부호는 음수가 된다.

(2) 부동 소수점 연산

부동 소수점 연산은 부호, 지수, 가수(소수)만 사용해서 연산한다.

① 덧셈과 뺄셈 과정

0인지조사 → 지수값 비교 → 가수의 정렬 → 가수 부분 덧셈(뺄셈) → 정규화

참고

※ 가수의 정렬

두 수를 더하거나 빼기 위해서는 두수의 지수가 같아야 한다. 이때 가수의 위치를 조정하여 지수 값은 큰 쪽에 맞추어 준다.

② 곱셈 과정

0인지조사 → 지수덧셈 → 가수곱셈 → 정규화

③ 나눗셈 과정

0인지조사 → 부호 결정 → 피제수의 위치 조정 → 지수는 뺄셈, 가수는 나눗셈 → 정규화

[예제] $0.64\times16^2+0.58\times16^3=0.064\times16^3+0.58\times16^3=0.5E4\times16^3$

[예제] $(0.32\times16^2)\times(0.24\times16^3)=0.0708\times16^5=0.708\times16^4$

[예제] $(0.24\times16^3)\times(0.12\times16^2)=(0.024\times16^4)\div(0.12\times16^2)=0.2\times16^2$

제3장
명령어 및 프로세서

1. 명령어의 구조와 형식

[1] 명령어의 구조

명령어의 형식은 연산자(Op code)와 하나 이상의 오퍼랜드(operand)로 구성된다.

① Op code(operation code) : 연산자나 명령어의 형식을 지정한다.

② 오퍼랜드(operand) : 자료나 자료의 주소를 나타내며, 명령의 순서를 지정한다.

③ 모드(MOD) : 대상체를 지정하는 방법으로 보통 직접 주소와 간접 주소로 구분된다.

Operation (OP code)	Operand	
	MOD	Address

[2] 명령어의 형식

① 0-주소 형식(0-address instruction)

인스트럭션에 나타난 연산자의 수행에 있어서 피연산자들의 출처와 연산의 결과를 기억시킬 장소가 고정되어 있거나 특수한 그 주소들을 항상 알 수 있으면 인스트럭션 내에서는 피연산자의 주소를 지정할 필요가 없으며 연산자만을 나타내 주면 되는데 이러한 형식의 인스트럭션을 0 주소 방식이라 한다.

연산을 위하여 스택을 갖고 있으며, 모든 연산은 스택에 있는 피연산자를 이용하여 수행하고 그 결과를 스택에 보존한다.

② 1-주소 형식(1-address instruction)

ACC(누산기)에 기억된 자료를 모든 인스트럭션에서 사용하며, 연산 결과를 항상 ACC에 기억하도록 하면 연산 결과의 주소를 지정해 줄 필요가 없으므로 인스트럭션에서는 하나의 입력자료의 주소만을 지정해주면 되는 형식이다.

OP 코드	주소1

③ 2-주소 형식(2-address instruction)

두 개의 주소 중에 한 곳에 연산결과를 기록하므로, 연산결과를 기억시킬 곳의 주소를 인스트럭션 내에 표시할 필요가 없는 형식으로 처리 시간을 절약할 수 있다.

OP 코드	주소1	주소2

④ 3-주소 형식(3-address instruction)

여러 개의 범용 레지스터를 가진 컴퓨터에서 사용할 수 있는 형식으로 수행 시간이 길어서 특수한 목적 이외에는 사용하지 않는다.

OP 코드	주소1	주소2	주소3

[3] 주소 지정 방식(addressing mode)

주소 지정 방법(addressing mode)은 피연산자를 표시하는 방법이며, 프로세서마다 또는 컴퓨터마다 다양하다.

① 즉시 주소 지정 방식(immediate addressing mode)

명령문 속에 데이터가 존재하는 주소 지정 방식이다.

② 직접 주소 지정 방식(direct addressing mode)

명령어의 오퍼랜드에 실제 데이터가 들어 있는 주소를 직접 갖고 있는 방식이다.

③ 간접 주소 지정 방식(indirect addressing mode)

오퍼랜드가 존재하는 기억 장치 주소를 내용으로 가지고 있는 기억 장소의 주소를 명령 속에 포함시켜 지정하는 주소 지정 방식이다.

메모리를 2회 접근하므로 속도는 느리지만 operand부를 적게 하여 큰 주소를 얻을 수 있는 방식이다.

④ 인덱스 주소 지정 방식(indexed addressing mode)

인덱스 레지스터에 데이터가 스토어되어 있는 어드레스를 로드해 놓고 각 명령에서 이 어드레스 방식을 사용하면 인덱스 레지스터에 로드되어 있는 어드레스가 대상이 되는 주소 지정 방식이다.

⑤ 상대 주소 지정 방식(relative addressing mode)

상태 레지스터 등의 내용을 점검하여 조건에 따라 프로그램의 처리를 변경하고자 하는 명령에만 사용되는 주소 지정 방식이다.

2. 서브루틴(subroutine)과 스택(stack)

[1] 서브루틴(subroutine)

프로그램 안의 다른 루틴들을 위해서 특정한 기능을 수행하는 부분적 프로그램으로 메인 프로그램 메모리가 감소되어 프로그램이 효율적이다.

[2] 스택(stack)

메인 프로그램의 수행 중 서브루틴으로의 점프나 인터럽트 발생 시 레지스터 내용이나 메인 프로그램으로의 복귀하기 위한 정보를 보관 하는 메모리이다.

특징

※ 주소를 디코딩하고 호출하는 과정이 없다.
ⓐ 기억장치에 접근하는 횟수가 줄어든다.
ⓑ 실행속도가 빠르다.
ⓒ 명령어 길이가 짧아진다.

① 스택 포인터(stack pointer)
스택에 대한 주소를 갖는 레지스터이다.

② 후입선출(LIFO : Last In First Out)
마지막에 삽입된 데이터가 먼저 출력되는 메모리 구조를 말한다.

③ 푸시(push)
스택의 연산 중에서 삽입 연산을 말한다.

④ 팝(pop)
스택에서의 삭제 연산을 말한다.

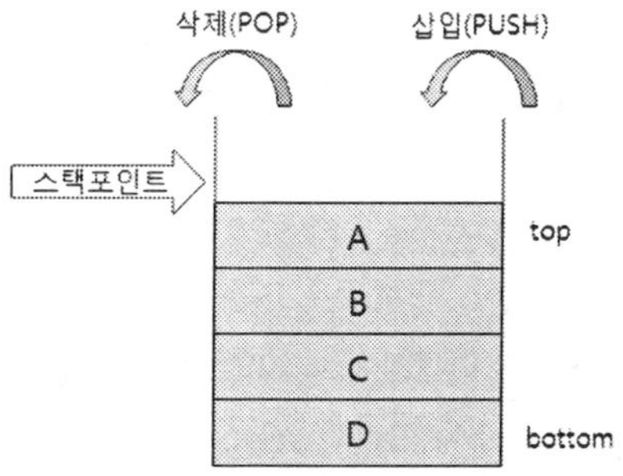

[그림 3-1] 스택(STACK)의 구조

[3] 큐(Queue)

메모리에 먼저 삽입된 데이터가 먼저 삭제되는 자료구조로서, 한쪽 끝에서 삽입이 이루어지고, 다른 한쪽 끝에서 삭제가 이루어진다.

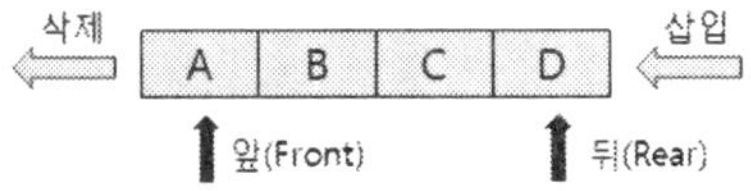

[그림 3-2] 큐(queue)의 구조

① 선입선출(FIFO : First In First Out) : 먼저 삽입된 데이터가 먼저 삭제되는 메모리 구조
② front(앞) : 큐에서 삭제가 일어나는 한쪽 끝
③ rear(뒤) : 큐에서 삽입이 일어나는 한쪽 끝

3. 프로세서

[1] 프로세서(Processor)의 종류

① CISC(Complex Instruction Set Computer)
마이크로프로그램 제어방식을 사용한다.
명령어의 개수가 많은 편이다.
메모리 참조 연산을 많이 한다.

② RISC(Reduced Instruction Set Computer)
하드 와이어드 제어 방식을 채택하고 있다.
명령어의 개수가 적은 편이다.
레지스터 참조 연산을 많이 한다.

[2] 마이크로프로세서의 기본구조

마이크로프로세서(MicroProcessor)는 한 개의 IC칩으로 된 중앙처리장치(CPU)를 의미하며 CPU의 모든 내용이 하나의 작은 칩 속에 내장됨으로 해서 가격이 싸지고 부피가 줄어든다는 중요한 장점을 가지고 있다. 응용분야는 범용 컴퓨터의 CPU, 특수용 컴퓨터의 프로세서, 교통신호등 제어, 개인 가정용 컴퓨터, 계측 제어기기, 사업용 업무처리 등 다양하게 사용된다.

마이크로컴퓨터는 중앙처리장치(CPU), 기억장치, 입·출력 장치의 3가지 기본 장치로 구성된 작은 규모의 컴퓨터 시스템을 말한다.

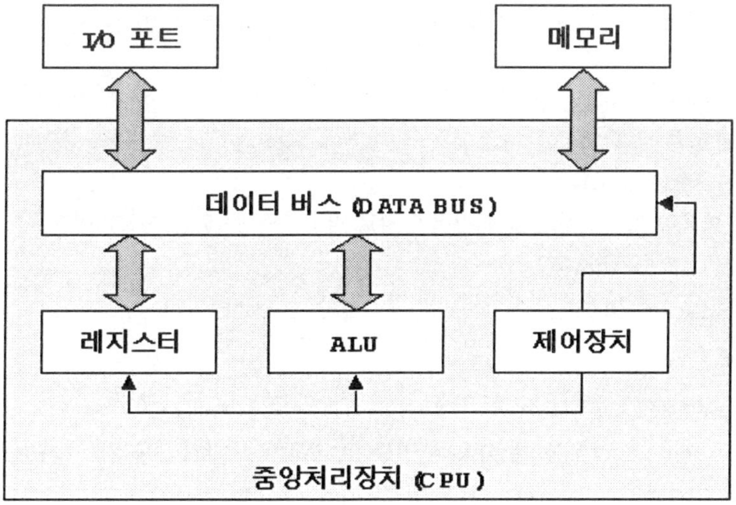

[그림 3-3] 마이크로프로세서의 구조

(1) 중앙처리장치(CPU : Central Process Unit)

프로그램의 각 명령을 판독해 그것을 해석하고 어느 데이터에 어떤 처리를 해야 하는가 판단해서 그것을 실행하고, 다음에 실행해야 할 명령을 결정하는 곳으로 산술, 논리 연산 기능과 제어 기능을 가지고 있다.

① 연산 기능 : 덧셈과 뺄셈 같은 산술 연산과 AND, OR, NOT과 같은 논리 연산이 있다.

② 제어 기능 : 중앙 처리 장치, 입·출력 장치 그리고 기억 장치 사이의 자료 및 제어 신호의 교환이 이루어지도록 하며, 명령이 수행되도록 한다.

(2) 기억 장치

마이크로컴퓨터의 주기억장치는 마이크로프로세서와 직접 데이터를 주고받기 때문에 동작속도가 매우 빠른 메모리를 사용하며, 프로그램의 처리 대상이 되는 데이터 및 데이터의 처리 결과를 일시적으로 기억시킨다.

① 기억장치의 종류

㉠ 롬(ROM : Read Only Memory)

주로 시스템이 필요한 내용(ROM BIOS)을 제조 단계에서 기억시킨 후 사용자는 오직 기억된 내용을 읽기만 하는 장치(변경이나 수정 불가)로 전원 공급이 중단되어도 기억된 내용을 그대로 유지하는 비휘발성 메모리이다.

참고

※ 롬의 종류

ⓐ Masked ROM

제조 단계에서 한번 기록시킨 내용을 사용자가 임의로 변경시킬 수 없으며 단지 읽기만 할 수 있는 ROM이다.

ⓑ PROM(Programmable ROM)

단 한 번에 한해 사용자가 임의로 기록할 수 있는 ROM이다.

ⓒ EPROM(Erasable ROM)

자외선을 이용해 기억된 내용을 여러번 임의로 지우고 쓸 수 있는 메모리이다.

ⓓ EEPROM(Electrical EPROM)

전기적으로 기록된 내용을 삭제하여 여러 번 기록할 수 있다.

ⓛ 램(RAM : Random Access Memory)

일반적인 PC의 메모리로 현재 사용 중인 프로그램이나 데이터를 기억하는 곳으로 전원 공급이 끊기면 기억된 내용을 상실하는 휘발성 메모리이다.

참고

※ 롬의 종류

주기억장치로 사용되는 DRAM(dynamic RAM)과 캐시 메모리로 사용되는 SRAM(static RAM)의 두 종류가 있다.

[표 3-1] DRAM과 SRAM의 비교

구 분	동적 램 (DRAM : Dynamic RAM)	정적 램 (SRAM : Static RAM)
구 성	대체로 간단 (MOS1개+Capacitor1개로 구성)	대체로 복잡 (플립프롭(flip-flop)으로 구성)
기억용량	대용량	소용량
특 징	• 기억한 내용을 유지하기 위해 주기적인 재충전(Refresh)이 필요한 메모리 • 소비전력이 적음 • SRAM보다 집적도가 크기 때문에 대용량 메모리로 사용되나 속도가 느림	• DRAM보다 집적도가 작음 • 재충전(Refresh)이 필요없는 메모리 • DRAM보다 속도가 빨라 주로 고속의 캐시 메모리에 이용됨

(3) 입·출력 장치

① 입력 장치 : 10진수나 문자 및 기호 등을 컴퓨터가 이해할 수 있는 2진 코드로 변환한다.

② 출력 장치 : 컴퓨터로부터 출력되는 2진 코드를 사람이 이해할 수 있는 문자나 10진 숫자로 변환한다.

(4) 버스의 종류

CPU와 기억장치, 입·출력 인터페이스 간에 제어신호나 데이터를 주고받는 전송로를 말하며 주소버스(address bus), 제어버스(control bus), 데이터 버스(data bus)의 세 종류로 이루어진다.

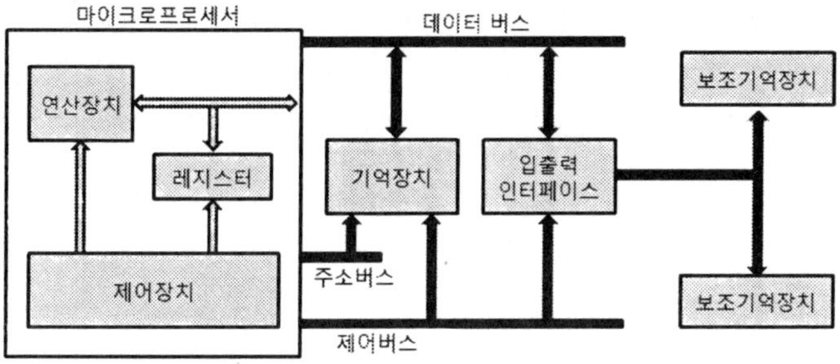

[그림 3-4] 버스의 종류

① 주소 버스(address bus)

중앙 처리 장치(CPU)가 메모리나 입출력 기기의 주소를 지정할 때 사용되는 전송통로로서 이 버스는 CPU에서만 주소를 지정할 수 있기 때문에 단 방향 버스라 한다.

② 데이터 버스(data bus)

중앙 처리 장치(CPU)에서 기억 장치나 입출력 기기에 데이터를 송출하거나 반대로 기억 장치나 입출력 기기에서 CPU에 데이터를 읽어 들일 때 필요한 전송통로로서 이 버스는 CPU와 기억 장치 또는 입·출력기 간에 어떤 곳으로도 데이터를 전송할 수 있으므로 양방향 버스라고 한다.

③ 제어 버스(Control bus)

중앙 처리 장치(CPU)가 기억 장치나 입출력 장치와 데이터 전송을 할 때나, 자신의 상태를 다른 장치들에 알리기 위해 사용하는 신호를 전달한다. 이러한 신호에는 기억 장치 동기 신호, 입출력 동기 신호, 중앙 처리 장치 상태 신호, 끼어들기 요구 및 허가 신호, 클록 신호 등이 있다. 이 버스는 단일 방향으로 동작하는 단 방향 버스이다.

[실전문제] 컴퓨터의 각 장치 간에 데이터, 주소, 제어 등의 신호를 서로 주고받을 수 있도록 하게 하는 전송로의 묶음을 일컫는 것은?

가. CPU　　나. 버스　　다. 인터페이스　　라. 입·출력장치　답 나

[실전문제] 컴퓨터의 내부에서 발생된 데이터가 이동하는 통로로, 확장 슬롯과 중앙처리장치간의 연결통로 말하는 것은?

가. 포트(port)　　나. 인터페이스(interface)
다. 버스(bus)　　라. 슬롯(slot)　답 다

[3] 제어장치의 구현 방법

① 하드 와이어드(Hard Wired) 제어 방식

제어장치가 순서회로로 만들어져 미리 정해 놓은 제어 신호들이 순서대로 발생되도록 하드웨어적으로 구현된 방식으로 속도가 매우 빠르다는 장점과 한번 만들어진 것은 쉽게 변경할 수 없다는 단점을 갖는다.

제작이 어렵고 집적화가 어려워 비용이 많이 든다.

② 마이크로프로그램(Microprogram) 제어 방식

마이크로 명령어로 구성하여 작성되므로 설계 변경이 쉽고 유지보수 및 오류 수정이 용이하다는 장점과 속도가 비교적 느리다는 단점을 갖는다.

명령어 세트가 복잡하고 큰 컴퓨터에서 비용이 절감된다.

4. 레지스터

[1] 중앙처리장치의 내부 구성

중앙처리장치의 내부는 레지스터와 산술 논리 연산 장치, 제어장치로 되어 있고 기억 장치와의 사이에 주소, 데이터, 제어 신호가 연결되어 있다.

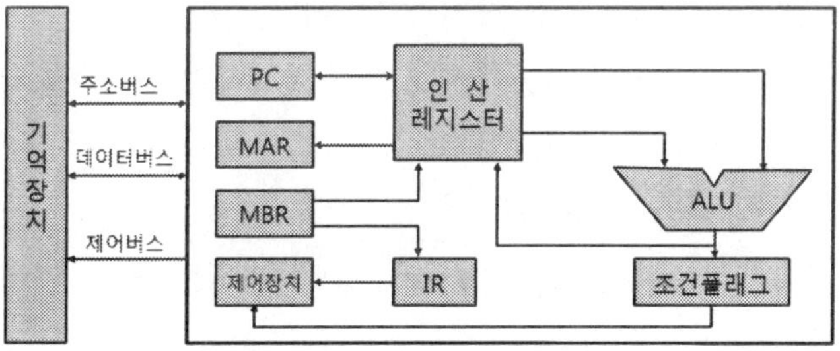

[그림 3-5] 중앙처리장치의 구성

① 프로그램 카운터(program counter : PC)

컴퓨터에서 항상 다음에 실행할 명령이 기억되어 있는 어드레스가 입력되어 있는 레지스터를 말한다.

② 메모리 어드레스 레지스터(memory address register : MAR)

컴퓨터의 중앙 처리 장치(CPU) 내부에서 기억 장치 내의 정보를 호출하기 위해 그 주소를 기억하고 있는 제어용 레지스터.

③ 메모리 버퍼 레지스터(memory buffer register : MBR)

메모리로부터 읽게 해 낸 자료를 넣어두기 위한 일시 기억 회로.

④ 산술 논리 연산 장치(ALU)

컴퓨터 시스템의 중앙 처리 장치(CPU)를 구성하는 핵심 부분의 하나로, 산술 연산과 논리 연산을 수행하는 회로의 집합.

⑤ 상태 레지스터(status register)

마이크로프로세서나 처리기의 내부에 상태 정보를 간직하도록 설계된 레지스터. 일반적으로 마이크로프로세서는 올림수, 넘침, 부호, 제로 인터럽트를 나타내는 상태 레지스터를 가지고 있으며 패리티, 가능 상태, 인터럽트 등을 포함할 수 있다.

⑥ 명령 레지스터(instruction register : IR)

현재 실행 중인 명령어를 기억하고 있는 중앙 처리 장치 내의 레지스터. 중앙 처리 장치의 인출 주기에서 프로그램 계수 장치가 지정하는 주기억 장치의 주소에 있는 명령어를 명령어 레지스터로 옮기면, 실행 주기에서 명령어 해독기가 명령어 레지스터에 있는 명령어를 해독한다.

⑦ 스택 포인터(stack pointer : SP)

레지스터의 내용이나 프로그램 카운터의 내용을 일시 기억시키는 곳을 스택이라 하며 이 영역의 선두 번지를 지정하는 것을 스택 포인터라 한다.

⑧ 누산기(accumulator : ACC)

중앙 처리 장치(CPU) 내에 들어 있는 레지스터의 하나. 연산 결과를 일시적으로 저장하는 기억 장치 기능 이외에 ALU에서 처리한 결과를 항상 저장하며 또한 처리하고자 하는 데이터를 일시적으로 기억하는 레지스터이다.

⑨ 범용 레지스터(general purpose register)

CPU에 필요한 데이터를 일시적으로 기억시키는 데 사용되는 레지스터이다.

제4장
명령어 수행 및 제어

1. 명령어 수행

[1] 명령어(Instruction) 수행 순서

컴퓨터의 명령어 실행 동작은 메모리에서 명령어를 읽어오는 페치 사이클(Fetch cycle)과 그 명령을 수행하는 실행 사이클(Execute cycle)의 반복으로 수행된다.

① IF(Instruction Fetch) : 주기억 장치에서 명령을 읽어냄.

② ID(Instruction Decoder) : 수행될 명령을 해독

③ OF(operand Fetch) : 주기억 장치에서 필요한 피연산자를 읽어냄

④ Ex(Execution) : 명령을 실행.

명령어 인출 (Instruction Fetch) → 명령어 해독 (Instruction Decoder) → 오퍼랜드 인출 (Operand Fetch) → 실행 (Execution) → 인터럽트 조사 (Interrupt search Into)

☞ 명령어의 성능 구하기

$$\text{명령어 성능} = \frac{\text{인스크럭션 수행 시간}}{\text{인스트럭션 패치 시간} + \text{인스트럭션 준비 시간}}$$

[실전문제] 명령어 수행 시간이 40ns이고, 명령어 패치 시간이 10ns, 명령어 준비 시간이 6ns이라면, 명령어의 성능은?

답

$$\text{명령어 성능} = \frac{\text{인스크럭션 수행 시간}}{\text{인스트럭션 패치 시간} + \text{인스트럭션 준비 시간}}$$

$$= \frac{40}{10+6} = 2.5$$

[2] 마이크로 오퍼레이션(Micro-Operation)

CPU에서 발생되는 하나의 클록 펄스(Clock Pulse) 동안 실행되는 기본 동작을 의미하며, 명령어의 수행은 마이크로 오퍼레이션의 수행으로 이루어진다.

[3] 마이크로 사이클 시간(Micro Cycle Time)

하나의 오퍼레이션을 수행하는데 걸리는 시간을 의미한다.

① 동기 고정식(Synchronous Fixed)

여러 개의 마이크로 오퍼레이션 동작 중에서 마이크로 사이클 시간(Micro Cycle Time)이 가장 긴 것을 선택하여 CPU의 클록 주기로 사용하는 방식.

모든 마이크로 오퍼레이션의 수행 시간이 유사한 경우에 사용된다.

② 동기 가변식(Synchronous Variable)

마이크로 오퍼레이션 동작들을 마이크로 사이클 시간(Micro Cycle Time)에 따라 몇 개의 군으로 분류하여 군별로 CPU의 클록 주기를 따로 부여하는 방식.

마이크로 오퍼레이션의 수행 시간의 차이가 현저할 때 사용된다.

③ 비동기(Asynchronous)

모든 마이크로 오퍼레이션에 대해 서로 다른 마이크로 사이클 시간(Micro Cycle Time)을 부여하는 방식.

이 방식은 오퍼레이션 동작이 끝나면 끝난 사실을 제어 장치에 알려 다음 오퍼레이션이 수행되도록 하여야 하므로 제어장치 설계가 복잡하게 된다.

[4] 메이저 상태(Major State)

메이저 상태는 CPU가 무엇을 하고 있는가를 나타내는 상태를 말하며, 주기억 장치에 무엇을 위해 접근하는지에 따라 인출(Fetch), 간접(Indirect), 실행(Execute), 인터럽트(Interrupt) 4가지 상태를 갖는다.

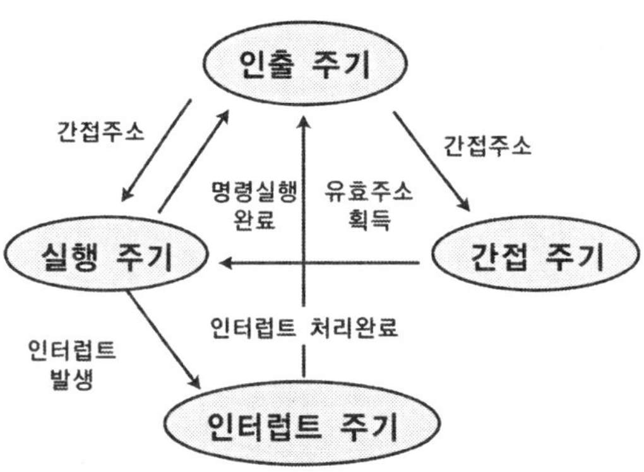

[그림 4-1] 메이저 상태

① 인출 주기(Fetch Cycle)

CPU가 명령을 수행하기 위하여 주기억장치에서 명령어를 꺼내는 단계.

즉, 명령을 읽고 해독한다.

MAR ← PC	PC에 있는 번지를 MAR로 이동
MBR ← M, PC ← PC+1	메모리에 있는 내용을 MBR로 읽어들이고, PC값 증가
IR ← MBR(0)	MBR에 있는 OP-code 부분을 IR로 옮김
R ← 1 또는 F ← 1	R=1이면 간접 주기로 전이, F=1이면 실행주기로 전이

② 간접 주기(Indirect Cycle)

유효주소를 얻기 위해 기억장치에 한 번 더 접근하는 단계.

즉, 실제 데이터의 유효 주소를 읽어온다.

③ 실행 주기(Execute Cycle)

기억장치에서 실제 데이터를 읽어다가 연산 동작을 수행하는 단계.

즉, 실제 데이터를 읽어 명령을 실행한다.

④ 인터럽트 주기(Interrupt Cycle)

여러 원인으로 인한 정상적 수행 과정을 계속할 수 없어 먼저 응급조치를 취한 후에 계속 수행할 수 있도록 CPU의 현 상태를 보관하기 위해 기억장치에 접근하는 단계.

명령어 수행 과정에서 인터럽트가 발생하더라도 반드시 해당 명령어가 완료된 상태에서 인터럽트를 처리하게 된다.

즉, 현 상태를 보관하고 인터럽트를 처리한다.

☞ PC 값을 메모리의 0번지에 저장할 때

MBR(AD) ← PC,	PC에 있는 번지를 MBR로 옮기고, 복귀 주소를 0번지로 지정한다.
PC ← 0	
MAR ← PC,	PC의 내용을 MAR로 이동, PC를 증가시킨다.
PC ← PC+1	
M ← MBR,	0번지에 복귀 주소 저장, 인터럽트 처리 중 다른 인터럽트를 처리 방지
IEN ← 0	
F ← 0, R ← 0	인출 주기로 전이

2. 제어

[1] 제어(Control) 장치의 구성

① 명령어 해독기(Instruction Decoder) : 명령 레지스터(IR)에 호출된 OP-code를 해독하여 각종 제어 신호를 만들어 내는 장치이다.

② 순서 제어기(Sequence Control) : 마이크로 명령어의 실행 순서를 결정하는 장치이다.

③ 제어 주소 레지스터(Control Address Register) : 제어 메모리의 주소를 기억하는 레지스터이다.

④ 제어 메모리(Control Memory) : 마이크로프로그램을 저장하는 기억장치로 주로 ROM으로 만들어진다.

⑤ 제어 버퍼 레지스터(Control Buffer Register) : 제어 메모리로부터 읽혀진 명령어를 일시적으로 기억하는 레지스터이다.

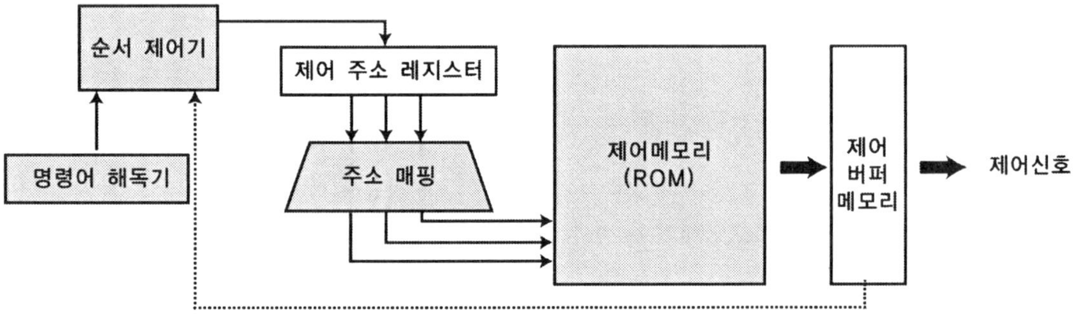

[그림 4-2] 제어 장치의 구성

[2] 마이크로프로그램의 개념

마이크로프로그램은 명령어들이 적절히 수행되도록 각종 제어 신호를 발생시키는 프로그램으로 제어 메모리에 기억시키는데, 이 제어 메모리는 빠른 사이클 타임(Cycle Time)이 요구되므로 ROM을 사용하는 것이 일반적이다.

[3] 제어 장치의 구현 방법

① 하드 와이어드(Hard Wired) 제어 방식

하드 와이어드(Hard Wired) 제어 방식은 마이크로 명령어의 인출 없이 순서 논리 회로에 의해 바로 제어 신호가 발생하므로 마이크로프로그램 방식보다 제어 속도가 빠른 장점을 지니고 있다. 그러나 제작이 어렵고 비용이 많이 든다는 단점이 있다.

② 마이크로프로그램(Microprogram) 제어 방식

마이크로프로그램(Microprogram) 제어 방식은 마이크로 명령어로 구성하여 작성하므로 손쉽게 설계를 변경할 수 있고 유지보수 및 오류 수정에 용이하다는 장점을 지니고 있다. 그러나 마이크로 명령어를 인출하는 시간 때문에 제어 속도가 다소 느리다는 단점이 있다.

제5장
기억장치

1. 기억장치의 종류와 특징

[1] 기억 장치의 특성에 따른 분류

[표 5-1] 기억 장치의 특성에 따른 분류

전원 공급 유무에 따른 자료 보존 여부	휘발성 메모리	RAM(DRAM, SRAM)
	비휘발성 메모리	ROM, 자기 코어, 자기 디스크, 자기 테이프, 자기 드럼)
접근 방식	직접 접근	자기 디스크, 자기 드럼
	순차 접근	자기 테이프
읽기 동작 후의 자료 보존 여부	파괴 메모리	자기 코어
	비파괴 메모리	반도체 메모리

[2] 기억 장치의 용량

기억 장치의 용량은 바이트(Byte)나 워드(Word) 단위로 기록하며 주소선의 개수와 입출력 데이터 선 개수에 의해서 결정된다.

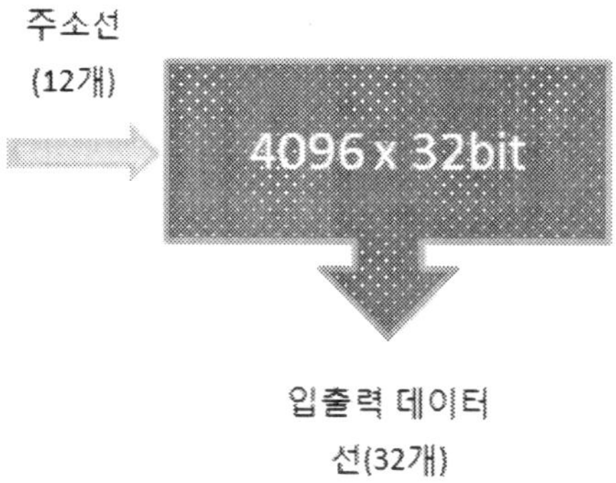

주소선이 12개라면 기억장소의 개수는 $2^{12} = 4096$개가 되고 입출력 데이터 선의 개수에 따라 하나의 기억 장소 크기는 32비트가 되어 용량은 4096×32bit가 된다.

[3] 기억 장치에서 사용되는 용어

① 접근 시간(Access Time)

중앙 처리 장치(CPU)가 데이터의 읽기를 요구한 이후부터 기억 장치가 데이터를 읽어내서 그것을 CPU에 돌려주기까지의 시간이다.

디스크에서의 접근 시간은 탐색시간(Seek Time)+대기시간(Rotational Delay Time)+전송 시간(Transfer Time)을 합쳐 적용한다.

② 사이클 시간(Cycle Time)

기억 장치의 동일 장소에 대하여 판독, 기록이 시작되고부터 다시 판독, 기록을 할 수 있게 되기까지의 최소 시간 간격.

③ 밴드 폭(Bandwidth)

기억 장치의 자료 처리 속도를 나타내는 단위로서 기억 장치에 연속적으로 접근할 때 기억 장치가 초당 처리할 수 있는 비트 수로 나타낸다.

주기억 장치에서 밴드 폭은 주기억장치와 중앙처리장치(CPU) 사이의 정보 전달 능력의 한계를 의미한다.

[4] 메모리의 계층적 비교

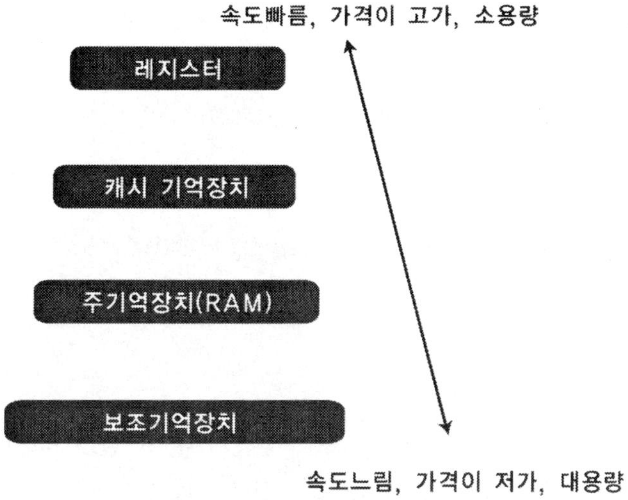

[그림 5-1] 메모리의 계층적 구조

2. 주 기억장치

컴퓨터 내부에 존재하여 작업 수행에 필요한 운영체제, 처리할 프로그램과 데이터 및 연산 결과를 기억하는 장치이며 종류에는 자성체와 반도체가 있는데 지금은 거의 반도체를 널리 사용하고 있다. 종류로 크게 ROM과 RAM으로 나뉜다.

[1] 롬(ROM : Read Only Memory)

가) 주로 시스템이 필요한 내용(ROM BIOS)을 제조 단계에서 기억시킨 후 사용자는 오직 기억된 내용을 읽기만 하는 장치(변경이나 수정 불가)이다.

나) 전원 공급이 중단되어도 기억된 내용을 그대로 유지하는 비휘발성 메모리이다.

다) 롬의 종류

① Masked ROM

제조 단계에서 한번 기록시킨 내용을 사용자가 임의로 변경시킬 수 없으며 단지 읽기만 할 수 있는 ROM이다.

② PROM(Programmable ROM)

단 한 번에 한해 사용자가 임의로 기록할 수 있는 ROM이다.

③ EPROM(Erasable ROM)

자외선을 이용해 기억된 내용을 여러 번 임의로 지우고 쓸 수 있는 메모리이다.

④ EEPROM(Electrical EPROM)

전기적으로 기록된 내용을 삭제하여 여러 번 기록할 수 있다.

참고

※ 플래시 메모리(Flash Memory)

전기적으로 데이터를 지우고 다시 기록할 수 있는 비 휘발성 컴퓨터 기억장치로 여러 구역으로 구성된 블록 안에서 지우고 쓸 수 있게 구성되어 있다.

[2] 램(RAM : Random Access Memory)

가) 일반적인 PC의 메모리로 현재 사용중인 프로그램이나 데이터를 기억한다.

나) 전원 공급이 끊기면 기억된 내용을 잃어버리는 휘발성 메모리이다.

다) 각종 프로그램이나 운영체제 및 사용자가 작성한 문서 등을 불러와 작업할 수 있는 공간으로 주기억 장치로 사용되는 DRAM(dynamic RAM)과 캐시 메로리로 사용되는 SRAM(static RAM)의 두 종류가 있다.

[표 5-2] DRAM과 SRAM의 비교

구 분	동적 램 (DRAM : Dynamic RAM)	정적 램 (SRAM : Static RAM)
구 성	대체로 간단 (MOS1개+Capacitor1개로 구성)	대체로 복잡 (플립프롭(flip-flop)으로 구성)
기억용량	대용량	소용량
특 징	• 기억한 내용을 유지하기 위해 주기적인 재충전(Refresh)이 필요한 메모리 • 소비전력이 적음 • SRAM보다 집적도가 크기 때문에 대용량 메모리로 사용되나 속도가 느림	• DRAM보다 집적도가 작음 • 재충전(Refresh)이 필요없는 메모리 • DRAM보다 속도가 빨라 주로 고속의 캐시 메모리에 이용됨

[실전문제] 플래시 메모리(flash memory)에 대한 설명으로 옳지 않은 것은?

가. 데이터의 읽고 쓰기가 자유롭다.
나. DRAM과 같은 재생(refresh) 회로가 필요하다.
다. 전원을 꺼도 데이터가 지워지지 않는 비휘발성 메모리이다.
라. 소형 하드 디스크처럼 휴대용 기기의 저장 매체로 널리 사용된다. 답 나

[실전문제] 다음 ROM(Read Only Memory)에 대한 설명 중 옳지 않은 것은?

가. Mask ROM: 사용자에 의해 기록된 데이터의 수정이 가능하다.
나. PROM: 사용자에 의해 기록된 데이터의 1회 수정이 가능하다.
다. EPROM: 자외선을 이용하여 기록된 데이터를 여러 번 수정할 수 있다.
라. EEPROM: 전기적인 방법으로 기록된 데이터를 여러 번 수정할 수 있다. 답 가

[실전문제] DRAM과 SRAM을 비교할 때 SRAM의 장점은?

가. 회로구조가 복잡하다. 나. 가격이 비싸다.
다. 칩의 크기가 크다. 라. 동작속도가 빠르다. 답 라

[실전문제] 다음 기억장치 중 주기적으로 재충전(rafresh)하여 기억된 내용을 유지시키는 것은?

가. programmable ROM　　나. static RAM
다. dynamic RAM　　라. mask ROM

답 다

[3] 자기 코어 메모리(Magnetic Core Memory)

① 자기 코어의 메모리의 구성

자기 코어 메모리는 파괴성 판독 메모리로서 데이터를 읽고 나면 원래의 데이터가 소거되는 판독 방법으로 값을 보존하기 위해서는 재저장(Restoration) 과정이 꼭 필요한 메모리이다.

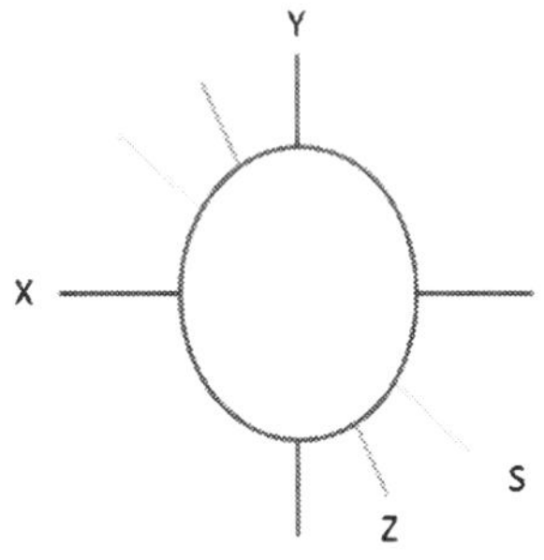

[그림 5-2] 자기 코어 메모리

☞ X선, Y선(Driving Wire : 구동선) : 코어를 자화시키기 위해 자화에 필요한 전력의 1/2을 공급하는 도선이다.

☞ S선(Sense Wire : 감지선) : 구동선에 전력을 가했을 때 자장의 변화를 감지하여 0과 1의 저장 여부를 판단하는 선이다.

☞ Z선(Inhibit Wire : 금지선) : 원하지 않는 곳의 자화를 방지하는 선이다.

3. 보조 기억 장치

주기억장치를 보조해주는 기억장치로 대량의 데이터를 저장할 수 있으며 주기억장치에 비해 처리속도는 느리지만 반영구적으로 저장이 가능하다.

[1] 순차접근 기억장치

기록 매체의 앞부분에서부터 뒤쪽으로 차례차례 접근하여 찾으려는 위치까지 접근해가는 장치로서, 데이터가 기억된 위치에 따라 접근되는 시간이 달라진다.

① 자기 테이프(magnetic tape)

기억된 데이터의 순서에 따라 내용을 읽는 순차적 접근만 가능하며 속도가 느려 데이터 백업용으로 사용, 가격이 저렴하여 보관할 데이터가 많은 대형 컴퓨터의 보조기억장치에 주로 사용된다.

[그림 5-3] 자기 테이프

- 블록화 인수(Blocking Factor) : 물리 레코드를 구성하는 논리 레코드의 수

IBG	논리레코드	논리레코드	논리레코드	IBG	논리레코드	논리레코드	논리레코드	IBG

- IBG(Inter Block Gap) : 블록과 블록 사이의 공백

[실전문제] 자기테이프에서의 기록밀도를 나타내는 것은?

가. Second per inch　　나. Block per second

다. Bits per inch　　라. Bits per second　　답 다

② 카세트테이프(cassette tape)

일반적으로는 휴대용 카세트를 가리킨다. 3.81mm의 자기 테이프와 두 개의 릴을 하나의 카트리지에 넣은 것.

③ 카트리지 테이프(cartridge tape)

자기 테이프를 소형으로 만들어 카세트테이프와 같이 고정된 집에 넣어서 만든 것.

[실전문제] 다음에 열거한 장치 중에서 순차처리(sequential access)만 가능한 것은?

가. 자기 드럼　　나. 자기 테이프

다. 자기 디스크　　라. 자기 코어　　답 다

[2] 직접 접근 기억장치

물리적인 위치에 영향을 받지 않으므로 순차적 접근 장치보다 빨리 데이터를 처리한다.

① 자기 디스크(magnetic disk)

데이터의 순차접근과 직접 접근이 모두 가능하며, 다른 보조기억장치에 비해 비교적 속도가 빠르므로 보조기억장치로 널리 사용된다.

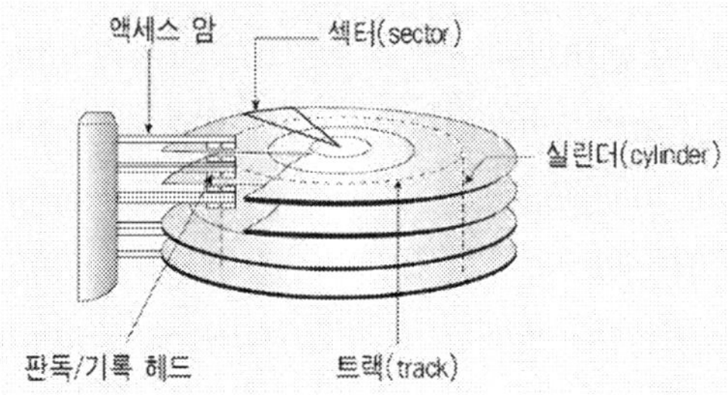

[그림 5-4] 자기 디스크

- 트랙(Track) : 회전축을 중심으로 구성된 여러 개의 동심원 모양의 저장 단위.
- 섹터(Sector) : 원형의 디스크를 부채꼴 모양으로 잘라놓은 저장 단위.
- 실린더(Cylinder) : 동일한 크기의 트랙들이 모여 원통모양의 집합을 의미하며 실린더의 개수는 트랙의 개수와 같다.
- 탐색시간(Seek Time) : 읽고/쓰기 헤드를 원하는 데이터가 있는 트랙까지 이동하는데 걸리는 시간.
- 회전 대기 시간(Rotational Delay Time) : 디스크 장치가 회전하여 해당 섹터가 헤드에 도달하는데 걸리는 시간.
- 전송시간(Transfer Time) : 데이터가 전달되는데 걸리는 시간이다.
- 접근 시간(Access Time) : 중앙 처리 장치(CPU)가 데이터의 읽기를 요구한 이후부터 기억 장치가 데이터를 읽어내서 그것을 CPU에 돌려주기까지의 시간이다.
  디스크에서의 접근 시간은 탐색시간(Seek Time)+회전대기시간(Rotational Delay Time)+전송 시간(Transfer Time)을 합쳐 적용한다.

② 하드 디스크(hard disk)

컴퓨터의 외부 기억장치로 사용되며 세라믹이나 알루미늄 등과 같이 강성의 재료로 된 원통에 자기재료를 바른 자기기억장치이다. 직접 접근 기억 장치로 기억 용량은 비교적 크고 간편하지만, 디스크 팩을 교환할 수 없어 해당 디스크의 기억 용량 범위에서만 사용해야 한다.

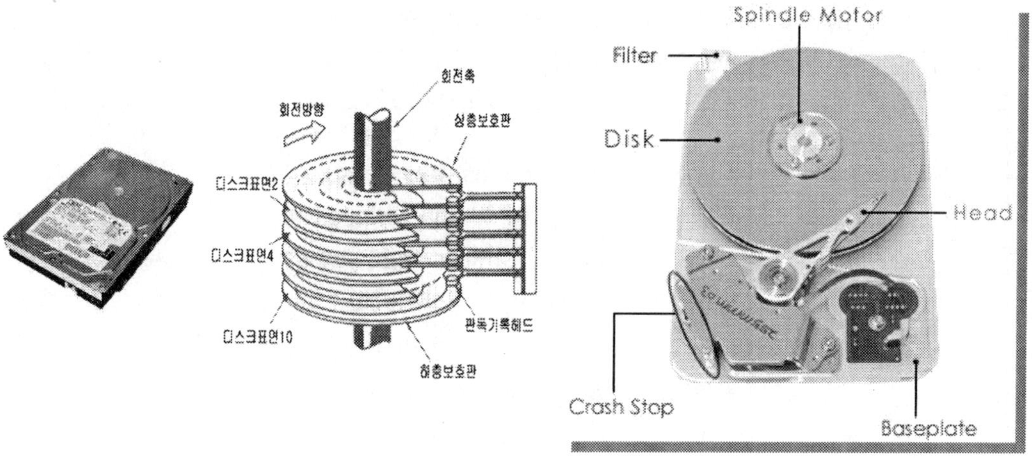

[그림 5-5] 하드디스크의 내부구조

③ 플로피 디스크(floppy disk)

자성 물질로 입혀진 얇고 유연한 원판으로 개인용 컴퓨터의 가장 대표적인 보조기억 장치로서 적은 비용과 휴대가 간편하여 널리 사용된다.

④ CD-ROM(compact disk read only memory)

오디오 데이터를 디지털로 기록하는 광디스크(optical disk)의 하나로 알루미늄이나 동판으로 만든 원판에 레이저 광선을 사용하여 데이터를 기록하거나 기억된 내용을 읽어내는 것.

⑤ 자기 드럼(magnetic drum)

자성재료로 피막된 원통형의 기억매체로 이 원통을 자기헤드와 조합하여 자기기록을 하는 자기 드럼 기억장치를 구성함.

드럼이 한 바퀴 회전하는 동안에 원하는 데이터를 찾을 수 있는 속도가 매우 빠른 기억장치로 제1세대 컴퓨터의 주기억장치로 사용하였으나, 기억 용량이 적은 것이 단점이다.

[실전문제] 다음 중 자료 처리를 가장 고속으로 할 수 있는 장치는?

가. 자기 테이프 나. 종이테이프 다. 자기디스크 라. 천공카드 답 다

[3] 광디스크

빛을 이용한 정보저장 방식으로 대용량 멀티미디어 기억장치이다.

[표 5-3] 광디스크의 종류

종 류	특 징
CD-ROM	• Compact Disk 기술을 이용하여 컴퓨터의 기억장치로 활용 • 지름 120mm의 크기로 650MB 이상 기록 가능 • 한 번 저장된 데이터는 수정이 불가능(읽기만 가능)
CD-R	• 레이저 광선을 이용해 정보를 기록/판독하는 원판형 디스크 장치 • 사용자가 한 번 기록할 수 있는 장치 • 주로 프로그램이나 대량의 데이터를 백업할 때 사용
CD-RW	• CD-R의 개선된 형태로, 약1천회에 걸쳐 반복적인 기록이 가능하여 데이터 백업용 매체로 많이 사용 • 소거가능 광디스크라고도 함
DVD (Digital Video Disk)	• CD-ROM과 같은 크기에 4.7~17GB의 대용량 저장 가능 • 화질, 음질이 우수한 차세대 멀티미디어 기록매체

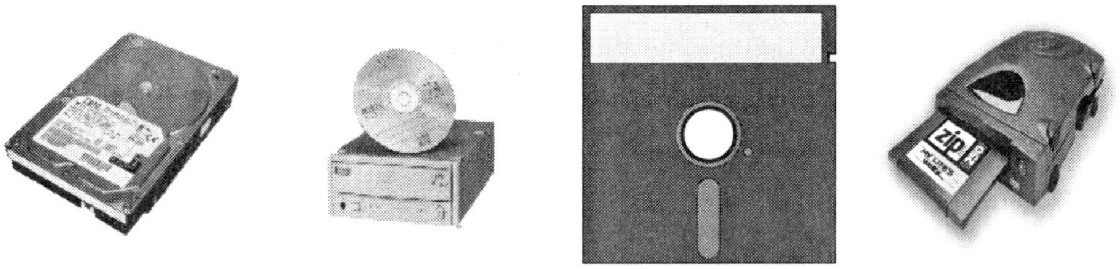

하드디스크　　CD-R　　플로피 디스켓　　ZIP 드라이브

[그림 5-6] 보조기억장치의 예

4. 캐시 및 연관 기억 장치

[1] 캐시 기억장치(cache Memory)

캐시 메모리는 CPU와 주기억장치 사이에 위치하여 두 장치의 속도 차이를 극복하기 위해 CPU에서 가장 빈번하게 사용되는 데이터나 명령어를 저장하여 사용되는 메모리로 주로 SRAM을 사용한다.

참고

※ 적중률(Hit Ratio) 및 액세스 시간(Access Time)

☞ $적중률(히트율) = \frac{적중횟수}{전체 접근 횟수} \times 100$

[2] 가상 기억장치(virtual memory)

하드디스크와 같은 보조기억장치의 일부분을 마치 주기억장치처럼 사용하는 공간을 말한다.

[3] 연관 기억장치(associative Memory)

검색된 자료의 내용 일부를 이용하여 자료에 직접 접근할 수 있는 기억장치이다.

제6장
입력 및 출력

1. 입·출력 시스템

[1] 입·출력 시스템의 구성

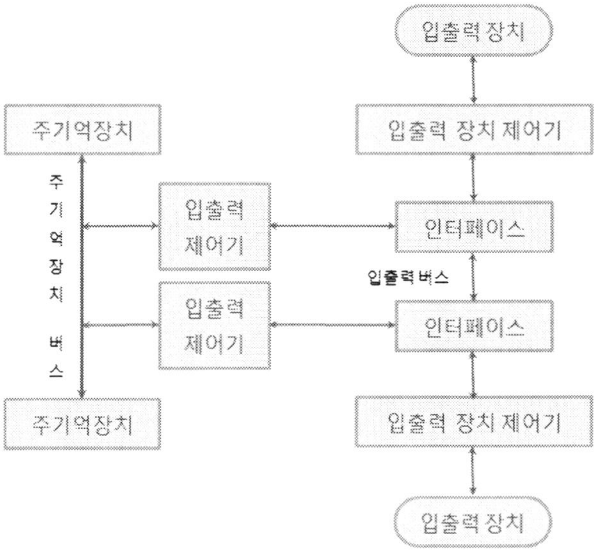

[그림 6-1] 입·출력 시스템의 구성

① 입·출력 제어기(I/O Controller) : 입·출력 시스템에 이상이 발생한 경우 이를 사전에 감지하여 수정하고 입·출력이 바르게 진행되도록 하는 장치로서 데이터 버퍼링, 제어 신호의 논리적/물리적 변환, 주기억장치 접근, 데이터 교환 등의 기능을 다루며, DMA제어기, 채널 제어기, 입·출력 프로세서 등이 여기에 속한다.

② 입·출력 버스(I/O Bus) : 주기억 장치와 입·출력 장치 사이에 정보 교환 기능을 위한 통신회선을 말한다.

참고

☞ 주소 버스(Address Bus) : 입·출력 장치를 선택하기 위한 주소 정보가 흐르는 단방향 버스이다.
☞ 데이터 버스(Data Bus) : 입·출력 데이터가 흐르는 양방향 버스이다.
☞ 제어 버스(Control Bus) : 입·출력 장치를 제어하기 위한 제어신호가 흐르는 단방향 버스이다.

③ 입·출력 인터페이스(I/O Interface) : 주기억 장치와 입출력 장치 간의 차이점을 극복하기 위한 연결 변환 장치이다.

참고

☞ 입·출력 인터페이스 사용 목적
① 속도 차이 극복
② 전압 레벨 차이 조정
③ 전송 사이클 차이 변환

④ 입·출력 장치 제어기 : 연결된 주변 장치를 제어하기 위한 논리회로를 말한다.

⑤ 입·출력 장치 : 컴퓨터에서의 처리 결과를 사용자에게 제공하거나 필요한 자료를 컴퓨터에 입력을 할 때 사용되는 장치를 말한다.

[2] 기억 장치와 입출력 장치의 차이점

① 동작 속도 : 입·출력 장치보다는 주기억 장치가 매우 빠르다.

② 정보 단위 : 주기억 장치의 정보단위는 Word, 입·출력 장치의 처리단위는 문자이다.

③ 에러 발생률 : 주기억 장치는 에러 발생률이 거의 없지만 입·출력 장치는 데이터 전송과정에서 여러 원인에 의한 에러 발생률이 주기억 장치보다는 높다.

[3] 입·출력 제어 방식

① CPU 제어기에 의한 입·출력 방식

☞ 프로그램에 의한 입·출력 제어방식(폴링 : Polling)

CPU와 입·출력 장치 사이의 데이터 전달이 프로그램에 의해서 제어되는 방식으로 CPU 개입이 가장 많아 비효율적인 입·출력 제어방식이다.

☞ 인터럽트에 의한 입출력 제어 방식(인터럽트 방식)

입·출력 장치에서 CPU에게 인터럽트를 요청하면, 그때 CPU가 하던 일을 멈추고 입·출력 장치에 데이터를 전송하는 방식으로 프로그램에 의한 입·출력 제어방식보다 이용효율이 더 좋다.

② DMA 제어기에 의한 입·출력 방식

데이터의 입·출력 전송이 중앙처리장치(CPU)를 거치지 않고 직접 기억장치와 입·출력장치 사이에서 이루어지는 방식이다.

③ 채널 제어기에 의한 입·출력 방식

입·출력 전용 프로세서인 채널이 직접 주기억 장치에 접근하여 채널 명령어 요구 조건에 따라 입·출력 명령을 수행하는 방식이다.

[4] 입·출력 장치

분류	종류
입력 장치	광학 마크 판독기(OMR)
	광학 문자 판독기(OCR)
	자기 잉크 문자 판독기(MICR)
	터치 스크린(Touch Screen)
	디지타이저(Digitizer)
출력 장치	프린터
	X-Y 플로터
	CRT(Cathode Ray Tube)
	COM(Computer Output Microfilm)
입·출력 장치	자기 디스크
	자기 테이프
	자기 드럼

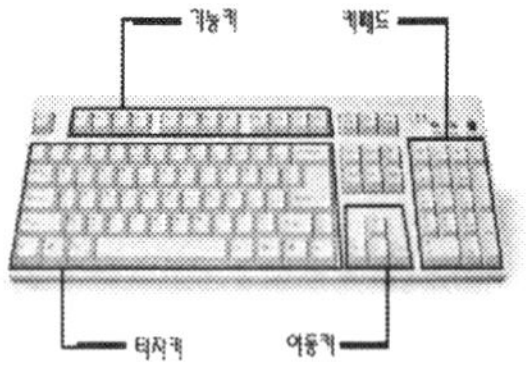

키 보 드

마 우 스

터치스크린

스 캐 너

디지타이저

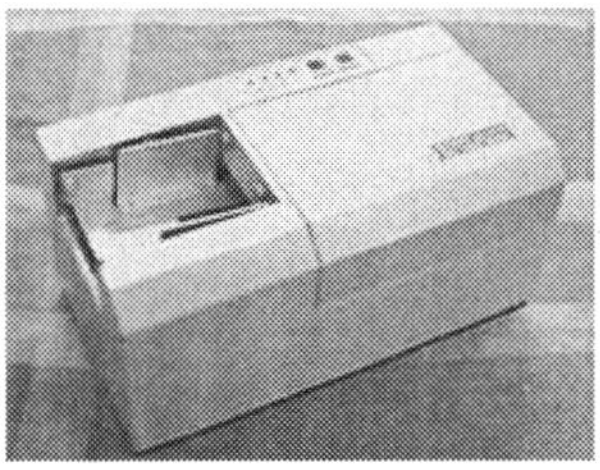

바코드 판독기

[그림 6-2] 입력 장치의 예

CRT 모 니 터

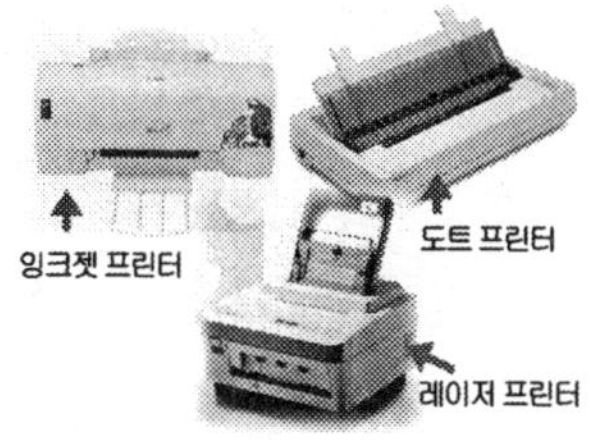

프 린 터

스 피 커

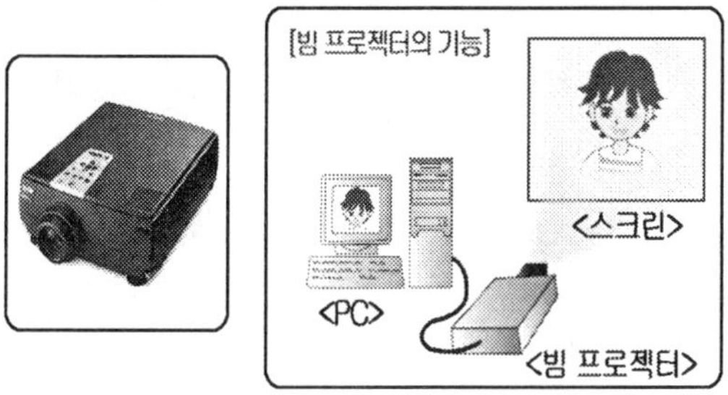

빔 프로젝터

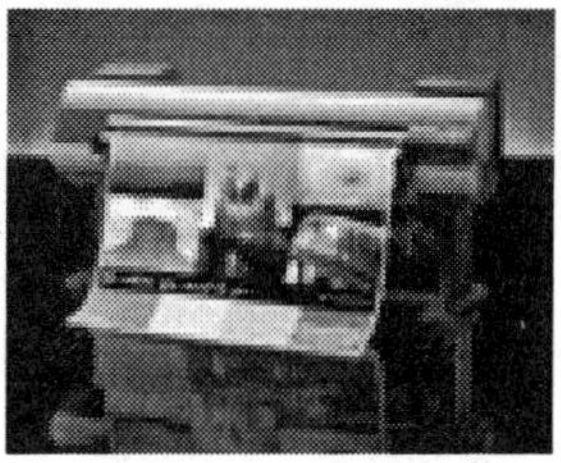

플 로 터

[그림 6-3] 출력 장치의 예

2. DMA 및 채널

[1] DMA(Direct Memory Access)

데이터의 입·출력 전송이 중앙처리장치(CPU)를 거치지 않고 직접 기억장치와 입출력장치 사이에서 이루어지는 방식이다.

☞ 사이클 스틸의 개념

CPU가 프로그램을 수행하기 위해 메이저 사이클을 반복하고 있을 때 DMA 제어기가 하나의 워드(Word) 전송을 위해 일시적으로 CPU의 사이클을 훔쳐서 사용하는 경우를 말한다.

CPU 메이저 사이클의 초기 상태	F	I	E	F	I	E			
DMA의 사이클 스틸		D		D		D			
사이클 스틸 이후의 CPU 메이저 사이클	F		I		E		F	I	E
인터럽트 요청		INT							
인터럽트 요청 이후의 CPU 메이저 사이클	F	I	E	인터럽트 처리			F	I	E

[2] 채널(Channel)

입출력 장치와 주기억 장치 사이에 위치하여 입출력을 제어하는 입출력 전용 프로세서로서 데이터 처리속도의 차이를 줄여준다.

CPU와 동시에 동작이 가능하므로 고속으로 입출력이 가능하며 여러 개의 블록을 전송할 수 있다.

① 셀렉터 채널(Selector Channel) : 주기억장치와 입출력 장치 간에 데이터를 전송하는 프로세서로 한 번에 한 개의 장치를 선택하여 입출력한다.

② 바이트 멀티플렉서 채널(Multiplexer Channel) : 여러 개의 서브 채널을 이용하여 동시에 입출력을 조작한다.

③ 블록 멀티플렉서 채널(Block Multiplexer Channel) : 셀렉터 채널과 멀티플렉서 채널의 복합 형태로서 블록단위로 이동시키는 멀티플렉서 채널이다.

제7장
인터럽트

1. 인터럽트의 개념 및 원인

[1] 인터럽트의 개념

프로그램 수행도중 컴퓨터 시스템에서 예기치 못한 일이 일어났을 때, 그것을 제어 프로그램에 알려 CPU가 하던 일을 멈추고 다른 작업을 처리하도록 하는 방법으로 실행중인 프로그램을 완료하지 못하였을 때, 처음부터 다시 하지 않고 중단된 위치로 복귀하여 이상 없이 계속해서 프로그램을 수행할 수 있도록 하는데 있다.

[2] 인터럽트의 원인 및 종류

① 외부 인터럽트

예상할 수 없는 시기에 프로세스 외부인 주변 장치에서 처리를 요청하는 인터럽트이다.

- 정전 인터럽트
- 기계고장 인터럽트
- 입출력(I/O) 인터럽트
- 타이머 인터럽트

② 내부 인터럽트

어떤 기능을 발휘하도록 하기 위해 프로세스 내부에서 발생하는 인터럽트이다.

- 0으로 나누기 인터럽트
- Overflow/Underflow 인터럽트
- 비 정상적 명령어 사용 인터럽트

2. 인터럽트 체제

[1] 인터럽트 동작 순서

① 인터럽트 요청

② 현재 수행 중인 명령어는 종료 후 현 상태를 스택이나 메모리 0번지에 저장한다.

③ 인터럽트 요청 장치를 확인 한다.

④ 인터럽트 처리 루틴에 따라 조치한다.

⑤ 정상적인 프로그램으로 복귀 한다.

[2] 인터럽트의 원인 판별 방법

① 소프트웨어(S/W)에 의한 판별(폴링 : Polling)

프로그램에 의해서 각 장치의 플래그를 검사하여 인터럽트 요청 장치를 판별하는 방식으로 인터럽트 반응 속도가 느리지만 프로그램 변경이 용이하다.

② 하드웨어(H/W)에 의한 판별(데이지 체인 : Daisy Chain)

인터럽트 요청 장치들을 인터럽트 우선순위에 따라 직렬로 연결하고 CPU의 신호를 인지하여 자신의 장치 번호를 CPU에 보냄으로써 요청한 장치를 판별하는 방식으로 인터럽트 반응 속도는 빠르지만 프로그램 변경이 어렵다.

[3] 인터럽트의 우선순위

① 소프트웨어에 의한 우선순위 부여 방식(폴링 : Polling)

인터럽트 순위가 가장 높은 장치로부터 가장 낮은 장치 순으로 비교 순서를 정해 놓고 우선순위를 부여하는 방식이다.

② 하드웨어에 의한 우선순위 부여 방식(데이지 체인 : Daisy Chain)

인터럽트 순위가 가장 높은 장치로부터 가장 낮은 장치 순으로 하드웨어 회로를 직렬로 연결하여 우선순위를 부여하는 방식이다.

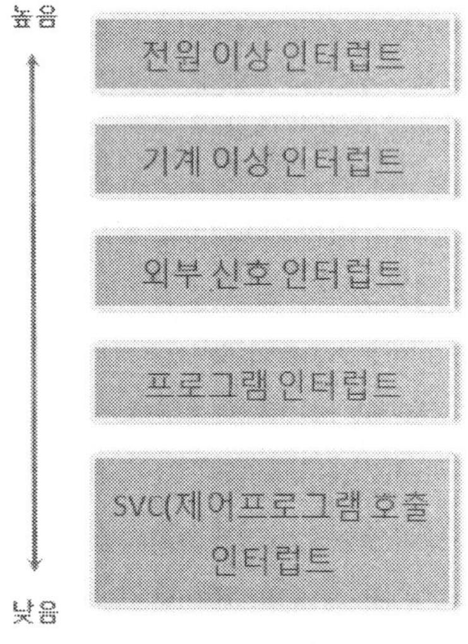

[그림 7-1] 인터럽트의 우선순위

제8장
운영체제와 기본 소프트웨어

1. 프로그래밍 개념

[1] 프로그래밍 개념

프로그램이란 컴퓨터를 통해 어떤 원하는 결과를 얻기 위해 컴퓨터가 수행해야할 내용을 지시하는 명령들을 모아놓은 것 즉, 명령문의 집합체라고 정의할 수 있다.

① 프로그램(program) : 컴퓨터가 수행해야할 내용을 지시하는 명령문의 집합체.

② 프로그래밍(programming) : 프로그램을 작성하는 것.

③ 프로그래머(programmer) : 프로그램을 작성하는 사람.

[2] 프로그램 작성절차

참고

① 문제분석 → ② 시스템설계(입·출력 설계) → ③ 순서도 작성 → ④ 프로그램 코딩 및 입력 → ⑤ 디버깅 → ⑥ 실행 → ⑦ 문서화

① 문제 분석 : 해결하고자 하는 문제를 명확히 파악한다.

② 시스템 설계 : 입력되는 데이터의 종류와 형식, 크기등을 정하고, 처리된 결과을 어떠한 형태로 어떤 매체에 출력할 것인지에 대하여 설계한다.

③ 순서도 작성 : 입력된 데이터의 처리 과정 및 프로그램 결과가 출력되는 전반적인 처리 과정을 정해진 기호를 사용하여 간결하고 명확하게 도표로 나타낸다.

④ 프로그램 코딩 및 입력 : 프로그래밍 언어를 선택하여 순서도에 따라 원시 프로그램을 작성한다.

❋ 코딩(coding) : 순서도에 따라 원시 프로그램을 작성하는 과정.

❋ 입력 : 코딩된 프로그램을 입력 매체에 수록하는 과정.

⑤ 디버깅(debugging) : 번역과정에서 언어의 문법과 규칙에 맞지 않는 문장이 있으면 오류가 발생한다. 이 때, 오류의 원인을 찾아 다시 번역한다.

❋ 디버깅(debugging) : 오류를 수정하는 작업.

⑥ 실행 : 번역된 목적 프로그램에 모의 데이터를 입력하여 논리적 오류를 찾아 수정하는 과정을 모의 실행이라 한다.

⑦ 문서화 : 실행이 성공적으로 끝나면 모든 자료를 문서화하여 보관한다.

[3] 프로그래밍 언어의 개념

프로그래밍 언어는 컴퓨터와 사용자간의 의사소통을 하기 위한 것으로, 저급언어(low level language)와 고급언어(high level language)로 분류할 수 있다.

(1) 저급언어(Low Level Language)

사용자가 이해하고 사용하기에는 불편하지만 컴퓨터가 처리하기 용이한 컴퓨터 중심의 언어이다.

① 기계어(Machine Language)

컴퓨터가 이해할 수 있는 0과 1의 2진수로만 되어있는 기계중심의 언어이다. 그러므로 프로그램 실행시에 번역할 필요가 없어 실행속도가 빠르다. 하지만, 사용자가 이해하기 힘든 언어이기 때문에 전문지식이 필요하며 프로그래밍 하는 데에 시간이 많이 걸린다.

② 어셈블리어(Assembly Language)

어셈블리어는 기계어 대신 이해하기 쉬운 기호로 명령을 만든 기호언어(symbolic)이다. 정해진 기호를 사용하기 때문에 기계어 보다 이해하기 쉽고 사용하기 편리하다. 그러나 호환성이 없고 전문가 이외에는 사용하기 어렵다는 단점이 있다. 어셈블리어로 작성된 프로그램을 기계어로 변환시켜 주는 번역 프로그램을 어셈블러(assembler)라고 한다.

[실전문제] 다음 중 컴퓨터가 직접 이해할 수 있는 언어는?

가. 기계어 나. 자연어 다. 컴파일러 언어 라. 인터프리터 언어

답 다

[실전문제] 기계어를 기호화시킨 언어는?

가. C언어 나. Basic 다. Fortran 라. Assembly어

답 라

(2) 고급언어(High Level Language)

자연어에 가까워 그 의미를 쉽게 이해할 수 있는 사용자 중심의 언어로, 기종에 관계없이 공통적으로 사용할 수 있는 언어로, 기계어로 변환하기 위한 컴파일러가 필요하다.

① 베이직(BASIC : Beginner's All-purpose Symbolic Instruction Code)

1965년 미국 다트머스대학교의 켐니 교수가 개발하여 언어구조가 쉽고 간단해서 초보자들이 배우기 쉬운 대화형의 인터프리터 중심의 언어이다.

② FORTRAN(Formula Translation)

1954년 IBM 704에서 과학적인 계산을 하기 위해 시작된 컴퓨터 프로그램 언어로 고급언어 중 가장 먼저 개발된 과학 기술용 프로그램 언어이다.

③ COBOL(Common Business Oriented Language)

1960년 개발된 언어로 사무 처리를 위한 컴퓨터 프로그래밍 언어이다.

④ PASCAL

1971년 개발된 언어로 구조화 프로그래밍 개념에 따라 개발된 언어로서, 교육용 언어로 많이 쓰였다.

⑤ C 언어

1974년 개발된 언어로 UNIX 운영체제를 위해 개발한 시스템 프로그램 언어로 저급언어와 고급언어의 특징을 모두 갖춘 언어이다.

⑥ LIPS(List Processing)

1960년 개발이 시작된 언어로, 게임 이론, 정리 증명, 로봇, 분제 및 자연어 처리 등의 인공지능과 관련된 분야에 사용되는 언어이다.

⑦ PL/1(Programming Language One)

FORTRAN, COBOL, ALGOL 등의 장점을 포함하려고 시도한 범용언어로서, 매크로 언어를 자진 인터프리터형 언어이다.

⑧ C++

1980년대 초에 C언어를 기반으로 개발된 언어로 C++는 컴퓨터 프로그래밍의 객체지향 프로그래밍을 지원하기 위해 C언어에 객체지향 프로그래밍에 편리한 기능을 추가하여 사용의 편리성을 향상시킨 언어이다.

⑨ 자바(JAVA)

썬마이크로시스템사에서 개발한 새로운 객체지향 프로그래밍 언어로, 네트워크 분산 환경에서 이식성이 높고, 인터프리터 방식으로 동작하는 사용자와의 대화성이 높은 프로그래밍 언어이다.

[4] 프로그래밍 언어의 번역과 번역기

(1) 프로그램 언어의 번역 과정

① 원시 프로그램(Source Program) : 사용자가 각종 프로그램 언어로 작성한 프로그램

② 목적 프로그램(Object Program) : 번역기에 의해 기계어로 번역된 상태의 프로그램

③ 로드 모듈(Load Module) : Linkage Editor에 의해 실행 가능한 상태로 된 모듈

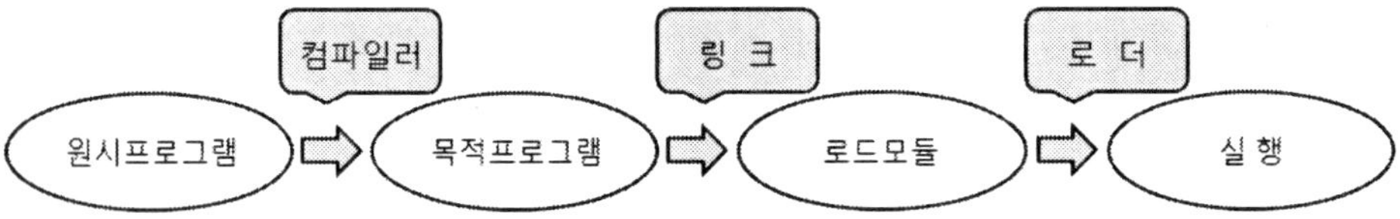

[그림 8-1] 프로그래밍 언어의 번역과정

[실전문제] 다음 중 번역기에 의해 기계어로 번역된 프로그램을 무엇이라고 하는가?

가. 실행 프로그램 나. 원시 프로그램 다. 목적 프로그램 라. 편집 프로그램

답 다

[실전문제] 다음 4개 사항이 실행 순으로 나열된 것은?

① 원시프로그램(source program) ② 로더(loader)
③ 목적프로그램(obfect program) ④ 컴파일러(compiler)

가. ① - ② - ③ - ④ 나. ④ - ② - ① - ③ 다. ① - ④ - ③ - ② 라. ② - ③ - ④ - ①

답 다

(2) 번역기의 종류

① 어셈블러(Assembler)

어셈블리 언어로 작성된 원시 프로그램을 기계어로 번역하는 프로그램이다.

② 컴파일러(Compiler)

전체 프로그램을 한 번에 처리하여 목적 프로그램을 생성하는 번역기로, 기억 장소를 차지하지만 실행 속도가 빠르다.

[실전문제] 기계 외부에서 사람이 사용하는 프로그램 언어와 기계 내부적으로 기계만이 알 수 있는 기계어 사이에 이들을 연결시켜 주는 번역프로그램은?

가. 디코더(Decoder)　　나. 컴파일러(Compiler)
다. 심볼릭어(Symbolic Language)　　라. C 언어(C Language)　　답 나

참고

컴파일러를 사용하는 언어는 ALGOL, PASCAL, FORTRAN, COBOL, C 등이 있다.

③ 인터프리터(Interpreter)

원시 프로그램을 한번에 기계어로 변환시키는 컴파일러와는 달리 프로그램을 한 줄씩 기계어로 해석하여 실행하는 '언어처리 프로그램'이다. 한 단계씩 테스트와 수정을 하면서 진행시켜 나가는 대화형 언어에 적합하지만, 실행 시간이 길어 속도가 늦어진다. 대표적인 대화형 언어에 BASIC이 있다.

[실전문제] 다음 설명 중 옳지 않은 것은?

가. interpreter는 원시프로그램을 번역한다.　　나. interpreter는 목적프로그램을 생산한다.
다. compiler는 목적프로그램을 생산한다.　　라. compiler는 원시프로그램을 번역한다.

답 나

[실전문제] 프로그램의 번역기 중 명령 단위로 차례로 해석하여 실행하는 것은?

가. 어셈블러(assembler)
나. 컴파일러(compiler)
다. 인터프리터(interpreter)
라. 컴파일러(compiler)와 어셈블러(assembler)

답 다

[실전문제] 인터프리터 방식에 대한 설명으로 틀린 것은?

가. 프로그램을 한 줄씩 번역하여 실행한다.
나. 프로그램의 실행 속도가 가장 빠르다.
다. 큰 기억장치가 필요하지 않으며 번역과정이 비교적 간단하다.
라. 일부가 수정되어도 프로그램 전체를 수정할 필요가 없다.

답 나

④ 링커(Linker)

기계어로 번역된 목적 프로그램을 실행 프로그램 라이브러리를 이용하여 실행 가능한 형태의 로드 모듈로 번역하는 번역기

⑤ 로더(Loader)

로드 모듈을 수행하기 위해 메모리에 적재시켜 주는 기능을 수행

[실전문제] 다음 중에서 원시 프로그램을 기계어로 활용하는 시스템은 무엇인가?

가. 컴파일러 프로그램　　나. C-언어
다. 목적프로그램　　라. 운영체제(Operation System)

답 가

[실전문제] 언어번역기 프로그램에 해당되지 않는 것은?

가. 어셈블러(assembler)　　나. 컴파일러(compiler)
다. 인터프리터(interpreter)　　라. 작업 스케즐러(job scheduler)

답 라

2. 순서도

[1] 순서도

입력된 데이터의 처리 과정 및 프로그램 결과가 출력되는 전반적인 처리 과정을 정해진 기호를 사용하여 간결하고 명확하게 도표로 나타낸다.

※ 순서도 작성 시 고려사항

① 처리되는 과정은 모두 표현한다.
② 간단하고 명료하게 표현한다.
③ 전체의 흐름을 명확히 알 수 있도록 작성한다.
④ 과정이 길거나 복잡하면 나누어 작성하고, 연결자로 연결한다.
⑤ 통일된 기호를 사용한다.

[실전문제] FLOW CHART를 작성하는 이유로 적당치 않은 것은?

가. 처리절차를 일목요연하게 한다.
나. 프로그램의 인계인수가 용이하다.
다. ERROR 수정이 용이하다.
라. 대용량 MEMORY를 사용할 수 있다.

답 라

[2] 순서도 기호

① 기본 기호(basic symbol)

데이터의 일반적인 처리와 입·출력 행위, 흐름선, 연결자, 주해, 페이지 연결자 등으로 구성된다.

기 호	이 름	사용하는 곳
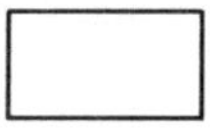	처 리	지정된 작동, 각종 연산, 값이나 기억 장소의 변화, 데이터의 이동 등의 모든 처리를 나타냄
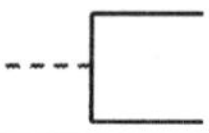	주 해	이미 표현된 기호를 보다 구체적으로 설명하며, 점선은 해당 기호까지 연결한다.
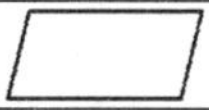	입·출력	일반적인 입력과 출력의 처리를 나타냄
	화살표	흐름의 진행 방향을 표시
	연결자	흐름이 다른 곳으로의 연결과 다른 곳에서의 연결을 나타내며, 화살표와 기호 내에 쓰여진 이름이 동일한 경우에만 연결 관계를 나타냄

	페이지 연결자	흐름이 다른 페이지로 연결됨과 다른 페이지에서의 연결되는 입력을 나타내며, 기호 내에 쓰여진 이름이 동일한 경우에만 연결 관계를 나타냄
	흐름선	오른쪽에서 왼쪽으로, 아래에서 위로 화살표를 하여야 하고, 처리의 흐름을 나타내며 선이 연결되는 순서대로 진행된다.

② 프로그래밍 관계기호(symbols related to programming)

기본기호와 함께 사용하여 프로그램 전체의 논리를 표현할 수 있도록 하며, 준비, 의사결정, 정의된 처리, 단자 등으로 구성된다.

기 호	이 름	사용하는 곳
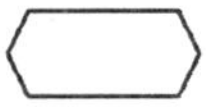	준 비	기억장소의 할당, 초기값 설정, 설정된 스위치의 변화, 인덱스 레지스터의 변화, 순환 처리를 위한 준비 등의 표현
	의사 결정	변수의 조건에 따라서 변경될 수 있는 흐름을 나타내는 데 사용하는 판단기능
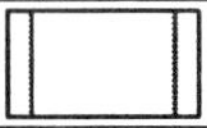	정의된 처리	흐름도의 특수한 집합에서 수행할 그룹의 운용기호
	터미널/단자	프로그램 순서도의 시작과 끝의 표현

③ 시스템 관계기호(symbols related to system)

시스템의 분석 및 설계 시에 데이터가 어느 매체에서 처리되어 어느 매체로 변환하여 이동하는지를 나타내기 위한 기호이다.

기 호	이 름	사용하는 곳
	펀치 카드	펀치 카드 매체를 통한 입·출력을 나타냄
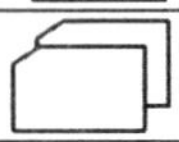	카드 뭉치	펀치 카드가 모여 있음을 표시
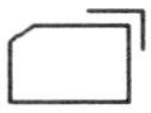	카드 파일	펀치카드에 레코드가 모여서 파일을 구성하고 있음을 표시
	서 류	각종 원시 데이터가 기록된 서류나 종이 매체에 출력되는 결과 및 문서화된 각종 서류를 표시
	종이 테이프	종이 테이프 매체를 통한 입·출력을 나타냄
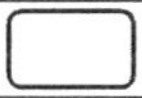	키 작업	자판을 통한 키 펀칭이나 검사 등의 작동을 표시
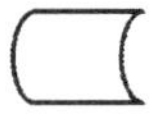	온라인 기억장치	온라인 상태의 각종 보조기억장치 매체를 통한 입·출력을 나타냄
	자기 드럼	자기 드럼 매체를 통한 입·출력을 나타냄
	자기 코어	자기코어 매체를 통한 입·출력을 나타냄

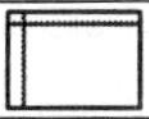		
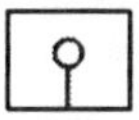	디스켓	디스켓 매체를 통한 입·출력을 나타냄
	카세트테이프	카세트테이프를 통한 입·출력을 나타냄
	오프라인 기억장치	오프라인 상태의 기억 매체에 레코드들이 기록됨을 나타냄
	병합	정렬된 2개 이상의 파일을 합쳐서 하나의 파일을 생성
	대합	2개 이상의 파일을 합쳐서 다른 2개 이상의 파일을 생성
	정렬	조건에 관계없이 배열된 데이터를 조건에 따라 순서대로 배열하는 작업
	추출	파일에서 필요한 부분만 분리하여 새로운 파일을 생성
	통신연결	전화선이나 무선 등의 각종 통신회선과 연결을 나타냄

[실전문제] 프로그램 설계를 위하여 순서도를 사용할 경우에 마름모 기호와 타원형 기호가 의미하는 것은?

가. 처리와 서브루틴
나. 서브루틴과 판단
다. 판단과 프로시저의 시작(또는 끝)
라. 프로시저의 시작(또는 끝)과 조보설명

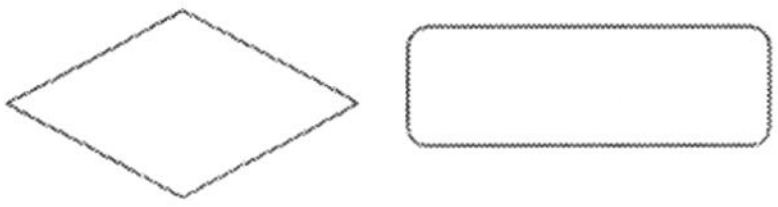

답 다

[실전문제] 다음 중 순서도 작성의 필요성과 거리가 먼 것은?

가. 프로그램 coding의 기초 자료가 된다.
나. 작성된 프로그램을 기계어로 번역할 때 요구된다.
다. 프로그램의 수정 및 인수인계를 쉽게 한다.
라. 완성된 프로그램의 오류와 정확성을 검증하는 자료가 된다.

답 나

[실전문제] 순서도(flowchart) 작성에 대한 설명으로 옳지 않은 것은?

가. 사용하는 언어에 따라 기호형태가 다르다.
나. 프로그램 보관시 자료가 된다.
다. 프로그램 갱신 및 유지관리가 용이하다.
라. 오류 수정(Debugging)이 용이하다.

답 가

[3] 순서도의 종류

① 시스템 순서도(system flowchart)

주로 시스템 분석가가 시스템 설계나 분석을 할 때에 작성되며, 자료의 흐름을 중심으로 시스템 전체의 작업 내용을 총괄적으로 나타낸 순서도이다.

② 프로그램 순서도

시스템 전체의 자료 처리에 필요한 모든 조작의 순서를 나타낸 순서도이다.

㉠ 개략 순서도(general flowchart) : 프로그램 전체의 내용을 개괄적으로 표시한다.

㉡ 상세 순서도(detail flowchart) : 모든 조작과 자료의 이동 순서를 하나도 빠짐없이 표시하고, 세밀하게 그려진 순서도이다.

3. 프로그래밍 언어

[1] BASIC(Beginner's All-purpose Symbolic Instruction Code)

1965년 미국 다트머스대학교의 켐니 교수가 개발하여 언어구조가 쉽고 간단해서 초보자들이 배우기 쉬운 대화형의 인터프리터 중심의 언어이다.

※ Basic의 특징

① 문법의 규칙이 간단하여, 초보자가 배우기 용이하다.

② 프로그램의 작성이 용이하다.

③ 인터프리터 언어이므로 프로그램을 즉시 시험하기 때문에 작업시간이 단축된다.

④ 문장 앞에 행 번호를 부여하여야 하며, 행 번호순으로 실행된다.

⑤ 수치 계산이나 행렬 계산이 간단하다.

[실전문제] 다음 중 교육용으로 제작되었으며, 인터프리터에 의해 번역 실행되는 프로그래밍 언어는?

가. COBOL　　나. PASCAL　　다. BASIC　　라. FORTRAN　　답 다

[2] FORTRAN(Formula Translation)

1954년 IBM 704에서 과학적인 계산을 하기 위해 시작된 컴퓨터 프로그램 언어로 고급언어 중 가장 먼저 개발된 과학 기술용 프로그램 언어이다.

[3] COBOL(Common Business Oriented Language)

1960년 개발된 언어로 사무 처리를 위한 컴퓨터 프로그래밍 언어이다.

[실전문제] 프로그램 언어는 그 사용 목적에 따라 구분된다. 사무처리응용을 위해 개발된 언어는?

가. BASIC　　나. FORTRAN　　다. ASSENBL어　　라. COBOL　　답 라

[4] C 언어

1974년 개발된 언어로 UNIX 운영체제를 위해 개발한 시스템 프로그램 언어로 저급언어와 고급언어의 특징을 모두 갖춘 언어이다.

(1) C 언어의 특징

① 저급언어와 고급언어의 특징이 결합된 중급언어의 특징을 갖는다.

② 명령어들이 간략하고, 구조화 프로그램에서 요구되는 기본적인 제어구조를 제공한다.

③ 이식성이 높은 언어다.

④ 많은 명령어와 연산자를 갖는다.

⑤ UNIX 운영체제를 위해 개발한 시스템 프로그램 언어이다.

[실전문제] 다음 중 응용 소프트웨어(application software)에 속하지 않는 것은?

가. 워드프로세서　　나. 운영체제 프로그램

다. 게임 프로그램　　라. 인사관리 프로그램　　답 나

4. 운영체제(O.S)

[1] 운영체제

(1) 운영체제의 개념

사용자와 컴퓨터 사이에서 원활한 의사소통과 효율적인 하드웨어 관리, 컴퓨터를 쉽게 이용할 수 있도록 지원하는 인터페이스 기능을 담당하며 컴퓨터가 작동하기 위한 가장 중요한 시스템 소프트웨어이다.

(2) 운영체제의 목적

① 사용자와 컴퓨터간의 인터페이스 기능을 제공한다.

② 사용자간의 자원 사용을 관리한다.

③ 입출력을 지원한다.

④ 자원의 효율적인 운영을 위한 스케줄링을 담당한다.

⑤ 처리 능력(through-put)의 향상

일정시간 내에 시스템이 처리한 일의 양을 의미한다.

⑥ 변환 시간(turn-around time, 응답시간)의 최소화

일의 처리를 컴퓨터에 명령하고 나서 결과가 나올 때까지의 시간이다.

⑦ 사용 가능도(availability)

컴퓨터 시스템을 사용하고자 할 때 빨리 이용할 수 있고 시스템 자체에 이상이 발생했을 경우 그 즉시 회복하여 사용할 수 있어야 한다.

⑧ 신뢰도(reliability)향상

컴퓨터 시스템 자체가 착오를 일으키지 않아야 한다.

⑨ 이용기능의 확대

(3) 운영체제의 구성

컴퓨터 시스템의 자원 관리 계층에 따라 제어(control) 프로그램과 처리 (processing) 프로그램으로 구성된다.

① 제어 프로그램

운영 체제에서 가장 핵심적인 프로그램으로 컴퓨터 시스템의 작동 상태와 처리 프로그램의 실행 과정을 감시하는 역할을 담당하며, 주기억장치 내에 상주한다.

㉠ 감시 프로그램(Supervisor program)

컴퓨터 시스템의 작동상태를 감독하는 프로그램으로 제어 프로그램 중에서 가장 중요한 역할을 수행한다.

㉡ 데이터 관리 프로그램(Data management program)

데이터와 파일을 관리하며 주기억장치 및 입출력 장치 사이의 데이터 전송 등을 담당한다.

㉢ 작업 제어 프로그램(Job control program)

원활한 작업 처리를 위해 스케줄이나 입출력 장치를 할당하는 역할을 담당한다.

② 처리 프로그램

제어 프로그램의 통제 하에 사용자가 작성한 특정 문제를 해결하기 위한 프로그램에 관련된 자료 처리를 담당한다.

㉠ 언어 번역 프로그램(Language translator program)

언어 번역기라고도 하며 컴파일러, 인터프리터 등이 있다.

㉡ 서비스 프로그램(Service program)

컴퓨터를 제작하는 회사에서 제공해 주는 프로그램으로 정렬(sort)·병합 (marge) 프로그램, 유틸리티 프로그램 등이 있다.

㉢ 문제 프로그램(Problem program)

사용자가 업무적인 필요에 의해서 작성한다.

[실전문제] 운영체제는 제어프로그램과 처리프로그램으로 나누는데, 다음 중 제어프로그램이 아닌 것은?

가. 감시(Supervisor) 프로그램　　나. 작업 제어(Job control) 프로그램

다. 데이터 관리(Data Management) 프로그램　라. 사용자 서비스(User service) 프로그램

답 라

(4) 운영체제의 기법

① 멀티 프로그래밍(multi programming)

CPU가 실제로는 프로그램을 하나씩 실행하지만 처리속도가 빠르기 때문에 여러 개의 프로그램을 실행하는 것처럼 느낀다.

② 멀티 프로세싱(multi processing)

두 개 이상의 CPU가 한 개의 시스템을 구성하여, 한 개의 프로그램을 여러 개의 CPU가 나누

어서 처리하므로 처리속도가 빠르다.

③ 분산처리(Distribute processing)

통신으로 연결된 여러 개의 컴퓨터 시스템에서 여러 개의 작업이 처리되는 방식으로 자원의 공유와 연산 속도와 신뢰성이 향상되는 장점이 있는 반면에 보안 문제와 설계가 복잡한 단점이 있다.

④ 일괄처리(Batch Processing)

사건을 일정시간 또는 일정량 모아서 한꺼번에 처리하는 방식이다.

⑤ 실시간 처리(Real Time Processing)

사건이 발생 즉시 처리하는 방식이다.

⑥ 버퍼링(Buffering)

하나의 프로그램에서 CPU 연산과 I/O 연산을 중첩시켜 처리할 수 있게 하는 방식으로 CPU 효율을 높이는 방식이다.

CPU와 입출력 장치와의 속도 차이를 줄이기 위해 메모리(주기억장치의 일부)가 중재한다.

⑦ 스풀링(Spooling)

보조 기억장치를 이용하여 여러 개의 프로그램에 대하여 입력과 CPU 작업을 중첩시켜 처리할 수 있게 하는 방식이다.

프로그램과 이를 이용하는 I/O장치와의 속도차를 극복하기 위한 장치로 대부분 하드 디스크가 중재한다.

(5) 운영체제의 종류

① MS-DOS

초기 개인용 컴퓨터(PC)의 가장 대표적인 운영체제로, 1981년에 IBM사(社)가 16비트 PC를 발매할 무렵에 마이크로소프트사가 IBM PC용으로 개발한 단일 이용자용 및 단일 데스크용 의 운영체제이다

② Window 3.1

도스와 윈도우95를 잇는 과도기에 생겨난 그래픽환경의 운영체제이다.

■ GUI(graphic user interface) : 그래픽 사용자 인터페이스

③ Window 95

M/S사가 95년에 발표한 그래픽 환경의 운영체제로 여러 가지 우수한 특징을 가지고 있지만 에러가 너무 많다는 단점도 있다.

■ 데스크 탑과 객체, 멀티 태스킹과 멀티미디어 기능

- 도스, 윈도우3.1과의 강력한 호환성
- 하드웨어 자동검색 및 설치 기능(플러그 앤 플레이(P&P)기능)
- 네트워크 환경 구축의 편리성 및 인터넷 사용 가능

④ Window 98

윈도우 95의 차기 버전으로 윈도우 95보다 안정성이 강화 되었고 실행속도가 향상된 운영체제

- 주변장치를 연결할 수 있는 다양한 하드웨어 드라이버가 제공
- 인터넷 기능이 보강(인터넷 프로그램 기본 설치)
- 하드디스크 용량의 제한을 지원으로 보완(2GByte이상)
- 시스템 상태를 점검하고 오류를 복구할 수 있는 다양한 마법사 제공

⑤ Window XP

M/S사에서 2001년 10월에 개발하였으며 XP는 eXPerience(경험)로 그동안 쌓인 노하우가 집약된 운영체제이며 인터넷을 기반으로 만들어졌다.

- 여러 장소에서 정보를 동시에 공유할 수 있는 허브 기능
- 각종 응용 프로그램을 시스템 자체에 내장(인터넷전화, 메신저, 등)
- 암호 폴더 기능 및 실시간으로 음성, 동영상 공유 등의 멀티미디어 기능 강화

⑥ Window NT

둘 이상의 CPU를 사용할 수 있고 시스템 안정과 보안이 장점인 32비트 운영체제이다.

- 도스 없이 실행이 가능하며 완벽한 다중 작업이 가능
- 향상된 시스템 메모리 액세스 방법을 제공
- 서버 버전과 워크스테이션 버전이 있다.

⑦ 유닉스(UNIX)

1970년대 초 미국의 벨 연구소에서 개발한 운영체제로 다중 사용자(multi-user)가 다중 작업을 처리할 수 있고, 프로그램 개발이 용이한 운영체제이다. 대부분이 C언어로 작성되어 이식성이 높고 시스템 간의 통신이나 소프트웨어 개발 등에 많은 장점이 있다.

참고

※ kernel : 운영체제의 가장 중요한 핵심장치이다.
※ shell : 사용자간의 인터페이스를 담당하여 사용자의 명령을 수행하는 명령어 해석기이다.
※ I-node : 운영체제에 의해서 부여되는 고유번호를 의미한다.

[실전문제] 다음 중 UNIX 운영체제의 기초가 되는 언어는?

가. BASIC　　나. PASCAL　　다. ASSENBLY　　라. C-언어　　답 라

⑧ 리눅스(LINUX)

1991년 핀란드 헬싱키 대학의 학생이던 리누수 토발즈(Torvalds, L. B)가 유닉스를 PC에서도 작동할 수 있게 만든 운영 체제이며, 유닉스와 거의 비슷한 기능을 갖고 있는 운영체제이다. 무료로 공개되고 있으며 기본 프로그램을 바탕으로 사용자 나름대로 핵심 코드까지 수정할 수 있는 운영체제이다.

[실전문제] 필란드 헬싱키 대학의 학생이 만들었으며, 무료로 사용할 수 있는 운영 체제는?

가. 도스　　나. 유닉스　　다. 리눅스　　라. 윈도　　답 다

⑨ OS/2

IBM에서 개발한 다중 작업이 가능한 그래픽 환경의 운영체제. MS-DOS의 몇 가지 치명적인 한계를 극복한 32비트 운영체제로 메모리 제어방식과 주변장치 입•출력 제어에서 탁월한 성능을 발휘한다.

⑩ 맥 OS

그래픽과 전자 출판 분야에서 뛰어난 성능을 보이는 매킨토시용 운영체제이다.

[실전문제] 컴퓨터 시스템의 효율적 운용을 위한 소프트웨어 집단을 무엇이라 하는가?

가. 운영체제(operating system)　　나. 컴파일러(compiler)
다. 기계어(machine language)　　라. 번역장치(interpreter)　　답 가

[실전문제] 운영체제(Operating System)의 정의에 대해 올바르게 설명한 것은?

가. 프로그램을 사용하여 하드웨어를 최대한 활용할 수 있도록 하여 최대의 성능을 발휘하도록 하는 소프트웨어 시스템
나. 시스템 전체의 움직임을 감시하는 것
다. 제어프로그램의 감시하에 특정 문제를 해결하기 위한 것
라. 원시프로그램을 기계어로 번역하기 위한 것

답 가

[실전문제] 다음 중 운영체제가 아닌 것은?

가. 도스　나. 윈도　다. 유닉스　라. 워드프로세서

답 라

5. 프로그램 용어

① 프리웨어(freeware)

라이센스 요금없이 무료로 배포되는 소프트웨어이다.

② 세어웨어(shareware)

자유롭게 사용하거나 복사할 수 있도록 시장에 공개하고 있는 소프트웨어로서 일정기간 사용한 뒤에는 대금을 지불하고 정식사용자로 등록해야 한다.

③ 패치(patch)

컴퓨터 프로그램의 일부를 빠르게 고치기 위해 개발자가 추가로 내놓은 수정용 소프트웨어이다.

④ 번들(bundle)

하드웨어와 소프트웨어를 구입할 때 무료로 제공하는 소프트웨어이다.

⑤ 펌웨어(firmware)

하드웨어와 소프트웨어의 중간적 성격을 가지며 일반적으로 ROM에 기록된 하드웨어를 제어하는 마이크로프로그램의 집합이다.

6. 프로세서 스케줄링 알고리즘

컴퓨터 시스템의 모든 자원의 성능을 높이기 위해 그 사용 순서를 결정하기 위한 정책으로 프로세서의 할당에 대한 방법과 순서를 결정하여 자원의 효율적 이용을 도모하는 것.

비선점 스케줄링	선점 스케줄링
① 프로세서가 CPU에 할당되면 권한을 빼앗을 수 없다.	① 우선순위가 높으면 빼앗을 수 있다.
② 종류 FIFO(First Input First Output) SJF(Shortest Job First) HRN(Highest Response-rate Next) 우선순위, 기한부 방식 등	② 종류 라운드로빈(RR) SRT(Shortest Remaining Time) MFQ(Multi Level Feedback Queue)

2011년 무선설비 산업기사 〈1회〉

61 인터럽트 구동 입출력 방식에 관한 설명 중 맞는 것은?

① 프로그램에 의한 입출력 방식보다 비효율적이다.
② MPU의 능동적인 관여가 요구된다.
③ 오디오 등 동화상을 포함하는 대량 데이터를 고속으로 전송하는 경우 유리하다.
④ MPU의 속도와 무관하게 비동기적으로 동작한다.

62 입출력장치와 메모리 사이의 데이터 전송 시 가장 빠른 방식은?

① 프로그램 I/O 방식
② 인터럽트I/O 방식
③ 시리얼 I/O 방식
④ DMA 방식

63 입출력 포트의 종류 중 병렬 포트(Parallel Port)가 아닌 것은?

① USB ② FDD
③ HDD ④ CD-ROM

64 논리적 저장 순서가 필요 없으므로 데이터 저장 시 연속된 공간이 필요 없는 데이터 구조는?

① array구조
② Binary Tree 구조
③ 계층 구조
④ linked linear list 구조

65 공집합이 아닌 정점 또는 노드의 집합 V와 두 정점을 연결하는 간선(edge)들의 집합 E로 구성되는 데이터 구조는?

① 연접 리스트(dense list)
② 트리(tree)
③ 그래프(graph)
④ 스텍(stack)

66 구조적 프로그램의 기본 구조가 아닌 것은?

① 순차(sequence)구조
② 조건(condition)구조
③ 반복(repetition)구조
④ 일괄(batch)구조

67 운영체제 기능 중 파일관리에 대한 설명으로 틀린 것은?

Answer 61.② 62.④ 63.① 64.④ 65.③ 66.④ 67.④

① 디렉토리 계층구조(hierarchical directory structure)의 개념으로 사용한다.
② 지정된 파일에 대해 우연히 또는 고의로 적절치 못한 접근이 있을 경우 이를 금지하는 개념으로 사용한다.
③ 파일 시스템 구조는 논리적 구조와 물리적 구조로 구분된다.
④ 다중-사용자 시스템에서 시스템에 저장되어 있는 모든 파일들은 사용자 소유가 된다.

68 **다음 중 성격이 다른 프로그램은 무엇인가?**
① 감시 프로그램
② 작업 제어 프로그램
③ 데이터 관리프로그램
④ 언어 번역 프로그램

69 **다음 중 프로세서의 상태를 나타내는 플래그가 아닌 것은?**
① N(Negative) ② Z(Zero)
③ B(Branch) ④ C(Carry)

70 **대부분의 마이크로프로세서가 사용하는 숫자 체계는 무엇인가?**
① 1's complement
② 2's complement
③ sign-magnitude
④ signed-digit

2011년 무선설비 산업기사 〈2회〉

61 **김 씨는 인터넷에서 소프트웨어를 다운 받아 사용하는데, 30일이 되는 날 '프로그램을 실행시키려면 금액을 지불하고 사용하라'는 메시지를 받았다. 김 씨가 사용한 소프트웨어는 무엇인가?**
① 데모 프로그램
② 상용 프로그램
③ 프리웨어 프로그램
④ 셰어웨어 프로그램

62 **컴퓨터에서 음수를 표현하는 방법이 아닌 것은?**
① signed magnitude 표현법
② signed-code 표현법
③ signed-1's complement 표현법
④ signed-2's complement 표현법

63 **선점형 스케줄링 기법의 특징이 아닌 것은?**
① 대화식 시분할 시스템에 유용하다.
② 많은 오버헤드를 초래한다.
③ 응답 시간의 예측이 어렵다.
④ 모든 프로세스들에 대한 요구를 공정하게 처리한다.

64 **마이크로프로세서의 레지스터 중 함수 호출 또는 인터럽트 서비스 루틴을 수행하기 전 현재의 문맥을 저장해 두는 용도의 레지스터를 무엇이라고 부르는가?**
① MPP ② MPR
③ PSW ④ SFR

Answer 68.④ 69.③ 70.② | 61.④ 62.② 63.④ 64.③

65 IRQ 숫자를 받아 우선순위에 따라 적절한 연산을 할 수 있도록 도와주는 장치를 무엇이라고 하는가?

① Cache Controller
② PCI-X
③ Interrupt Controller
④ ALU

66 인터럽트의 발생 원인이 아닌 것은?

① 전원 이상
② 오퍼레이터 조작 또는 타이머
③ 서브프로그램 호출
④ 제어감시(SVC)

67 2진수 0111을 그레이코드로 변환한 것 중 맞는 것은?

① 1110 ② 0110
③ 0100 ④ 1001

68 스택 연산장치를 사용할 경우에 관한 설명 중 틀린 것은?

① 주소를 디코딩하고 호출하는 과정이 많다.
② 기억장치에 접근하는 횟수가 줄어든다.
③ 실행속도가 빠르다.
④ 명령어 길이가 짧아진다.

69 다음은 소프트웨어에 대한 설명이다. 틀린 것은?

① 소프트웨어는 시스템 소프트웨어와 응용 소프트웨어로 분류된다.
② 시스템 소프트웨어는 운영체제, 통신 제어 시스템 등이 있다.
③ 응용 소프트웨어는 특정한 업무를 위해 개발된 프로그램이다.
④ 시스템 소프트웨어는 오라클, MySQL 등이 있다.

70 인터넷에서 프로그램을 다운 받아 무료로 자유롭게 복사, 배포하고 있다. 이렇게 사용 되도록 허가된 프로그램을 무엇이라고 하는가?

① 세어웨어 ② 프리웨어
③ 데모버전 ④ 벤치마크

2011년 무선설비 산업기사 〈4회〉

61 중앙처리장치가 기억장치 혹은 I/O 장치와의 사이에 신호를 전송하기 위한 신호 선들의 집합은?

① 시스템 버스(system bus)
② 주소 버스(address bus)
③ 데이터 버스(data bus)
④ 제어 버스(control bus)

62 주소 형식에 따른 컴퓨터 구조에서 0-주소 명령어 형식은?

① 어큐뮬레이터(accumulator)구조
② 범용 레지스터(GPR)구조
③ 큐(queue)구조
④ 스택(stack) 구조

Answer 65.③ 66.③ 67.③ 68.① 69.④ 70.② | 61.③ 62.④

63 연산방식에 대한 설명 중 옳은 것은?
① 직렬 연산 방식은 연산속도가 빠르다.
② 직렬 연산 방식은 하드웨어(hardware)가 복잡하다.
③ 병렬 연산 방식은 연산 속도가 빠르다.
④ 병렬 연산 방식은 하드웨어(hardware)가 간단하다.

64 ASCII-8코드에 대한 설명 중 틀린 것은?
① 컴퓨터의 동작 제어에 관한 코드를 포함하고 있다.
② 패리티 비트를 포함하지 않고 있다.
③ 비트의 정수배 길이인 단어를 가지는 컴퓨터에 사용하기 편리하다.
④ 그래픽 기호를 나타내는 코드를 포함하고 있다.

65 은행, 식당 또는 버스 정류장에서 서비스를 받기 위해 줄을 서 있는 원리와 같은 자료구조는?
① 스택(stack)
② 큐(queue)
③ 데큐(deque)
④ 배열 순례(array traversal)

66 컴퓨터 사용자가 컴퓨터의 본체 및 각 주변장치를 가장 능률적이고 경제적으로 사용할 수 있도록 하는 프로그램은?
① Operating System
② Macro
③ Complier
④ Loader

67 다음 중 일반 컴퓨터 형태가 아닌 주로 회로기판 형태의 반도체 기억 소자에 응용 프로그램을 탑재하여 컴퓨터의 기능을 수행하는 시스템은?
① 임베디드 시스템
② 분산처리 시스템
③ 병렬 처리 시스템
④ 멀티 프로세싱 시스템

68 다음 스케줄링 기법 중에서 성격이 다른 것은?
① 라운드 로빈 스케줄링
② SRT 스케줄링
③ SJF 스케줄링
④ MFQ 스케줄링

69 마이크로프로세서의 레지스터 중 현재 수행중이거나 다음 클럭 사이클에 수행해야 할 명령의 주소를 가리키는 것은 무엇인가?
① ACC(accumulator)
② stack
③ PC(program counter)
④ DLL

70 다음 중 인터럽트의 우선순위가 가장 높은 것은 무엇인가?
① 전원 reset 인터럽트
② 입출력 인터럽트
③ 외부 인터럽트
④ SVC(Supervisor call)

Answer 63.③ 64.② 65.② 66.① 67.① 68.③ 69.③ 70.①

2012년 무선설비 산업기사 〈1회〉

61 **다음 중 Deadlock을 발생시키는 원인이 아닌 것은?**

① 점유와 대기(Hold and Wait)
② 순환대기(Circular Wait)
③ 상호배제(Mutual Exclusion)
④ 선점(Preemption)

62 **다음 중 운영체제에 대한 설명으로 거리가 먼 것은?**

① 컴퓨터 하드웨어에 대한 자원을 관리하는 소프트웨어이다.
② 운용 프로그램과 하드웨어 자원에 대한 연계 역할을 수행하는 소프트웨어이다.
③ 컴퓨터에서 항상 수행되고 있으며, 운영체제의 가장 핵심적인 부분은 커널(kernel)이다.
④ 사용자가 필요하다고 생각되는 경우 쉽게 접근하여 운영체제의 프로그램을 변경할 수 있다.

63 **다중 프로세서 시스템에 관한 설명 중 맞는 것은?**

① 프로세서나 복잡한 컴퓨터들이 노드를 이루면서 동작하는 시스템
② 복합적이면서도 밀접한 관계를 유지하면서 동작하는 시스템
③ 병렬적이면서 동기적인 컴퓨터 시스템에서 동시에 여러 개의 태스크(task)를 수행하는 시스템
④ 플린(Flynn)의 MIMD구조로 둘 이상의 프로세서를 가진 시스템

64 **입출력 포트의 종류 중 병렬포트(Parallel Port)가 아닌 것은?**

① USB ② FDD
③ HDD ④ CD-ROM

65 **다음 중 정보의 단위가 작은 것에서 큰 순으로 올바르게 나열된 것은?**

① Bit 〈 Nibble 〈 Byte 〈 Word
② Bit 〈 Byte 〈 Nibble 〈 Word
③ Nibble 〈 Bit 〈 Word 〈 Byte
④ Nibble 〈 Bit 〈 Byte 〈 Word

66 **다음과 같은 운영체제의 운용기법은?**

데이터 발생 또는 처리요구가 발생했을 경우에 즉시, 처리결과를 산출하는 운용기법을 말하며, 처리시간을 단축하고, 비용이 절감되기 때문에 은행과 같이 온라인 업무에 시간제한을 두고 수행하는 작업 등에 주로 사용된다.

① 단일 사용자 시스템
② 실시간처리 시스템
③ 분산처리 시스템
④ 시분할 시스템

67 **다음 중 인터럽트의 처리과정으로 옳지 않은 것은?**

① 인터럽트 처리 루틴의 시작번지에 점프하여 루틴을 수행한다.

Answer 61.④ 62.④ 63.④ 64.① 65.① 66.② 67.③

② 레지스터 내용을 스택에서 Pop한다.
③ 중단했던 점의 이전 명령부터 처리해 간다.
④ 프로그램 카운터의 내용을 스택에 Push 한다.

68 마이크로컨트롤러의 주변장치들을 제어하거나 주변장치의 상태를 읽기위해 할당된 특수목적 레지스터를 무엇이라고 하는가?

① 누산기 ② PC
③ DR ④ SFR

69 마이크로프로세서와 메인 메모리 사이의 속도 차이로 인한 성능 저하를 방지하기 위해 사용되는 구조는 무엇인가?

① USB 2.0 ② Boot loader
③ Cache ④ DMA

70 다음 중 괄호 안에 들어갈 용어로 옳은 것은?

원시프로그램을 (가)가 목적프로그램으로 번역해주며, 번역된 목적프로그램을 (나)가 실행 가능한 형태의 모듈로 만드는 역할을 한다.

① 가: 컴파일러, 나: 어셈블러
② 가: 링커, 나: 컴파일러
③ 가: 컴파일러, 나: 링커
④ 가: 링커, 나: 어셈블러

2012년 무선설비 산업기사 〈2회〉

61 주기억장치의 용량이 512[KB]인 컴퓨터에서 32[bit]의 가상주소를 사용하고, 페이지의 크기가 4[KB]면 주기억장치의 페이지 수는 몇 개인가?

① 32 ② 64 ③ 128 ④ 512

62 다음 중 두 개의 입력을 받아서, 합과 자리올림을 구하는 조합논리회로는?

① 인코더 ② 디코더
③ 반가산기 ④ 멀티플렉서

63 다음 중 운영체제의 제어프로그램이 아닌 것은?

① 작업제어 프로그램
② 감시 프로그램
③ 언어번역 프로그램
④ 데이터관리 프로그램

64 스케줄링 기법에 대한 설명이 틀린 것은?

① 컴퓨터 시스템의 모든 자원의 성능을 높이기 위해 그 사용 순서를 결정하기 위한 정책이다.
② 스케줄링 기법에는 선점형, 비선점형 스케줄링기법이 있다.
③ 선점기법은 프로세서의 응답시간 예측이 용이하다.
④ 프로세서의 할당에 대한 방법과 순서를 결정하여 자원의 효율적 이용을 도모하는 것.

Answer 68.④ 69.③ 70.③ | 61.③ 62.③ 63.③ 64.③

65 인터럽트와 반대되는 개념으로 다른 장치의 상태 변화를 계속 관찰하는 제어 방법을 무엇이라고 하는가?
① Arbitration
② Polling
③ Buffering
④ First-in First-out

66 다음 운영체제의 구성요소 중 사용자 프로세스와 시스템 프로세스들을 생성하거나 삭제하고, 중단시키거나 재개시키는 것은?
① 통신관리 ② 프로세스 관리
③ 파일관리 ④ 주 메모리 관리

67 다음의 운영체제 중에서 처리를 요구하는 자료가 발생할 때마다 즉시 처리하는 방식은?
① 오프라인 시스템
② 분산처리 시스템
③ 실시간처리 시스템
④ 일괄처리 시스템

68 다음 펌웨어에 대한 설명 중 옳은 것은?
① 하드웨어와 소프트웨어의 중간적 성격을 가진다.
② 하드웨어의 교체 없이 소프트웨어 업그레드만으로는 시스템 성능을 개선할 수 없다.
③ RAM에 저장되는 마이크로컴퓨터 프로그램이다.
④ 시스템 소프트웨어로서 응용 소프트웨어를 관리하는 것이다.

69 마이크로프로세서 및 하드웨어의 자원을 관리하고 사용자의 입력을 받거나 결과를 출력하는 일을 담당하는 것을 무엇이라 하는가?
① 운영체제 ② MMU
③ 컴파일러 ④ BIOS

70 어드레스 및 데이터 버스 구조에서 고성능 마이크로프로세서가 주로 사용하였으며, 데이터 버스를 명령어 버스와 데이터 버스로 구분하여 설계한 버스 구조는 다음 중 어느 것인가?
① 이중버스 구조 ② 단일버스 구조
③ 다중버스 구조 ④ 하버드버스 구조

2012년 무선설비 산업기사 〈4회〉

61 스래싱 현상이 발생했을 때 해결방법으로 틀린 것은?
① 부족한 자원을 증설한다.
② 일부 프로세스들을 중단한다.
③ 모든 프로세스들을 중단한다.
④ 다중 프로그래밍의 정도를 높여준다.

62 버스 마스터(Bus Master)에 관한 설명 중 맞는 것은?
① 독자적인 데이터 전송을 위해 직접적으로 버스 요청 신호를 생성할 수 있는 기능 장치.
② 버스에 대한 요청 권한이 없는 수동적인

Answer 65.② 66.② 67.③ 68.① 69.① 70.④ | 61.④ 62.①

기능 장치.

③ 버스 사용자를 결정하게 하는 하드웨어 장치.

④ 버스허가, 버스 요청 및 버스 사용 중 등 3개의 제어신호를 이용하는 장치

63 **2진수 1001에 대한 1의 보수와 2의 보수의 표현으로 옳은 것은?**

① 1101, 0110　② 0110, 0111

③ 0111, 1110　④ 0101, 0111

64 **다음 그림과 같은 트리를 Pre-Oder로 운영할 때, 5번째 방문하는 트리는?**

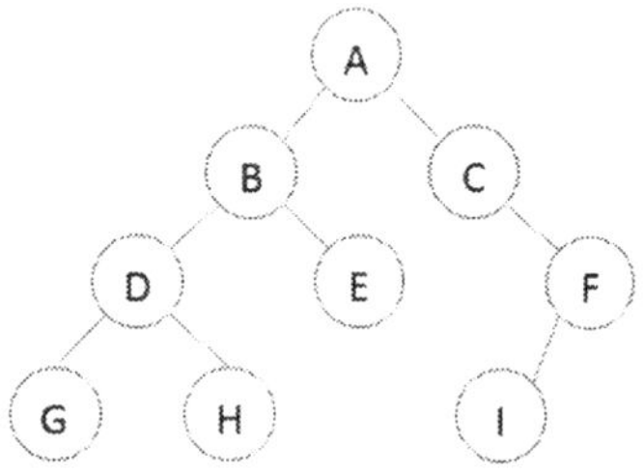

① A　② B　③ D　④ H

65 **다음 중 디스크에 있는 대량의 데이터를 복사 혹은 이동시킬 때에 CPU를 거치지 않고 직접 처리하는 방식은?**

① 인터럽트(Interrupt)

② DMA(Direct Memory Access)

③ 캐싱(Caching)

④ 스풀링(Spooling)

66 **데이터의 특정 비트를 추가하거나 두 개 이상의 데이터를 결합하는 데 편리한 연산자는 무엇인가?**

① Rotate　② Complement

③ MOVE　④ OR

67 **부동소수점 연산에서 정규화를 하는 주된 이유는 무엇인가?**

① 유효 숫자를 늘리기 위해서이다.

② 연산 속도를 증가시키기 위해서이다.

③ 숫자 표시를 간단히 하기 위해서이다.

④ 보다 큰 숫자를 표시하기 위해서이다.

68 **다음은 프로그램에 대한 설명이다. 틀린 것은?**

① Supervisor Program : 처리 프로그램의 중추적인 역할로, 제어 프로그램의 실행과정과 시스템 전체의 동작 상태를 감시하는 역할을 한다.

② Job Management Program : 작업의 연속적인 진행을 위한 준비와 처리 기능을 수행한다.

③ Data Management Program : 파일의 조작, 처리, 자료 전송, 데이터의 표준을 처리한다.

④ Problem Processing Program : 사용자의 업무적인 필요에 의해서 작성한다.

69 **임베디드 보드의 롬(ROM)에 저장되어 하드웨어를 제어하기 위해 작성된 프로그램을 무엇이라고 하는가?**

① 스파이웨어(spyware)

② 프리웨어(freeware)

③ 펌웨어(firmware)

Answer 63.② 64.④ 65.② 66.④ 67.① 68.① 69.③

④ 멀웨어(malware)

70 **CPU가 실행하여야 할 명령어의 수가 75개인 경우 명령어 구분을 위한 명령코드(op-code)는 최소한 몇 비트가 필요한가?**

① 5비트 ② 6비트
③ 7비트 ④ 8비트

2013년 무선설비 산업기사 〈1회〉

61 **2진수 10010010.011을 각각 4진수, 8진수, 16진수로 변환한 것은?**

① 2302.12_4 262.3_8 $B2.6_{16}$
② 2202.12_4 242.3_8 $A2.6_{16}$
③ 2402.12_4 252.3_8 $D2.6_{16}$
④ 2102.12_4 222.3_8 92.6_{16}

62 **다음 빈칸에 들어갈 용어로 알맞은 것은?**

(　)은(는) 커널에 등록되어 커널의 관리 하에 있는 작업으로 이를 일반적으로 주기억장치에서 실행 중인 프로그램(작업)이라 한다. 커널에 등록된 (　)은(는) 자신이 실행해야 할 프로그램을 가지고 있으며 이 프로그램을 실행하기 위해 커널에게 기억장치, 프로세서, 모니터 등 하드웨어장치나 메시지, 파일 등 소프트웨어의 각종 자원을 요청한다. 즉, 여러 자원들을 요청하고 할당받을 수 있는 개체(Entity)라 정의 할 수 있다.

① 프로세스(Process)
② 운영체제(OS)
③ 스케줄(Schedule)
④ 스레드(Thread)

63 **다음 중 DRAM에 대한 설명으로 맞는 것은?**

① 플립플롭회로를 사용하여 만들어 졌다.
② 모든 메모리 유형 중에서 가장 빠르다.
③ 일반적으로 CPU의 레지스터나 캐시메모리에만 사용된다.
④ 저장된 데이터를 유지하기 위해 계속적으로 데이터를 새롭게 하는 것이 필요하다.

64 **디스크 시스템의 성능과 신뢰성을 향상시키기 위해서 디스크 드라이버의 배열을 구성하여 하나의 유니트로 패키지 함으로써 액세스 속도를 크게 향상시키고 신뢰도를 높인 것을 무엇이라 하는가?**

① 자기디스크 장치(magnetic disk unit)
② RAID(Redundant Array of Inexpensive Disks)
③ 자기테이프 장치(magnetic tape unit)
④ 램디스크 장치(RAM disk unit)

65 **다음 중 ASCII코드에 대한 설명으로 옳지 않은 것은?**

① 1비트의 Parity 비트를 추가하여 8비트로 사용한다.
② 1개의 문자를 4개의 Zone 비트와 3개의 Digit 비트로 표현한다.
③ 128가지의 문자를 표현할 수 있다.

Answer 70.③ | 61.④ 62.④ 63.④ 64.② 65.②

④ 통신 제어용 및 마이크로컴퓨터의 기본 코드로 사용한다.

66 **명령어의 주소 필드에 피연산자의 주소가 들어 있는 것이 아니고 실제 피연산자가 위치해 있는 유효주소가 기억되어 있는 주소 지정방식은?**

① 묵시적 주소 지정방식(implied addressing mode)
② 즉시 주소 지정방식(immediate addressing mode)
③ 간접 번지 주소 지정방식(indirect addressing mode)
④ 레지스터 간접 주소 지정방식(register indirect addressing mode)

67 **다음 중 오류 검출용 코드에 해당하는 코드는?**

① BCD 코드 ② Execess-3 코드
③ 해밍코드 ④ Gray 코드

68 **다음 중 운영체제의 역할에 해당하지 않는 것은?**

① 사용자와 컴퓨터 시스템 간의 인터페이스 정의
② 여러 사용자 간의 자원 공유
③ 자원의 효율적인 운영을 위한 스케줄링
④ 데이터베이스의 관리

69 **제어장치(Control Unit)를 구성하는 요소라고 볼 수 없는 것은?**

① 명령 레지스터(instruction Register)
② DMA 제어기(DMA controller)
③ 명령 해독기(Instruction Decoder)
④ 제어 메모리(Control Memory)

70 **인터넷에서 사용되는 용어 중에서 컴퓨터 사이에 파일을 전달하는 데 사용되는 것은?**

① FTP ② Gopher
③ Archie ④ Usenet

2013년 무선설비 산업기사 〈2회〉

61 **다음 중 비교적 속도가 빠른 I/O장치를 통해, 특정한 하나의 장치를 독점하여 입·출력으로 사용하는 채널은?**

① Simple Channel
② Select Channel
③ Byte Multiplexer Channel
④ Block Multiplexer Channel

62 **다음 중 고정 소수점에 대한 설명으로 틀린 것은?**

① 컴퓨터 내부에서 주로 정수를 표현할 때 사용되는 데이터 형식이다.
② 레지스터의 첫 번째 비트는 부호비트이고, 나머지는 정수부이다.
③ 2바이트 정수형과 4바이트 정수형이 있다.
④ 부호비트는 정수부가 음수이면 "0", 양수이면 "1"로 표현한다.

Answer 66.③ 67.③ 68.④ 69.② 70.① | 61.② 62.④

63 주기억장치에 저장된 명령어를 하나하나씩 인출하여 연산코드 부분을 해석한 다음 해석한 결과에 따라 적합한 신호로 변환하여 각각의 연산장치와 메모리에 지시 신호를 내는 것은?

① 연산논리기구(ALU)
② 입·출력장치(I/O unit)
③ 채널(Channel)
④ 제어장치(control unit)

64 다음 문장이 설명하는 것으로 알맞은 것은?

> "이것은 주기억장치의 속도가 중앙처리장치의 속도보다 현저히 낮아 명령어에 대한 처리속도 향상을 위해 사용하는 메모리를 말한다."

① Virtual Memory
② Cache Memory
③ Associative Memory
④ Random Access Memory

65 10진수 10에 대해 2진법, 8진법 및 16진법의 표현으로 옳은 것은?

① 1001, 10, 10 ② 1001, 11, A
③ 1010, 12, A ④ 1010, 12, B

66 논리적으로 상호 연관된 레코드나 파일들의 집합이며 다수의 응용 시스템들이 사용되기 위하여 통합, 저장된 운영 데이터의 집합을 무엇이라 하는가?

① 레코드 ② 파일
③ 필드 ④ 데이터베이스

67 컴퓨터 시스템의 운영을 제어하고 지원하는 프로그램에 속하지 않는 것은?

① 컴파일러 ② 운영체제
③ 로더 ④ 데이터베이스

68 반도체 기억소자로서 리프레시(Refresh)가 필요한 기억장치는?

① SRAM ② DRAM
③ Mask ROM ④ EPROM

69 다음 중 2진수 1011에 대한 2의 보수(2's complement)는?

① 1010 ② 0100
③ 0101 ④ 0111

70 다음 중 운영체제에 대한 설명으로 틀린 것은?

① 컴퓨터 시스템을 효율적으로 관리
② 컴퓨터 사용자가 편리하게 이용 가능
③ 업무를 처리하기 위해 사용자가 개발한 소프트웨어
④ 사용자와 하드웨어 사이의 interface

2013년 무선설비 산업기사 〈4회〉

61 다음 중 CPU에 인터럽트가 발생할 때의 OS 동작 설명으로 틀린 것은?

① 수행중인 프로세서나 스레드의 상태를 저장한다.

Answer 63.④ 64.② 65.③ 66.④ 67.④ 68.② 69.③ 70.③ | 61.④

② 인터럽트 종류를 식별한다.
③ 인터럽트 서비스 루틴을 호출한다.
④ 인터럽트 처리 결과를 텍스트 형식의 파일로 저장한다.

62 다음 중 SRAM에 대한 설명으로 틀린 것은?

① 플립플롭회로를 사용하여 만들어졌다.
② 모든 메모리 유형 중에서 가장 빠르다.
③ 일반적으로 CPU의 레지스터나 캐시 메모리에만 사용된다.
④ 저장된 데이터를 유지하기 위해 지속적으로 데이터를 새롭게 하는 것이 필요하다.

63 2진수 1001에 대한 1의 보수와 2의 보수의 표현으로 옳은 것은?

① 1101, 0110 ② 0110, 0111
③ 0111, 1110 ④ 0101, 0111

64 다음 중에서 설명이 틀린 것은?

① 어셈블러는 어셈블리어를 기계어로 번역시키는 것을 의미한다.
② 컴파일러는 고급언어를 기계어로 번역시키는 것을 의미한다.
③ 인터프리터는 소스 프로그램을 중간 단계 프로그램으로 변환하여 그 내용을 해석하고 해석한 대로 실행하여 결과를 출력하는 프로그램이다.
④ 프리프로세서는 고급언어를 저급언어로 번역하는 것을 의미한다.

65 다음 응용 소프트웨어 중 성격이 다른 소프트웨어는?

① WINZIP ② WINARJ
③ ALZIP ④ WF_FTP

66 입출력 포트의 중류 중 병렬 포트(Parallel Port)가 아닌 것은?

① USB ② FDD
③ HDD ④ CD-ROM

67 다음 중 2진수 1011을 0100으로 각 비트의 값을 반전시키거나 보수를 구할 때 사용하는 연산은?

① AND연산 ② OR연산
③ NOT연산 ④ XOR연산

68 다음 중 운영체제가 아닌 것은?

① 윈도우즈 XP ② 아파치 웹 서버
③ 리눅스 ④ 애플의 iOS

69 운영체제의 기능 중 파일관리에 대한 설명으로 틀린 것은?

① 디렉터리 계층 구조(Hierarchical Directory Structure)의 개념으로 사용한다.
② 지정된 파일에 대해 우연히 또는 고의로 적절치 못한 접근이 있을 경우 이를 금지하는 개념으로 사용한다.
③ 파일 시스템 구조는 논리적 구조와 물리적 구조로 구분된다.
④ 주기억 장치상의 파일 편성, 등록, 공유나 파일로의 액세스 등을 부분적으로 다

Answer 62.④ 63.② 64.④ 65.④ 66.① 67.③ 68.② 69.④

룬다.

70 다음 중 마이크로프로세서를 구성하는데 꼭 필요한 것이 아닌 것은?

① Adder ② Register
③ Control Unit ④ Audio Codec

2014년 무선설비 산업기사 〈1회〉

61 컴퓨터에 있는 실제적인 컴퓨터로서 메모리나 I/O 장치로부터 읽거나 쓰는 명령 및 수학 연산을 수행하는 것은?

① I/O포트 ② CPU
③ 메모리 슬롯 ④ PCI 확장 슬롯

62 다음 중 마이크로컨트롤러의 기본적인 하드웨어 구조에 속하지 않는 것은?

① CPU Core
② Power
③ Peripheral Interface
④ Memory

63 컴퓨터를 구성하고자 할 때, 메모리를 선택하는 요인 중 제일 우선순위가 낮은 것은?

① 접근 속도(Access Time)
② 기억 용량(Memory Capacity)
③ 회로의 복잡성(Circuit Complexity)
④ 연산처리속도

64 2^n개의 입력 중에서 n개의 선택에 의해 1개의 출력을 내보내는 것은?

① 레지스터 ② 카운터
③ 멀티플렉서 ④ 디코더

65 다음 진수 표현 중에서 제일 작은 수에 해당하는 것은?

① $FF_{(16)}$ ② $11111111_{(2)}$
③ $254_{(10)}$ ④ $377_{(8)}$

66 다음 중 ROM과 RAM의 차이점을 설명한 것으로 틀린 것은?

① RAM은 휘발성 메모리라고 한다.
② EPROM은 한번 쓰면 지울 수 없다.
③ RAM은 동적 RAM과 정적 RAM으로 나눌 수 있다.
④ ROM의 종류에는 EPROM, EEPROM, PROM등이 있다.

67 컴퓨터에서 보수를 사용하는 이유로 가장 옳은 것은?

① 가산의 결과를 체크하기 위한 방법
② 감산에서 보수의 가산으로 감산의 역할을 대신하기 위한 방법
③ 승산에서 연산의 수행을 제한하기 위한 방법
④ 제산에서의 불필요한 과정을 제거시키기 위한 방법

68 컴퓨터 사용자가 컴퓨터 본체 및 각 주변장치를 가장 능률적이고 경제적으로 사용할 수

Answer 70.④ | 61.② 62.③ 63.③ 64.③ 65.③ 66.② 67.② 68.①

있도록 하는 프로그램은?

① Operating System
② Macro
③ Compiler
④ Loader

69 CPU가 실행하여야 할 명령어의 수가 75개인 경우 명령어 구분을 위한 명령코드(Op-Code)는 최소한 몇 비트가 필요한가?

① 5비트 ② 6비트
③ 7비트 ④ 8비트

70 다음 중 인터럽트가 필요한 경우가 아닌 것은?

① 명령어를 순서대로 처리하는 경우
② CPU가 입출력장치를 통하여 데이터를 입출력하는 경우
③ CPU에 타이밍 기능을 부여하는 경우
④ 시스템에 비상사태가 발생하는 경우

2014년 무선설비 산업기사 〈2회〉

61 컴퓨터의 연산장치에서 산술·논리 연산 결과를 일시적으로 보관하는 장치는?

① 누산기(Accumulator)
② 데이터 레지스터(Data Register)
③ 감산기(Substracter)
④ 상태 레지스터(Status Register)

62 주기억장치의 용량이 512[kbyte]인 컴퓨터에서 32비트의 가상주소를 사용하고, 페이지의 크기가 4[kbyte]면 주기억장치의 페이지 수는 몇 개인가?

① 32 ② 64 ③ 128 ④ 512

63 데이터의 일부분이나 전체를 지우고자 할 때 사용되는 연산은?

① OR ② AND
③ MOVE ④ Complement

64 컴퓨터 운영체제에서 커널의 코드를 실행하기 위해 커널의 특정 루틴을 호출하는 것을 무엇이라 하는가?

① 생성 상태(Created State)
② 스케줄(Schedule)
③ 관리자 호출(Supervisor Call)
④ 대기상태(Wake up)

65 다음 중 컴파일러와 인터프리터에 대한 비교 설명으로 틀린 것은?

① 컴파일러는 목적 프로그램을 생성하고, 인터프리터는 생성 하지 않는다.
② 컴파일러는 전체 프로그램을 한꺼번에 처리하고, 인터프리터는 대화식의 행 단위로 처리한다.
③ 컴파일러는 실행속도가 느리고, 인터프리터는 빠르다.
④ 인터프리터는 BASIC, LISP등이 있고, 컴파일러는 COBOL, C, C#등이 있다.

Answer 69.③ 70.① | 61.① 62.③ 63.② 64.③ 65.③

66 **다음 중 마이크로프로세서 내부구조에 대한 설명으로 옳은 것은?**

① 프로그램 카운터 : 프로그램 메모리의 어느 위치에 있는 명령어를 수행할 것인가를 나타낸다.
② 명령어 레지스터 : 프로그램 카운터의 값을 변경한다.
③ 타이밍 발생기 : 다음 명령어의 위치를 가리킨다.
④ 해독장치 : 명령어를 지정한다.

67 **다음 중 인터럽트의 발생 원인이 아닌 것은?**

① 전원 이상
② 오퍼레이터 조작 또는 타이머
③ 서브프로그램 호출
④ 제어감시(SVC)

68 **다음 보기는 운영체제의 어떤 자원관리기능에 대한 설명인가?**

• 프로세스에게 기억공간을 할당하고 회수 등을 담당한다. • 기억공간이 사용가능할 때 어떤 프로세서들을 기억장치에 로드(Load)할 것인가를 결정한다.

① 디스크 관리 기능
② 입출력 관리 기능
③ 프로세스 관리 기능
④ 기억장치 관리 기능

69 **컴퓨터 언어에서 미리 정의한 자료의 형태를 기본 자료 형이라 하는데 그 종류에 포함되지 않는 것은?**

① 배열형 ② 문자형
③ 정수형 ④ 실수형

70 **마이크로컴퓨터의 명령어수가 126개라면 OP Code는 몇 비트 인가?**

① 5비트 ② 6비트
③ 7비트 ④ 8비트

2014년 무선설비 산업기사 〈4회〉

61 **다음 중 운영체제에 대한 설명으로 옳지 않은 것은?**

① 컴퓨터 하드웨어에 대한 자원을 관리하는 소프트웨어 이다.
② 응용 프로그램과 하드웨어 자원에 대한 연계 역할을 수행하는 소프트웨어 이다.
③ 컴퓨터에서 항상 수행되고 있으며, 운영체제의 가장 핵심적은 부분은 커널(Kernel)이다.
④ 사용자가 필요하다고 생각되는 경우 쉽게 접근하여 운영체제의 프로그램을 변경할 수 있다.

Answer 66.① 67.③ 68.④ 69.① 70.③ | 61.④

62 다음 문장의 괄호 안에 들어갈 용어들로 올바르게 구성된 것은?

번역기에 의해서 생성되는 기계어로 된 프로그램과 서브루틴 라이브러리에 있는 루틴들이 서로 조합되어야만 프로그램이 실행될 수 있는데 이런 일을 하는 것을 (㉮)또는 (㉯)라고 한다. 여기서 (㉯)는 (㉰)에 둘 (㉱)를 만들어 낸다는 점에서 (㉮)와 다르다.

① ㉮ 절대로더 ㉯ 상대로더 ㉰ 주기억장치 ㉱ 링킹로더
② ㉮ 절대로더 ㉯ 링키지 에디터 ㉰ 보조기억장치 ㉱ 링킹로더
③ ㉮ 링킹로더 ㉯ 링키지 에디터 ㉰ 보조기억장치 ㉱ 로딩 이미지
④ ㉮ 링키지 에디터 ㉯ 링킹로더 ㉰ 주기억장치 ㉱ 로딩 이미지

63 16진수 FA.5를 8진수로 변환한 것으로 옳은 것은?

① 241.21_8　　② 352.22_8
③ 261.23_8　　④ 372.24_8

64 2의 보수를 이용한 뺄셈 0011 - 1101의 연산 결과 값은?

① 0111　　② 1011
③ 0110　　④ 1001

65 다음 중 전자계산기 명령(Instruction)의 주소 지정 방식인 간접 주소 지정방식(Indirect Addressing)에 대한 설명으로 틀린 것은?

① 명령의 오퍼랜드가 지정하는 부분에 실제 데이터가 저장된 부분의 주소를 기록하고 있는 주소 지정 방식
② 기억장치에 최소 2번 접근하여 오퍼랜드를 얻을 수 있는 주소 지정 방식
③ 처리 속도는 느리지만 짧은 길이의 오퍼랜드로 긴 주소에 접근할 수 있는 주소 지정 방식
④ 오퍼랜드 길이가 길어 소 용량 기억장치의 주소를 나타내는데 적합한 주소 지정 방식

66 다음 중 운영체제의 목적과 관련된 용어에 대한 설명으로 옳지 않은 것은?

① 이용 가능도 : 컴퓨터를 사용하고자 할 때 신속하게 사용 할 수 있는 정도
② 응답 시간 : 사용자가 컴퓨터에 일을 지시하고 나서 그 결과를 얻기까지 걸리는 시간
③ CPU사용률 : 일정 시간동안 시스템이 처리할 수 있는 일의 양
④ 신뢰도 : 주어진 문제를 정확하게 해결하고 작동하는 정도

67 다음 중 NOR게이트 진리표이다. 출력 X의 a, b, c, d 값으로 옳은 것은? (단, A와 B는 입력이고, X는 출력이다.)

A	B	X
0	0	a
0	1	b
1	0	c
1	1	d

Answer 62.③ 63.④ 64.③ 65.④ 66.③ 67.④

① a = 0, b = 0, c = 0, d = 1
② a = 1, b = 0, c = 1, d = 1
③ a = 0, b = 1, c = 0, d = 0
④ a = 1, b = 0, c = 0, d = 0

68 다음 중 부동 소수점 표현(Floating Point Representation)에 대한 설명으로 틀린 것은?

① 고정 소수점 표현보다 표현의 정밀도를 높일 수 있다.
② 아주 작은 수의 표현보다 아주 큰 수의 표현에만 적합하다.
③ 과학, 공학, 수학적인 응용에 주로 사용하는 표현방법이다.
④ 수의 표현에 필요한 자릿수에 있어서 효율적이다.

69 다음 중 운영체제 기법에 대한 설명으로 틀린 것은?

① 분산처리 시스템은 데이터를 여러 컴퓨터로 분산해서 사용하는 것을 말한다.
② 데이터베이스는 상호 연관 있는 데이터들의 집합과 처리를 말한다.
③ 다중 프로세싱이란 여러 CPU를 같이 사용하는 것을 말한다.
④ UNIX는 단일 사용자 환경

70 32비트 컴퓨터에서 8 Full Word와 6 Nibble은 각각 몇 비트인가?

① 256비트, 48비트
② 128비트, 24비트
③ 256비트, 24비트
④ 128비트, 48비트

Answer 68.② 69.④ 70.③

| 참고문헌 |

- 새 컴퓨터 구조론, 21세기사, 김수홍 저
- 디지털전자회로 & 전자계산기일반, 21세기사, 김한기외 2
- 한국방송통신전파진흥원에서 제공되는 법령과 고시, 측정 장비 기술규격

저자약력

박승환

* 현재) 을지대학교 의료공학과 교수

무선설비기준 & 전자계산기 일반

1판 1쇄 인쇄 2016년 01월 05일
1판 1쇄 발행 2016년 01월 15일
저　　자 박승환
발 행 인 이범만
발 행 처 **21세기사** (제406-00015호)
경기도 파주시 산남로 72-16 (10882)
Tel. 031-942-7861　　Fax. 031-942-7864
E-mail : 21cbook@naver.com
Home-page : www.21cbook.co.kr
ISBN 978-89-8468-632-8

정가 27,000원